人工智能前沿技术丛书

总主编　焦李成

量子计算智能

（第二版）

LIANGZI JISUAN ZHINENG

李阳阳　焦李成
张　丹　李玲玲　刘天宇　编著

西安电子科技大学出版社

内 容 简 介

本书在总结自然计算领域主要理论研究和实际应用成果的基础上，着重对近年来量子计算智能领域常见的理论及技术进行了较为全面的阐述，并结合作者多年的研究成果，对相关理论及技术在应用领域的实践情况进行了展示和总结。全书从优化和学习两个方面展开，分为8章，主要内容包括进化计算、群体智能、量子进化计算、量子粒子群优化，以及基于量子智能优化的数据聚类、数据分类、网络学习和应用。

本书可为人工智能、计算机科学、信息科学、自动化技术等领域及其交叉领域中从事量子计算、进化计算、机器学习及相关应用研究的技术人员提供参考，也可作为相关专业研究生和高年级本科生的教材(其中前4章为基础理论，适合本科生使用；后4章为高阶算法，适合研究生使用)。

图书在版编目（CIP）数据

量子计算智能/李阳阳等编著. -- 2版. -- 西安 ：西安电子科技大学出版社，2025. 8. -- ISBN 978-7-5606-7338-7

Ⅰ. TP385

中国国家版本馆 CIP 数据核字第 2025M72P07 号

策　　划　人工智能前沿技术丛书项目组
责任编辑　郭　静
出版发行　西安电子科技大学出版社（西安市太白南路2号）
电　　话　(029) 88202421　88201467　　邮　　编　710071
网　　址　www.xduph.com　　电子邮箱　xdupfxb001@163.com
经　　销　新华书店
印刷单位　陕西天意印务有限责任公司
版　　次　2025年8月第1版　　2025年8月第1次印刷
开　　本　787毫米×960毫米　1/16　　印　　张　20.5
字　　数　411千字
定　　价　52.00元

ISBN 978-7-5606-7338-7

XDUP 7639002-1

* * * 如有印装问题可调换 * * *

前言 PREFACE

人工智能进入了一个快速发展的时期，未来人类社会将需要更强大的计算能力和更高效的计算方法，摩尔定律正在失效，但量子力学态叠加原理给了我们关于未来计算的启示和希望，“世界经济和各个国家最终的命运可能取决于奇异的和违反直觉的量子理论的原则”(加来道雄，《物理学的未来》)。目前，量子计算和人工智能是最令学界和业界振奋的未来科技，它们的结合势必带来领域的重大进步，甚至是超越想象的社会革新。

量子计算(Quantum Computation，QC)的研究始于1982年。量子计算首先被诺贝尔物理学奖获得者 Richard Feynman 看成是一个物理过程，计算机理论和物理学自此被学者们联系到一起来进行研究。现在量子计算已经成为当今世界各国紧密跟踪的前沿学科之一。我国发布的《国家中长期科学和技术发展规划纲要(2006—2020年)》中将“量子调控研究”列为四个重大科学研究计划之一。量子计算的并行性、指数级存储容量和指数加速特征展示了其强大的运算能力。规模化通用量子计算机的诞生将极大地满足现代信息的需求，在海量信息处理、重大科学问题研究等方面产生巨大影响，甚至对国家的国际地位、经济发展、科技进步、国防军事和信息安全等都将发挥关键性作用。“量子计算机时代”何时到来？如何利用量子计算机的并行处理能力？如何建立现有数字式计算机中的量子算法？如何和传统智能方法相结合，取长补短，设计出更加行之有效的高效智能方法？这些都是量子计算研究领域需要迫切回答的问题，等待专家、学者、读者共同研究和探讨。

20多年来，我们团队对量子智能计算理论、算法及应用进行了较为系统的研究，尤其对量子优化、量子学习及其应用等进行了较为深入的探讨，本书基于以上工作编写而成。希望我们的研究结果能够给读者带来启发。道阻且长，我们团队也将继续在此领域探索。在此特别感谢国家973计划(项目2013CB329402、2006CB705707)，国家863计划(项目863-306-ZT06-1、863-317-03-99、2002AA135080、2006AA01Z107、2008AA01Z125和2009AA12Z210)，国家自然科学基金创新研究群体科学基金(61621005)，国家自然科学基金重点项目(60133010、60703107、60703108、60872548和60803098)及国家自然科学基金面上项目(62476209、61772399、U1701267、61272279、61473215、61371201、61373111、61303032、61271301、61203303、61522311、61573267、61473215、61571342、61572383、61501353、61502369、61271302、61272282、61202176、61573015、60073053、60372045和60575037)，国家部委科技项目资助项目(XADZ2008159和51307040103)，高等学校学科创新引智计划(111计划)(B07048)，重大研究计划(91438201和91438103)，以及教育部“长江学者和创新团队发展计划”(IRT_15R53和IRT0645)，西安电子科技大学2018年度

研究生课程与教材建设项目(JPJC1820 和 JPJC1819)，西安电子科技大学 2018 年研究生教育教学改革研究项目(JGY1814 和 JGY1815)，嵩山实验室预研项目(YYJC052022004)，以及陕西省重点研发计划重点项目(2024CY2-GJHX-18)、陕西省 2011“量子信息协同创新中心”和西安市“类脑感知与认知”国际联合研究中心对我们的资助。

本书是西安电子科技大学的智能感知与图像理解教育部重点实验室、智能感知与计算教育部国际联合实验室、国家 111 计划创新引智基地、国家 2011 计划认定的信息感知协同创新中心、陕西省 2011 大数据智能感知与计算协同创新中心、智能信息处理研究所集体智慧的结晶，感谢集体中每一位同仁的奉献。特别感谢保铮院士多年来的悉心培养和指导；感谢中国科学技术大学陈国良院士和 IEEE 计算智能学会副主席、英国伯明翰大学姚新教授，英国埃塞克斯大学张青富教授，英国萨里大学金耀初教授，英国诺丁汉大学屈嵘教授的指导和帮助；感谢国家自然科学基金委信息科学部的大力支持；感谢田捷教授、高新波教授、石光明教授、梁继民教授的帮助；感谢彭程、刘光远、王琪、李甜甜、柳亚欣、邢若婷、赵裴翔、郝晓斌、戚政雅等“智能感知与图像理解”教育部重点实验室研究生所付出的辛勤劳动。

感谢家人的大力支持和理解。

由于编者水平有限，书中不妥之处在所难免，恳请读者批评指正。

编　者

2024 年 11 月

目录 CONTENTS

第 1 章　进化计算 …… 1
1.1　进化计算概述 …… 1
1.1.1　基本原理 …… 4
1.1.2　进化计算的一般框架 …… 7
1.1.3　进化计算研究现状 …… 8
1.1.4　进化计算典型算法 …… 10
1.2　人工免疫系统 …… 13
1.2.1　基本原理 …… 14
1.2.2　人工免疫系统研究现状 …… 17
本章参考文献 …… 20
第 2 章　群体智能 …… 25
2.1　群体智能概述 …… 25
2.2　蚁群优化算法 …… 27
2.2.1　基本原理 …… 27
2.2.2　蚁群算法的理论研究现状 …… 28
2.2.3　蚁群算法的应用研究现状 …… 29
2.3　粒子群优化算法 …… 30
2.3.1　基本原理 …… 31
2.3.2　粒子群算法的理论研究现状 …… 32
2.3.3　粒子群算法的应用研究现状 …… 34
本章参考文献 …… 34
第 3 章　量子进化计算 …… 42
3.1　量子进化计算 …… 42
3.1.1　基本概念 …… 43
3.1.2　量子进化算法 …… 44
3.2　量子克隆进化计算 …… 52
3.2.1　基本概念 …… 53
3.2.2　量子克隆进化算法 …… 54
3.2.3　量子克隆进化算法的结构框架 …… 57
3.2.4　量子克隆进化算法的收敛性 …… 59
3.2.5　量子克隆进化算法仿真 …… 61

3.2.6 量子克隆进化算法的并行实现 …… 66
3.3 量子免疫克隆多目标优化算法 …… 67
3.3.1 多目标优化 …… 67
3.3.2 量子免疫克隆多目标优化算法 …… 73
3.3.3 算法分析 …… 76
3.3.4 实验结果及分析 …… 78
3.4 结论与讨论 …… 92
本章参考文献 …… 92
第 4 章 量子粒子群优化 …… 96
4.1 量子粒子群算法基础 …… 96
4.1.1 量子粒子群优化算法 …… 96
4.1.2 量子粒子群优化算法的改进算法 …… 98
4.2 基于协作学习的单目标量子粒子群优化 …… 100
4.2.1 协作学习策略 …… 100
4.2.2 基于协作学习策略的量子粒子群算法框架及实现 …… 103
4.2.3 实验结果及分析 …… 105
4.3 基于记忆策略的动态单目标量子粒子群优化 …… 118
4.3.1 动态优化环境下的记忆策略 …… 119
4.3.2 基于记忆策略的动态单目标量子粒子群算法框架实现 …… 120
4.3.3 实验结果及分析 …… 124
4.4 基于 MapReduce 的量子行为的粒子群优化 …… 131
4.4.1 量子行为的粒子群优化算法 …… 131
4.4.2 MRQPSO 算法 …… 132
4.4.3 实验结果及分析 …… 135
4.5 结论与讨论 …… 140
本章参考文献 …… 140
第 5 章 基于量子智能优化的数据聚类 …… 145
5.1 基于核熵成分分析的量子聚类 …… 145
5.1.1 量子聚类算法 …… 145
5.1.2 基于核熵成分分析的量子聚类算法 …… 147
5.1.3 实验结果及分析 …… 153
5.2 基于量子粒子群的软子空间聚类 …… 165
5.2.1 QPSO 算法 …… 166
5.2.2 QPSOSC 算法 …… 168
5.2.3 实验结果及分析 …… 171
5.3 结论与讨论 …… 178
本章参考文献 …… 179

第 6 章　基于量子智能优化的数据分类 …… 181
6.1　基于量子粒子群的最近邻原型数据分类 …… 181
6.1.1　数据分类方法简介 …… 181
6.1.2　K 近邻分类算法概述 …… 185
6.1.3　基于量子粒子群的最近邻原型的数据分类算法 …… 187
6.1.4　实验结果及分析 …… 189
6.2　改进的量子粒子群的最近邻原型数据分类算法 …… 196
6.2.1　基于多次塌陷-正交交叉量子粒子群的最近邻原型的数据分类算法 …… 196
6.2.2　实验结果及分析 …… 198
6.3　结论与讨论 …… 206
本章参考文献 …… 206
第 7 章　基于量子智能优化的网络学习 …… 208
7.1　基于量子进化算法的超参数优化 …… 208
7.1.1　常用的机器学习模型 …… 208
7.1.2　常用的优化算法 …… 213
7.1.3　基于单个体量子遗传算法的超参数优化算法 …… 220
7.1.4　实验结果及分析 …… 223
7.2　基于量子多目标优化的稀疏受限玻尔兹曼机学习 …… 227
7.2.1　引言 …… 227
7.2.2　相关理论背景 …… 227
7.2.3　基于量子多目标优化的稀疏受限玻尔兹曼机学习算法 …… 234
7.2.4　基于量子多目标优化的稀疏深度信念网络 …… 238
7.2.5　实验结果及分析 …… 239
7.3　基于量子蚁群优化算法的复杂网络社区结构检测 …… 245
7.3.1　引言 …… 245
7.3.2　基于量子蚁群优化算法的社区结构检测算法 …… 246
7.3.3　实验结果及分析 …… 252
7.4　结论与讨论 …… 264
本章参考文献 …… 264
第 8 章　基于量子智能优化的应用 …… 273
8.1　基于文化进化机制和多观测策略的多目标量子粒子群调度优化 …… 273
8.1.1　引言 …… 273
8.1.2　EED 问题模型 …… 274
8.1.3　基于文化进化机制和多观测策略的多目标量子粒子群算法框架及实现 …… 275
8.1.4　基于 CMOQPSO 的环境/经济调度优化 …… 281
8.1.5　实验结果及分析 …… 282
8.2　基于量子多目标进化聚类算法的图像分割 …… 295

8.2.1　量子多目标进化聚类算法……………………………………………………………………… 295
8.2.2　实验结果及分析……………………………………………………………………………… 299
8.3　基于多背景变量协同量子粒子群的医学图像分割………………………………………… 308
8.3.1　背景变量概述………………………………………………………………………………… 308
8.3.2　多背景变量协同量子粒子群算法…………………………………………………………… 308
8.3.3　改进的多背景变量协同量子粒子群算法的图像分割……………………………………… 312
8.4　结论与讨论……………………………………………………………………………………… 316
本章参考文献 ……………………………………………………………………………………… 316

第1章 进化计算

1.1 进化计算概述

20 世纪六七十年代，一类基于生物界的自然选择和自然遗传机制的计算方法，如遗传算法(Genetic Algorithms，GA)、进化策略(Evolution Strategies，ES)和进化规划(Evolutionary Programming，EP)等方法，在科研和实际问题中的应用越来越广泛，并取得了较好的效果。这些方法都是基于生物进化的基本思想来设计控制和优化人工系统的，一般将这类计算方法统称为进化计算(Evolutionary Computation，EC)。

1. 遗传算法的起源与发展

遗传算法是在 20 世纪六七十年代由美国密歇根大学的J. H. Holland 教授及其学生和同事提出并发展起来的。虽然早在 20 世纪 50 年代初期，就有研究人员开始研究运用数字计算机模拟生物的自然遗传与自然进化过程，随后有一些这方面的论文发表，但是当时从事这方面研究的主要是一些生物学家，研究的目的主要是更深入地理解自然遗传与自然进化现象。20 世纪 60 年代初，Holland 教授开始认识到生物的自然遗传现象与人工自适应系统行为的相似性，他认为不仅要研究自适应的系统，还要研究与之相关的环境，因此他提出在研究和设计人工自适应系统时，可以借鉴生物自然遗传的基本原理，模仿生物自然遗传的基本方法。1967 年，他的学生 J. D. Bagley 在博士论文中首次提出“遗传算法(Genetic Algorithms，GA)”一词。此后，Holland 指导学生完成了多篇博士论文。

到 70 年代初，Holland 提出了“模板定理(Schema Theorem)”，该定理被认为是“遗传算法的基本定理”，从而奠定了遗传算法研究的理论基础。1975 年，Holland 出版了著名的《自然系统和人工系统的自适应性》(*Adaptation in Natural and Artificial System*)，这是第一本系统论述遗传算法的专著，因此有人把 1975 年作为遗传算法的诞生年。80 年代以后，遗传算法广泛应用到各种复杂系统的自适应控制以及复杂的优化问题中。1985 年，在美国召开了第一届遗传算法国际会议，并且成立了国际遗传算法学会(International Society of Genetic Algorithms，ISGA)。此会议以后每两年举办一次。1989 年，Holland 的学生 D. J. Goldberg 出版了《搜索、优化和机器学习中的遗传算法》(*Genetic Algorithms in Search*,

Optimization, and Machine Learning)，书中总结了遗传算法研究的主要成果，对遗传算法及其应用作了全面而系统的论述。此书奠定了现代遗传算法的基础。这一时期的遗传算法被认为从古典阶段发展到了现代阶段。1991 年，L. Davis 编辑出版了《遗传算法手册》(*Handbook of Genetic Algorithms*)，其中包括了遗传算法在工程技术和社会生活中的大量应用实例。

从 20 世纪 80 年代开始，有关遗传算法的研究和应用日益普遍。目前，几乎所有领域的研究人员都尝试过遗传算法在各自专业领域的应用，并取得了丰硕的成果。在实际应用过程中，遗传算法也得以进一步完善和发展。如遗传算法广泛应用于机器学习领域，提出了各种分类系统(Classification System，CS 或 CFS)。又如，J. R. Koza 把遗传算法用于最优计算机程序(即最优控制策略)的设计，并称之为遗传规划(Genetic Programming，GP)。

2. 进化规划的起源与发展

进化规划是由美国的 L. J. Fogel 于 20 世纪 60 年代提出的。在研究人工智能的过程中，他提出一种随机的优化方法，这种方法也借鉴了自然界生物进化的思想。他认为智能行为必须包括预测环境的能力，以及在一定目标指导下对环境作出合理响应的能力。不失一般性，他提出采用"有限字符集上的符号序列"来表示模拟的环境，采用有限状态机来表示智能系统。Fogel 提出的方法与遗传算法有许多共同之处，但不像遗传算法那样注重父代与子代的遗传细节(基因及其遗传操作)上的联系，而是把侧重点放在父代与子代表现行为的联系上。1966 年，Fogel 等出版了《基于模拟进化的人工智能》，系统阐述了进化规划的思想。但当时学术界对在人工智能领域采用进化规划持有怀疑态度，因此 Fogel 的进化规划技术与方法未能被接受。

直到 20 世纪 90 年代，进化规划才逐步被学术界所重视，并开始用于解决一些实际问题。1992 年，在美国举办了第一届进化规划年会。此会议每年举办一次，迅速吸引了大批各行业(如学术、商业和军事等领域)的研究人员和工程技术人员。

3. 进化策略的起源与发展

进化策略的思想与进化规划的思想有很多相似之处，不过，进化策略是在欧洲独立于遗传算法和进化规划而发展起来的。1963 年，德国柏林技术大学的两名学生 I. Rechenberg 和 H. P. Schwefel 利用流体工程研究所的风洞做实验，以便确定气流中物体的最优外形。由于当时存在的一些优化策略(如简单的梯度策略)不适于解决这类问题，Rechenberg 提出按照自然突变和自然选择的生物进化思想，对物体的外形参数进行随机变化并尝试其效果，进化策略的思想便由此诞生。

当时，人们对这种随机策略无法接受，但他们仍坚持实验。1970 年，Rechenberg 完成了有关进化策略研究的博士论文并获得博士学位，现为仿生学与进化工程教授；1974 年，Schwefel 把有关进化策略研究的成果作了归纳整理，现为计算机科学与系统分析教授。

1990年，在欧洲召开了第一届“基于自然思想的并行问题求解(Parallel Problem Solving from Nature，PPSN)”国际会议。此后该会议每两年举办一次，成为在欧洲召开的有关进化计算的主要国际会议。

4. 进化计算的诞生

遗传算法、进化规划和进化策略是由不同领域的研究人员分别独立提出的，在相当长的时间里相互之间没有正式沟通。直到1990年，遗传算法才开始与进化规划和进化策略有所交流；1992年，进化规划和进化策略这两个不同领域的研究人员首次接触到对方的研究工作，通过深入交流，他们发现彼此在研究中所依赖的基本思想都是基于生物界的自然遗传和自然选择等生物进化思想，具有惊人的相似之处。于是他们提出将这类方法统称为“进化计算(EC)”，而将相应的算法统称为“进化算法”或“进化规划”。

1993年，进化计算这一专业领域的第一份国际性杂志《进化计算》在美国问世。1994年，IEEE神经网络委员会主持召开了第一届进化计算国际会议，以后每年举办一次。此外，此会议每三年与IEEE神经网络国际会议、IEEE模糊系统国际会议在同一地点先后连续举行，共同称为IEEE计算智能(Computational Intelligence，CI)国际会议。

近年来，国际上掀起了进化计算的研究和应用热潮，各种研究成果和应用实例不断涌现，一些更新的算法相继被提出，如“文化算法(Cultural Algorithms，CA)”等。

5. 遗传算法、进化规划和进化策略之间的异同点

以遗传算法为代表的三种进化算法在本质上是相同的，但它们之间又存在区别。其中，进化规划与遗传算法的区别主要表现在待求问题的表示、后代个体的产生及竞争与选择三个方面。

在待求问题的表示方面，进化规划因为其变异操作不依赖于线性编码，所以往往可以根据待求问题的具体情况而采取一种较为灵活的组织方式；典型的遗传算法则通常要把问题的解编码成为一串表达符号，即基因组的形式。前者的这种特点有些类似于神经网络对问题的表达方法。

在后代个体的产生方面，进化规划侧重于群体中个体行为的变化。与遗传算法不同的是，它没有利用个体之间的信息交换，所以也就省去了交叉和插入算子而只保留了变异操作。因此，在不考虑搜索效率的前提下，进化规划在应用方面更易于掌握，便于实现。

在竞争与选择方面，进化规划允许父代与子代一起参与竞争，因此进化规划可以保证以概率1收敛到全局最优解；而典型遗传算法若不强制保留父代最佳解，则算法是不收敛的。

进化规划与进化策略的主要区别大致体现在编码结构及竞争与选择两个方面。

在编码结构方面，进化规划将种群类比为编码结构，而进化策略则把个体类比为编码结构。所以，前者无须再通过选择操作来产生新的候选解，而后者还要进行这一操作。

在竞争与选择方面，进化规划需要通过适当的选择机制，从父代和当前子代中选取优胜者来组成下一代群体；而进化策略通过一种确定性选择，按适应值的大小，直接将当前优秀个体和父代最佳个体保留到下一代中。

1.1.1 基本原理

Holland 的遗传算法通常称为简单遗传算法(SGA)。现以此作为讨论的主要对象，加上适当的改进，来分析遗传算法的结构和机理。

首先介绍主要概念，在此过程中会结合旅行商问题(TSP)加以说明。

设有 n 个城市，城市 i 和城市 j 之间的距离为 $d(i, j)(i, j=1, 2, \cdots, n)$。TSP 问题是要寻找遍访每个城市恰好一次且其路径总长度最短的一条回路。

1. 编码与解码

许多应用问题的结构很复杂，但可以将其变换为简单的位串形式编码来表示。将问题结构变换为位串形式编码表示的过程称为编码；相反地，将位串形式编码表示变换为原问题结构的过程称为解码或译码。把位串形式编码表示称为染色体，有时也称为个体。

遗传算法的过程简述如下。首先，在解空间中取一群点，作为遗传算法开始的第一代。每个点(基因)用一个二进制数字串来表示，其优劣程度用一个目标函数——适应度函数(fitness function)来衡量。

遗传算法最常用的编码方法是二进制编码。其编码方法如下。

假设某一参数的取值范围是$[A, B]$，$A<B$。用长度为 l 的二进制编码串来表示该参数，将$[A, B]$等分成 2^l-1 个子部分，记每一个等分的长度为 δ，则它能够产生 2^l 种不同的编码。参数编码的对应关系如下：

$$\begin{aligned}
00000000\cdots00000000 &= 0 \quad \rightarrow A \\
00000000\cdots00000001 &= 1 \quad \rightarrow A+\delta \\
&\vdots \\
11111111\cdots11111111 &= 2^l-1 \rightarrow B
\end{aligned}$$

其中，

$$\delta = \frac{B-A}{2^l-1}$$

假设某一个体的编码是

$$X: x_l x_{l-1} \cdots x_2 x_1$$

则上述二进制编码所对应的编码公式为

$$x = A + \frac{B-A}{2^l-1} \cdot \sum_{i=1}^{l} x_i 2^{i-1}$$

二进制编码的最大缺点是长度较大，对很多问题用其他编码方法可能更有利。其他编码方法主要有浮点数编码方法、格雷码、符号编码方法、多参数编码方法等。

浮点数编码方法是指个体的每个染色体用某一范围内的一个浮点数来表示，个体的编码长度等于其问题变量的个数。因为这种编码方法使用的是变量的真实值，所以浮点数编码方法也叫真值编码方法。对于一些多维、有高精度要求的连续函数优化问题，用浮点数编码来表示个体时会有一些益处。

格雷码的连续的两个整数所对应的编码值之间只有一个码位是不相同的，其余码位都完全相同。例如，十进制数 7 和 8 的格雷码分别为 0100 和 1100，而二进制编码分别为 0111 和 1000。

符号编码方法是指个体染色体编码串中的基因值取自一个无数值含义而只有代码含义的符号集。这个符号集可以是一个字母表，如$\{A, B, C, D, \cdots\}$，也可以是一个数字序号表，如$\{1, 2, 3, 4, 5, \cdots\}$，还可以是一个代码表，如$\{x_1, x_2, x_3, x_4, x_5, \cdots\}$，等等。

对于旅行商问题(TSP)，若采用符号编码方法，则可以按一条回路中城市的次序进行编码。码串 134567829 表示从城市 1 开始，依次是城市 3，4，5，6，7，8，2，9，最后回到城市 1。一般情况是从城市 w_1 开始，依次经过 w_2，w_3，w_4，…，w_n，最后回到城市 w_1，于是有如下编码表示：

$$w_1 w_2 \cdots w_n$$

由于是回路，记 $w_{n+1}=w_1$。它其实是 1，2，…，n 的一个循环排列。注意，w_1，w_2，…，w_n 是互不相同的。

2. 适应度函数

为了体现染色体的适应能力，引入了对问题中的每个染色体都能进行度量的函数，即适应度函数。适应度函数用来决定染色体的优劣程度，体现了自然进化中的优胜劣汰原则。对于优化问题，适应度函数就是目标函数。TSP 的目标是路径总长度为最短，自然地，路径总长度就可作为 TSP 问题的适应度函数：

$$f(w_1 w_2 \cdots w_n) = \frac{1}{\sum_{j=1}^{n} d(w_j, w_{j+1})}$$

其中，$w_{n+1}=w_1$，$d(w_j, w_{j+1})$表示两城市间的距离。

适应度函数要能有效地反映每个染色体与问题的最优解染色体之间的差距。若一个染色体与问题的最优解染色体之间的差距较小，则对应的适应度函数值之差就较小，否则就较大。适应度函数的取值大小与求解问题对象有很大的关系。

3. 遗传操作

简单遗传算法的遗传操作主要有三种：选择(selection)、交叉(crossover)和变异(mutation)。改进的遗传算法大量扩充了遗传操作，以达到更高的效率。

选择操作也叫作复制(reproduction)操作，个体的适应度函数值所度量的优劣程度可决定个体在下一代是被淘汰还是被遗传。一般地，选择操作将使适应度较大(优良)的个体有较大的存在机会，而适应度较小(低劣)的个体继续存在的机会也较小。简单遗传算法采用赌轮选择机制，令 $\sum f_i$ 表示群体的适应度总和，f_i 表示群体中第 i 个染色体的适应度值，它产生后代的概率正好为其适应度值所占份额 $f_i/\sum f_i$。

交叉操作的简单方式是将被选择出的两个个体 P_1 和 P_2 作为父母个体，将两者的部分码值进行交换。假设有如下 8 位长的两个个体：

1	0	0	0	1	1	1	0	P_1
1	1	0	1	1	0	0	1	P_2

随机产生一个 1～7 之间的数 c。假如现在产生的是 3，将 P_1 和 P_2 的低三位交换：P_1 的高五位与 P_2 的低三位组成数串 10001001，这就是 P_1 和 P_2 的一个后代 Q_1 个体；P_2 的高五位与 P_1 的低三位组成数串 11011110，这就是 P_1 和 P_2 的另一个后代 Q_2 个体。其交换过程如图 1－1 所示。

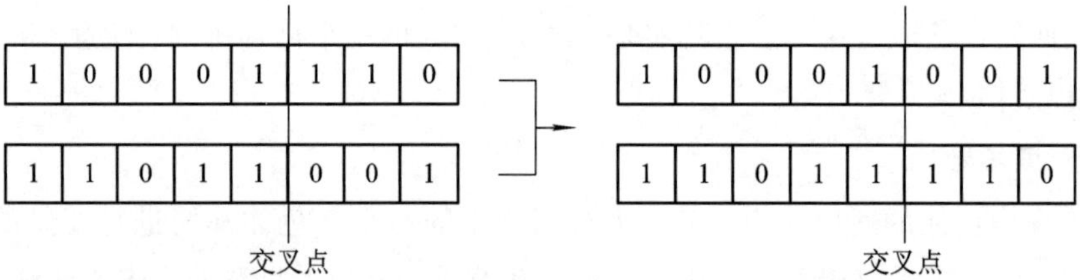

图 1－1　交叉操作示意图

变异操作的简单方式是改变数码串的某个位置上的数码。先以最简单的二进制编码表示方式来说明。二进制编码表示的每一个位置的数码只有 0 和 1 这两种可能，假设有如下的二进制编码表示：

1	0	1	0	0	1	1	0

其码长为 8，随机产生一个 1～8 之间的数 k。假如现在 $k=5$，对从右往左的第 5 位进行变异操作，将原来的 0 变为 1，得到如下数串(第 5 位的数字 1 是经变异操作后出现的)：

1	0	1	1	0	1	1	0

二进制编码表示的简单变异操作是将 0 和 1 互换：0 变异为 1，1 变异为 0。

现在对 TSP 的变异操作做简单介绍。随机产生一个 $1\sim n$ 之间的数 k，决定对回路中的第 k 个城市的代码 w_k 作变异操作，即将从 $1\sim n$ 之间产生的一个数 w 替代 w_k，并将 w_k 加

到尾部，得到

$$w_1 w_2 \cdots w_{k-1} w w_{k+1} \cdots w_n w_k$$

这个串有 $n+1$ 个数码。注意，数 w 在此串中重复了，必须删除与数 w 重复的数以得到合法的染色体。

1.1.2 进化计算的一般框架

遗传算法、进化规划以及进化策略在利用生物进化机制提高计算机求解问题能力的目标和基本思路上是一致的，但是在具体做法上有所差别：GA 强调染色体的操作[1, 2]，EP 强调种群级上的行为变化[3]，ES 强调个体级上的行为变化。随着各种算法之间相互交流的深入，对它们之间的区分已不那么严格了。理论上已经证明：它们均能从概率的意义上以随机的方式寻求到问题的最优解[4-6]，且均为多点并行的迭代式优化算法。

为讨论方便，下面首先给出一些符号表示。

f：$\mathbf{R}^n \to \mathbf{R}$ 为被优化的目标函数，不失一般性，这里考虑函数最小化问题；适应度函数为 Φ：$I \to \mathbf{R}$，其中 I 是个体的空间，一般不要求个体的适应度值与目标函数值相等，但 f 总是 Φ 的变量；$a(a \in I)$ 为个体；$x(x \in \mathbf{R}^n)$ 为目标变量；$\mu(\mu \geqslant 1)$ 为父辈群体规模；λ 为子代群体规模，即在每一代通过交叉和变异产生的个体数；在进化代 t，群体 $P(t)=\{a_1(t), \cdots, a_\mu(t)\}$ 由个体 $a_i(t)(a_i(t) \in I)$ 组成；r：$I^\mu \to I^\lambda$ 为交叉算子，其控制参数集为 Θ_r；m：$I^\lambda \to I^\mu$ 为变异算子，其控制参数集为 Θ_λ；这里 r 和 m 均指宏算子，即把群体变换为群体，把相应作用在个体上的算子分别记为 r' 和 m'；s：$(I^\lambda \cup I^\mu) \to I^\mu$ 为选择算子，用于产生下一代父辈群体，其控制参数集为 Θ_s；Λ：$I^\mu \to \{\mathrm{T}, \mathrm{F}\}$ 为停止准则，其中 T 表示真，F 表示假。

有了上面的符号表示，可以把一个进化算法描述为如下形式：

$t=0$

初始化：$P(0)=\{a_1(0), \cdots, a_\mu(0)\}$

度量：$P(0)$：$\{\Phi(a_1(0)), \cdots, \Phi(a_\mu(0))\}$

While $(\Lambda(P(t)) \neq \mathrm{T})$ do

  交叉：$P'(t)=r_{\Phi_r}(P(t))$

  变异：$P''(t)=m_{\Phi_m}(P'(t))$

  度量：$P''(t)$：$\{\Phi(a''_1(t)), \cdots, \Phi(a''_\mu(t))\}$

  选择：$P(t+1)=P''(t) \cup Q$

  $t=t+1$

End

这里，$Q \in \{\varnothing, P(t)\}$，表示在选择过程中所附加考虑的个体集合。进化算法的过程如图 1-2 所示。

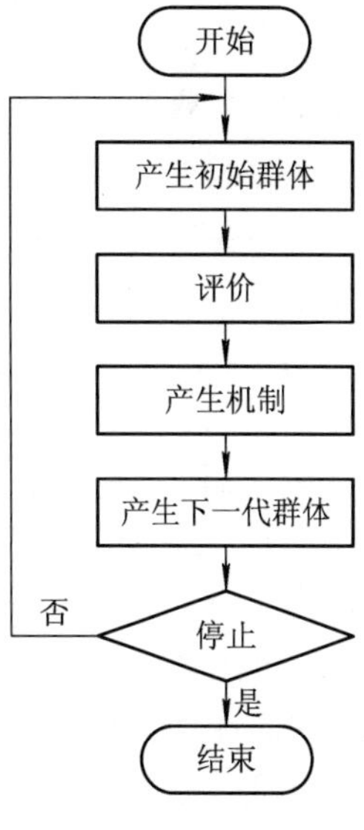

图 1-2 进化算法的过程

1.1.3 进化计算研究现状

现有进化算法都是模拟简单个体协作求解复杂问题的过程。因此，算法的内部结构有共同之处，即：在一定的地域范围之内存在多个能力简单的个体，大部分个体在结构和功能上都是同构的；种群内没有中心控制，个体间的相互合作是分布式的；个体间遵循简单的规则进行交互和协作。而且，上述算法的计算模式也相对统一，都是基于进化单元的自适应行为，通过"生成＋检验"特征的迭代搜索方式完成最终目标。为增强算法的自适应性、收敛性和鲁棒性等特性，近年来，进化计算的设计研究主要包括对现有算法参数、协同进化、生物通信行为、生物行为、大规模优化问题、混合进化计算以及具体应用等方面的研究。

(1) 算法参数。现有的进化算法中，每个算法都至少包含三个参数，参数的选取对算法的搜索效率以及最终解的精度有很大影响，因此，很多研究者都提出了相应的参数调整方案，如经验法、实验测试法、触发器法和模糊逻辑等方法[7]。在这些方法中，有些方法易于实现，但往往具有主观性；有些方法工作量大且不具有普适性；有些方法只考虑了算法中的一个参数，存在片面性等问题。因此，算法中的参数在求解不同的问题时该如何设置仍然是一个开放性难题。

(2) 协同进化。为增强算法的多样性，研究者们提出了协同进化计算方法，其主要思想是强调算法迭代过程中，种群与环境之间、种群与种群之间可进行协同。协同进化中的共生机制包括无关共生、合作共生(互惠共生、偏利共生)、寄生共生、捕食-猎物共生和竞争共生(竞争共生、偏害共生)等[8]。

(3) 生物通信行为。生物通信行为对种群的智能涌现至关重要，它是实现智能涌现的首要条件，也是实现分工协作的必要条件。生物通信行为包含种群拓扑结构和信息交流两个方面。不同的通信结构，其最终的智能涌现效果也可能会不同。目前研究得比较多的几种拓扑结构为星形结构、环形结构、冯·诺依曼结构、随机结构、小世界结构、小生境结构及变邻域结构等。不同的生物，其信息交流载体和交流方式也是不同的。信息交流载体是固定的，信息交流方式的研究多集中于直接或间接交流、全局或局部交流等方式[9,10]。

(4) 生物行为。生态系统包含千千万万的生物，基于已取得的研究成果，研究者们仍致力于对生物的智能行为机理进行研究及模拟，并将它们引入现有算法。譬如，基于个体的生物生命周期、生长、觅食、变异、迁徙、求偶、趋化、死亡、跟踪、信息评估、学习、繁殖、记忆等具有一定意义的认知和反应行为，基于群体的信息交流载体、信息交流方式以及信息传播、分工和通信等行为进行研究及模拟[11]。

(5) 大规模优化问题。对于大规模优化问题，进化计算需要进行大量的迭代计算，因此，它的计算实时性难以保证，在工程应用中存在瓶颈。计算机多核、GPU 通用计算的发展，为研究并行计算提供了平台。由于进化算法本身具有天然的并行性，因此许多学者提出了用并行进化计算来解决大规模优化问题[12]。并行进化计算模型分为主从式、粗粒度、细粒度、混合粒度、变粒度和细胞等。不同的并行进化计算模型有不同的并行策略，如迁移、拓扑和任务分配等策略。目前，并行进化计算被应用到生物信息计算、路径规划、分类规则发现、调度、通信、工业设计和图像配准等多个领域。

(6) 混合进化计算。为提高个体的多样性，增强算法的全局探索能力或局部开发能力，以及增强算法的收敛速度与精度等，学者们还提出了基于不同混合策略的进化算法。其中一类混合策略是将两个或多个生物启发算法相结合；另一类混合策略是将算法与其他启发式优化算法混合使用，如结合模拟退火、禁忌搜索和混沌搜索等方法；第三类混合策略是将算法与量子计算相结合，如量子遗传算法和量子粒子群算法等；第四类混合策略是将算法与机器学习算法相结合(随着大数据和云计算的发展，此类混合算法将具有良好的研究前景)[13]。

(7) 具体应用。进化计算目前已广泛渗透到工程、经济和电子技术等各个领域。下面列出了进化计算在各个领域的应用情况。

① 装备制造业。将进化计算应用于装备制造业，可为装备制造者提供装备的尺寸大小、形状参数、拓扑形式和性能的最优设计方案。

② 新能源与新材料。主要包括能源采集、能源系统建模与优化设计、转化系统设计参数最优化、燃料整体控制策略(能量分配和回馈等策略)等方面的应用。

③ 复杂流程工业。将进化计算应用于复杂流程工业，如化工、冶金、制药、造纸、能源、采矿和食品加工等领域，可实现如最短时间、最小能耗、最优指标、最优调节和最大收益等的优化目标。主要包括典型的系统参数辨识和模型降阶、控制过程故障诊断、控制过程监控、控制器参数优化、优化控制策略等优化问题的应用。

④ 社会经济与金融。主要包括投资、预测、监控与监管和评估等方面的应用，如典型的证券投资组合优化、金融时间序列分析和防范、目标识别、风险评估与分析等优化问题的应用。

⑤ 管理领域。主要包括企业供应链管理、生产计划和生产调度、网络管理等方面的应用，如典型的车辆路径、物流选址、车间作业调度、并行机调度、时间表规划、复杂零件协同制造和库存管理等优化问题的应用。

⑥ 电子元器件领域。利用进化计算可实现进化电路的设计，主要包括元器件外形设计，元器件参数调整，电子电路结构、布局和加工顺序优化等。

⑦ 软件和信息服务业。主要包括图像处理、语义分析、聚类分析、人工神经网络参数优化、大数据分析和云环境下的最优服务等方面的应用。

⑧ 网络规划与管理方面。典型的优化问题包括网络节点定位、网络覆盖、路由规划、网络重构、网络入侵检测和网络故障检测等。

⑨ 生物科学。主要包括生物分子数据的获取、管理，以及数据分析方法优化等方面的应用，典型优化问题包括生物序列对比和分类、最短超序列时间优化、基因表达聚类和分

类、基因选择、DNA片段组装、蛋白质功能预测和基因调控网络建立等。

⑩ 其他领域的应用。在气象领域中，包括气象预报建模和气象预测等方面的应用；在旅游行业中，包括旅游线路设计和旅游客流量预测等方面的应用；在教育系统中，包括自动排课和题库设计等方面的应用；在交通规划与管理中，包括交通车辆调度、交通线路设计和交通流量预测等方面的应用。

1.1.4 进化计算典型算法

1. 简单遗传算法

遗传算法类似于自然进化，通过学习作用于染色体上的基因来寻找好的染色体的这一过程来求解问题。与自然界类似，遗传算法对求解问题的本身一无所知，它所需要的仅仅是对算法所产生的每个染色体进行交叉和变异操作，并基于适应度值来选择染色体，使适应性好的染色体有更多的繁殖机会。在遗传算法中，通过随机方式产生若干个所求解问题的数字编码，即染色体，形成初始种群；通过适应度函数给每个个体一个数值评价，淘汰低适应度的个体，选择高适应度的个体参与遗传操作，经过遗传操作后，个体集合形成下一代新的种群，再对这个新种群进行下一轮进化。这就是遗传算法的基本原理。其求解步骤如下：

(1) 初始化种群；

(2) 计算种群上每个个体的适应度值；

(3) 按由个体适应度值所决定的某个规则选择将进入下一代的个体；

(4) 按概率 P_c 进行交叉操作；

(5) 按概率 P_m 进行变异操作；

(6) 若没有满足某种停止条件，则转到步骤(2)，否则进入下一步；

(7) 输出种群中适应度值最高的染色体，将其作为问题的满意解或最优解。

算法的停止条件最简单的有如下两种：① 若完成了预先给定的进化代数，则算法停止；② 若种群中的最优个体在连续若干代没有改进或平均适应度在连续若干代基本没有改进，则算法停止。

2. 合作协同进化算法

从生态进化的角度看，合作协同进化算法(Cooperative Co-Evolutionary Algorithm, CoopCEA)是对协同进化中的共生机制的模拟。共生是指两种不同生物之间所形成的一种互利关系，这种互利关系已经达到了非常密切的程度——如果失去一方，另一方也就不能生存。人和人体肠道的正常菌群就是一个典型的例子。一般情况下，人体肠道的正常菌群的巨大数量足以排阻和抑制外来肠道致病菌的入侵，还为人体提供维生素B1、B2、B12及K、叶酸等营养物质。同时人体肠道为这些微生物提供了良好的栖息场所。当人长期服用广谱抗生素致使肠道中正常菌群失调后，就会出现维生素缺乏症。

1) CoopCEA 的流程

传统的遗传算法中只有一个种群在进化，种群中的每个个体表示一个完整的解，在进化的过程中每个个体的适应度值逐渐提高。而 CoopCEA 却包含处于合作关系的多个同时进化的子种群，子种群中的每个个体只表示解的一个部分。对 CoopCEA 的每个子种群求一个部分解，把多个子种群的部分解按顺序连接起来就得到 CoopCEA 的最终解。伪代码如下：

```
Begin;
设置子种群的个数 n;
For (i = 1; i <= n; i++)
  Initialize (pop[i]);
For (i = 1; i <= n and not termination; i++)
{
    For(j = 1; j <= n and j <> i; j++)
        pop[i] Cooperate with pop[j];
    Select (pop[i]);
    Crossover (pop[i]);
    Mutate (pop[i]);
}
Solution = NULL;
For (i = 1; i <= n; i++)
    Solution = combine (Solution, solution[i]);
End;
```

从形式上看，CoopCEA 把传统遗传算法中的种群人为地从纵向分为多个子种群，每个子种群对应一个子任务(例如多个参数中的一个)。所以在应用 CoopCEA 时，首要的工作是进行任务分解。如果任务是确定三个参数的取值，那么可以把整个种群分为三个子种群，如图 1-3 所示。CoopCEA 的物理实现可以采用图 1-4 所示的粗粒度并行模型，每个处理器对应一个子种群，各处理器执行相应子种群的进化操作和其中个体适应度的计算。也可以采用图 1-5 所示的主从并行模型，各从处理器执行子种群的进化，所有子种群中个体的适应度的计算由主处理器完成[14]。相比于粗粒度并行模型，主从并行模型的优点是只有较小的通信量，缺点是需要一个性能较高的主处理器。

Potter 在文献[15]中提出一个包含三个子种群的 CoopCEA 拓扑模型：子种群中的个体相对独立地进化(选择、交叉、变异)，通过共享的领域模型(domain model)发生合作关系。领域模型的具体实现方法是与所解决的问题直接相关的，它是子种群发生合作的场所，也是计算所有个体适应度的场所。

	子种群1	子种群2	子种群3
个体1	101	000	001
个体2	001	001	100
个体3	101	000	110
个体4	001	001	110
个体5	101	000	101
个体6	001	001	110
个体7	101	000	110
个体8	110	001	110
个体9	101	000	110

图 1-3　种群纵向划分示意图

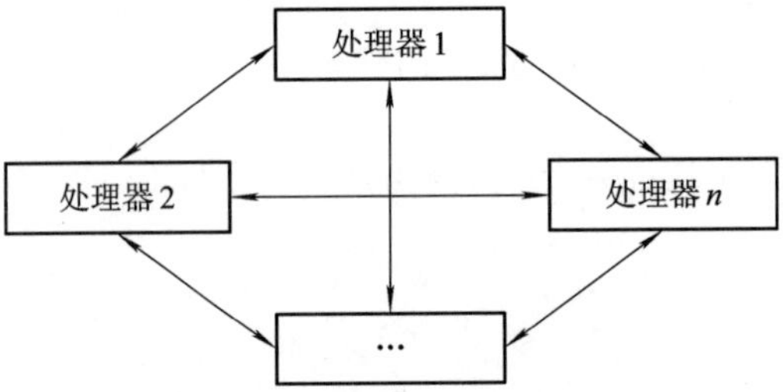

图 1-4　粗粒度并行模型示意图

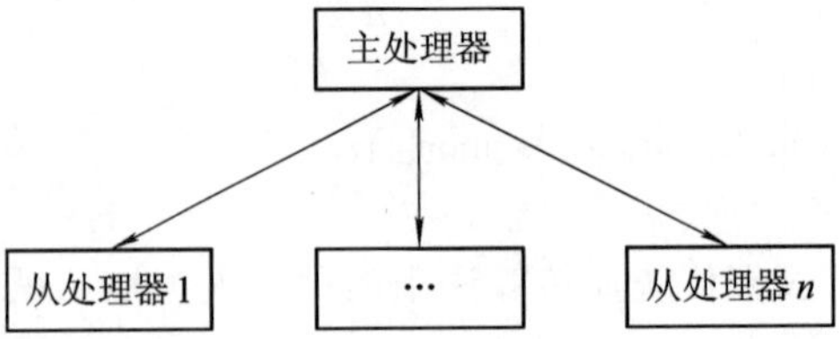

图 1-5　主从并行模型示意图

2) CoopCEA 中适应度的计算

传统遗传算法中的个体代表一个完整的解，个体的适应度表示解的性能。而在 CoopCEA 中，子种群中的任何一个个体只是完整解的一个部分，个体的适应度表现为与其他各子种群中的个体的合作能力。为了求得某子种群中的一个个体(individual)的适应度，该子种群先把个体发送至领域模型，领域模型同时从其他的各子种群接收若干合作者(cooperators)来同那个个体合作，一起组成若干完整的解。领域模型把求得的适应度(fitness)中的最佳值作为所求个体的适应度发送给子种群[15]，或者把多次求得的适应度的平均值作为所求个体的适应度值[16]。

可以从其他各子种群随机选取合作者[17]，也可以选取其他子种群中最佳的个体作为合作者。合作者的个数可多可少，最贪婪的做法是把其他子种群中所有的个体都选作合作者。贪婪的做法可以全面地衡量一个个体的合作能力，但是计算量很大。

另一种计算个体适应度的方法是根据个体的基模(schemata，用于描述一组相关个体的通用结构)来计算。具体方法是：把子种群中的个体看成完整解基模中的确定部分，而其他的部分是不确定的，该个体的适应度为基模中的部分个体的平均适应度[18]。这种方法的实质是随机产生若干合作者。例如，图 1-3 中的子种群 1 中个体 1 是 101，其基模是 101＊＊＊＊＊＊。根据基模随机生成两个个体：101000101，101110001，把这两个个体的平均值作为个体 101 的适应度。

在 CoopCEA 中，为了计算子种群中个体的适应度，所选取的合作者的个数越少，计算个体的适应度的偶然性就越大；选取的合作者的个数越多，计算量就越大。减小偶然性和减小计算量是一对无法兼得的目标：减小计算量，就会增加偶然性；减小偶然性，就会增加计算量。所以，在 CoopCEA 中，如何有效地计算个体的适应度是一个值得深入探讨的问题。同时，取样的方法也有待探讨。

1.2 人工免疫系统

与进化算法一样，人工免疫系统借鉴脊椎动物免疫系统的作用机理，特别是高级脊椎动物(主要是人)免疫系统的信息处理模式，以免疫学术语和基本原理构造新的智能算法，为问题的求解提供了新颖的方法。

“免疫”一词，首见于我国明代医书《免疫类方》，是指“免除疫疠”，也就是防治传染病的意思。在西方，免疫(immune)是从拉丁文 immunis 而来的，原意是免税(except from charges)，引申为免除疾病。免疫性(immunity)是指机体接触抗原性异物(如各种微生物)后，能识别和排除这些异物的保护性生理反应。长期以来，免疫性仅指机体抗感染的能力，因此也称抵抗力，属于微生物学范畴。随着科学技术的发展以及基础理论研究的深入，免疫机制逐渐被揭示，人们对免疫的认识早已超过了抗感染的范围，对免疫概念也有了新的理解。

近代免疫的概念是指机体对“自我(self)”或“非我(non-self)”的识别并排除异己的功能，具体来说，免疫是机体识别和排除抗原性异物，以维护自身平衡和稳定的功能。生物免疫系统是生物体内结构最为复杂、功能最为独特的系统。因此，研究生物免疫系统机理的“免疫学”成为当代生命科学中的前沿学科。免疫系统没有中心器官，而是由体内循环的免疫细胞群构成的复杂分散系统。它能区别自我与非我，并具有排除与记忆非我的功能。从信息处理的观点看，免疫系统内部蕴含着信息的分布式存储、识别、学习、记忆等复杂的信息处理机理，它给我们利用计算机进行智能信息处理以深刻的启迪。

近年来，人们基于生物免疫原理提出了多种人工免疫系统模型和算法，并应用于自动控制[19]、故障诊断[20,21]、优化计算[22-24]、模式识别[25]、机器学习[26]和数据分析[27]等领域，人们称这一类基于免疫原理的智能系统为人工免疫系统[28]。近年来，人工免疫系统发展迅速，已成为智能系统中继模糊逻辑、神经网络、遗传算法和进化计算之后的又一研究热点。

1.2.1 基本原理

1. 人工免疫系统的生物原型

人工免疫系统(Artificial Immune System，AIS)的生物原型为人等高等脊椎动物的免疫系统，其结构如图1-6所示。从图中可以看出，人工免疫系统具有分层的体系结构。

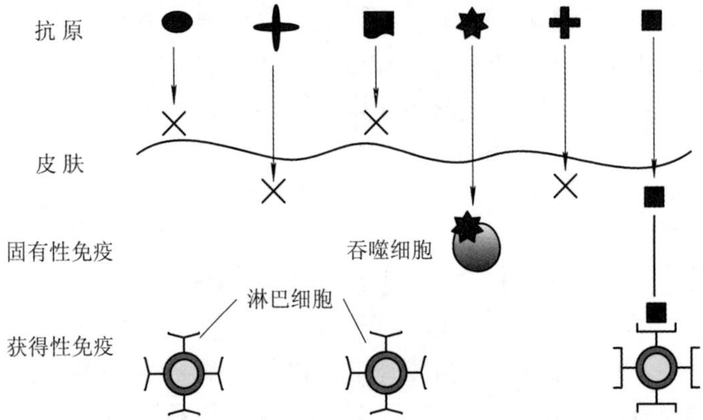

图1-6 人工免疫系统的结构

1) 基本概念

人工免疫系统抵御外部入侵，使机体免受病原侵害的应答反应称为免疫。外部有害病原入侵机体并激活免疫细胞，诱导其发生反应的过程称为免疫应答。免疫应答分为固有性免疫应答和获得性免疫应答两种。前者为机体先天获得，可对病原进行快速清除；后者特异性识别并清除病原体，具有特异性、记忆、区分自我与非我、多样性和自我调节等优良特性，这些优良特性是AIS隐喻机制的不竭之源。诱导免疫系统产生免疫应答的物质称为抗原。能与抗原进行特异性结合的免疫细胞称为抗体。

2) 免疫细胞

人工免疫系统的主要功能是识别体内细胞，将其归类为“自我”和“非我”，并引发适当的防卫机制去除“非我”。自我对应于机体自身的组织；非我对应于外来有害病原或者体内病变组织。免疫应答主要由分布在生物体全身的免疫细胞实现。免疫细胞泛指所有参与免疫应答过程的相关细胞，包括吞噬细胞、NK(自然杀伤)细胞、淋巴细胞等。淋巴细胞又分为B细胞和T细胞两种。

3) B细胞与T细胞

B细胞的主要功能是产生抗体，且每个B细胞只产生一种抗体。人工免疫系统主要依靠抗体来对入侵抗原进行攻击以保护有机体。T 细胞的主要功能是调节其他细胞的活动或直接对抗原实施攻击。成熟的 B 细胞产生于骨髓中，成熟的 T 细胞产生于胸腺中。B 细胞和 T 细胞成熟之后进行克隆增殖、分化并表达功能。两种淋巴细胞共同作用并相互影响和控制对方功能，形成了机体内部高度规律的反馈型免疫网络。

2. AIS 的仿生机理

从信息处理的角度来看，人工免疫系统具有强大的识别、学习和记忆的能力，以及分布式、自组织和多样性等特性。这些显著的特性不断地吸引着研究人员从人工免疫系统中抽取有用的隐喻机制，开发相应的 AIS 模型和算法用于信息处理和问题求解。图 1-7 给出了 AIS 仿生机理的主要内容描述，下面我们分别作简单介绍。

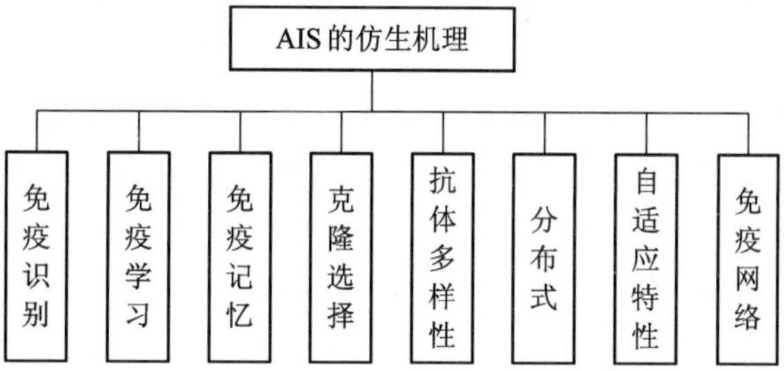

图 1-7　人工免疫系统的仿生机理

1) 免疫识别

免疫识别是人工免疫系统的主要功能，同时也是 AIS 的核心之一，而识别的本质是区分“自我”和“非我”。免疫识别是通过淋巴细胞上的抗原识别受体(receptor)与抗原的结合(binding)实现的，结合的强度称为亲和度(affinity)。未成熟的 T 细胞首先要经历一个审查环节，只有那些不能与自我(即机体本身组织)发生应答的 T 细胞才可以离开胸腺，执行免疫应答的任务，从而防止免疫细胞对机体造成错误攻击。该过程称为阴性选择(negative selection)，它是免疫识别的一种主要方式。

免疫细胞对抗原的识别是通过结合(或匹配)过程实现的。相应地，AIS 中的抗原识别通过特征匹配来实现，其核心是定义一个匹配阈值，而对匹配的度量则采用多种方法，如利用 Hamming 距离、Euclidean 距离或采用 Forrest[29] 所提出的 R 连续位匹配方法等。免疫识别机理在图像识别[30]、网络入侵监测[31]、异常监测[32]中得到了广泛的应用。

2) 免疫学习

免疫识别过程同时也是一个学习的过程，学习的结果是免疫细胞的个体亲和度提高、群体规模扩大，并且最优个体以免疫记忆的形式得到保存。免疫学习大致可分为两种：一种发生在初次应答阶段，即人工免疫系统首次识别一种新的抗原时，其应答时间相对较长；而当机体重复遇到同一抗原时，由于免疫记忆机制的作用，人工免疫系统对该抗原的应答速度大大提高，并且产生高亲和度的抗体去除病原，这个过程是一个增强式学习(reinforcement learning)的过程，对应于再次应答。

人工免疫系统不仅可以实现对同一种抗原的识别，而且可以对结构类似的抗原进行识别，这是其一大特色并在AIS中得到了具体体现。免疫学习一般有以下几种途径[33]：① 对同一抗原进行重复学习，属于增强式学习；② 亲和度成熟，对应于AIS中的个体经遗传操作后其亲和度逐步提高的过程，属于遗传学习；③ 低度的重复感染，对应于AIS的重复训练过程；④ 对内生和外生抗原的交叉应答，对应于联想记忆机制，属于联想式学习。免疫学习机理在AIS机器学习模型和算法构造中得到了广泛应用并取得了良好的学习效果。

3）免疫记忆

当人工免疫系统初次遇到一种抗原时，淋巴细胞需要一定的时间进行调整以更好地识别抗原，并在识别结束后以最优抗体的形式保留对该抗原的记忆信息。而当人工免疫系统再次遇到相同或者结构相似的抗原时，在联想记忆的作用下，其应答速度大大提高。免疫记忆对应于再次免疫应答和交叉免疫应答，而交叉免疫应答是人工免疫系统对结构相似的抗原所产生的免疫应答。

免疫记忆属于联想式记忆，是AIS区别于其他进化算法的重要特性之一。免疫记忆机制目前在智能优化[24, 34]和增强学习[33]方面得到了具体应用，它可以大大加速优化搜索过程，加快学习进程并提高学习质量。总之，免疫记忆是提高算法执行效率的一种非常有效的手段。

4）克隆选择

克隆选择原理最先由Jerne[35]提出，后由Burnet[36]予以完整阐述。其大致内容为：当淋巴细胞实现对抗原的识别(即抗体-抗原的亲和度超过一定阈值）后，B细胞被激活并增殖复制产生B细胞克隆，随后克隆细胞经历变异过程，产生对抗原具有特异性的抗体。

Kim[31]将克隆选择原理用于网络入侵监测。De Castro提出了克隆选择算法模型，并在模式识别、组合优化和多峰值函数优化中得到了验证。

5）免疫网络

基于细胞选择学说，Jerne[35, 37]开创了独特型网络理论，给出了免疫网络的数学框架。在Jerne工作的基础上，Perelson[38]提出了独特型网络的概率描述方法。免疫网络理论对免疫细胞活动、抗体生成、免疫耐受、自我与非我识别、免疫记忆和免疫系统的进化过程等作出了系统的假设，并且将人工免疫系统视为由免疫细胞或者分子组成的调节网络，免疫细胞以抗体间的相互反应和不同种类免疫细胞间的相互通信为基础，抗原识别是由抗原相互作用所形成的免疫网络完成的。

免疫网络理论可以很方便地用于描述人工免疫系统的突现属性，如学习和记忆等。受到免疫网络理论的启发，研究人员构造了多种人工免疫网络模型，如互联耦合网络[39]、多值免疫网络[25]、抗体网络等，并应用于数据聚类、数据分析[33,40]、机器人控制[35,39,41]等领域。

6）抗体多样性

根据免疫学知识[42]，人工免疫系统大约含有 106 种不同的蛋白质，而外部潜在的抗原或待识别的模式达 1016 种之多。要实现对数量级远远大于自身的抗原的识别，需要有效的多样性抗体产生机制。而目前比较公认的多样性抗体产生机制是抗原受体库的基因片断重组方法。

多样性仿生机理可以广泛地应用于优化搜索过程，特别是组合优化与多峰函数优化。将多样性仿生机理用于遗传算法中，可以有效地改善算法的局部收敛性能，从而更好地寻找到全局最优解，或者保留局部最优解集合用于多峰函数优化。另外，多样性抗体产生机制可为需要多样性数据集合的研究与应用提供借鉴，如神经网络集成[43]等。

7）分布式和自适应特性

人工免疫系统由分布在机体各个部分的细胞、组织和器官等组成。其分布式特性首先取决于病原的分布式特征，即病原是分散在机体内部的；其次有利于加强系统的健壮特性(robustness)，从而不会因为局部组织损伤而使人工免疫系统的整体功能受到很大影响。

分散于机体各部分的淋巴细胞采用学习的方式实现对特定抗原的识别，完成识别的抗体以正常细胞变异概率的 10 倍进行变异，使得其亲和度的概率大大提高，并通过分化为效应细胞和记忆细胞分别实现对抗原的有效清除和记忆信息保留，这个过程实际上是一个适应性的应答过程。由于免疫应答机制是通过局部细胞的交互起作用的，不存在集中控制，因此系统的分布式进一步强化了其自适应特性。

分布式和自适应特性在提升系统的工作效率和故障容错[29,30]能力方面得到了很好的应用。由于工作载荷分布在不同的多个工作单元上，系统的工作效率得到有效提高；同时，其分布式特性还可以减少由局部工作单元失效所引起的对系统整体的不利影响。据此，Forrest[29]研究了分布式和自适应的病毒检测和网络安全入侵监测系统。另外，人工免疫系统的自适应特性为自动控制[44]提供了很好的借鉴。

基于生物免疫系统的学习机理，人们设计出多种免疫学习算法，主要包括反向选择算法、免疫遗传算法、克隆选择算法、基于疫苗的免疫算法以及基于免疫网络的免疫算法等。其中，Du 等[45-47]基于免疫系统的克隆选择机理提出的免疫克隆算法，是一种模拟免疫系统的学习过程的智能算法，被广泛用于函数优化、组合优化、模式识别等领域。

1.2.2 人工免疫系统研究现状

1. 国外研究概况

20 世纪 90 年代末，美国、英国、日本等国家先后开展了人工免疫系统的相关研究工作。1996 年 12 月，日本在免疫系统国际会议上首次提出了“人工免疫系统”的概念。随后，人工免疫系统相关领域的研究引起了国内外学者的普遍关注，并成立了“人工免疫系统及应用分会”等国际组织[46]，一些人工智能领域著名的国际会议，如 International Joint Conference on Artificial Intelligence（IJCAI）、International Joint Conference on Neural Networks(IJCNN)、IEEE Congress on Evolutionary Computation（CEC）和 Genetic and Evolutionary Computation Conference(GECCO)等也相继开辟了人工免疫系统专题。国际权威期刊 *IEEE Transactions on Evolutionary Computation* 在 2002 年出版了人工免疫系统的特刊，*Evolutionary Intelligence* 在 2009 年出版了人工免疫系统的特刊，*Neural Computing & Application* 在 2010 年出版了人工免疫系统的特刊[48]。从 2002 年开始，在英国、意大利、加拿大、葡萄牙、美国、巴西等国家连续召开了十一届人工免疫系统国际会议，即 ICARIS 02～12。

2002 年 8 月，德国 Springer 出版社出版了由巴西 Campinas University 的 Castro 和英国 Kent University 的 Timmis 合著的学术著作 *Artificial Immune Systems：A New Computational Intelligence Approach*，该书全面阐述了人工免疫算法的原理、结构和实现细节及实际应用。2008 年，Dasgupta 和 Nino 出版了一本有关免疫计算的学术著作 *Artificial Immune Systems and Their Applications*，该书系统阐述了基于人工免疫系统的最新研究成果，并给出了大量的实例。在国外众多的研究成果中，人们主要从算法的编码机制、操作算子等方面进行研究。

在人工免疫算法的编码机制方面，De Castro 根据克隆选择原理在 2000 年首次提出克隆选择算法[49]，并形成了人工免疫算法的基本执行流程。2002 年，De Castro 和 Von Zuben 等人在总结出克隆选择算法的不足后，将抗体的抑制机制与克隆选择算法结合，建立了基于实数编码的广义克隆选择算法[50]。Wierzchon 等人设计出实数编码的克隆选择算法[51]，该算法和 De Castro 等人提出的广义克隆选择算法的主要区别是突变策略的选择方式不同。Costa 等人提出了基于多字符编码规则的人工免疫算法[52]，以增加初始抗体群的多样性。De Castro[53] 和 Carlos[54] 提出了一种基于多目标优化的多目标人工免疫算法，该算法通过一种记忆集合模型来记录较好的抗体，在算法搜索过程中不断更新该记忆集合。针对约束条件较少或非线性约束性不强的问题，Carlos 等人在多目标人工免疫算法的基础上提出了进一步的改进措施[55]。K. A. Al-Sheshtawi 等人在实数编码的基础上采用 gray 码的方式进行编码，并设计出一种克隆选择算法，最后将该算法应用到数值函数测试中，取得了较理想的试验结果[56]。

在人工免疫算法的算子方面，研究人员也做了大量工作以提高算法性能。Bersini 对克隆选择算法的克隆算子进行了深入研究，设计出具有更佳性能的自适应交叉和动态克隆算子[57]。Adnan Acan 提出一种多样性适应算子，该方法有效改进了算法的搜索速度和收敛性能[58]。Li Chunhua 等人设计出一种改进的人工免疫优化算法[59]，该方法在多模态函数优化方面表现出良好的性能。Yu Ying 等人通过重点考虑优质个体在群体中的地位，将一种学习免疫机制引入算法中，有效加快了人工免疫算法的收敛速度[60]。Luo 等人为了改善算法的个体多样性，在人工免疫算法中设计了一种相似抑制算子，并在多模态函数优化中取得了比较理想的结果[61]。C. A. Carlos 等人引入了高斯变异算法，有效增强了算法的多样性[62]。F. Campelo 等人对克隆算子的克隆函数重新进行设计，并对克隆因子进行了详细的分析[63]。K. A. Al-Sheshtawi 等人在变异操作中引入 Logistic 混沌变异操作，有效减少了搜索过程中出现的数据冗余现象[64]。

2. 国内研究概况

在我国，关于人工免疫系统和免疫算法的研究相对较晚，但发展速度较快，其研究成果在国际上具有一定的影响。从 2001 年开始，我国有关人工免疫系统及人工免疫算法的博士、硕士学位论文相继涌现。2006 年 8 月，在哈尔滨工程大学成功召开的中国第一届人工免疫系统专题会议，为我国学者的交流提供了一个很好的平台。目前，我国已出版的关于人工免疫的著作有《人工免疫系统原理与应用》《计算机免疫学》《免疫优化计算、学习与识别》《工程免疫计算》《免疫进化理论与应用》《仿生智能计算》等。

在人工免疫算法的算子研究方面，我国学者也作出了大量的贡献。Du 等人通过理论分析和实验测试，给出了不同操作算子相应的参数选择方法[65]。葛红等人在简单介绍免疫算法相关概念及操作步骤的基础上，对免疫算法的抗体密度和抗体繁殖率进行改进[66,67]。杨宇明等人利用高斯函数确定抗体的交叉位置，并通过 Logistic 方程对抗体进行变异[68]。舒万能等人在引入等价划分策略的基础上，利用混沌的随机性、遍历性和规律性等优点，设计了一种 Logistic 混沌变异操作算子，实验结果显示所设计的算法能以较快的速度完成给定范围的搜索和全局优化任务[69]。

在人工免疫算法的结构方面，刘若辰等人对算法的克隆机制进行了深入研究，重点讨论了免疫单克隆机制和免疫多克隆机制[70,71]。凌军等人提出了一种能有效维持抗体集合多样性的多样性抗体生成算法[72]。郑日荣等人提出了抗体的相似原则，包括结构相似、空间相似、亲和度相似[73]。李广强等人设计了一种人机合作的动态免疫优化算法，该算法充分利用先验知识，能明显改善算法的种群质量[74]。舒万能等人在传统的克隆选择算法的基础上，设计出了一种进化反馈深度模型，并建立了种群生存度设计理念[75]。

人工免疫算法是受生物免疫系统信息处理方式的启发而构造的一类新的智能优化算法。生物免疫机制的一些性能与进化计算有互补作用。因此，将生物免疫机制融入进化计算能有效提高进化计算的性能[76]。生物免疫机理与其他理论和算法的结合应用同样是一个重要的研究方向。Jiao 等人分析了多目标优化免疫算法的相关理论，并设计出一种动态的免疫遗传算法，该算法能促进抗体的亲和度，并提高算法的收敛速度[77]。王煦法[78]和曹先彬[79]等人根据抗体浓度和抗体亲和度设计抗体的选择概率，然后通过遗传算法的相关操作对抗体群进行优化而获得满意解。高鹰等人提出了一种混合免疫粒子群算法，该算法能有效克服粒子群优化算法容易陷入局部极值点的缺点[80]。杜海峰等人提出了一种自适应混沌克隆进化规划算法，该算法通过混沌优化进行初始化和变异操作[81]。舒万能等人在研究网格计算的任务调度问题时，成功将遗传算法的选择和变异机制引入克隆选择算法中，并提出了一种高效的启发式克隆遗传算法(Efficient Heuristic Clonal Genetic Algorithm, EHCGA)，该算法能平衡局部和全局的并行搜索能力，在实验测试中取得了较理想的实验结果[82]。

本章参考文献

[1] 周明，孙树栋. 遗传算法原理及应用[M]. 北京：国防工业出版社，1999.

[2] 陈国良，王煦法，庄镇泉，等. 遗传算法及其应用[M]. 北京：人民邮电出版社，1999.

[3] 潘正君，康立山，陈毓屏，等. 演化计算[M]. 北京：清华大学出版社，1998.

[4] FOGEL D B. Asymptotic convergence properties of genetic algorithms and evolutionary programming: analysis and experiments[J]. Journal of Cybernetics, 1994, 25(3): 389-407.

[5] KOEHLER G J. A proof of the Vose-Liepins conjecture[J]. Annals of Mathematics & Artificial Intelligence, 1994, 10(4): 409-422.

[6] RUDOLPH G. Convergence analysis of canonical genetic algorithms[J]. IEEE Transactions on Neural Networks, 1994, 5(1): 96-101.

[7] KARAFOTIAS G, HOOGENDOORN M, EIBEN A E. Parameter control in evolutionary algorithms: Trends and challenges[J]. IEEE Transactions on Evolutionary Computation, 2015, 19(2): 167-187.

[8] KEONG G C, TAN K C. A Competitive-cooperative coevolutionary paradigm for dynamic multiobjective optimization[J]. IEEE Transactions on Evolutionary Computation, 2009, 13(1): 103-127.

[9] DE OCA MARCO A M, GARRIDO L, AGUIRRE J L. Effects of Inter-agent communication in ant-based clustering algorithms: A case study on communication policies in swarm systems[C]. MICAI 2005: Advances in Artificial Intelligence. Springer Berlin Heidelberg, 2005: 254-263.

[10] GARNIER S, GAUTRAIS J, THERAULAZ G. The biological principles of swarm intelligence[J]. Swarm Intelligence, 2007, 1(1): 3-31.

[11] RADHIKA N. A catalog of biologically-inspired primitives for engineering self-organization[J]. Engineering Self-Organising Systems. Springer, 2003: 53-62.

[12] NEDJAH H, ALBA E. Parallel evolutionary computations[M]. Heidelberg: springer, 2006.

[13] ZHANG J. Evolutionary computation meets machine learning: A survey[J]. IEEE Computational Intelligence Magazine, 2011, 6(4): 68-75.

[14] TAN K C, YANG Y J, KEONG G C. A distributed cooperative coevolutionary algorithm for multiobjective optimization[J]. IEEE Transactions on Evolutionary Computation, 2006, 10(5):

527－549.

[15] POTTER M A，DE JONG K A. Cooperative coevolution：an architecture for evolving coadapted subcomponents[J]. Evolutionary Computation，2000，8(1)：1－29.

[16] 郑浩然，何劲松，龙飞，等. 基于多策略机制的多模式共生进化算法[J]. 小型微型计算机系统，2003，24(6)：945－949.

[17] KIM Y K，PARK K，KO J. A symbiotic evolutionary algorithm for the integration of process planning and job shop scheduling[J]. Computers & Operations Research，2003，30(8)：1151－1171.

[18] VRAJITORU D. Parallel genetic algorithms based on coevolution[C]. Proceedings of the Genetic and Evolutionary Computation Conference 2007.

[19] 丁永生，任立红. 一种新颖的模糊自调整免疫反馈控制系统[J]. 控制与决策，2000，15(4)：443－446.

[20] MIZESSYN F，ISHIDA Y. Immune networks for cement plants[C]. International Symposium on Autonomous Decentralized Systems，1993. Proceedings. ISADS IEEE，1993：282－288.

[21] DIPANKAR D，FORREST S. Tool breakage detection in milling operations using a negative-selection algorithm[R]. Technical Report CS95－5，Department of Computer Science，University of New Mexico，1995.

[22] DE CASTRO L N. The clonal selection algorithm with engineering applications[C]. GECCO 2002-Workshop Proceedings，2000：36－37.

[23] DU H F，JIAO L C，WANG S A. Clonal operator and antibody clone algorithms[J]. International Conference on Machine Learning and Cybernetics，2002. Proceedings IEEE，2002，1：506－510.

[24] ENDOH S，TOMA N，YAMADA K. Immune algorithm for n-TSP[C]. IEEE International Conference on Systems，Man，and Cybernetics IEEE，1998，4：3844－3849.

[25] ZHENG T，YAMAGUCHI T，TASHIMN K，et al. A Multiple-valued immune network and its applications[J]. IEICE Trans. Fundamentals，2007，82(6)：1102－1108.

[26] International Telecommunication Union. On parameter adjustment of the immune inspired machine learning algorithm AINE[S]. ITU-T Rec. X. 500，Information Technology-Open Systems Interconnection，2000.

[27] 邵学广，陈宗海. 一种新型的信号拟合方法：免疫算法[J]. 分析化学，2000，28(2)：152－155.

[28] DASGUPTA D，ATTOH-OKINE N. Immunity-based systems：A survey[C]. IEEE International Conference on Systems，Man，and Cybernetics，1997. Computational Cybernetics and Simulation IEEE，1997，1：369－374.

[29] FORREST S，HOFMEYR S A. Immunology as information processing[C]. 2000：361－387.

[30] MCCOY D F，DEVARAJAN V. Artificial immune systems and aerial image segmentation. [C] IEEE International Conference on Systems，Man，and Cybernetics，1997. Computational Cybernetics and Simulation IEEE，1997，1：867－872.

[31] KIM J，BENTLEY P J. Towards an artificial immune system for network intrusion detection：An investigation of dynamic clonal selection[J]. Evolutionary Computation. cec. proceedings of the

Congress. 1999：1015－1020.

[32] DIPANKAR D，FORREST S. Artificial immune systems in industrial applications[C]. Proceedings of the second International Conference on Intelligence on Processing and Manufacturing of Materials (IPMM'99)，06 August 2002：257－267.

[33] TIMMIS J，NEAL M，HUNT J. An artificial immune system for data analysis[J]. Biosystems，2000，55(1/2/3)：143－150.

[34] XIAO R B，WANG L，FAN Z. Artificial immune system based isomorphism identification method for mechanism kinematics chains[C]. ASME 2002 International Design Engineering Technical Conferences and Computers and Information in Engineering Conference，2002：251－256.

[35] JERNE N K. The Immune system[J]. Scientific American 229. 1(1973)：52－60.

[36] BURNET F M. Clonal selection and after[J]. Theoretical Immunology，1978：63－85.

[37] JERNE N K. Towards a network theory of the immune system[J]. Annales d'immunologie 125C. 1－2(1974)：373.

[38] PERELSON A S. Immune network theory[J]. Immunological Reviews，1989，110(1)：5－36.

[39] ISHIGURO A. Immunoid：An architecture for behavior arbitration based on the immune networks [C]. Ieee/rsj International Conference on Intelligent Robots and Systems'96，IROS IEEE，1996，3：1730－1738.

[40] TIMMIS J，NEAL M. A resource limited artificial immune system for data analysis[J]. Knowledge-Based Systems，2001，14(3/4)：121－130.

[41] ISHIGURO A，WATANABE Y，KONDO T，et al. Decentralized consensus-making mechanisms based on immune system-application to a behavior arbitration of an autonomous mobile robot[C]. IEEE International Conference on Evolutionary Computation，1996：82－87.

[42] 林学颜. 现代细胞与分子免疫学[M]. 北京：科学出版社，1999.

[43] 周志华，陈世福. 神经网络集成[J]. 计算机学报，2002，25(1)：1－8.

[44] RENDERS J M，HANUS R. Biological learning metaphors for adaptive process control：A general strategy[C]. IEEE International Symposium on Intelligent Control IEEE，1992：469－474.

[45] DU H F，JIAO L C，WANG S A. Clonal operator and antibody clone algorithms[J]. International Conference on Machine Learning and Cybernetics，2002. Proceedings IEEE，2002，1：506－510.

[46] SUN X Y，GON D. Research on a modified immunity genetic algorithm[C]. International Conference on Control and Automation，2002. ICCA. Final Program and Book of IEEE，2002：146－147.

[47] 蒋加伏，陈荣元，唐贤瑛，等. 基于免疫：蚂蚁算法的多约束 QoS 路由选择[J]. 通信学报，2004，25(8)：89－95.

[48] HUNT J E，COOKE D E. Learning using an artificial immune system[J]. Journal of Network & Computer Applications，1996，19(2)：189－212.

[49] DE CASTRO L N. The clonal selection algorithm with engineering applications[C]. GECCO 2002－Workshop Proceedings 2000：36－37.

[50] DE CASTRO L N，VON ZUBEN F J. Learning and optimization using the clonal selection principle

[J]. IEEE Transactions on Evolutionary Computation, 2002, 6(3): 239-251.
[51] WIERZCHON S T. Function optimization by the immune metaphor[J]. Task Quarterly, 2002, 6(3): 1-16.
[52] COSTA A M, VARGAS P A, VON ZUBEN F J, et al. Makespan minimization on parallel processors: An immune-based approach[C]. IEEE, 2002.
[53] DE CASTRO L N, TIMMIS J. An artificial immune network for multimodal function optimization [C]. Conference on Genetic and Evolutionary Computation ACM, 2005: 289-296.
[54] CARLOS A C, CORTES N C. An approach to solve multiobjective optimization problems based on an artificial immune system[C]. International Conference on Artificial Immune Systems 2002.
[55] CARLOS A C, CORTES N C. Solving multiobjective optimization problems using an artificial immune system[J]. Genetic Programming & Evolvable Machines, 2005, 6(2): 163-190.
[56] AL-SHESHTAWI K A, ABDUL-KADER H M, ISMAIL N A. Artificial immune clonal selection algorithms: A comparative study of CLONALG, opt-IA, and BCA with numerical optimization problems[J]. International journal of computer science and network security, 2010, 10(4): 24-30.
[57] BERSINI H. The immune and the chemical crossover[J]. IEEE Transactions on Evolutionary Computation, 2002, 6(3): 306-313.
[58] ACAN A. Clonal selection algorithm with operator multiplicity[C]. Evolutionary Computation, 2004. CEC2004. Congress on IEEE, 2004, 2: 1909-1915.
[59] LI C H, ZHU Y, MAO Z. A novel artificial immune algorithm applied to solve optimization problems[C]. Control, Automation, Robotics and Vision Conference, 2004. ICARCV 2004 IEEE, 2004, 1: 232-237.
[60] YU Y, HOU C Z. A clonal selection algorithm by using learning operator[C]. International Conference on Machine Learning and Cybernetics IEEE Xplore, 2004, 5: 2924-2929.
[61] LUO Y SH, LI R, TIAN F. Application of artificial immune algorithm to multimodal function optimization[C]. Intelligent Control and Automation, 2004. WCICA 2004. Fifth World Congress on IEEE, 2004, 3: 2248-2252.
[62] CARLOS A C, CORTES N C. Solving multiobjective optimization problems using an artificial immune System[J]. Genetic Programming & Evolvable Machines, 2005, 6(2): 163-190.
[63] CAMPELO F, GUIMARAES F C, LGARASHI H, et al. A clonal selection algorithm for optimization in electromagnetics[J]. IEEE Transactions on Magnetics, 2005, 41(5): 1736-1739.
[64] AL-SHESHTAWI K A, ABDUL-KADER H M, ISMAIL N A. Artificial immune clonal selection classification algorithms for classifying malware and benign processes using API call sequences[J]. International Journal of Computer Science and Network Security, 2010, 10(4): 31-39.
[65] DU H F, JIAO L C, WANG S A. Clonal operator and antibody clone algorithms[J]. International Conference on Machine Learning and Cybernetics, 2002. Proceedings IEEE, 2002, 1: 506-510.
[66] 葛红，毛宗源. 免疫算法几个参数的研究[J]. 华南理工大学学报(自然科学版)，2002，30(12)：15-18.

[67] 葛红，毛宗源. 免疫算法的改进[J]. 计算机工程与应用，2002，38(14)：47－49.
[68] 杨宇明，李传东. 混沌在遗传算法中的应用[J]. 计算机工程与应用，2004，40(5)：76－77.
[69] 舒万能，丁立新，徐兴东. 等价划分策略的混沌克隆优化算法[J]. 重庆大学学报，2012，35(8)：34－41.
[70] 刘若辰，杜海峰，焦李成. 一种免疫单克隆策略算法[J]. 电子学报，2004，32(11)：1880－1884.
[71] 刘若辰，杜海峰，焦李成. 免疫多克隆策略[J]. 计算机研究与发展，2004，41(4)：571－576.
[72] 凌军，曹阳，尹建华，等. 基于小生境技术的多样性抗体生成算法[J]. 电子学报，2003，31(8)：1130－1133.
[73] 郑日荣，毛宗源，罗欣贤. 改进人工免疫算法的分析研究[J]. 计算机工程与应用，2003，39(34)：35－37.
[74] 李广强，赵洪伦，赵凤强，等. 人机合作的免疫算法及其在布局设计中的应用[J]. 计算机工程，2005，31(21)：4－6.
[75] 舒万能，丁立新，汪慎文. 基于反馈机制的克隆反馈优化算法的稳定性研究[J]. 计算机科学，2012，39(10)：187－189.
[76] 胡纯德，祝延军，高随祥. 基于人工免疫算法和蚁群算法求解旅行商问题[J]. 计算机工程与应用，2004，40(34)：60－63.
[77] JIAO L CH，WANG L. A novel genetic algorithm based on immunity[J]. Systems Man & Cybernetics Part A Systems & Humans IEEE Transactions on，2000，30(5)：552－561.
[78] 王煦法，张显俊，曹先彬，等. 一种基于免疫原理的遗传算法[J]. 小型微型计算机系统，1999，20(2)：117－120.
[79] 曹先彬，刘克胜，王煦法. 基于免疫遗传算法的装箱问题求解[J]. 小型微型计算机系统，2000，21(4)：361－363.
[80] 高鹰，谢胜利. 免疫粒子群优化算法[J]. 计算机工程与应用，2004，40(6)：4－6.
[81] 杜海峰，公茂果，刘若辰，等. 自适应混沌克隆进化规划算法[J]. 中国科学：技术科学，2005，35(8)：817－829.
[82] SHU W N，DING L X，WANG S W. An efficient heuristic scheduling algorithm for optimal job allocation in computational grids[J]. ICIC Express Letters，2011，5(4)：1045－1050.

第2章 群体智能

2.1 群体智能概述

在生态系统中，许多个体层面上行为模式简单的生物个体，在形成群体后却体现出复杂而有序的种群自发行为。例如：鸟群在空中飞行时自动地调整队形；蚁群能够分享信息，协同合作，优化起点到食物源的路径；鱼群聚集最密集的地方通常是水中食物集中的地方；大肠杆菌会自动向营养浓度高的区域聚集。在仿生学的基础上，学者们将此类现象概述为：在不存在中央控制机制的条件下，种群中的所有个体都遵循某种特定的行为模式，通过个体间的相互影响与相互作用，在种群整体层面涌现出来的复杂系统行为[1,2]。

群体智能算法是一门新兴的优化计算方法，自从20世纪80年代出现以来，引起了多个学科领域研究人员的关注，已经成为优化技术领域的一个研究热点，是人工智能以及经济、社会、生物等交叉学科的热点和前沿领域。

群体智能算法是基于群体行为进行给定目标寻优的启发式搜索方法，其寻优过程体现了随机、并行和分布式等特点。对于每个智能个体，其定义本身是相对的，其大小和功能要根据所求解的问题而定，并且每个智能个体即使处于合理的寻优过程之中，其个体动态也不能保证在每个时刻都具有最佳的寻优收敛特征，其智能寻优方式的实现是通过整个智能群体的总体优化特征来体现的[3]。群体智能鲁棒性强，并行性好，实现相对简单，无需中央控制机制。这类特性是普通的个体智能(与传统优化算法相比)无法比拟的，尤其是对那些没有集中控制且不能提供全局信息的应用场景，群体智能展现出了较好的优化性能。

实现群体智能的五条基本原则是[4]：

(1) 接近原则：种群有能力进行简单的空间和时间的计算。

(2) 质量原则：个体除了能响应空间和时间等因素，还可以对信息的优劣作出反应。

(3) 多样性反应原则：种群需具有一定广泛的活动范围，避免群体多样性由于环境变化而丧失。

(4) 稳定性原则：群体应保持一定的稳定性，有对抗环境发生变化的能力，即种群的行为模式不能每次都随着环境的变化而改变。

(5) 适应性原则：群体能够通过自适应改变行为模式来适应环境变化。

群体智能依赖一定的概率进行随机搜索，这点与传统的基于梯度的算法有所不同。与传统方法相比，群体智能具有如下突出的优点：

(1) 分布式：种群中个体的搜索行为相对独立，并行性较强，适合网络和分布式系统计算。

(2) 鲁棒性：由于群体中不存在中央控制机制，个体相互平等，不会因为某些个体的失效而使整体对问题的搜索失效。

(3) 可扩充性：群体中的个体可以使用多种信息共享方式，便于种群规模与智能个体的扩充。

(4) 简单性：个体的行为模式相对简单，利于算法实现。

当前，对群体智能的研究还处于初级阶段，但由于其具备上述优点，其在缺乏全局信息的情况下，也能快速对复杂问题(NP 难问题等)获得满意解。于是，该研究日益受到运筹管理、工程及优化等领域的重视，成为新的研究热点[5, 6]。

迄今为止，研究者提出的群体智能算法主要包括蚁群优化算法(Ant Colony Optimization，ACO)[7, 8]、人工鱼群算法(Artificial Fish Swarm Algorithm，AFSA)[9]、人工蜂群算法(Artificial Bee Colony，ABC)[10]、粒子群优化算法(Particle Swarm Optimization，PSO)[11, 12]以及细菌觅食优化算法(Bacterial Foraging Optimization，BFO)[13]。本节先对 AFSA、ABC 和 BFO 算法加以简单描述，ACO 与 PSO 将在后续小节中详细介绍。

(1) 人工鱼群算法(AFSA)模拟鱼类寻找食物密集区域的智能行为。在鱼类觅食的过程中，没有统一的中央协调者，鱼类通过觅食行为、聚群行为、追尾行为和随机行为感知环境的变化和同伴的状态，聚集在局部极值的附近，从而完成对问题的求解。AFSA 属于随机优化的群体智能之一，因此与其他群体智能类似，AFSA 对问题本身的数学性质要求不高，具有较好的并行性和鲁棒性。AFSA 当前主要处理连续型优化问题，已经应用于 0－1 背包问题[14]、多序列对比问题[15]和机组组合优化问题[16]等的求解。

(2) 人工蜂群算法(ABC)源于对蜜蜂群体社会的研究。蜜蜂通过个体的反应阈值和外界的激励信号来与外部环境进行交流。蜜蜂对蜂巢的不同区域均有相应的反应阈值，如果对某区域的反应阈值较高，或者该区域的幼虫给蜜蜂的激励信号比较弱时，蜜蜂为该区域的幼虫觅食的概率就会更低。反之亦然。这一点与 ACO 有相似之处。当前，ABC 已经被应用于结构工程设计优化[17]、成本优化[18]、经济电力调度[19]和连续型优化[20]等问题的求解。

(3) 细菌觅食优化算法(BFO)是一种基于微生物的仿生计算方法，其理论基础是生物学上人类肠道中的大肠杆菌在觅食过程中体现出来的智能行为。它是一种简单有效且所需经验少的随机全局优化算法，不但有良好的局部搜索能力，算法中的迁徙操作还可以避免算法陷入局部最优。该算法具有群体并行性及易跳出局部最优等优点，已经成为仿生算法研究优化领域的一大热点。目前 BFO 已经被成功应用于实际问题与工程优化，例如电力系统优化、多目标优化、路径优化等问题的求解。

2.2 蚁群优化算法

在20世纪90年代初期，意大利学者 M. Dorigo、V. Maniezzo、A. Colorni 等人从蚂蚁觅食的自然现象中受到启发，经过大量的观察和实验发现，蚂蚁在觅食过程中留下了一种外激素，又叫信息素，它是蚂蚁分泌的一种化学物质，蚂蚁在寻找食物的时候会在经过的路上留下这种物质，以便在回巢时不至于迷路，而且方便找到回巢的最佳路径。由此，M. Dorigo 等人首先提出了一种新的启发式优化算法，又叫蚁群系统(Ant System，AS)[21]，这是最初的 ACO 算法，也被称为基本蚁群算法。在 ACO 算法中，蚁群寻找食物时会派出一些蚂蚁分头在四周寻找，如果有一只蚂蚁找到食物，它就会返回巢中通知其他蚂蚁并且在沿途留下信息素作为蚁群前往食物所在地的标记。信息素会逐渐挥发，如果两只蚂蚁同时找到同一食物，又采取不同路线返回巢中，那么较复杂的路径上的信息素的气味会比较淡，蚁群将倾向于沿另一条更近的路线前往食物所在地。这样，由大量蚂蚁组成的蚁群集体行为就表现出了一种信息正反馈现象——信息素随时间挥发，在较短的路径上浓度较大，因而蚂蚁个体之间通过这种信息的交流寻找食物。在实际应用中，使用人工蚂蚁来模仿自然界的蚂蚁，并模仿它们的觅食过程，这为解决各种寻优问题提供了一种新方法。这种算法是目前国内外启发式算法中的研究热点和前沿课题，被成功地运用于旅行商问题的求解，同时在求解复杂优化问题方面也具有很大的优越性和广阔的前景。

2.2.1 基本原理

蚁群算法包含两个基本阶段：适应阶段和协作阶段。在适应阶段，各候选解根据积累的信息不断调整自身结构；在协作阶段，候选解之间通过信息交流，以期产生性能更好的解，这类似于自动机的学习机制。蚁群算法的基本思想为：

(1) 一群蚂蚁随机从出发点出发，遇到食物，获取食物，沿原路返回。

(2) 蚂蚁在往返途中，在路上留下信息素标志。

(3) 信息素将随时间逐渐挥发(一般可以用负指数函数来描述)。

(4) 由蚂蚁巢穴出发的蚂蚁，其选择路径的概率与各路径上的信息素浓度成正比。

利用同样的原理可以描述蚁群进行多食物源的觅食情况。

下面以 n 个城市的 TSP 问题(旅行商问题，即寻求从一个位置出发，经过所有指定的城市，最后回到出发点的最短路径)为例，简要介绍一下根据蚂蚁觅食原理设计出的求解最短路径的蚁群算法。

设共有 m 只蚂蚁，第 i 个城市在 t 时刻有 $a_i(t)$ 只蚂蚁，t 时刻在第 i、j 两个城市间的道路上留下的信息素量为 $b_{ij}(t)$。假设每只蚂蚁在完成一个回路时，不重复已走过的城市，

则第 k 个蚂蚁从城市 i 到 j 的概率为

$$p_{ij}^{k} = \frac{b_{ij}(t)}{\sum b_{ij}(t)} \tag{2-1}$$

其中，信息素量 $b_{ij}(t)$可定义为 $b(t)=\mathrm{e}^{-ct}$，$c>0$，或定义为

$$b_{ij} = \sum_{k=1}^{m} \frac{\mathrm{e}}{L_k} a_{ij}^{k}(t) \tag{2-2}$$

其中，L_k 是第 k 只蚂蚁求得的回路长度。

$$b_{ij}(t+1) = c \cdot b_{ij}(t) + b_{ij} \tag{2-3}$$

$$a_{ij}^{k}(t) = \begin{cases} 1, & \text{第 } t \text{ 轮第 } k \text{ 只蚂蚁从城市 } i \text{ 到城市 } j \text{ 经过的路径}(i, j) \\ 0, & \text{其他} \end{cases} \tag{2-4}$$

这样，每只蚂蚁经过 n 次迁移后就得到一条回路，其长度为 L_k。再利用式(2-1)～式(2-4)重新计算各条路径的信息素浓度，进行下一步搜索。

2.2.2 蚁群算法的理论研究现状

自 1991 年意大利学者 Dorigo 首次提出蚁群系统，蚁群算法得到了学术界的关注，大量关于算法的改进和应用的研究不断涌现，蚁群算法从过去的蚂蚁系统(Ant System，AS)发展到后来的蚁群系统(Ant Colony System，ACS)、最大最小蚂蚁系统(Max-Min Ant System，MMAS)、蚁群优化(Ant Colony Optimization，ACO)等。

蚁群算法自提出以来，国外许多学者的研究重点是基本蚁群算法的改进。除了上述的 ACS 和 MMAS 外还有一些有效的改进算法，如蚂蚁系统最优解保留策略(Ant System with Elitist，ASELite)[22, 23]。该算法通过使用最优蚂蚁提高蚂蚁系统中解的质量，每次迭代完成后，全局最优解得到更进一步的利用，即在对信息素的迹进行更新时，就好像有许多的最优蚂蚁选择了该路径。与 AS 算法相比，ASELite 算法在信息素更新时加强了对全局最优解的利用。Bullnheimer[24]等人提出了基于排序的蚂蚁系统，该算法在完成一次迭代后，将蚂蚁所经路径的长度按从小到大的顺序排列，并根据解的质量赋予不同的权重，根据解的级别对信息素进行有差别的更新。蚁群算法的理论研究相对于算法改进和算法应用方面的研究要滞后一些。Gutjahr 于 2000 年和 2003 年发表的学术论文[25, 26]在一些假设的前提下，首次对蚁群算法的收敛性进行了证明，在蚁群算法的发展史上具有重要意义。而后，Gutjahr 又提出了 GBAs/tdev 和 GBAs/tdib[27]，证明了通过自适应调整挥发系数或者信息素下界值算法最终能收敛到全局最优解。Stutzle 和 Dorigo[28]针对具有组合优化性质的极小化问题提出了一种简化的蚁群算法，指出当迭代次数趋于无穷时，算法总能找到全局最优解。Badr 等人[29]将蚁群算法视为分支随机过程，在分支随机路径和分支过程方面对蚁群算法的收敛性进行了研究。近年来，相关的研究主要集中于蚁群优化算法与其他自然

启发算法的融合上，比如蚁群优化算法与人工蜂群算法[30]、蚁群优化算法与粒子群算法[31, 32]、蚁群优化算法与遗传算法[33]、蚁群优化算法与模拟退火算法[34]、蚁群优化算法与免疫算法[35]等。

国内对蚁群算法的研究热情从 20 世纪末开始不断上升。覃刚力、杨家本[36]和王颖、谢剑英[37]等人通过自适应地改变蚁群算法的挥发度等参数，在保证收敛速度的前提下提高了解的全局优化性能；熊伟清[38]、张徐亮[39]、庄昌文[40]等人通过改进路径选择策略，全局修正信息量规则，引入蚁群中蚂蚁分工与协同学习、协同工作的思想，提高了算法的自适应能力；吴庆洪等人[41]针对基本蚁群算法计算时间长的缺点，提出了一种具有变异特征的蚁群算法，充分利用 2-交换法简单高效的特点，加快算法的收敛速度，节省了计算时间；邵晓巍等人[42]将遗传算法和蚁群算法相结合，用遗传算法生成信息素分布；孙焘等人[43]利用蚁群算法求精确解，形成了一种时间效率和求解效率都比较好的启发式算法；段海滨等人[44]以离散熵为研究工具，对基本蚁群算法的全局收敛性问题进行了研究。此外，在蚁群算法方面国内还出现了不少著作，吴启迪和汪镭[45]、孙俊[46]、李士勇[47]、高尚等人[48]都先后出版了关于蚁群算法方面的专著，为蚁群算法的进一步研究提供了系统、完整的参考资料。

2.2.3 蚁群算法的应用研究现状

自从蚁群算法成功求解著名的 TSP 问题以来，目前已陆续渗透到其他许多新的领域。蚁群优化算法的主要应用领域有：

(1) 车辆路径问题(Vehicle Routing Problem, VRP)。VRP 是一类交通运输优化问题，即给定车辆的载重量及各个需求点的需求量，优化目标是在保证各个需求点需求的前提下，通过车辆的调度，使车辆的总行程最短。目前，除了一些经典的智能算法以外，蚁群算法同样可求解 VRP，求解时可将车辆模拟成蚂蚁。近年来，国内外学者[49, 50]在用蚁群算法求解 VRP 方面取得了很多研究成果，但模拟效果距离现实中的 VRP 还有一定的差距。因此，这方面的研究还有待于进一步加深。

(2) 生产调度问题(Job Scheduling Problem, JSP)。JSP 是一个复杂的动态管理优化问题。因为蚁群算法机制可以不断从过去的加工经历中学习，能自然地适应车间内外部环境的变化，从而实现动态调度，所以，它能适应动态的工件到达、不确定的加工时间以及机床故障等扰动，比静态确定性算法具有更好的应用背景[51]。蚁群算法可求解动态任务多目标分配问题[52]，并对车间内外部环境变化具有良好的自适应性，但这些应用研究大多是针对小规模实例的仿真，用蚁群算法解决大规模生产调度和多目标分配问题是今后的进一步研究方向。

(3) 网络路由问题。蚁群算法在动态组合优化问题研究中的应用主要集中在通信网络方面。随着 Internet 上广泛的分布式多媒体应用对服务质量(Quality of Service, QoS)需求的增长，各种服务应用对网络所能提供的 QoS 提出了不同的要求，而路由是实现 QoS 的关键。将蚁群算法应用于受限路由问题，目前可以解决包括带宽、延时、丢包率和最小花费等约束条件在内的 QoS 组播路由问题[53, 54]，蚁群算法相比现在采用的链路状态路由算法具有明显的优越性。应用蚁群算法求解更复杂的 QoS 问题还需要深入讨论。

(4) 电力系统优化问题。电力系统优化是一个复杂的系统工程，它包括无功优化、经济负荷分配、电网优化及机组最优投入等一系列问题，其中很多的是高维、非凸、非线性的优化问题。Hou 等人[55]将蚁群算法成功地用于解决经济负荷分配问题；文献[56]则解决了该算法在配电网优化规划中的初步设计问题。电力系统优化中的机组最优投入问题是寻求一个周期内各个负荷水平下机组的最优组合方式及开停机计划，以使运行费用最小。利用动态、决策及路径概念，将机组最优投入问题设计成类似 TSP(旅行商问题)的模式[57]，从而可快速地利用蚁群算法来求解。Teng 等人[58]针对分布式系统中开关重定位问题对蚁群算法进行了遗传变异改进，但未能给出解决这类非线性、不可微目标函数优化问题的蚁群算法参数选择原则。文献[59]将蚁群算法编入水力发电规划能源管理软件，可很好地节约能源，但对于蚁群算法在实际应用中的可靠性问题还需进一步探讨。

(5) 连续空间函数优化问题。其核心思想是将连续的搜索空间离散化，用一个从起始点出发的运动矢量集合来描述蚂蚁的移动路径，这样就可用一个离散的结构来表示蚁群的连续运动区域。已有一些学者对其进行了研究[60-63]，但算法的优化性能有待进一步提高。

(6) 无线传感器网络路由协议问题。作为一种新的信息获取方式和处理模式，无线传感器网络(Wireless Sensor Network，WSN)目前已经成为备受国内外关注的研究热点。WSN 是由众多具有通信和计算能力的传感器节点，以多跳通信、自组织方式形成的网络。WSN 由节点传感器电池供电，电源能量、通信能力和计算能力都是有限的。WSN 路由协议中的一个重要问题是路由的选择要结合节点的能量信息，使得节点的能量消耗均衡，延长网络生命周期。蚁群优化算法求解模式将问题求解的快速性、全局优化特征以及高度的自组织性等特点合理结合，这与无线传感网低能耗、自组织的大规模网络路由快速建立要求极其相似，有助于建立以面向数据为中心的路由协议。目前，已有许多学者研究蚁群优化算法在 WSN 路由协议中的应用[64-66]。

此外，蚁群算法在数据挖掘[67]、图像处理[68]、参数辨识[69]、整数规划问题[70]、机器人路径规划问题[71]和图形着色[72]等领域的应用也取得了很大进展。

2.3 粒子群优化算法

自然界有许多现象令人惊奇，鸟群优美而协调的运动便是其中之一。生物学家对鸟群运动进行了计算机仿真[73]，他们让每个个体按照特定规则运动，模拟鸟群整体的复杂行为。模型中的关键点在于对个体间距离的操作，即让个体通过努力维持自身与邻居之间的距离，使其为最优，从而使群体行为同步，为此每个个体必须知道自身位置和邻居的信息。生物社会学家 E. O. Wilson 也曾说过[74]："至少从理论上，在搜索食物过程中群体中个体成员可以得益于所有其他成员的发现和先前的经历。当食物源不可预测地零星分布时，这种协作带来的优势是决定性的，远大于对食物的竞争带来的劣势。"以上例子充分说明群体中个体之间信息的社会共享有助于进化。这正是粒子群算法的思想起源。

粒子群优化算法（Particle Swarm Optimization，PSO）是 J. Kennedy、Shi Y 和 R. Eberhart 于 1995 年提出的一种进化计算方法[75, 76]。该算法是群体智能优化算法最新的实现模式之一，其基本思想源于对鸟类行为的研究，通过模拟鸟群的捕食行为来求解优化问题。PSO 算法具有概念简明、操作方法简便、参数较少、收敛能力较强等特点，因此自其问世以来受到了广泛的关注，并在诸多工程领域得到成功应用。

2.3.1 基本原理

PSO 算法和其他进化算法类似，也采用"群体"和"进化"的概念，通过个体间的协作与竞争，实现复杂空间中最优解的搜索。PSO 算法先生成初始种群，即在可行解空间中随机初始化一群粒子，每个粒子都为优化问题的一个可行解，并由目标函数为之确定一个适应度值。PSO 不像其他进化算法那样对于个体使用进化算子，而是将每个个体看作在 n 维搜索空间中的一个没有体积和重量的粒子，每个粒子将在解空间中运动，并由一个速度决定其方向和位置。通常粒子将追随当前的最优粒子而运动，并经逐代搜索后得到最优解。在每一代中，粒子将跟踪两个极值，一为粒子本身迄今找到的最优解 pbest，另一为全种群迄今找到的最优解 gbest。

设在一个 S 维的目标搜索空间中，有 m 个粒子组成一个群体，其中第 i 个粒子表示为一个 S 维的向量 $\boldsymbol{x}_i=(x_{i1}, x_{i2}, \cdots, x_{is})$，$i=1, 2, \cdots, m$，每个粒子的位置就是一个潜在的解。将 $\boldsymbol{x}_i$ 代入一个目标函数就可以算出其适应度值，根据适应度值的大小衡量解的优劣。第 i 个粒子的飞行的速度是 S 维向量，记为 $\boldsymbol{v}=(v_{i1}, v_{i2}, \cdots, v_{is})$。记第 i 个粒子迄今为止搜索到的最优位置为 $\boldsymbol{P}_i=(p_{i1}, p_{i2}, \cdots, p_{is})$，整个粒子群迄今为止搜索到的最优位置为 $\boldsymbol{P}_g=(p_{g1}, p_{g2}, \cdots, p_{gs})$。

不妨设 $f(x)$ 为最小化的目标函数，则粒子 i 的当前最佳位置由下式确定：

$$p_i(t+1)=\begin{cases} p_i(t), & f(x_i(t+1)) \geqslant f(p_i(t)) \\ x_i(t+1), & f(x_i(t+1)) < f(p_i(t)) \end{cases} \tag{2-5}$$

Kennedy 和 Eberhart 用下列公式对粒子操作：

$$v_{is}(t+1)=v_{is}(t)+c_1 r_{1s}(t)(p_{is}(t)-x_{is}(t))+c_2 r_{2s}(t)(p_{gs}(t)-x_{is}(t)) \tag{2-6}$$

$$x_{is}(t+1)=x_{is}(t)+v_{is}(t+1) \tag{2-7}$$

其中，$i=[1, m]$，$s=[1, S]$；学习因子 c_1 和 c_2 是非负常数，c_1 是调节粒子飞向自身最佳位置方向的步长，c_2 是调节粒子飞向全局最佳位置方向的步长；r_1 和 r_2 为相互独立的伪随机数，服从[0，1]上的均匀分布。为了降低进化过程中粒子离开搜索空间的可能性，v_{is} 通常限定在一个范围之内，即 $v_{is}\in[-v_{\max}, v_{\max}]$，$v_{\max}$ 为最大速度，如果搜索空间在 $[-x_{\max}, x_{\max}]$ 中，则可以设定 $v_{\max}=kx_{\max}$，$0.1\leqslant k\leqslant 1.0$。

Shi 和 Eberhart 对式(2-6)作了如下改进[76]：

$$v_{is}(t+1)=\omega\cdot v_{is}(t)+c_1r_{1s}(t)(p_{is}(t)-x_{is}(t))+c_2r_{2s}(t)(p_{gs}(t)-x_{is}(t)) \quad (2-8)$$

在式(2-8)中 ω 为非负数，称为惯性权重，控制前一速度对当前速度的影响。ω 较大时，前一速度影响较大，全局搜索能力较强；ω 较小时，前一速度影响较小，局部搜索能力较强。

PSO 的进化公式由三部分组成，第一部分是粒子先前的速度，说明了粒子目前的状态；第二部分是认知部分(Cognition Modal)，是从当前点指向此粒子自身最好点的一个矢量，表示粒子的动作来源于自身经验的部分；第三部分为社会部分(Social Modal)，是一个从当前点指向种群最好点的一个矢量，反映了粒子间的协同合作和知识的共享。三个部分共同决定了粒子的空间搜索能力。第一部分起到了平衡全局和局部搜索的能力；第二部分使粒子有了足够强的全局搜索能力，避免局部极小；第三部分体现了粒子间的信息共享。在这三部分的共同作用下粒子才能有效地到达最好位置。

算法中的终止条件是，根据具体问题取最大迭代次数或粒子群搜索到的最优值(可满足预定最小适应阈值)。下面为 PSO 算法的流程：

初始化过程如下：

(1) 设定群体规模 m；

(2) 对于任意的 i、s，在 $[-x_{\max}, x_{\max}]$ 内服从均匀分布产生 x_{is}；

(3) 对于任意的 i、s，在 $[-v_{\max}, v_{\max}]$ 内服从均匀分布产生 v_{is}；

(4) 对任意的 i，设 $y_i=x_i$。

PSO 算法流程如下：

步骤 1：初始化一个规模为 m 的粒子群，设定初始位置和速度；

步骤 2：计算每个粒子的适应度值；

步骤 3：将每个粒子的适应度值和其经历过的最好位置 p_{is} 的适应度值进行比较，若较好，则将其作为当前的最好位置；

步骤 4：将每个粒子的适应度值和全局经历过的最好位置 p_{gs} 的适应度值进行比较，若较好，则将其作为当前的全局最好位置；

步骤 5：根据方程(2-6)(或式(2-8))、式(2-7)分别对粒子的速度和位置进行更新；

步骤 6：如果满足终止条件，则输出解，否则返回 Step2。

2.3.2 粒子群算法的理论研究现状

当前，对 PSO 算法的研究主要集中在设计新的学习策略、引入多群体协同机制、混合其他算法和应用拓展等几个方面。

PSO 算法主要是粒子通过学习个体信息和种群中其他个体的信息，在解空间中不断靠近更好的位置，进而获得最优解。因此，有效的学习机制对算法的搜索效率有着举足轻重的作用。F. Van den Bergh 等人[77]提出了一种协同的 PSO 算法，在该算法中，将搜索空间分解为多个小的空间，对每个子空间进行独立搜索；Liang 等人[78]提出一种综合学习策略(CLPSO)，将种群中所有表现较好的个体的历史信息作为潜在的学习对象，通过构造包含不同个体信息的学习榜样，优化个体不同维度的搜索；在 CLPSO 的基础上，Li 等人[79]根据个体的搜索情况，自适应调整个体的学习对象；Zhan 等人[80]提出了一种正交学习策略，使用正交试验设计引导粒子的飞行，考虑了全局版本和局部版本条件下该策略的有效性；Sabat 等人[81]提出一种集成学习的 PSO 算法，定位偏移粒子并加速其向最优位置收敛，并使用超球坐标代替笛卡儿坐标进行位置的更新，数值实验结果验证了其对高维问题的有效性；Wang 等人[82]提出了一种带自适应学习策略的 PSO，整合了四种不同的粒子更新策略，建立了一个根据策略搜索表现动态调整的概率模型，通过决定使用哪种更新策略进行位置更新，来适应不同问题的搜索空间；还有学者通过研究修改粒子的速度更新方程以提升求解精度[83]。人们研究新的学习策略主要是为了加强个体与群体的信息利用效率，避免种群多样性丧失过快，防止早熟收敛。上述改进学习策略在一定程度上提升了原始算法的收敛效果，但是在搜索精度、收敛速度等方面还存在不足之处。

为了平衡 PSO 算法的开发与探索能力，最近学者们研究通过引入多个群体的概念来增加种群多样性的方法，即多群体 PSO 算法(MS-PSO)[84-87]。与以往单群体 PSO(S-PSO)相比，MS-PSO 具备较强的开发探索能力并且不易陷入局部极值[87]。

将粒子群算法与其他方法混合以提升性能也是算法改进的方向之一。有学者研究结合正交设计的思想提升 PSO 算法的综合性能。Ko 等人通过正交矩阵选择(Orthogonal Design，OD)改进 PSO 的最佳参数设置，但 OD 独立于算法之外，仅作为辅助手段确定参数组合[88]；Ho 等人将粒子速度更新式中的自我认知与社会学习分成独立的两部分，然后通过 OD 操作确定新粒子的位置(OPSO)[89]；Yang 等人视每个粒子为一个水平，通过 OD 从所有因素全部水平中选取部分组合进行检验，输出较优的结果[90]；Zhan 等人利用 OD 产生的新粒子作为领袖，引导种群的进化(OLPSO)[80]。从已有研究来看，结合 OD 来提升 PSO 的工作存在较多不足。此外，OD 的运行效果还受到 PSO 搜索行为的制约，而搜索本身也占用计算资源，这就产生了新的问题：如何合理平衡 PSO 搜索与 OD 操作的关系？Wei 等人[91]提出了一种基于 K 均值混合的 PSO 算法，通过 K 均值法提升粒子的收敛精度；Zhao[92]、Qin[93]等人分别整合了局部探索方法，对个体的历史最优进行搜索，加速粒子向个体最优靠近并提升其跳出局部极值的能力；Ling[94]、Wang[95]等人也分别提出了带变异算子的 PSO 算法，避免算法早熟收敛，增强随机探索能力。人们还研究了 PSO 与其他算法的有机整合，扬长避短，提升整体性能，如混合模拟退火机制调节 PSO 算法的全局探索与局部开发能力[96]；将BFO算法的趋向性操作与粒子群算法混合[97]；混合差分进化以提升PSO跳出局部极值的能力[98]；此外，还有的算法将PSO与禁忌算法[99]、遗传算法[100]、蚁群算法[101]混合等。除此以外，还有通过引入量子行为[102]、自适应机制[103]和种群内部协同机制[104]以提升收敛精度的混合PSO算法。一般而言，混合的PSO算法都引入了额外的参数，以调节混合算法搜索行为。若混合算法中增加的额外的参数过多，则可能导致算法搜索的稳定性和鲁棒性下降。对混合PSO进行合适的参数设置也是需要考虑的问题之一。

2.3.3 粒子群算法的应用研究现状

PSO算法自提出以来，已经成功应用于工业与生产优化领域，包括交通运输[105]、数据挖掘[106]、工业优化设计[107]、模糊控制优化[108]、模式识别[109]、图像处理[110]、电力系统优化[111]等工业问题的求解优化。

PSO还被应用于求解较为复杂的组合优化问题，如旅行商问题、0－1背包问题、聚类问题、车辆路径问题等NP难问题。Cheng等人[112]设计了离散PSO算法用于解决TSP问题；Gong等人[113]设计了实数编解码方法，将PSO算法用于求解车辆路径问题，数值结果验证了算法的优化性能；人们还提出了专门的PSO算法用于优化聚类问题[114]。考虑到粒子群算法属于基于种群的群体智能算法，在搜索的过程中会不断产生非劣解，因此，扩展标准PSO用于解决多目标问题也是算法应用的方向之一。Coello等人[115]使用外部存档进行非劣解的存储，并利用存储的非劣解成员引导其他个体搜索；Li[116]设计了一种整合非劣解排序选择的多目标PSO算法(MOPSO)；此外，Yen、Leong也设计了新型的机制将PSO用于求解多目标优化问题[87]。

本章参考文献

[1] ZHANG S, LEE C K M, CHAN H K, et al. Swarm intelligence applied in green logistics: A literature review[J]. Engineering Applications of Artificial Intelligence, 2015, 37: 154－169.

[2] 肖人彬，陶振武．群集智能研究进展[J]．管理科学学报，2007，10(3)：80－96.

[3] 汪镭，康琦，吴启迪．群体智能算法总体模式的形式化研究[J]．信息与控制，2004，33(6)：694－697.

[4] MILLONAS M M. Swarms, phase transitions, and collective intelligence[J]. Proc Artificial Life, 1993, 101(8): 137－151.

[5] YANG X S. Efficiency analysis of swarm intelligence and randomization techniques[J]. Journal of Computational and Theoretical Nanoscience, 2012, 9(2): 189－198(10).

[6] ENGELBRECHT A P. Computational intelligence: An introduction[J]. IEEE Transactions on Neural

Networks, 2005, 16(3): 780-781.
[7] DORIGO M, MANIEZZO V, COLORNI A. Ant system: Optimization by a colony of cooperating agents[J]. IEEE Transactions on Systems Man & Cybernetics Part B Cybernetics A Publication of the IEEE Systems Man & Cybernetics Society, 1996, 26(1): 29-41.
[8] DORIGO M, BONABEAU E, THERAULAZ G. Ant algorithms and stigmergy [J]. Future Generation Computer Systems, 2000, 16(8): 851-871.
[9] 李晓磊，邵之江，钱积新. 一种基于动物自治体的寻优模式：鱼群算法[J]. 系统工程理论与实践，2002, 22(11): 32-38.
[10] AKBARI R, ZIARATI K. A cooperative approach to bee swarm optimization[J]. J. Inf. Sci. Eng., 2011, 27(3): 799-818.
[11] EBERHART R, KENNEDY J. A new optimizer using particle swarm theory[C]. MHS'95 Proceedings of the Sixth International Symposium on Micro Machine and Human Science. Ieee, 1995: 39-43.
[12] KENNEDY J, EBERHART R. Particle swarm optimization [C]. Proceedings of ICNN'95-international conference on neural networks. IEEE, 1995, 4: 1942-1948.
[13] PASSINO K M. Biomimicry of bacterial foraging for distributed optimization and control[J]. IEEE control systems magazine, 2002, 22(3): 52-67.
[14] AZAD M A K, ROCHA A M A C, FERNANDES E M G P. A simplified binary artificial fish swarm algorithm for 0-1 quadratic knapsack problems[J]. Journal of Computational and Applied Mathematics, 2014, 259: 897-904.
[15] YANG W H. An improved artificial fish swarm algorithm and its application in multiple sequence alignment[J]. Journal of Computational and Theoretical Nanoscience, 2014, 11(3): 888-892.
[16] HAN W, WANG H, ZHANG X, et al. A unit commitment model with implicit reserve constraint based on an improved artificial fish swarm algorithm[J]. Mathematical Problems in Engineering, 2013.
[17] GARG H. Solving structural engineering design optimization problems using an artificial bee colony algorithm[J]. Journal of industrial and management optimization, 2014, 10(3): 777-794.
[18] RANI M, GARG H, SHARMA S P. Cost minimization of butter-oil processing plant using artificial bee colony technique[J]. Mathematics and Computers in Simulation, 2014, 97: 94-107.
[19] AYDIN D, ÖZYÖN, YASAR C, et al. Artificial bee colony algorithm with dynamic population size to combined economic and emission dispatch problem[J]. International journal of electrical power & energy systems, 2014, 54: 144-153.
[20] LIAO T, AYDIN D, STÜTZLE T. Artificial bee colonies for continuous optimization: Experimental analysis and improvements[J]. Swarm Intelligence, 2013, 7(4): 327-356.
[21] DORIGO M, GAMBARDELLA L M. A study of some properties of Ant-Q[C]//International Conference on Parallel Problem Solving from Nature. Springer, Berlin, Heidelberg, 1996: 656-665.

[22] DORIGO M, BIRATTARI M, STUTZLE T. Ant colony optimization[J]. IEEE Computational Intelligence Magazine, 2006, 1(4): 28 - 39.
[23] DORIGO M, MANIEZZO V, COLORNI A. Ant system: Optimization by a colony of cooperating agents[J]. IEEE Transactions on Systems, man, and cybernetics, Part B: Cybernetics, 1996, 26(1): 29 - 41.
[24] BULLNHEIMER B, HARTL R F , STRAUSS C . A New rank based version of the ant system : A computational study[J]. Central European Journal of Operations Research, 1999, 7(1): 25--38.
[25] GUTJAHR W J. A graph-based ant system and its convergence[J]. Future generation computer systems, 2000, 16(8): 873 - 888.
[26] GUTJAHR W J. A generalized convergence result for the graph-based ant system metaheuristic[J]. Probability in the Engineering and Informational Sciences, 2003, 17(4): 545 - 569.
[27] GUTJAHR W J. ACO algorithms with guaranteed convergence to the optimal solution[J]. Information Processing Letters, 2002, 82(3): 145 - 153.
[28] STUTZLE T, DORIGO M. A short convergence proof for a class of ant colony optimization algorithms[J]. IEEE Transactions on Evolutionary Computation, 2002, 6(4): 358 - 365.
[29] BADR A, FAHMY A. A proof of convergence for ant algorithms[J]. Information Sciences, 2004, 160(1 - 4): 267 - 279.
[30] KEFAYAT M, ARA A L, NIAKI S A N. A hybrid of ant colony optimization and artificial bee colony algorithm for probabilistic optimal placement and sizing of distributed energy resources[J]. Energy Conversion and Management, 2015, 92: 149 - 161.
[31] ZHANG B, QI H, SUN S C, et al. A novel hybrid ant colony optimization and particle swarm optimization algorithm for inverse problems of coupled radiative and conductive heat transfer[J]. Thermal Science, 2013, 20: 23.
[32] MANDLOI M, BHATIA V. A low-complexity hybrid algorithm based on particle swarm and ant colony optimization for large-MIMO detection[J]. Expert Systems with Applications, 2015, 50(C): 66 - 74.
[33] KU-MAHAMUD K R, NASIR H J A. Ant colony algorithm for job scheduling in grid computing [C]// Fourth Asia International Conference on Mathematical/analytical Modelling & Computer Simulation. 2010.
[34] XU Q, CHEN S, LI B. Combining the ant system algorithm and simulated annealing for 3D/2D fixed-outline floorplanning[M]. Amsterdam: Elsevier Science Publishers B. V. 2016.
[35] GAO W. Identification of constitutive model for rock materials based on immune continuous ant colony algorithm[J]. Materials Research Innovations, 2015, 19(S5): S5 - 311 - S5 - 315.
[36] 覃刚力，杨家本. 自适应调整信息素的蚁群算法[J]. 信息与控制，2002，31(3)：198 - 201.
[37] 王颖，谢剑英. 一种自适应蚁群算法及其仿真研究[J]. 系统仿真学报，2002，14(1)：31 - 33.
[38] 熊伟清，余舜浩，赵杰煜. 具有分工的蚁群算法及应用[J]. 模式识别与人工智能，2003，16(3)：328 - 333.

[39] 张徐亮，张晋斌．基于协同学习的蚁群电缆敷设系统[J]．计算机工程与应用，2000，36(5)：181-182.
[40] 庄昌文，范明钰，李春辉，等．基于协同工作方式的一种蚁群布线系统[J]．Journal of Semiconductors，1999，20(5)：400-406.
[41] 吴庆洪，张纪会，徐心和．具有变异特征的蚁群算法[J]．计算机研究与发展，1999，36(10)：1240-1245.
[42] 邵晓巍，邵长胜，赵长安．利用信息量留存的蚁群遗传算法[J]．控制与决策，2004，19(10)：1187-1189.
[43] 孙焘，王秀坤，刘业欣，等．一种简单蚂蚁算法及其收敛性分析[J]．小型微型计算机系统，2003，24(8)：1524-1527.
[44] 段海滨，王道波．蚁群算法的全局收敛性研究及改进[J]．系统工程与电子技术，2004，26(10)：1506-1509.
[45] 吴启迪，汪镭．智能蚁群算法及应用[M]．上海：上海科技教育出版社，2004.
[46] 孙俊，方伟，吴小俊，等．量子行为粒子群优化[M]．北京：清华大学出版社，2011.
[47] 李士勇，陈永强，李研．蚁群算法及其应用[M]．哈尔滨：哈尔滨工业大学出版社，2004.
[48] 高尚．群智能算法及其应用[M]．北京：中国水利水电出版社，2006.
[49] BULLNHEIMER B，HARTL R F，STRAUSS C. Applying the ant system to the vehicle routing problem[M]//Meta-heuristics. Boston：Springer，1999：285-296.
[50] HU J. Study on the optimization methods of transit network based on ant algorithm[C]//IVEC2001. Proceedings of the IEEE International Vehicle Electronics Conference 2001. IVEC 2001 (Cat. No. 01EX522). IEEE，2001：215-219.
[51] LI Y，WU T J. A nested ant colony algorithm for hybrid production scheduling[C]//Proceedings of the 2002 American Control Conference (IEEE Cat. No. CH37301). IEEE，2002，2：1123-1128.
[52] BAUTISTA J，PEREIRA J. Ant algorithms for assembly line balancing [C]//International Workshop on Ant Algorithms. Springer Verlag，2002：65-75.
[53] LU G，LIU Z. QoS multicast routing based on ant algorithm in internet[J]. China Universities of Posts and Telecommunications Journal，2000，7(4)：12-17.
[54] CHU C H，GU J H，HOU X D，et al. A heuristic ant algorithm for solving QoS multicast routing problem[C]//Proceedings of the 2002 Congress on Evolutionary Computation. CEC'02 (Cat. No. 02TH8600). IEEE，2002，2：1630-1635.
[55] HOU Y H，WU Y W，LU L J，et al. Generalized ant colony optimization for economic dispatch of power systems[C]//Proceedings. International Conference on Power System Technology. IEEE，2002，1：225-229.
[56] 王志刚，杨丽徙，陈根永．基于蚁群算法的配电网网架优化规划方法[J]．电力系统及其自动化学报，2002，14(6)：73-76.
[57] EL-SHARKH M Y，SISWORAHARDJO N S，EL-KEIB A A，et al. Fuzzy unit commitment using the ant colony search algorithm[C]//2010 IEEE Electrical Power & Energy Conference. IEEE，

2010：1 - 6.
[58] TENG J H，LIU Y H. A novel ACS-based optimum switch relocation method [J]. IEEE Transactions on power systems，2003，18(1)：113 - 120.
[59] HUANG S J. Enhancement of hydroelectric generation scheduling using ant colony system based optimization approaches[J]. IEEE Transactions on Energy Conversion，2001，16(3)：296 - 301.
[60] 陈志明，陈志祥. 泛区间搜索的连续函数优化鲁棒蚁群算法[J]. 模式识别与人工智能，2014，27(6)：487 - 495.
[61] 陈明杰，黄佰川，张旻. 混合改进蚁群算法的函数优化[J]. 智能系统学报，2012，7(4)：370 - 376.
[62] 高芳，韩璞，翟永杰. 基于变异操作的蚁群算法用于连续函数优化[J]. 计算机工程与应用，2011，47(4)：5 - 8.
[63] 刘道华，倪永军，孙芳，等. 一种混沌蚁群算法的多峰函数优化方法[J]. 西安电子科技大学学报(自然科学版)，2015，42(3)：141 - 147.
[64] MELODIA T，POMPILI D，GUNGOR V C，et al. A distributed coordination framework for wireless sensor and actor networks[C]//Proceedings of the 6th ACM international symposium on Mobile ad hoc networking and computing. ACM，2005：99 - 110.
[65] 梁华为，陈万明，李帅，等. 一种无线传感器网络蚁群优化路由算法[J]. 传感技术学报，2007，20(11)：2450 - 2455.
[66] CAMILO T，CARRETO C，SILVA J S，et al. An energy-efficient ant-based routing algorithm for wireless sensor networks[C]//Ant Colony Optimization and Swarm Intelligence：5th International Workshop. Springer，Berlin，Heidelberg，2006：49 - 59.
[67] TSAI C F，WU H C，TSAI C W. A new data clustering approach for data mining in large databases [C]//Proceedings International Symposium on Parallel Architectures，Algorithms and Networks. I - SPAN'02. IEEE，2002：315 - 320.
[68] OUADFEL S，BATOUCHE M，GARBAY C. Ant colony system for image segmentation using Markov random field [C]//Ant Algorithms：Third International Workshop. Springer，Berlin，Heidelberg，2002：294 - 295.
[69] ABBASPOUR K C，SCHULIN R，VAN GENUCHTEN M T. Estimating unsaturated soil hydraulic parameters using ant colony optimization[J]. Advances in Water Resources，2001，24(8)：827 - 841.
[70] 高尚，杨静宇. 非线性整数规划的蚁群算法[J]. 南京理工大学学报(自然科学版)，2005，29(s1)：120 - 123.
[71] 陈雄，赵一路，韩建达. 一种改进的机器人路径规划的蚁群算法[J]. 控制理论与应用，2010，27(6)：821 - 825.
[72] 林妍，吴瑾，樊锁海. 图着色和标号问题的蚁群优化算法[J]. 数学的实践与认识，2012，42(17)：182 - 191.
[73] REYNOLDS C W. Flocks，herds and schools：A distributed behavioral model[C]// Proceedings of the 14th Annual Conference on Computer Graphics and Interactive Techniques. 1987：25 - 34.

量子计算智能

[74] WILSON E O. Sociobiology: The new synthesis[J]. Signs Journal of Women in Culture & Society, 1975, 46(21): 28-43.
[75] KENNEDY J. Particle swarm optimization[J]. Encyclopedia of Machine Learning, 2010: 760-766.
[76] SHI Y, EBERHART R. A modified particle swarm optimizer[C]//1998 IEEE International Conference on Evolutionary Computation Proceedings. IEEE World Congress on Computational Intelligence (Cat. No. 98TH8360). IEEE, 1998: 69-73.
[77] VAN DEN BERGH F, ENGELBRECHT A P. A cooperative approach to particle swarm optimization[J]. IEEE Transactions on Evolutionary Computation, 2004, 8(3): 225-239.
[78] LIANG J J, QIN A K, SUGANTHAN P N, et al. Comprehensive learning particle swarm optimizer for global optimization of multimodal functions[J]. IEEE Transactions on Evolutionary Computation, 2006, 10(3): 281-295.
[79] LI C, YANG S. An adaptive learning particle swarm optimizer for function optimization[C]//2009 IEEE Congress on Evolutionary Computation. IEEE, 2009: 381-388.
[80] ZHAN Z H, ZHANG J, LI Y, et al. Orthogonal learning particle swarm optimization[J]. IEEE Transactions on Evolutionary Computation, 2011, 15(6): 832-847.
[81] SABAT S L, ALI L, UDGATA S K. Integrated learning particle swarm optimizer for global optimization[J]. Applied Soft Computing, 2011, 11(1): 574-584.
[82] WANG Y, LI B, WEISE T, et al. Self-adaptive learning based particle swarm optimization[J]. Information Sciences, 2011, 181(20): 4515-4538.
[83] CLERC M, KENNEDY J. The particle swarm-explosion, stability, and convergence in a multidimensional complex space[J]. IEEE transactions on Evolutionary Computation, 2002, 6(1): 58-73.
[84] QTEISH A, HAMDAN M. Hybrid particle swarm and conjugate gradient optimization algorithm [C]. International Conference in Swarm Intelligence. Springer, Berlin, Heidelberg, 2010: 582-588.
[85] LIANG J J, PAN Q K, TIEJUN C, et al. Solving the blocking flow shop scheduling problem by a dynamic multi-swarm particle swarm optimizer[J]. International Journal of Advanced Manufacturing Technology, 2011, 55(5-8): 755-762.
[86] LEONG W F, YEN G G. PSO-based multiobjective optimization with dynamic population size and adaptive local archives[J]. IEEE Transactions on Systems, Man, and Cybernetics, Part B (Cybernetics), 2008, 38(5): 1270-1293.
[87] YEN G G, LEONG W F. Dynamic multiple swarms in multiobjective particle swarm optimization [J]. IEEE Transactions on Systems, Man, and Cybernetics—Part A: Systems and Humans, 2009, 39(4): 890-911.
[88] KO C N, CHANG Y P, WU C J. An orthogonal-array-based particle swarm optimizer with nonlinear time-varying evolution[J]. Applied Mathematics and Computation, 2007, 191(1): 272-279.
[89] HO S Y, LIN H S, LIAUH W H, et al. OPSO: Orthogonal particle swarm optimization and its application to task assignment problems[J]. IEEE Transactions on Systems, Man, and

Cybernetics—Part A: Systems and Humans, 2008, 38(2): 288 - 298.

[90] YANG J, BOUZERDOUM A, PHUNG S L. A particle swarm optimization algorithm based on orthogonal design[C]//IEEE Congress on Evolutionary Computation. IEEE, 2010: 1 - 7.

[91] WEI B, ZHAO Z. An improved particle swarm optimization algorithm based K-means clustering analysis[J]. Journal of Information & Computational Science, 2010, 7(2): 511 - 518.

[92] ZHAO S Z, SUGANTHAN P N, PAN Q K, et al. Dynamic multi-swarm particle swarm optimizer with harmony search[J]. Expert Systems with Applications, 2011, 38(4): 3735 - 3742.

[93] QIN J, YIN Y, BAN X. A hybrid of particle swarm optimization and local search for multimodal functions[C]//International Conference in Swarm Intelligence. Beijing, China, 2010: 12 - 15, Proceeding, Part Ⅰ, Springer, Berlin, Heidelberg, 2010: 589 - 596.

[94] LING S H, IU H H C, CHAN K Y, et al. Hybrid particle swarm optimization with wavelet mutation and its industrial applications[J]. IEEE Transactions on Systems, Man, and Cybernetics, Part B (Cybernetics), 2008, 38(3): 743 - 763.

[95] WANG H, LI H, LIU Y, et al. Opposition-based particle swarm algorithm with Cauchy mutation [C]//2007 IEEE Congress on Evolutionary Computation. IEEE, 2007: 4750 - 4756.

[96] TONG Y, ZHANG H. Hybrid strategy of particle swarm optimization and simulated annealing for optimizing orthomorphisms[J]. China Communications, 2012, 9(1): 49 - 57.

[97] ALAVANDAR S, JAIN T, NIGAM M J. Hybrid bacterial foraging and particle swarm optimisation for fuzzy precompensated control of flexible manipulator[J]. International Journal of Automation and Control, 2010, 4(2): 234 - 251.

[98] XIN B, CHEN J, PENG Z H, et al. An adaptive hybrid optimizer based on particle swarm and differential evolution for global optimization[J]. Science China Information Sciences, 2010, 53(5): 980 - 989.

[99] ZHANG T, ZHANG Y J, ZHENG Q P, et al. A hybrid particle swarm optimization and tabu search algorithm for order planning problems of steel factories based on the make-to-stock and make-to-order management architecture[J]. Journal of Industrial and Management Optimization, 2011, 7(1): 31.

[100] SADEGHIERAD M, DARABI A, LESANI H, et al. Optimal design of the generator of microturbine using genetic algorithm and PSO[J]. International Journal of Electrical Power & Energy Systems, 2010, 32(7): 804 - 808.

[101] KAVEH A, TALATAHARI S. Particle swarm optimizer, ant colony strategy and harmony search scheme hybridized for optimization of truss structures[J]. Computers & Structures, 2009, 87(5 - 6): 267 - 283.

[102] SUN J, WU X, PALADE V, et al. Convergence analysis and improvements of quantum-behaved particle swarm optimization[J]. Information Sciences, 2012, 193: 81 - 103.

[103] NICKABADI A, EBADZADEH M M, SAFABAKHSH R. A novel particle swarm optimization algorithm with adaptive inertia weight[J]. Applied Soft Computing, 2011, 11(4): 3658 - 3670.

[104] LIN C J, CHEN C H, LIN C T. A hybrid of cooperative particle swarm optimization and cultural

algorithm for neural fuzzy networks and its prediction applications[J]. IEEE Transactions on Systems, Man, and Cybernetics, Part C (Applications and Reviews), 2009, 39(1): 55 - 68.

[105] WAI R J, LEE J D, CHUANG K L. Real-time PID control strategy for maglev transportation system via particle swarm optimization[J]. IEEE Transactions on Industrial Electronics, 2011, 58 (2): 629 - 646.

[106] LESSMANN S, CASERTA M, ARANGO I M. Tuning metaheuristics: A data mining based approach for particle swarm optimization[J]. Expert Systems with Applications, 2011, 38(10): 12826 - 12838.

[107] YANG S, LI C. A clustering particle swarm optimizer for locating and tracking multiple optima in dynamic environments[J]. IEEE Transactions on Evolutionary Computation, 2010, 14(6): 959 - 974.

[108] MUTHUKARUPPAN S, ER M J. A hybrid particle swarm optimization based fuzzy expert system for the diagnosis of coronary artery disease[J]. Expert Systems with Applications, 2012, 39(14): 11657 - 11665.

[109] RECIOUI A. Sidelobe level reduction in linear array pattern synthesis using particle swarm optimization[J]. Journal of Optimization Theory and Applications, 2012, 153(2): 497 - 512.

[110] GAO H, XU W, SUN J, et al. Multilevel thresholding for image segmentation through an improved quantum-behaved particle swarm algorithm[J]. IEEE Transactions on Instrumentation and Measurement, 2010, 59(4): 934 - 946.

[111] VOUMVOULAKIS E M, HATZIARGYRIOU N D. A particle swarm optimization method for power system dynamic security control[J]. IEEE Transactions on Power Systems, 2010, 25(2): 1032 - 1041.

[112] CHENG W, MAIMAI Z, JIAN L. Solving traveling salesman problems with time windows by genetic particle swarm optimization[C]//2008 IEEE Congress on Evolutionary Computation (IEEE World Congress on Computational Intelligence). IEEE, 2008: 1752 - 1755.

[113] GONG Y J, ZHANG J, LIU O, et al. Optimizing the vehicle routing problem with time windows: A discrete particle swarm optimization approach[J]. IEEE Transactions on Systems, Man, and Cybernetics, Part C (Applications and Reviews), 2012, 42(2): 254 - 267.

[114] KUO R J, SYU Y J, CHEN Z Y, et al. Integration of particle swarm optimization and genetic algorithm for dynamic clustering[J]. Information Sciences, 2012, 195: 124 - 140.

[115] COELLO C A C, PULIDO G T, LECHUGA M S. Handling multiple objectives with particle swarm optimization[J]. IEEE Transactions on Evolutionary Computation, 2004, 8(3): 256 - 279.

[116] LI X. A non-dominated sorting particle swarm optimizer for multiobjective optimization[C]// Genetic and Evolutionary Computation Conference. Springer, Berlin, Heidelberg, 2003: 37 - 48.

第3章 量子进化计算

3.1 量子进化计算

进化计算(Evolutionary Algorithm, EA)是一类模拟生物进化过程与机制来求解问题的自组织、自适应的人工智能技术。依照达尔文的自然选择和孟德尔的遗传变异理论，生物的进化是通过繁殖、变异、竞争、选择来实现的。EA 就是建立在上述生物模型基础上的随机搜索技术。它采用某种编码来表示复杂的结构，并将每个编码称为一个个体(individual)。算法维持一定数目的编码集合，称为种群(population)，并通过对种群中的个体进行一系列遗传操作来模拟进化过程，最终获得一些具有较高性能指标的编码。EA 中常用的遗传操作包含交叉(crossover)、变异(mutation)和选择(selection)，其中变异是模拟自然界中生物遗传物质的变异，交叉是模拟有性生殖过程中的染色体交换过程，选择则是模拟自然界的优胜劣汰过程。

分析 EA 可以发现：它没有利用进化中未成熟优良子群体所提供的信息，因而限制了进化速度。事实证明：在进化中引入好的引导机制可以增强算法的智能性，提高搜索效率，解决 EA 中的早熟和收敛速度问题。现有 EA 的许多改进工作也正是致力于这一方面[1-3]。这些引导主要是用特定问题的启发式知识来人为地指导约束进化，过程比较复杂。我们能否应用一种更自然和通用的机制，来反映进化过程的规律，实现不断跟踪并总结过去的进化历史，从中抽取能反映进化本质的知识，然后利用它们进行进化呢？

物理学是现代科学技术的基础，它的发展使人类获得了对自然界前所未有的深刻理解。人类在发掘生物进化机制，进行“仿生”研究的同时，也受其启发而萌发了“拟物”的思想。二者相互渗透、取长补短，产生了许多成功的理论，模拟退火算法(Simulate Annealing, SA)就是由推动物理学发展的动力系统与生物进化思想完美结合的产物[4, 5]。量子力学是 20 世纪物理学最惊心动魄的发现之一，以量子力学基本原理为基础的量子信息学是物理学与信息学交叉融合产生的一门新兴学科领域[6]，它的研究涉及物理、计算机、通信、数学等多个学科，它为信息科学在下个世纪的发展提供了新的原理和方法[7]，并且带动了相关学科的发展[8]。基于以上思想，本节将 EA 与量子理论相结合，提出一种新的理论框架——量子进化算法(Quantum-Inspired Evolutionary Algorithm, QEA)。它基于量子计算的概念和理论(诸如量子比特和量子叠加态)，使用量子比特来编码染色体。QEA 算法中量子比特编码方式可以使一个量子染色体同时表征多个状态的信息，带来丰富的种群，而且当前最优个体的信息能够很容易地用来引导变异，使得种群以大概率向着优良模式进化，加快收敛。另外，受量子相干特性的启发，我们构造了一种新的用于普通染色体的交叉操作——“全干扰交叉”，它能够避免种群陷于一个局部最优解，有效防止早熟。

3.1.1 基本概念

1. 量子比特

在 QEA 中，最小的信息单元为一个量子位——量子比特。一个量子比特的状态可以取 $|0\rangle$ 或 $|1\rangle$，其状态可以表示为

$$|\Psi\rangle = \alpha|0\rangle + \beta|1\rangle \tag{3-1}$$

其中，α、β 为代表相应状态出现概率的两个复数($|\alpha|^2+|\beta|^2=1$)，$|\alpha|^2$、$|\beta|^2$ 分别表示量子比特处于状态 $|0\rangle$ 和状态 $|1\rangle$ 的概率。

2. 量子染色体

EA 的常用编码方式有二进制编码、十进制编码和符号编码。在 QEA 中，使用一种新颖的基于量子比特的编码方式，即用一对复数定义一个量子比特位。一个具有 m 个量子比特位的系统可以描述为

$$\begin{bmatrix} \alpha_1 & \alpha_2 & \cdots & \alpha_m \\ \beta_1 & \beta_2 & \cdots & \beta_m \end{bmatrix} \tag{3-2}$$

其中，$|\alpha_i|^2+|\beta_i|^2=1(i=1, 2, \cdots, m)$。这种表示方法可以表征任意的线性叠加态，例如一个具有如下概率幅的 3 量子比特系统：

$$\begin{bmatrix} \frac{1}{\sqrt{2}} & \frac{\sqrt{3}}{2} & \frac{1}{2} \\ \frac{1}{\sqrt{2}} & \frac{1}{2} & \frac{\sqrt{3}}{2} \end{bmatrix} \tag{3-3}$$

系统的状态可以表示为

$$\begin{aligned} &\frac{\sqrt{3}}{4\sqrt{2}}|000\rangle + \frac{3}{4\sqrt{2}}|001\rangle + \frac{1}{4\sqrt{2}}|010\rangle + \frac{\sqrt{3}}{4\sqrt{2}}|011\rangle + \frac{\sqrt{3}}{4\sqrt{2}}|100\rangle \\ &+ \frac{3}{4\sqrt{2}}|101\rangle + \frac{1}{4\sqrt{2}}|110\rangle + \frac{\sqrt{3}}{4\sqrt{2}}|111\rangle \end{aligned} \tag{3-4}$$

上面的结果表示状态 $|000\rangle$，$|001\rangle$，$|010\rangle$，$|011\rangle$，$|100\rangle$，$|101\rangle$，$|110\rangle$，$|111\rangle$ 出现的概率分别为 $\frac{3}{32}$，$\frac{9}{32}$，$\frac{1}{32}$，$\frac{3}{32}$，$\frac{3}{32}$，$\frac{9}{32}$，$\frac{1}{32}$，$\frac{3}{32}$。

3.1.2 量子进化算法

虽然量子计算机的必将实现是许多科学家的共识，但是因为量子硬件实现的难度[9, 10]，我们现在还不能完全想象量子计算机最终能实现的能力和效率[11]。量子算法是一种快速并行的算法，我们研究它的目的是掌握量子算法的精髓。为什么量子算法解决某些问题会比我们现有的算法有效？我们能不能在现有条件下，一方面设计更多的量子算法，对所有的初始状态进行量子编码，然后寻找或设计相应的幺正矩阵来实现量子计算，最后对输出态进行测量[12]？另一方面我们能否吸收量子算法的思想，将其运用到我们经典的算法中去：对经典的表示作一些调整，使其具有量子理论的优点，从而进行一些类量子的计算来实现更为有效的算法。下面我们要讨论的QEA就是基于第二种思想提出的。鉴于量子比特的叠加性和相干性，我们在EA中借鉴量子比特的概念，引入了量子比特染色体，由于量子比特染色体能够表征叠加态，QEA比传统EA具有更好的种群多样性；同时QEA也具有好的收敛性，随着α、β趋于1或0，量子染色体收敛于一个状态，这时多样性消失，算法收敛。因此在求解优化问题时，QEA在收敛速度、寻优能力方面比EA都有较大的提高。

1. 算法描述

量子进化计算（QEA）是一种和进化计算（EA）类似的概率算法，QEA的算法流程如图3-1所示。

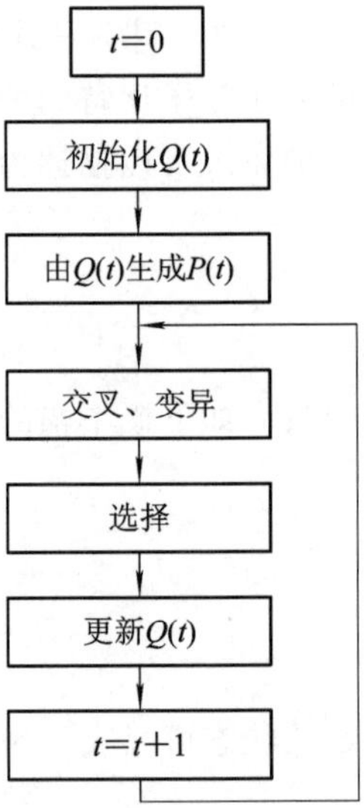

图3-1 QEA算法流程

在第t代的染色体种群为$Q(t)=\{q_1^t, q_2^t, \cdots, q_n^t\}$，其中$n$为种群大小，$t$为进化代数，$q_j^t$为定义如下的染色体：

$$q_j^t=\begin{bmatrix}\alpha_1^t & \alpha_2^t & \cdots & \alpha_m^t \\ \beta_1^t & \beta_2^t & \cdots & \beta_m^t\end{bmatrix},\ j=1, \cdots, n \tag{3-5}$$

其中，m为量子染色体长度。

由图3-1可以看出，QEA与EA的不同仅仅在于"由$Q(t)$生成$P(t)$"和"更新$Q(t)$"这两步。在"初始化$Q(t)$"中，若$Q(t)$中α_i^t，$\beta_i^t(i=1, 2, \cdots, m)$和所有的$q_j^t$都被初始化为$1/\sqrt{2}$，则意味着所有可能的线性叠加态以相同的概率出现；在"由$Q(t)$生成$P(t)$"这一步中，通过观察$Q(t)$的状态，产生一组普通解$P(t)$，其中在第t代中$P(t)=\{x_1^t, x_2^t, \cdots, x_n^t\}$，每个$x_j^t(j=1, 2, \cdots, n)$是长度为$m$的串$(x_1, x_2, \cdots, x_m)$，它是由量子比特幅$|\alpha_i^t|^2$或$|\beta_i^t|^2(i=1, 2, \cdots, m)$得到的，比如，在二进制情况下的过程是：随机产生一个[0, 1]数，若它大于$|\alpha_i^t|^2$，取1，否则取0；在"更新$Q(t)$"这一步中，既可使用传统意义上的交叉、变异，也可根据量子的叠加特性和量子变迁的理论，运用一些合适的量子门变换来产生$Q(t)$。需要指出：由于概率归一化条件的要求，量子门变换矩阵必须是可逆的幺正矩阵，需要满足

$U^*U=UU^*$（U^* 为 U 的共轭转置）。常用的量子门变换矩阵有异或门、受控的异或门、旋转门和 Hadamard 门等。

2. 量子染色体的机理和优点

一个好的优化算法在处理积累信息利用和未知空间探索之间的矛盾时必须采用折中的策略，既要利用积累信息搜索当前空间，又要兼顾到对未知空间的搜索；既要加快算法的收敛速度，又要克服早熟现象。那么，对于这些矛盾，QEA 采用了什么策略呢？

首先，在搜索过程中，QEA 通过选择，使具有较高适应度的个体数目不断增加，并且采用观察方法产生新的个体，不断探索未知空间，像 EA 那样，使搜索过程得到最大的积累收益。其次，QEA 采用量子染色体的表示形式，因为这种概率幅的表示形式可以使一个量子染色体上携带多个状态的信息。采用随机观察的方法，由量子染色体产生新的个体，能带来丰富的种群，进而保持群体的多样性，克服早熟；另外 QEA 对量子染色体采用一种"智能"更新的策略来引导进化，加快算法收敛。由于 QEA 中的量子染色体是一种概率表示，交叉和变异是等效的，因此在算法中我们对量子染色体只采用变异操作。

让量子染色体进化有什么优点呢？一是因为量子染色体是利用量子编码得到的，由于量子的概率幅表示，一个量子染色体上携带着多个状态的信息，在我们对一个量子染色体执行观察之前，这个量子染色体处于多个确定状态的叠加状态，因此通过量子的概率幅产生新个体，使得决策变量在某种意义上不再是固定的信息，而是变成了一种携带着不同叠加态信息的信息，这样就能比单纯地使用遗传操作带来更丰富的种群。二是对于一些具体问题不便于对染色体进行交叉和变异操作，因为操作后会带来大量的无效染色体，其解决方法或者是设计特殊的进化算子，或者是在进化后对无效染色体进行修正，这两种方案均增加了程序的额外开销。在这种情况下，对量子染色体进行进化操作不失为一种好的策略。

3. 基本算子

1）量子变异

★变异策略 1：

变异操作是让 EA 中产生新个体的一种方法，通常的变异操作是一种随机变动，个体的进化带有随机扰动因素，它没有利用进化中现有的有利信息，因此收敛速度很慢。下面给出一种简单的量子染色体变异的方法，它可以有效利用当代的信息，从当前最优解中反推出一个量子染色体的概率分布，有点类似于概率遗传算法，但是操作过程却简单得多，具体过程描述为：由当前进化操作得到的最优个体推出一个指导量子染色体后，在它的周围随机散布量子染色体作为下一代的量子种群，用公式描述为

$$Q_{\text{guide}}(t) = a \times P_{\text{currentbest}}(t) + (1-a) \times (1 - P_{\text{currentbest}}(t)) \tag{3-6}$$

$$Q(t+1) = Q_{\text{guide}}(t) + b \times \text{normrnd}(0,1) \tag{3-7}$$

其中，$P_{\text{currentbest}}(t)$ 为进化到第 t 代为止得到的最优个体，Q_{guide} 为指导量子染色体，

normrnd(0，1)为生成正态分布的随机数，a 为指导量子染色体的影响因子，b 为量子种群随机散布的方差。为理解方便，我们举例进行说明。显而易见，为得到染色体 $P=(1\,1\,0\,0\,1)$，只需令量子染色体 Q 为$(0\,0\,1\,1\,0)$，即 $Q=\bar{P}$。如果 P 是搜索空间中的最优解，则种群中的量子染色体越接近 Q，我们得到最优解的概率越大。a 的值越小，量子种群受 Q_{guide} 的影响越大：当 $a=0$ 时，$Q_{\text{guide}}=\bar{P}$，观察 Q_{guide} 后将以概率 1 得到 P；当 $a=1/2$ 时，Q_{guide} 对于观察不起任何作用。一般取 $a\in[0.1,\ 0.5]$，$b\in[0.05,\ 0.15]$。

★ 变异策略 2：

在量子理论中，各个状态间的转移是通过量子门变换矩阵实现的，我们发现：用量子旋转门的旋转角度同样也可表征量子染色体中的变异操作，进而可方便地在变异中加入最优个体的信息，加快算法收敛。在二进制编码的问题中，我们可以设计下面这种量子变异算子来加速进化求优：

令

$$U(\theta)=\begin{bmatrix}\cos(\theta) & -\sin(\theta)\\ \sin(\theta) & \cos(\theta)\end{bmatrix} \tag{3-8}$$

表示量子旋转门，旋转变异的角度 θ 可由表 3-1 得到。

表 3-1　量子旋转门相关参数的二进制编码

x_i	best_i	$f(x)\geqslant f(\text{best})$	$\Delta\theta_i$	$s(\alpha_i\beta_i)$			
				$\alpha_i\beta_i>0$	$\alpha_i\beta_i<0$	$\alpha_i=0$	$\beta_i=0$
0	0	假	0	0	0	0	0
0	0	真	0	0	0	0	0
0	1	假	0	0	0	0	0
0	1	真	0.01π	-1	$+1$	±1	0
1	0	假	0.01π	-1	$+1$	±1	0
1	0	真	0.01π	$+1$	-1	0	±1
1	1	假	0.01π	$+1$	-1	0	±1
1	1	真	0.01π	$+1$	-1	0	±1

其中，x_i 为当前染色体的第 i 位；best_i 为当前的最优染色体的第 i 位；$f(x)$为适应度函数；$\Delta\theta_i$ 为旋转角度的大小，控制算法收敛的速度；$s(\alpha_i\beta_i)$为旋转角度的方向，保证算法的收敛。为什么这种旋转量子门能够保证算法很快收敛到具有更高适应度的染色体呢？图 3-2

用于直观地说明旋转量子门的构造。

比如，当 $x_i=0$，$best=1$，$f(x)\geqslant f(best)$时，为使当前解收敛到一个具有更高适应度的染色体，应增大当前解取 0 的概率，即要使$|\alpha_i|^2$ 变大，那么如果(α_i, β_i)在第一、三象限，θ 应向顺时针方向旋转；如果(α_i, β_i)在第二、四象限，θ 应向逆时针方向旋转，如图 3-2 所示。上面所述的旋转变换仅是量子变换中的一种，我们针对不同的问题可以采用不同的量子变换，也可以根据需要设计自己的幺正变换。而对于非二进制编码问题，则要构造不同的观察方式，变异角度的产生与此相类似，这里不再详细讨论。

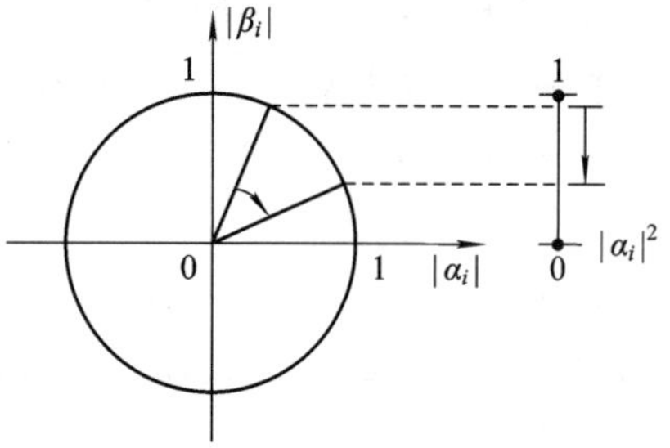

图 3-2　旋转量子门示意图

2) 量子交叉

交叉是 EA 的另一种搜索最优解的手段，通常采用的交叉操作有单点交叉、多点交叉、均匀交叉、算术交叉等，它们的共同点是限制在两个个体之间，当交叉的两个个体相同时，它们都不再奏效。在这里，我们使用量子的相干特性构造一种新的交叉操作——“全干扰交叉”。在这种交叉操作中，种群中的所有染色体均参与交叉。若种群数为 5，染色体长为 9，表 3-2 表示其中的一种具体操作。

表 3-2　全干扰交叉

染色体									
1	A(1)	E(2)	D(3)	C(4)	B(5)	A(6)	E(7)	D(8)	C(9)
2	B(1)	A(2)	E(3)	D(4)	C(5)	B(6)	A(7)	E(8)	D(9)
3	C(1)	B(2)	A(3)	E(4)	D(5)	C(6)	B(7)	A(8)	E(9)
4	D(1)	C(2)	B(3)	A(4)	E(5)	D(6)	C(7)	B(8)	A(9)
5	E(1)	D(2)	C(3)	B(4)	A(5)	E(6)	D(7)	C(8)	B(9)

表 3-2 是一种按对角线重新排列组合的交叉方式(每个大写字母代表交叉后的一个新染色体)，如 $A(1)-A(2)-A(3)-A(4)-A(5)-A(6)-A(7)-A(8)-A(9)$，我们称这样的交叉方式为“全干扰交叉”。上面仅给出一种方式，我们还可以采用不同的方法产生“交叉基因位”来实施交叉。这种量子交叉可以充分利用种群中尽可能多的染色体的信息，改进普通交叉的局部性与片面性，在种群进化出现早熟时，它能够产生新的个体，给进化过程注入新的动力。这种交叉操作借鉴的是量子的相干特性，可以克服普通染色体在进化后期出现的早熟现象。

4. 量子进化算法的结构框架

类似 EA，我们将 QEA 也分为量子遗传算法、量子进化规划和量子进化策略三种算法。

1）量子遗传算法(Quantum Genetic Algorithm，QGA)

自 1975 年遗传算法(Genetic Algorithm，GA)的通用理论框架由密歇根大学教授 John H. Halland 首次建立以来，GA 已经在自然与社会现象的模拟、工程计算等方面得到了广泛的应用[13-18]。QGA 的步骤可以描述如下：

① 初始化进化代数：$t=0$；

② 初始化种群 $Q(t)$；

③ 由 $Q(t)$生成 $P(t)$：随机产生一个[0，1]数，若它大于$|\alpha_i^t|^2$，取 1，否则取 0；

④ 采用个体交叉、变异操作，生成新的 $P(t)$(一般可省略或仅用量子交叉)；

⑤ 评价群体 $P(t)$的适应度，选择操作；

⑥ 停机条件判断：当满足停机条件时，输出当前最优个体，否则继续；

⑦ 更新 $Q(t)$，$t=t+1$，转到步骤③。

2）量子进化规划(Quantum Evolutionary Programming，QEP)

进化规划(Evolutionary Programming，EP)对生物进化过程的模拟着眼于物种的进化过程[19]，不使用个体重组算子(如交叉)，所以，变异是 EP 唯一的搜索最优个体的方法，最常用的是高斯变异算子。假设在群体中的某一个个体 $X=\{x_1, x_2, \cdots, x_n\}$经过变异后得到的新个体是 $X'=\{x_1', x_2', \cdots, x_n'\}$，则新个体 x'的组成元素是：

$$x_i' = x_i + \sigma_i N_i(0, 1) \qquad (i = 1, 2, \cdots, n) \tag{3-9}$$

$$\sigma_i = \sqrt{\beta_i F(x) + \gamma_i} \qquad (i = 1, 2, \cdots, n) \tag{3-10}$$

其中，$N_i(0, 1)$表示对每个下标 i 都重新取值的均值为 0、方差为 1 的正态分布随机变量；系数 β_i 和 γ_i 是特定的参数，根据特定的优化任务调整。可以证明：若采用高斯变异和联赛选择产生后代，EP 可以渐进收敛到问题的全局最优解。它的缺点是进化求优的时间一般很长。在这里我们采用表 3-3 中的量子变异算子。

表 3-3 量子变异

$x_i \geqslant \text{best}_i$	$x_i = \text{best}_i$	$x_i < \text{best}_i$	$f(x) \geqslant f(\text{best})$	$\Delta\theta_i$
假	假	真	假	-0.01π
假	假	真	真	-0.001π
假	真	假	真	$\pm 0.001\pi$
真	假	假	假	0.01π
真	假	假	真	0.001π

其中，x_i 和 best_i 分别为当前染色体和当前的最优染色体的第 i 位；$f(x)$为适应度函数；$\Delta\theta_i$

为旋转角。对于实数编码问题，由 $Q(t)$生成 $P(t)$的操作是：对染色体 q 的每一个基因位，实施$x_i^t=\text{floor}(q_i^t\times 10)+1(1\leqslant i\leqslant m)$；而对于其他形式的编码问题，我们只要将量子染色体的幅度变换到所求解的问题区间，即需要构造不同的观察方式，而变异角度的产生与此类似，这里不再详细讨论。算法的步骤详细描述如下：

① 根据求解的精度确定搜索空间的维数，假设搜索空间 $\boldsymbol{\Omega}$ 是一个 n 维空间，与此相对应，搜索点就是一个 n 维向量 $\boldsymbol{x}\in\mathbf{R}^n$，然后随机生成初始种群 $Q(t)$；

② 由 $Q(t)$生成 $P(t)$(根据编码采用不同的观察方式)；

③ 对 $P(t)$进行进化操作(可省略)；

④ 对当前的父代群体进行变异操作得 $Q'(t)$，由 $Q'(t)$生成新个体 $P'(t)$；

⑤ 计算当前第 t 代父代种群的适应度，联赛选择，其过程描述如下：

a. u 个父代个体 $P(t)$和它经过变异后所产生的 u 个子代个体 $P'(t)$合并在一起，组成一个含有 $2u$ 个个体的个体集合$\{P(t)\cup P'(t)\}$。

b. 从这个个体集合中随机选取其他 q 个个体(其中 $q\geqslant 1$，是选择运算的参数)，比较这 q 个个体和个体 X_k 之间适应度的大小，把其中适应度比 X_k 的适应度还要高的个体的数目作为 X_k 的得分 $W_k(k=1, 2, \cdots, 2u)$。

c. 按个体集合 $X_k\in\{P(t)\cup P'(t)\}$中每一个个体的得分 W_k 的大小，对全部 $2u$ 个个体作降序排列，选择前 u 个个体作为进化过程中的下一代群体 $P(t+1)$的个体集合。这样，每代群体中的最好个体总能够确保被保留到下一代去。

⑥ 判断停机条件，$Q(t)=Q'(t)$，$t=t+1$，并转至步骤②。

3) 量子进化策略(Quantum Evolutionary Strategies，QES)

20 世纪 60 年代，柏林理工大学的 Rechenberg 和 Schwefel 等先驱在对生物进化的研究成果进行分析与理解的基础上，借鉴其相关内容和知识，特别是遗传进化方面的理论与概念，针对处理流体动力学中弯管形态的优化问题，提出并发展了一种新的优化算法——进化策略(Evolutionary Strategies，ES)[19]。在 ES 中，组成进化群体的每一个个体都是由两部分组成的，一部分是可以取连续值的向量，另一部分是一个微小的变动量。这个变动量通常由步长 $\sigma\in\mathbf{R}^n$(正态分布的标准方差)确定，即群体中的每一个个体 X 都可以表示为 $X=\{x, \sigma\}$；但是实际上影响变异操作的不仅仅是变动量的大小，还有变动量的方向——回转角，它可以用来调整个体进行变异操作时变异量的方向，回转角有时在某些问题中比步长具有更重要的地位。因此人们提出一种更合理的个体表示：$X=\{x, \sigma, \alpha\}$，回转角 $\alpha\in\mathbf{R}^{n(n-1)/2}$($n$ 为问题搜索空间维度)代表正态分布时的协方差。假设群体中某一个个体 $X=\{x, \sigma, \alpha\}$经过变异后得到的一个新个体是 $X'=\{x', \sigma', \alpha'\}$，则新个体的组成元素是：

$$\sigma_i' = \sigma_i\exp[\tau N(0, 1) + \tau N_i(0, 1)] \quad (i = 1, 2, \cdots, n) \tag{3-11}$$

$$x_i' = x_i + \alpha_i' N(0, \sigma_i') \quad (i = 1, 2, \cdots, n) \tag{3-12}$$

其中，τ 和 τ'分别表示变异操作时的整体步长和个体步长。详细描述如下：

① 在 QES 中，将搜索空间转化为一个 n 维实数空间，与此对应，搜索点就是一个 n 维向量 $\boldsymbol{x}\in\mathbf{R}^n$，随机初始化种群 $Q(t)$。

② 由 $Q(t)$生成 $P(t)$，根据不同问题采用不同的观察方式。

③ 对 $P(t)$进行进化操作(可省略)。

④ 对当前的父代群体进行进化操作得 $Q'(t)$，由 $Q'(t)$生成新个体 $P'(t)$。

⑤ 评价群体 $P(t)$的适应度，进行确定性选择，采用量子交叉。

QES 中常用的选择操作主要有两种：一种是从 λ 个父代个体中选择出 $u(1\leqslant u\leqslant\lambda)$个适应度最高的个体，将它们保留到子代中，称之为$(u,\lambda)$- QES；另一种是将 u 个父代个体和它所产生的 λ 个子代个体合并在一起，并从这合并而成的 $u+\lambda$ 个子代个体中选取 u 个适应度最高的个体，将它们保留到子代中，叫作$(u+\lambda)$- QES。可以任取一种。由于在 QES 中，选择运算是按照一种确定的方式来进行的，每次都是从当前群体中选出一个或几个适应度最高的个体保留到下一代个体中，容易产生早熟，因此这里采用量子交叉操作。

⑥ 判断停机条件，$Q(t)=Q'(t)$，$t=t+1$，并转至步骤②。

5. 量子进化算法的收敛性

定理 3.1 设 $\boldsymbol{P}$ 为一 n 阶可归约矩阵：

$$\boldsymbol{P}=\begin{bmatrix}\boldsymbol{C} & \boldsymbol{0}\\ \boldsymbol{R} & \boldsymbol{T}\end{bmatrix} \tag{3-13}$$

其中，$\boldsymbol{C}$ 是一个 $m\times m$ 的基本随机矩阵，而且 $\boldsymbol{R}$，$\boldsymbol{T}\neq\boldsymbol{0}$，则

$$\boldsymbol{P}^{\infty}=\lim_{k\to\infty}\boldsymbol{P}^k=\lim_{k\to\infty}\begin{bmatrix}\boldsymbol{C}^k & \boldsymbol{0}\\ \sum_{i=0}^{k-1}\boldsymbol{T}^i\boldsymbol{R}\boldsymbol{C}^{k-1} & \boldsymbol{T}^k\end{bmatrix}=\begin{bmatrix}\boldsymbol{C}^{\infty} & \boldsymbol{0}\\ \boldsymbol{R}^{\infty} & \boldsymbol{0}\end{bmatrix} \tag{3-14}$$

是一稳定随机矩阵，且 $\boldsymbol{\Pi}^{\infty}=\boldsymbol{\Pi}^{(0)}\boldsymbol{P}^{\infty}$ 与初始分布 $\boldsymbol{\Pi}^{(0)}$ 无关，并且有下列不等式成立：

$$\boldsymbol{\Pi}_i^{\infty}>0\ (1\leqslant i\leqslant m),\ \boldsymbol{\Pi}_i^{\infty}=0\quad(m\leqslant i\leqslant n) \tag{3-15}$$

定理 3.2 QEA 是全局收敛的。

为了研究 EA 的全局收敛性，已经提出了很多分析模型[20, 21]。1990 年 Eiben 提出 EA 的一种抽象表示，将进化过程定义为马尔可夫链(Markov chain)，利用转移概率矩阵相乘来进行状态变换，分析得出 EA 收敛到最优解的条件[22]。我们以二进制问题为例讨论 QEA 的收敛性。假设染色体长度为 L，种群规模为 N，对于染色体的取值是离散的 0、1 的 GA，种群所在的状态空间大小是 2^{NL}；而对于 QEA，由于 Q 的取值是连续的，理论上种群所在的状态空间是无限的，但因实际运算中 Q 是有限精度的，我们设其维数为 v，则种群所在的状态空间大小为 v^{NL}。算法的状态转换过程可用如下的马尔可夫链来描述：

$$Q_k\xrightarrow{\text{观察}}P_k(\xrightarrow{\text{交叉}}P_k'\xrightarrow{\text{变异}}P_k'')\xrightarrow{\text{保留最优解，更新 }Q_k}Q_{k+1}$$

算法的整个过程可表示为

$$\boldsymbol{\pi}^{(t+1)}=\boldsymbol{\pi}^{(t)}\times \boldsymbol{C}_1\boldsymbol{M}_1\boldsymbol{S}_1\boldsymbol{U},\ \boldsymbol{U}=F(\boldsymbol{p}^{(t)}),\ \boldsymbol{p}^{(t)}=\boldsymbol{q}^{(t)}\boldsymbol{M}_q,\ \boldsymbol{q}^{(t+1)}=\boldsymbol{q}^{(t)}\times \boldsymbol{C}_2\boldsymbol{M}_2\boldsymbol{S}_2 \tag{3-16}$$

其中，$\boldsymbol{q}^{(t)}$为$1\times v^{NL}$维的量子染色体的概率分布向量，$\boldsymbol{p}^{(t)}$、$\boldsymbol{\pi}^{(t)}$均为$1\times 2^{(N+1)L}$维的普通染色体的概率分布向量，$\boldsymbol{M}_q$为由量子染色体生成普通染色体的$v^{NL}\times 2^{NL}$维的概率转移矩阵，$\boldsymbol{C}_2$、$\boldsymbol{M}_2$、$\boldsymbol{S}_2$均为$v^{NL}\times v^{NL}$维随机矩阵，$\boldsymbol{C}_1$、$\boldsymbol{M}_1$、$\boldsymbol{S}_1$、$\boldsymbol{U}$为$2^{(N+1)L}\times 2^{(N+1)L}$阶的块对角矩阵。

设中间种群的规模为$\hat{N}$，则种群和中间种群所在的状态空间分别为$\{0,1\}^{NL}$，$\{0,1\}^{\hat{N}L}$；算法的状态转移矩阵可用交叉、变异、选择矩阵$\boldsymbol{C}$、$\boldsymbol{M}$、$\boldsymbol{S}$来表示，其中$\boldsymbol{C}$、$\boldsymbol{M}$、$\boldsymbol{S}$分别为$2^{NL}\times 2^{\hat{N}L}$，$2^{\hat{N}L}\times 2^{\hat{N}L}$，$2^{\hat{N}L}\times 2^{NL}$阶随机矩阵，由交叉选择算子的含义可知：

$$\boldsymbol{C}=\begin{bmatrix}\boldsymbol{I}_{2^L\times 2^L} & \boldsymbol{0}\\ \boldsymbol{C}_1 & \boldsymbol{C}_2\end{bmatrix},\quad \boldsymbol{S}=\begin{bmatrix}\boldsymbol{I}_{2^L\times 2^L} & \boldsymbol{0}\\ \boldsymbol{S}_1 & \boldsymbol{S}_2\end{bmatrix} \tag{3-17}$$

讨论解空间$\{0,1\}^{(N+1)L}$(为讨论方便，我们令$\hat{N}=N$)，此时每一状态均由$N+1$个串长为L的个体组成，第一个个体被称为超个体，只起标志、记录作用，不参与进化。状态空间$\{0,1\}^{NL}$中状态依次为X_1，…，$X_{2^{NL}}$，$\{0,1\}^L$中的个体按适应度大小排列为：x_1，…，x_{2^L}，则经过遗传算子的作用，空间$\{0,1\}^{(N+1)L}$中的状态(x_i,X_m)变为状态(x_j,X_n)的概率由矩阵$\boldsymbol{P}'=\boldsymbol{C}_1\boldsymbol{M}_1\boldsymbol{S}_1$确定，其中$\boldsymbol{C}_1$、$\boldsymbol{M}_1$、$\boldsymbol{S}_1$分别为$2^L$块$\boldsymbol{C}$、$\boldsymbol{M}$、$\boldsymbol{S}$组成的块对角矩阵：

$$\boldsymbol{C}_1=\begin{bmatrix}\boldsymbol{C} & & & \\ & \boldsymbol{C} & & \\ & & \ddots & \\ & & & \boldsymbol{C}\end{bmatrix},\ \boldsymbol{M}_1=\begin{bmatrix}\boldsymbol{M} & & & \\ & \boldsymbol{M} & & \\ & & \ddots & \\ & & & \boldsymbol{M}\end{bmatrix},\ \boldsymbol{S}_1=\begin{bmatrix}\boldsymbol{S} & & & \\ & \boldsymbol{S} & & \\ & & \ddots & \\ & & & \boldsymbol{S}\end{bmatrix} \tag{3-18}$$

经算法中的“最优保持”后，如果当代产生的最优个体优于超个体，则用当前最优个体代替超个体，否则保持不变。我们引入$2^{(N+1)L}\times 2^{(N+1)L}$阶随机矩阵$\boldsymbol{U}$来表示这种升级运算，其中矩阵$\boldsymbol{U}$的每行仅有一个元素为1，其余元素均为0，它可表示为

$$\boldsymbol{U}=\begin{bmatrix}\boldsymbol{U}_{11} & & & \\ \boldsymbol{U}_{21} & \boldsymbol{U}_{22} & & \\ \vdots & \vdots & \ddots & \\ \boldsymbol{U}_{2^L,1} & \boldsymbol{U}_{2^L,2} & \cdots & \boldsymbol{U}_{2^L,2^L}\end{bmatrix} \tag{3-19}$$

则算法的状态转移矩阵为

$$\boldsymbol{P}^{+}=\boldsymbol{P}'\cdot\boldsymbol{U}=\boldsymbol{C}_1\boldsymbol{M}_1\boldsymbol{S}_1\boldsymbol{U}=\begin{bmatrix}\boldsymbol{CMSU}_{11} & & & \\ \boldsymbol{CMSU}_{21} & \boldsymbol{CMSU}_{22} & & \\ \vdots & \vdots & \ddots & \\ \boldsymbol{CMSU}_{2^L,1} & \boldsymbol{CMSU}_{2^L,2} & \cdots & \boldsymbol{CMSU}_{2^L,2^L}\end{bmatrix} \tag{3-20}$$

以上过程均与GA类似，不同的是，这里的升级运算$\boldsymbol{U}$不仅受$\boldsymbol{P}$自身进化过程的影响，而且受到$\boldsymbol{Q}$的作用，当通过新的$\boldsymbol{Q}$产生的$\boldsymbol{P}$中出现了优于当前代的超个体的解时，便更新超个体。因为$\boldsymbol{CMS}$为一正的随机矩阵，由上文知：$\boldsymbol{U}_{11}$为$\boldsymbol{I}_{2^{NL}\times 2^{NL}}$（$\boldsymbol{I}$代表单位阵），$\boldsymbol{U}_{ii}$是至少一对角元为0的下三角阵，则

$$\boldsymbol{CMSU}_{11}=\boldsymbol{CMS}>0,\quad \begin{bmatrix}\boldsymbol{CMSU}_{21}\\ \vdots \\ \boldsymbol{CMSU}_{2^L,1}\end{bmatrix}\neq 0,\quad \begin{bmatrix}\boldsymbol{CMSU}_{22} & & \\ \vdots & \ddots & \\ \boldsymbol{CMSU}_{2^L,1} & \cdots & \boldsymbol{CMSU}_{2^L,2^L}\end{bmatrix}\neq 0 \tag{3-21}$$

从而由定理3.1知：$\lim(P^{+})^{n}$存在，而且$\lim\limits_{n\to+\infty}(P^{+})^{n}=(p_1, p_2, \cdots, p_{2^L}, 0, \cdots, 0)$与初始分布向量$\boldsymbol{\Pi}^{(0)}$的初值无关。因为已知$\{0, 1\}^{(N+1)L}$中前$2^L$个状态的第一个个体均为取全局最优值的个体$x_1$，若记$p_i^t$为$t$时刻算法处于状态$i$的概率，并且记$A$为其中适应度最高的个体$x_1$的所有状态的集合，则$p(f_t=f^*)=\sum\limits_{i\in A}p_i^t$，从而有$\lim\limits_{n\to+\infty}p(f_t=f^*)=p_1+\cdots+p_{2^L}=1$，即此时算法是收敛的。

3.2 量子克隆进化计算

与进化算法一样，人工免疫系统借鉴脊椎动物免疫系统的作用机理，特别是高级脊椎动物（主要是人）免疫系统的信息处理模式，以免疫学术语和基本原理构造新的智能算法，为问题的求解提供新颖的方法。但是我们发现免疫克隆选择算法是以在局部增加种群规模来换取局部寻优能力的智能算法，如果问题规模增加或是实时性要求较高时，此算法将无法满足需求。如何利用历史信息指导进化，使得算法在提高局部搜索能力的同时还能兼顾全局的收敛速度呢？

本章上节将量子理论应用到进化计算中，加速了算法的收敛，增加了种群的多样性，提高了算法的性能。2008年，焦李成、李阳阳等人提出了量子免疫克隆全局优化算法[23]。本节利用量子进化计算中的量子染色体，继承免疫克隆选择算法中的克隆算子，并将二者结合，提出一种新的理论框架——量子克隆进化理论及其学习算法（Quantum Cloning Algorithm，QCA）。量子比特编码染色体这种概率幅表示形式可以使一个量子染色体同时表征多个状态的信息，带来丰富的种群，而且克隆算子可以使当前最优个体的信息很容易地扩大到下一代来引导变异，使得种群以大概率向着优良模式进化，加快收敛。另外，对于克隆算子的特殊结构，我们结合混沌算子提出了一种自适应的混沌变异算子，它能够避免种群陷于局部最优解，有效防止早熟。

3.2.1 基本概念

1. 量子比特

在 QCA 中，最小的信息单元为一个量子位——量子比特。一个量子比特的状态可以取 0 或 1，其状态可以表示为

$$|\Psi\rangle = \alpha|0\rangle + \beta|1\rangle \tag{3-22}$$

其中，α、β 为代表相应状态出现概率的两个复数($|\alpha|^2+|\beta|^2=1$)，$|\alpha|^2$、$|\beta|^2$ 分别表示量子比特处于状态 0 和状态 1 的概率。

2. 量子染色体

进化算法的常用编码方式有二进制、十进制和符号编码。在 QCA 中，采用了一种特殊的编码方式——量子比特编码，即用一对复数来表示一个量子比特，这也正是此算法的高效性所在。一个具有 m 个量子比特位的系统(即为一个量子染色体)可以描述为

$$\left[\begin{array}{c:c:c:c} \alpha_1 & \alpha_2 & \cdots & \alpha_m \\ \beta_1 & \beta_2 & \cdots & \beta_m \end{array}\right] \tag{3-23}$$

其中，如前所述，α_i 和 β_i 要满足归一化条件。这种表示方法可以表征任意的线性叠加态。例如，一个具有如下三对概率幅的 3 量子比特系统：

$$\left[\begin{array}{c:c:c} \frac{1}{\sqrt{2}} & 1 & \frac{1}{2} \\ \frac{1}{\sqrt{2}} & 0 & \frac{\sqrt{3}}{2} \end{array}\right] \tag{3-24}$$

系统的状态可以表示为

$$\frac{1}{2\sqrt{2}}|000\rangle + \frac{\sqrt{3}}{2\sqrt{2}}|001\rangle\frac{1}{2\sqrt{2}} + |100\rangle + \frac{\sqrt{3}}{2\sqrt{2}}|101\rangle \tag{3-25}$$

上式表示状态$|000\rangle$，$|001\rangle$，$|100\rangle$，$|101\rangle$出现的概率分别是$\frac{1}{8}$，$\frac{3}{8}$，$\frac{1}{8}$，$\frac{3}{8}$。由此我们很清楚地看到一个 3 量子比特系统表示了 4 个状态叠加的信息，即它同时表示出 4 个状态的信息。

因此，使用量子比特染色体可增加算法的解的多样性。如在上例中，一个量子染色体可以表示 4 个状态，而在传统进化算法中至少需要 4 个染色体(000)，(001)，(100)，(101)来表示；同时此算法也具有好的收敛性，随着 α、β 趋于 1 或 0，量子比特染色体收敛于一个状态，这时多样性消失，算法收敛。

3. 克隆算子

进化算法在解决优化问题时虽具有简单、通用、鲁棒性强等特点，但在搜索后期由于

该算法的盲目性和随机性，就会出现退化早熟现象。为了防止这类现象的发生，就要增大优良个体的比例，减少较差个体的不良影响，即利用有用信息来指导进化。本节我们详细阐述另外一种具有上述特点的智能算法——克隆选择算法，该算法主要提出了克隆算子。该算法包括三个步骤：克隆、克隆变异和克隆选择，其抗体群的状态转移情况可以表示成如下的随机过程[23,24]：

$$C_s: A(k) \xrightarrow{\text{克隆}} A'(k) \xrightarrow{\text{克隆变异}} A''(k) \xrightarrow{\text{克隆选择}} A(k+1)$$

值得说明的是：抗原、抗体、抗原-抗体亲和度分别对应优化问题的目标函数与各种约束条件、优化解、解与目标函数的匹配程度。克隆算子就是依据抗体与抗原的亲和度函数 $f(^*)$，将解空间中的一个点 $a_i(k)\in A(k)$ 分裂成了 q_i 个相同的点 $a_i'(k)\in A''(k)$，经过克隆变异和克隆选择后获得新的抗体，实质是在一代进化中，在候选解的附近，根据亲和度的大小，产生一个变异解的群体，从而扩大搜索范围。表 3－4 更为直观地说明了这种对应关系。

表 3－4　对应关系

生物抗体克隆选择学说概念	克隆算子中的作用
克隆(无性繁殖)	克隆(复制)
抗体	优化解
抗原	优化问题的目标函数和各种约束条件
抗体一抗体亲和度	两个解之间的距离
抗体一抗原亲和度	解与目标函数的匹配程度

很显然，在克隆算子中，为了保持解的多样性，采取对父代进行克隆复制的策略，从而扩大空间搜索范围，其解空间变大是以计算时间增加为代价的。由于量子编码方式具有量子并行运算的特点，因此，本节将二者结合，这不失为一种行之有效的快速方法。

3.2.2　量子克隆进化算法

1. 算法描述

QCA 是一种和 EA 类似的概率算法，其算法流程如图 3－3 所示。第 t 代的染色体种群为 $Q(t)=\{q_1^t, q_2^t, \cdots, q_n^t\}$，其中 n 为种群大小，t 为进化代数，q_j^t 表示第 t 代第 j 个染色体，将其定义如下：

$$q_j^t=\begin{bmatrix}\alpha_1^t & \alpha_2^t & \cdots & \alpha_m^t \\ \beta_1^t & \beta_2^t & \cdots & \beta_m^t\end{bmatrix},\quad j=1,2,\cdots,n\ (m\ \text{为量子染色体长度}) \tag{3-26}$$

在“初始化 $Q(t)$”中，若 $Q(t)$ 中 α_i^t、$\beta_i^t(i=1, 2, \cdots, m)$ 和所有的 q_j^t 都被初始化为 $1/\sqrt{2}$，

则意味着所有可能的线性叠加态以相同的概率出现；在“克隆 $Q(t)$”这一步中，克隆算子直接操作在量子染色体上，得到 $Q'(t)$。在“交叉、变异”这一步中，既可使用传统意义上的交叉、变异，也可根据量子的叠加特性和量子变迁的理论，运用一些合适的量子门变换来产生 $Q''(t)$。需要指出：由于概率归一化条件的要求，量子门变换矩阵必须是可逆的幺正矩阵，需要满足$\boldsymbol{U}^*\boldsymbol{U}=\boldsymbol{U}\boldsymbol{U}^*$（$\boldsymbol{U}^*$ 为 $\boldsymbol{U}$ 的共轭转置）。常用的量子门变换矩阵有异或门、受控的异或门、旋转门和 Hadamard 门等。在“选择压缩”这一步中，通过观察 $Q''(t)$的状态，产生一组普通解 $P(t)$，其中，第 t 代中 $P(t)=\{x_1^t, x_2^t, \cdots, x_n^t\}$，每个 $x_j^t(j=1, 2, \cdots, n)$是长度为 m 的串$(x_1x_2\cdots x_m)$，它是由量子比特幅度$|\alpha_i^t|^2$ 或$|\beta_i^t|^2(i=1, 2, \cdots, m)$得到的。在二进制情况下的量子观测过程是：随机产生一个[0，1]数，若它大于$|\alpha_i^t|^2$，取 1，否则取 0；而后由普通解来选择压缩到和克隆前相同的规模，从而生成新的个体。

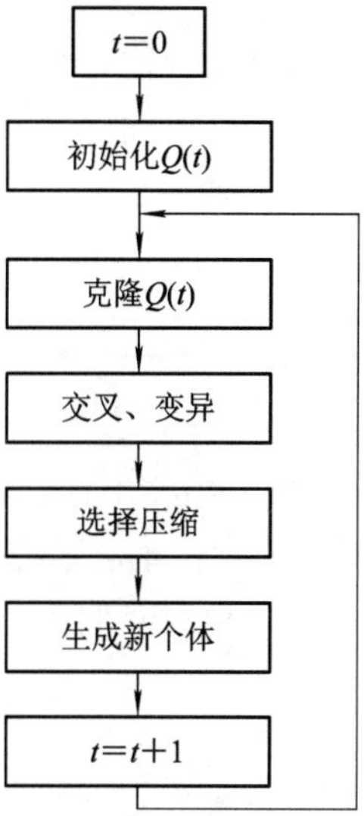

图 3-3　QCA 算法流程

2. 基本算子

1）量子变异

量子变异方法除了本章量子进化计算中的变异策略 1 和变异策略 2，还针对克隆算子的特殊结构，结合混沌理论构造了自适应的混沌变异算子。

混沌是非线性系统的本质特性，具有随机性、遍历性及规律性等一系列特殊性质。混沌的发现，对科学发展具有深远的影响[25]。混沌已经被作为在搜索过程中避免陷入局部最优值的一种优化机制而引入到进化计算中，为进化计算提供了新的研究方向和应用方法[26]。但是，相关研究成果多数只是将变异算子中的随机序列简单地用混沌序列代替，虽然这些算法思路直观、实现简单、适应性强，但是由于没有充分发挥混沌的作用，仍然存在一些问题。例如，忽略混沌规律性的特点，很少充分利用可以获得的先验知识来提高算法的局部搜索能力。

量子系统中也存在混沌效应，它不同于传统混沌现象[27]，但在通用量子计算机尚未出现的情况下，为了充分利用量子计算的高效并行性，我们借用量子理论构造量子染色体，在分析传统 Logistic 混沌序列特性的基础上，通过提取个体的个性信息，自适应调节变异的尺度，从而实现由个体质量、进化代数和个体的分布情况引导的混沌变异。

基于混沌理论的相关优化方法主要是利用混沌序列的遍历性、随机性、规律性来搜索、寻找问题的最优解。

Logistic 映射：

$$x_{n+1} = \mu x_n(1 - x_n),\ n = 0, 1, 2, \cdots \tag{3-27}$$

是一个典型的混沌系统。式中 μ 为控制参量。μ 值确定后，由任意初值 $x_0 \in [0, 1]$，可迭代出一个确定的时间序列 x_1，x_2，x_3，…，x_t。式(3-27)是没有任何随机扰动的确定性系统，随着 μ 值的增加，式(3-27)将呈现不同的性质。

① 当 $0<\mu\leqslant 1$ 时，由式(3-27)决定的系统的形态十分简单，除了不动点 0 外，再也没有其他周期点。

② 当 $1<\mu<3$ 时，系统形态也比较简单，不动点 0、$1-\dfrac{1}{\mu}$为仅有的两个周期点。

③ 当 $3\leqslant\mu\leqslant 4$ 时，系统的形态十分复杂，系统由倍周期通向混沌。

④ 当 $\mu>4$ 时，系统更为复杂。

另一个值得我们关心的问题是，随着 μ 的增大，Logistic 映射的遍历区间是从中间向 0 和 1 两个方向扩张，这体现了混沌因子 μ 对 Logistic 映射的遍历范围的大小有近似比例的影响。如图 3-4 所示，实线为 $\mu=4$ 时的序列轨迹，虚线为 $\mu=3.7$ 时的序列轨迹，可以看出，前者的遍历范围明显大于后者。

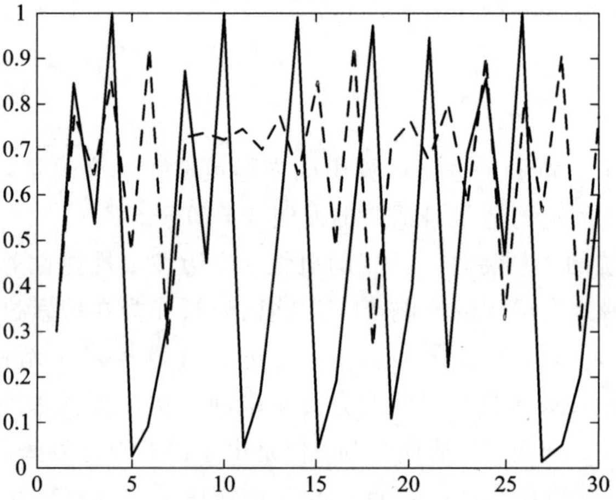

图 3-4　混沌因子对 Logistic 的影响

不失一般性，以函数优化为例，考虑实数编码，在变异操作之前先将种群中的个体按适应度值排序。a_{ji} 为变异前第 j 个个体中的第 i 个遗传基因的归一化值，a'_{ji} 为变异后第 j 个个体中的第 i 个变量的归一化值，则

$$a'_{ji} = \begin{cases} a_{ji} + \dfrac{j}{N} \times \dfrac{1-a_{ji}}{\alpha+\gamma} \times \left(\alpha \times \exp\left(\dfrac{-\beta \times t}{T}\right) + \gamma\right) \times \text{Logistic}_{ji}(k),\ \text{rand} > 0.5 \\ a_{ji} - \dfrac{j}{N} \times \dfrac{a_{ji}}{\alpha+\gamma} \times \left(\alpha \times \exp\left(\dfrac{-\beta \times t}{T}\right) + \gamma\right) \times \text{Logistic}_{ji}(k),\ \text{rand} < 0.5 \end{cases} \tag{3-28}$$

其中，t 为当前进化代数，T 为设定的进化总代数，α、β、γ 为控制变异尺度收缩的参数。混沌变异的变异尺度由以下几部分组成，说明如下：

(1) $\frac{j}{N}$将变异尺度与个体在群体中的排名联系起来。对于排名较前者，个体质量相对比较高，变异尺度相对较小，有利于较优个体的细搜索。

(2) $\left(\alpha\times\exp\left(\frac{-\beta\times t}{T}\right)+\gamma\right)$将变异尺度与进化代数联系起来。进化初期，变异尺度相对较大，进行粗搜索。随着进化的进行，变异尺度逐渐变小，有利于进化后期个体的细搜索。

(3) $\frac{1-a_{ji}}{\alpha+\gamma}$或$\frac{a_{ji}}{\alpha+\gamma}$能自动保证变异后个体变量仍在[0, 1]之间。

不难看出，Logistic 序列能够根据个体中变量的具体情况自适应调节变异尺度的大小。搜索时，提取出各个体的分布情况，利用分布情况确定混沌因子 μ，指导序列的产生。这就保证了在个体相对紧凑时尺度较小，反之，则尺度较大，以此尽量避免各个体之间的重复搜索。因此我们称这种变异算子为自适应混沌变异算子。

总之，自适应混沌变异不同于传统的非均匀变异、高斯变异和柯西变异等靠随机分布来引导变异的方法，其利用个体质量、进化代数和个体的分布情况自适应控制变异尺度，能够充分利用先验知识指导变异，从而避免了搜索的盲目性。

2) 量子交叉

量子交叉采用量子进化计算中的全干扰交叉算子。

3.2.3 量子克隆进化算法的结构框架

类似 EA，我们将 QCA 也分为量子克隆遗传算法、量子克隆进化规划和量子克隆进化策略三种算法。

1. 量子克隆遗传算法(Quantum Clonal Genetic Algorithm, QCGA)

QCGA 的步骤可以描述如下：

① 初始化进化代数：$t=0$；

② 初始化种群 $Q(t)$：$\alpha_i^t=\frac{1}{\sqrt{2}}$，初始时以等概率出现；

③ 克隆 $Q(t)$以生成 $Q'(t)$；

④ 对 $Q'(t)$进行量子变异和量子交叉，生成 $Q''(t)$；

⑤ 通过选择压缩 $Q''(t)$生成 $Q(t+1)$；

⑥ 评价种群 $Q(t+1)$的亲和度，保存最优解；

⑦ 停机条件判断：当满足停机条件时，输出当前最优个体，算法结束，否则继续；

⑧ $t=t+1$，转到步骤③。

2. 量子克隆进化规划(Quantum Clonal Evolutionary Programming，QCEP)

本算法仍然采取量子染色体，只是在初始化时采用混沌序列产生初始种群，变异采用前面所给出的自适应混沌变异算子。QCEP 的步骤如下。

① 混沌初始化种群。混沌的遍历性能确保变量在[0，1]范围内不重复地遍历所有状态，因此，用混沌序列产生初始种群能够确保种群的非重复性。采用式(3－27)所示的 Logistic 映射作为混沌吸引子，设群体规模为 N，变量个数为 c，对式(3－27)中的 $x(0)$分别赋予 c 个初值$x(0，i)$，$i=1，2，3，\cdots，c$，产生 c 个不同轨迹的混沌变量$\{x(k，i)\}$，则种群可以表示为

$$\mathbf{A}=\{a_{ki}\}=\begin{bmatrix} a_{11} & a_{12} & \cdots & a_{1c} \\ a_{21} & a_{22} & \cdots & a_{2c} \\ \vdots & \vdots & & \vdots \\ a_{N1} & a_{N2} & \cdots & a_{Nc} \end{bmatrix} \tag{3-29}$$

② 译码。将产生的混沌变量按下式译码：

$$x_{ji}(k)=bd_i+(bu_i-bd_i)a_{ji}(k),\ i=1,2,\cdots,c,\quad j=1,2,\cdots,N \tag{3-30}$$

式中，bu_i、bd_i 为第 i 个变量的上、下限。对于固定的 k 值，$X_j(k)=\{x_{j1}(k)，x_{j2}(k)，\cdots，x_{jc}(k)\}$代表一个浮点数形式的可行解。对每一个可行解计算其适应度值，并按照适应度值对群体中的个体排序。

③ 提取先验知识。分别对群体的各列向量 $\mathbf{A}(:，i)$进行如下操作：计算出向量 $\mathbf{A}(:，i)$中在数值上距离 a_{ki} 最近的上、下两个值与 a_{ki} 差值的较大值，作为矩阵 $\boldsymbol{J}$ 的元素 $J(j，i)$，以 $\boldsymbol{J}$ 作为先验知识矩阵。例如，群体 $\mathbf{A}$ 的第一列为

$$\mathbf{A}(:,1)=(0.2231\quad \underline{0.6871}\quad 0.3412\quad 0.1211\quad \underline{0.7891}\quad \underline{0.6754}\quad 0.5312)^{\mathrm{T}}$$

则 $J(2，1)=\max(0.7891-0.6871，0.6871-0.6754)$。

④ 自适应混沌变异。先验知识包含了各个体的相对位置关系。基于 Logistic 序列的规律性，为了有效利用先验知识控制变异尺度，对于个体 $A(k)$，利用先验知识赋予混沌因子 $c\times N$ 个不同的值，并保证 μ 在[3.57，4]之间取值(在本节中取为$(3.5+J(k，j))$)，产生 $c\times N$ 个长度为 N_s(N_s 为对个体 $A(k)$的克隆比例)的 Logistic 序列，采用混沌变异对 $x(k)$进行变异操作N_s 次。

分别对 $x(k)$进行 N_s 次变异后保留原个体，形成规模为 q_i 的子群体 sub(k)。

⑤ 选择 sub(k)中的最优个体，更新 $L(k)$。

对 sub(k)中各个体译码并计算其适应度值，选择最优个体代替原群体中的 $x(k)$。

⑥ 如果停止准则满足则停止，否则返回步骤②。

3. 量子克隆进化策略(Quantum Clonal Evolutionary Strategies，QCES)

详细描述如下：

① 初始化进化代数：$t=0$；

② 初始化种群 $Q(t)$：$\alpha_i^t=\frac{1}{\sqrt{2}}$，初始化时以等概率出现；

③ 克隆 $Q(t)$以生成 $Q'(t)$；

④ 对 $Q'(t)$进行高斯变异；

⑤ 通过选择压缩 $Q''(t)$生成 $Q(t+1)$；

⑥ 评价种群 $Q(t+1)$的亲和度，保存最优解；

⑦ 停机条件判断：当满足停机条件时，输出当前最优个体，算法结束，否则继续；

⑧ $t=t+1$，转到步骤③。

3.2.4 量子克隆进化算法的收敛性

定理 3.3 量子克隆进化算法的种群序列$\{X_k, k\geqslant 0\}$是有限齐次马尔可夫链。

证明： 由于 QCA 采用量子比特染色体 Q，对于 EA，染色体的取值是离散的 0、1，假设染色体长度为 L，种群规模为 N，种群所在的状态空间大小是 $N\times 2L$。一方面，由于 Q 的取值是连续的，所以理论上种群所在的状态空间是无限的；但另一方面，实际运算中 Q 是有限精度的，设其维数为 v，则种群所在的状态空间大小为 $N\times vL$，因此种群是有限的，而算法中采用的克隆、克隆变异、克隆选择都与 k 无关(由本章给出的定义保证)，所以 X_{k+1}仅与 X_k 有关，即$\{X_k, k\geqslant 0\}$是有限齐次马尔可夫链。证毕。

设 $X_k=\{x_1, x_2, \cdots, x_N\}$，下标 k 表示进化的代数，X_k 表示在第 k 代时的一个种群，x_i 表示第 i 个个体。设 f 是 X_k 上的亲和度函数，令

$$s^* = \{x \mid \max_{x\in X_k} f(x) = f^*\} \tag{3-31}$$

称 s^* 为最优解集，其中 f^* 为全局最佳值，则有如下定义。

定义 3.1 设 $f_k=\max_{x_i\in X_k}\{f(x_i): i=1, 2, \cdots, N\}$是一个随机变量序列，该变量代表在时间步 k 状态中的最佳的亲和度。当且仅当

$$\lim_{k\to\infty} P\{f_k = f^*\} = 1 \tag{3-32}$$

则称算法收敛。即表明当算法迭代到足够多的次数后，群体中包含全局最优解的概率接近 1。

定理 3.4 量子克隆进化算法的马尔可夫链序列的种群满意值序列$\{f(X_k, k\geqslant 0)\}$是单调不减的，即对于任意的 $k\geqslant 0$，有 $f(X_{k+1})\geqslant f(X_k)$，即种群中的任何一个个体都不会退化。

证明： 显然，在本算法中采用保留最优个体来进行克隆选择，这保证了每一代个体都

不会退化。

定理 3.5 量子克隆进化算法是以概率 1 收敛的。

证明： 由上所述，本算法的状态转移由马尔可夫链来描述。我们将规模为 N 的群体认为是状态空间 S 中的某个点，s_i 是 S 中的第 i 个状态($s_i \in S$)，对应本算法 $s_i = \{x_1, x_2, \cdots, x_N\}$，显然 X_k^i 表示在第 k 代时种群 X_k 处于状态 s_i，其中随机过程$\{X_k\}$的转移概率为 $p_{ij}(k)$，则

$$p_{ij}(k) = p\left\{\frac{X_{k+1}^j}{X_k^i}\right\} \tag{3-33}$$

下面给出 $p_{ij}(k)$的两种特殊情况(设 $I = \{i \mid s_i \cap s^* \neq \varnothing\}$)：

Ⅰ. 当 $i \in I$, $j \notin I$ 时，由定理 3.4 可得

$$p_{ij}(k) = 0 \tag{3-34}$$

即当父代出现最优解时，不论经历多少代的进化最优解都不会退化。

Ⅱ. 当 $i \notin I$, $j \in I$ 时，由定理 3.4 可知：$f(X_{k+1}^i > f(X_k^i))$，所以

$$p_{ij}(k) > 0 \tag{3-35}$$

在讨论了转移概率的两种特殊情况后，我们来证明式(3－32)。

设 $p_i(k)$为种群 X_k 处在状态 s_i 的概率，$p_k = \sum_{i \notin I} p_i(k)$，则由马尔可夫链的性质可知：

$$p_{k+1} \sum_{i \in I} \sum_{j \notin I} p_i(k) p_{ij}(k) = \sum_{i \in I} \sum_{j \notin I} p_i(k) p_{ij}(k) + \sum_{i \in I} \sum_{j \notin I} p_i(k) p_{ij}(k) \tag{3-36}$$

由于

$$\sum_{i \notin I} \sum_{j \in I} p_i(k) p_{ij}(k) + \sum_{i \notin I} \sum_{j \notin I} p_i(k) p_{ij}(k) = \sum_{i \notin I} p_i(k) = p_k \tag{3-37}$$

因此

$$\sum_{i \notin I} \sum_{j \notin I} p_i(k) p_{ij}(k) = p_k - \sum_{i \notin I} \sum_{j \in I} p_i(k) p_{ij}(k) \tag{3-38}$$

把式(3－38)代入式(3－36)，再利用式(3－34)和式(3－35)，则有

$$0 \leqslant p_{k+1} < \sum_{i \in I} \sum_{j \notin I} p_i(k) p_{ij}(k) + p_k = p_k$$

因此

$$\lim_{k \to \infty} p_k = 0 \tag{3-39}$$

又由 $\lim\limits_{k \to \infty} P\{f_k = f^*\} = 1 - \lim\limits_{k \to \infty} \sum_{i \notin I} p_i(k) = 1 - \lim\limits_{k \to \infty} p_k$ 和式(3－39)可知

$$\lim_{k \to \infty} P\{f_k = f^*\} = 1 \tag{3-40}$$

即所有包含在非全局最优状态中的概率收敛于 0，则包含在全局最优状态中的概率收敛为 1。证毕。

3.2.5 量子克隆进化算法仿真

1. QCA 求解函数极值点

QCA 算法不仅能够保证种群中解的多样性，而且具有很强的搜索能力，所以量子比特染色体和克隆算子的引入提高了进化算法处理多峰函数优化问题的能力。以下面四个测试函数[28]为例，考查 QCA。

$$f_1 = 1 + x\sin(4\pi x) - y\sin(4\pi y + \pi) + \frac{\sin\left(6\sqrt{x^2+y^2}\right)}{6\sqrt{x^2+y^2+0.000000000000001}},\quad xy \in [-1, 1]$$

$$f_2 = x^2 + y^2 - 0.3\cos 3\pi x + 0.3\cos 4\pi y + 0.3,\quad x, y \in [-1, 1]$$

$$f_3 = nA + \sum_{i=1}^{n}(x_i^2 - A\cos(2\pi x_i)),\quad x_i \in [-5.12, 5.12],$$

A 是一个给定的常数，此处取为 10

$$f_4(x, y) = \sum_{i=1}^{5} i\cos[(i+1)x+i]\sum_{i=1}^{5} i\cos[(i+1)y+i],\quad x, y \in [-10, 10]$$

表 3-5 给出这些测试函数的基本性质。

表 3-5 测试函数的基本性质

测试函数	全局最优值	全局最优值时变量的取值(x, y)	全局(局部)最优值个数
f_1	2.118	(±0.64, ±0.64)	4(32)
f_2	−0.1848	(0, ±0.23)	2(4)
f_3	0	0	1(NA)
f_4	−186.73	—	18(760)

我们首先比较量子克隆进化策略(QCES)与传统进化算法(CEA)的空间搜索性能与收敛速度，并测试上述前三个函数，其中算法都采用长为 8 位的二进制编码。在 QCES 中，函数 f_1 和 f_2 对应的种群大小为 10，变异概率为 0.1，最大进化代数为 200。函数 f_3 对应的种群规模为 50，变异概率也为 0.1，最大进化代数为 1000。在 CEA 中，交叉和变异的概率分别为 0.5 和 0.01，种群规模为 10，最大进化代数如前所述。图 3-5 中给出分别采用 QCES 和 CEA 对函数 f_1 和 f_2 进行一次优化的结果(注意，为了直观地反映最优值的分布情况，特将函数 f_2 取反绘出)，其中“*”表示最终的最优值。图 3-5 反映出在相同的种群规模和进化代数内，QCES 的寻优能力明显高于 CEA。图 3-6 中给出一次运行结果的收敛性比较(其中实线为 QCES，虚线为 CEA)，采用的是种群的平均适应度函数值，从中反映出 QCES 具有较快的收敛性(大约在 25 代左右整个群体的大多数都收敛到了最优值)并且整个群体都是向着有利的方向进化的。

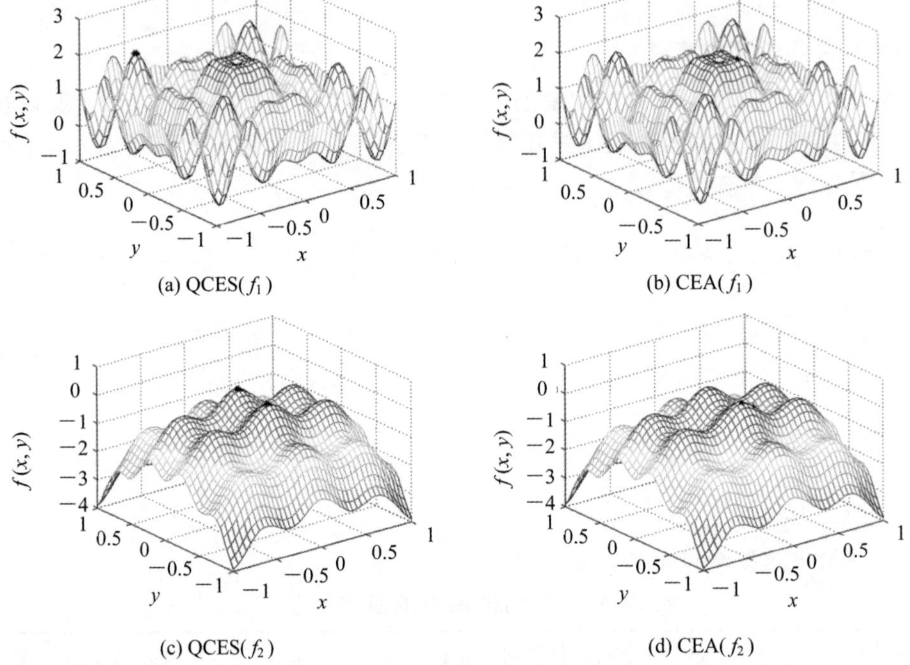

(a) QCES(f_1)　(b) CEA(f_1)　(c) QCES(f_2)　(d) CEA(f_2)

图 3-5　不同算法对函数 f_1 和 f_2 的优化结果

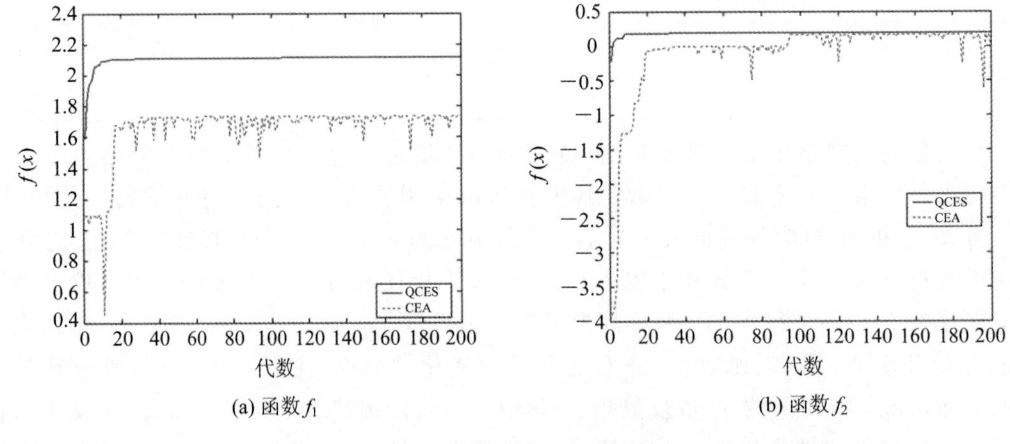

(a) 函数 f_1　(b) 函数 f_2

图 3-6　不同算法的收敛性能比较

表 3-6 中给出 10 次独立实验的统计结果，发现由于采用量子比特染色体，在种群规模较小时仍能获得满意的解，这也正是本算法多样性的体现，这样在实际应用中可节

省计算的时间和空间。对于函数 f_3，当 $n=6$ 时，传统的进化算法根本无法收敛到最优解，故在表 3-6 的相应框中用“—”来表示无法统计。在表 3-6 中可以看到 QCES 一次运行的时间有所增加，这是由于本算法比传统的进化算法多了两步(即量子染色体生成普通二进制染色体和克隆复制)，但解的性能有了明显的提高。

表 3-6　10 次独立实验的统计结果

采用的优化方法	函数	f_1		f_2		$f_3(n=6)$	
	种群数	10	50	10	50	10	50
QCES	找到最优解次数	10	10	10	10	8	10
	一次运行的时间/s	0.18	0.34	0.14	0.32	8.46	50.12
CEA	找到最优解次数	3	6	4	6	—	—
	一次运行的时间/s	0.14	0.26	0.12	0.22	—	—

下面考查本节提出的自适应混沌量子克隆进化规划，我们分别用标准遗传算法(SGA)、量子进化策略求解此问题。在本算法中，采用实数编码，种群大小为 25，最大进化代数为 200。在标准遗传算法中，交叉和变异的概率分别为 0.5 和 0.01，染色体选择策略为最优保持策略。量子进化策略具体详见参考文献[29]。图 3-7 给出了目标函数种群的初始分布和最终优化的结果。为直观看出最小值，我们也采取了取反求最大值的方法来优化函数 f_4。

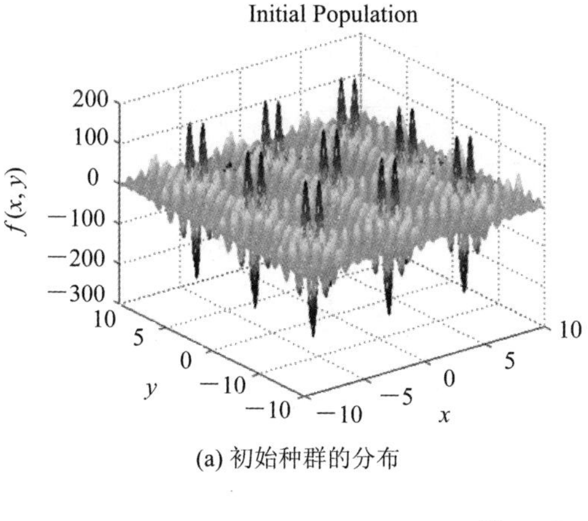

(a) 初始种群的分布

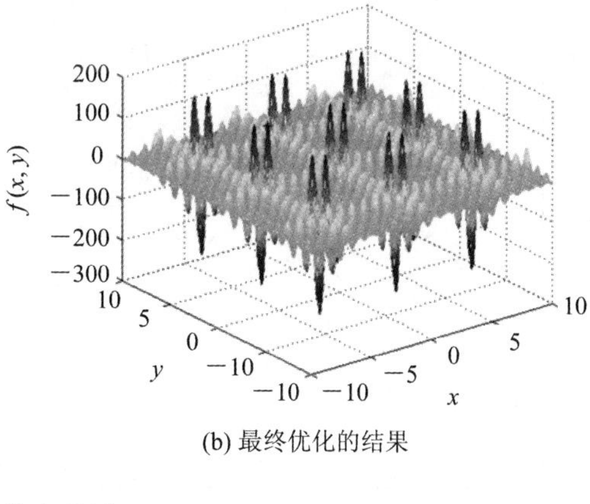

(b) 最终优化的结果

图 3-7　函数直观图

进行 20 次独立实验，虽然每次实验的具体结果不尽相同，但总体趋势是一致的。图 3-8 给出了一次运行结果的收敛性能比较。我们可以看出：由于函数有众多的局部极值点，标准遗传算法的结果是不令人满意的，而本算法结合了混沌和量子的并行性，带来了良好的个体多样性，其性能比二者的性能均有提高。表 3-7 是 20 次独立实验的统计结果。从表3-7 中我们可以看到该算法的最优解在精度上有了明显的提高，在 20 次的独立实验中，每次大约第 4 代就能找到最优解，因此收敛速度提高，并且每次的结果都比量子进化算法的结果好，寻优能力明显增强。

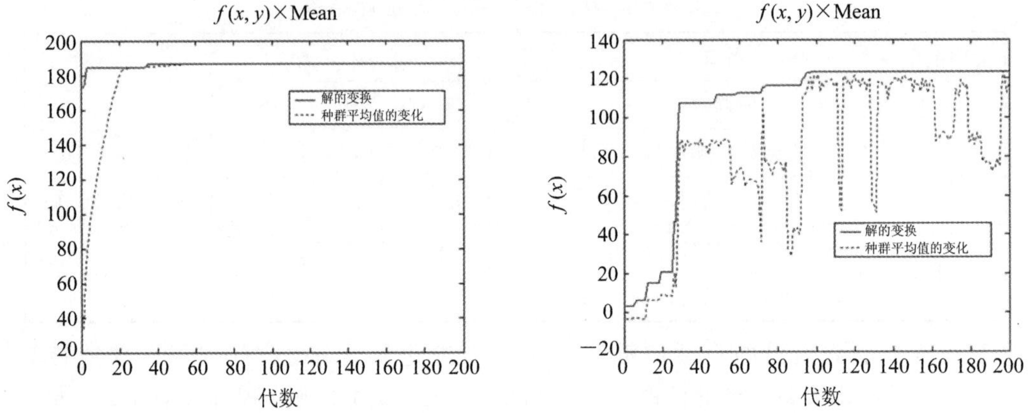

(a) QCEP(f_4)　　(b) SGA(f_4)

图 3-8　收敛性能比较

表 3-7　20 次独立实验的统计结果

采取的不同算法	20 次实验找到的最优解和对应次数		最优解
SGA	函数值小于－180 的次数	0	－123.53807
	函数值大于－100 的次数	20	
	全局最优解	0	
QCEP	函数值小于－185 的次数	1	－186.72473
	函数值大于－100 的次数	0	
	全局最优解	19	
QEA(参见文献[29])	函数值小于－180 的次数	3	－185.58159
	函数值大于－100 的次数	0	
	全局最优解	17	

2. QCA 求解背包问题

上面的实验证明了量子染色体的多样性对算法的帮助，下面我们再来考察量子克隆进化是否对算法有好的引导作用。背包问题是一个典型的组合优化问题，描述如下：假设有价值 $C_i>0$ 与重量 $W_i>0(i=1, \cdots, N)$，已知的 N 件物品和一个最大容重为

$V(V>0)$的背包，如何选择物品装入该背包，可在背包的容量约束限制之内使装入的物品总价值最大？在下面的实验中，实验一我们设 $V=1000$，$N=50$，N 件物品的价值 C 与重量 W 分别为：

C = [220 208 198 192 180 180 165 162 160 158 155 130 125
122 120 118 115 110 105 101 100 100 98 96 95 90
88 82 80 77 75 73 72 70 69 66 65 63 60
58 56 50 30 20 15 10 8 5 3 1]

W = [80 82 85 70 72 70 66 50 55 25 50 55 40 48 50 32
22 60 30 32 40 38 35 32 25 28 30 22 50 30 45 30 60
50 20 65 20 25 30 10 20 25 15 10 10 10 4 4 2 1]

实验二参见参考文献[29]，$V=6666$，$N=100$。使用量子克隆遗传算法，并将其和混合遗传算法(HGA)及贪心算法比较，在混合遗传算法中，假设种群大小为 100，最大终止代数为 500，变异和交叉概率分别为 0.0088、0.88。本算法采用量子旋转门变异，种群大小为 10，其他参数相同。我们采用上述参数独立进行 20 次实验，表 3-8 给出使用不同算法的统计结果。

表 3-8(a)　20 次独立实验的统计结果(实验一)

算法	出现最优解的代数	找到最优解次数	求解结果(总价值/总重量)
QCA	10	20	3103/1000
HGA	230	8	3103/1000
贪心算法	—	—	3077/999

表 3-8(b)　20 次独立实验的统计结果(实验二)

算法	出现最优解的代数	找到最优解次数	求解结果(总价值)
QCA	11	20	6666
HGA	24	14	6666
贪心算法	—	—	6659

图 3-9 给出了(实验一)一次运行结果的收敛性能比较。

从图 3-9 可以看到：采用如上所述的量子克隆遗传算法，当进化到第 11 代时，已出现最优解 3103/1000，而且种群集中在 3096/999，3098/998，3093/997，3095/996 等周围；当进化到第 50 代时，最优解在种群中的比例已占到半数以上；当进化到第 100 代时，量子染色体已经以概率 1 取得最优解。

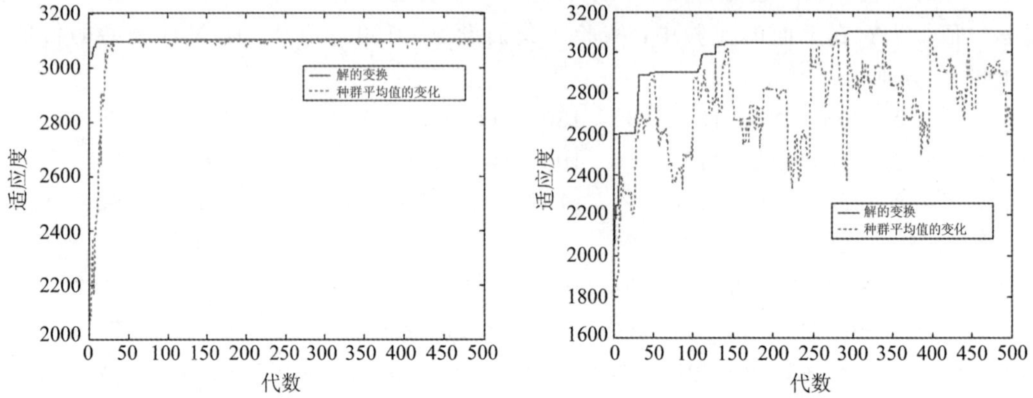

(a) QCA　　(b) HGA

图 3-9　收敛性能比较

3.2.6　量子克隆进化算法的并行实现

实际工程中存在许多复杂度较高的问题，若要在较短的计算时间内找到较优的解，EA 的并行实现是不可缺少的。EA 的并行实现有几种不同的途径，按照多处理器的连接拓扑结构，可分为主从式(master-slave)并行化方法、粗粒度模型(coarse-grained)、细粒度模型(fine-gained)等。在 QCA 的并行实现中我们使用粗粒度模型。粗粒度模型(算法)的主要特征是使用了几个较大的同类群和引入了迁移算子。具体描述为：整个种群被分成若干子种群，每个子种群包含一些个体。为每个子种群分配一个处理器，它们相互独立地并行执行进化，每经过一定的间隔(即若干代)就把它们的最佳个体迁移到相邻的子种群中去。这种粗粒度的并行 EA 又被称为迁移式(migration)或孤岛(isolation)模型。算法的基本框架如下：

① 随机产生一个初始种群，并将它分成 N 个子种群，为子种群定义一个邻域结构；

② 并发地对每个子种群 $P_i(i=1, 2, \cdots, N)$执行步骤③和步骤④；

③ 在所给定的进化代内对 P_i 执行进化操作；

④ 邻域间的个体迁移，形成新的一代子种群；

⑤ 若结束条件不满足，则转步骤②。

QCA 的一个个体能同时表示许多状态，并且每个个体都是由当前最优解和其概率决定的，这样个体之间存在弱联系。由于这个特性，QCA 比经典的 GA、EP 和 ES 更适用于并行结构的实现。为了减少各个处理器之间的通信负担，可采用如图 3-10(5 个处理器)和图3-11(20 个处理器)所示的连接结构。

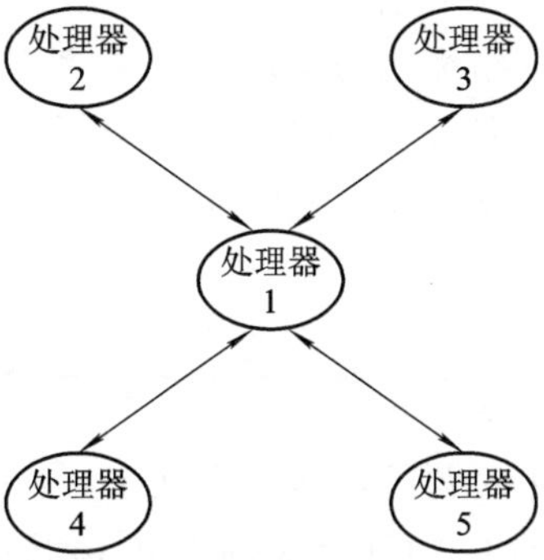

图 3-10　5 个子群的连接结构

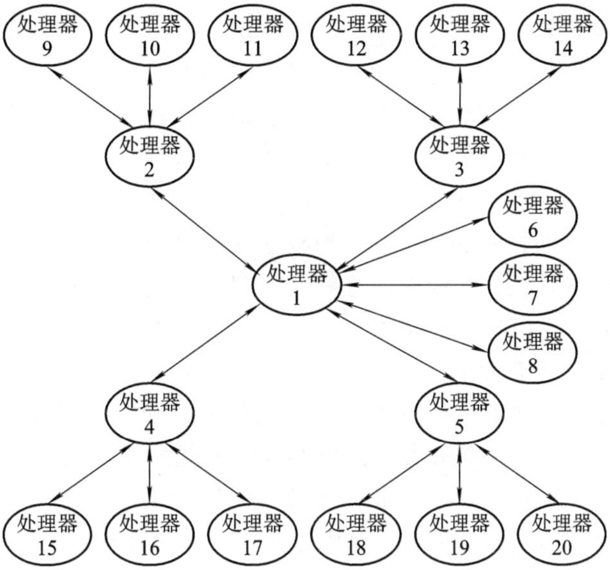

图 3-11　20 个子群的连接结构

3.3　量子免疫克隆多目标优化算法

3.3.1　多目标优化

最优化处理就是在一堆可能的选择中搜索对于某些目标来说是最优解的问题。如果仅考虑一个目标，则称为单目标优化问题，这种问题在过去 50 年中已经得到了深入的研究，我们在本章也提出了有效的优化算法；如果存在的目标超过一个并需要同时处理，则称其为多目标优化问题。多目标优化问题起源于许多实际复杂系统的设计、建模和规划问题，这些系统所在的领域包括工业制造、城市运输、资本预算、森林管理、水库管理、新城市的布局和美化、能量分配等。几乎每个重要的现实生活中的决策问题都存在多目标优化问题[30-35]。

与单目标优化问题相比，多目标优化问题更加复杂，它需要同时优化多个目标。这些目标往往是不可比较的，甚至是相互冲突的，一个目标性能的改善有可能引起另一个目标性能的降低。与单目标优化问题的本质区别在于，多目标优化问题的解不是唯一的，而是存在一个最优解集合，集合中的元素称为 Pareto 最优解或非支配(non-dominated)解。所谓 Pareto 最优解，就是不存在比其中至少一个目标好而使其他目标劣化的解，也就是不可能通过优化其中部分目标而使其他目标劣化。Pareto 最优解集中的元素就所有目标而言是彼此不可比较的。

由于多目标优化问题一般不存在单个最优解，因此希望求出其 Pareto 最优解集，根据 Pareto 前端的分布情况进行多目标决策。求 Pareto 最优解集的传统方法是将多目标优化问题转换为多个不同的单目标优化问题，用单目标优化方法分别求解。这些单目标最优解对应原多目标优化问题的 Pareto 最优解，用这些解的集合去近似 Pareto 最优解集。单目标求解方法主要有加权法和约束法。加权法对多个目标加权求和，使用不同的权值组合形成多个单目标优化问题；约束法是将一个目标选为主要目标，将其他目标作为约束，使用不同的约束边界值形成多个单目标优化问题。加权法的主要缺点是对 Pareto 前端非凸的情形不能求出所有 Pareto 最优解，而且多个目标之间往往不可比较，从而限制了其应用；约束法的主要缺点是约束边界值变化范围的确定需要先验知识，这些先验知识往往是未知的。此外，上述方法为了获得 Pareto 最优解集的近似都需要多次运行求解单目标优化问题，由于这些运行求解相互独立，无法利用它们之间的协同作用，导致其计算开销大。对于复杂的多目标问题，应用这些优化方法往往不可行。

随着进化算法的提出和不断深入的研究，进化算法作为解决多目标优化问题的新方法受到了相当大的关注。一方面，进化算法基于种群的搜索方式实现了搜索的多向性和全局性，使得它非常适合用于求解多目标优化问题，即通过重组操作充分利用解之间的相似性，能够在一次运行中获取多个 Pareto 最优解，用于近似多目标问题的 Pareto 最优解集。另一方面，进化算法不需要许多数学上的必备条件，可以处理所有类型的目标函数和约束。一些研究者指出多目标优化问题是进化算法能比其他搜索方法做得更好的一个领域。目前，多目标进化算法已成为进化算法的研究热点之一。

1. 多目标优化问题的起源与数学模型

多目标优化问题的出现最早可追溯到 1772 年。当时 Franklin 就提出了多目标矛盾如何协调的问题[36]。但国际上一般认为多目标优化问题最早是由法国经济学家 Pareto 在 1896 年提出的[37]。当时他从政治经济学的角度，把很多不好比较的目标归纳成为多目标优化问题。1944 年，Von Neumann 和 Morgenstern 又从博弈论的角度，提出了多个决策者而彼此又相互矛盾的多目标决策问题[38]。1951 年，Koopmans 等人从生产与分配的活动分析中提出了多目标优化问题，且第一次提出了 Pareto 最优解的概念[39]。同年，Kuhn 从数学规划的角度，给出了向量极值问题的 Pareto 最优解的概念，并研究了这种解的充分与必要条件[40]。1953 年，Arron 等人对凸集提出了有效点的概念，从此多目标优化问题逐渐受到人们的关注。1968 年，Johnsen 系统地提出了关于多目标决策模型的研究报告，这是多目标优化这门学科开始大发展的一个转折点[36]。

自 20 世纪 80 年代开始，进化算法逐步发展成为有效解决多目标优化问题的重要技术。早在 1967 年，Rosenberg 在其博士学位论文中曾提到可用遗传算法来求解多目标的优化问题[41]，但直到 1985 年才出现基于向量评估的 VEGA 算法[42]，这是第一个多目标进化算法，但 VEGA 算法本质上仍然是加权和方法。1990 年后，该技术真正引起足够重视，人们相继提出了不同的多目标演化算法。例如，1992 年 Hajela 和 Lin 提出了 HLGA 算法[43]，1993 年 Fonseca 和 Fleming 提出了 FFGA 算法[44]，1994 年 Srinivas 和 Deb 提出了 NSGA 算法[45]，同年 Horn 和 Nafpliotis 提出了 NPGA 算法[46]。1999 年，Zitzler 和 Thiele 提出了 SPEA 算法[47]。与此同时，A. C. Carlos 等人也对仿生算法在多目标优化上的应用寄予厚望，提出了自己的多目标进化算法[48]，并且首开先河，将人工免疫系统算法应用于多目标优化[49]，提出了多目标免疫系统算法（Multiobjective Immune System Algorithm，MISA）。

由于最小化与最大化问题可以相互转化，不失一般性，这里仅以最大化多目标问题为研究对象，其具体定义如下。

定义 3.2 一个多目标优化问题包含一个有 n 个参数（决策变量）的集合、一个有 p 个目标的集合和一个有 m 个约束条件的集合。其中，目标函数和约束条件是决策变量的函数。多目标优化问题的数学模型可以描述为

$$\begin{aligned} &\max\ y = F(x) = (f_1(x),\ f_2(x),\ \cdots,\ f_p(x)) \\ &\text{s.t.}\ \ e(x) = g_i(x) \leqslant 0,\ i = 1,\ 2,\ \cdots,\ m \end{aligned} \tag{3-41}$$

其中，$\boldsymbol{x}=(x_1,\ x_2,\ \cdots,\ x_n)\in X$ 是变量向量，$\boldsymbol{y}=(y_1,\ y_2,\ \cdots,\ y_n)\in Y$ 为目标向量，X 和 Y 分别表示决策空间和目标空间。约束条件 $e(x)$ 确定了可行解集，那么我们用 S 来表示决策空间的可行区域：

$$S = \{x \in X \mid g_i(x) \leqslant 0,\ i = 1,\ 2,\ \cdots,\ m\} \tag{3-42}$$

定义 3.3 对于给定点 $x^0 \in S$，它是有效的当且仅当不存在其他点 $x\in S$，使得对于上述的最大化情况有

$$f_l(x) \geqslant f_l(x^0),\ \forall l \in \{1, 2, \cdots, p\} \wedge f_k(x) \geqslant f_k(x^0),\ \exists k \in \{1, 2, \cdots, p\} \tag{3-43}$$

那么有效点对应的目标函数为 Pareto 最优解。

2. 经典的多目标进化算法

在过去 20 多年中，进化算法作为多目标优化问题的新求解方法受到了相当程度的关注，据此诞生了进化多目标优化。由于多目标优化问题是约束和组合优化问题的自然扩展，过去 40 多年里，进化算法求解约束优化和组合优化问题中开发的许多使用方法和技巧都可以方便地应用于多目标优化问题中，因此，当考虑如何将遗传算法应用于多目标优化问题时，我们仅需要考虑与问题相关的一些特殊情况。

用进化算法求解多目标优化问题中出现的一个特殊情况就是如何根据多个目标来确定个体的适应度值，即适应度值分配机制。根据适应度值分配机制，多目标进化算法可以粗略分成如下三类。

1）*加权和方法*

加权和方法的基本前提与传统多目标优化方法的基本前提相同，该方法为每个目标函数分配权重，并将权重和目标组合为单一目标。加权和方法可以表示如下：

$$\begin{aligned} &\max f(x) = \sum_{i=1}^{k} \omega_i f_i(x) \\ &\text{s.t. } x \in X_f \end{aligned} \tag{3-44}$$

其中，ω_i 为权值，且有 $\sum \omega_i = 1$。加权和方法的优点是容易理解和便于计算，缺点是难于分配权重，并且不能处理 Pareto 前端非凸的情形。加权和方法的关键是如何分配权重，最近提出了若干权重调整的方法，如固定权重方法、随机权重方法、适应性权重方法。

在固定权重方法(fixed-weight approach)中，权重在整个进化过程中不会改变，权重可由事先获得的有关目标的知识确定。Murata、Ishibuchi 和 Tanaka 提出了随机权重方法(random-weight approach)[50]，在选择过程中的每一步都随机给出权重，这样可以给所有可能的组合以平等的机会。虽然在统计上这种方法对于 Pareto 边界给出了均匀的选择压力，但它忽略每代的 Pareto 解中可能获得的信息。Zheng、Gen 和 Cheng 提出了适应性权重方法(adaptive-weight approach)[51]，在该方法中，权重根据当前代进行适应性调整以获得朝向正理想点的搜索压力。由于该方法将当前种群中的有用信息用于调整下一代的权重，因此它的选择压力介于固定权重方法和随机权重方法之间。

2）*基于 Pareto 的方法*

由于基于 Pareto 概念的方法直接处理多个目标，而没有诸多的限制，如 Pareto 前端非凸等，基于 Pareto 的多目标进化算法已成为多目标优化问题研究的主流方向。这种方法的关键是如何在进化的过程中维持一组非劣解。原则上有两种不同的处理 Pareto 解的方式：从种群池中独立地保持 Pareto 解和不带有保持机制。

现有的大多数方法在每代中确定 Pareto 解，并且将其仅用于计算每个个体的适应度值或对个体进行排序。没有机制能够确保进化过程中产生的 Pareto 解一定进入下一代，即一些 Pareto 解可能在进化过程中丧失了。为了避免这种采样误差，许多研究人员提出了针对 Pareto 解的保持机制。一个为了保持 Pareto 解而设计的非劣解集被加入进化算法的基本结构中。在每代中，非劣解集删除所有被支配的解并加入新产生的非劣解。

下面介绍几个具有代表性的多目标进化算法。

MGA(Multiobjective Genetic Algorithm，多目标遗传算法)[44]算法中种群每一个体的排序数是基于 Pareto 最优概念的当前群体中优于该个体解的其他个体数，并采用一种基于排序数的适应度值赋值方法；同时，采用自适应的小生境技术与受限杂交技术来提高种群多样性，防止种群的过早收敛。MGA 算法的主要优点是算法执行相对容易且效率高，缺点是算法易受小生境大小影响，但值得一提的是，Fonseca 与 Fleming 已经从理论上解决了小生境大小的计算问题。

NSGA(Nondominated Sorting Genetic Algorithm，非支配排序遗传算法)[45]算法是基于对多目标解群体进行逐层分类的方法，每代选种配对之前先按解个体的非劣性进行排序，并引入基于决策向量空间的共享函数。其优点是优化目标个数任选，非劣最优解分布均匀，允许存在多个不同等效解；缺点是计算效率低，计算复杂度为 $O(MN^3)$(其中 M 为目标个数，N 为种群大小)，未采用精英保留策略(elitism)，共享参数 σ_{share} 需要预先确定。最近 Deb 与 Pratap 等人[52]通过引进计算复杂度为 $O(MN^2)$的快速非劣性排序和新的多样性保护方法，提出了改进的 NSGA，简称 NSGAⅡ，NSGAⅡ克服了 NSGA 的缺点。

NPGA(Niched Pareto Genetic Algorithms，基于小生境 Pareto 的遗传算法)[46]算法采用基于 Pareto 最优概念的锦标赛选择机制。与基于两个个体间的直接比较方案不同的是，NPGA 算法还额外地从种群中选取一定数量(一般为 10 个)的其他个体参与非劣最优解的比较。因为该算法的非劣最优解选择是基于种群的部分而非全体，因此其优点是能很快找到一些好的非劣最优解域，并能维持一个较长的种群更新期；缺点是除需要设置共享参数外，还需要选择一个适当的锦标赛规模，限制了该算法的实际应用。

Zitzler 与 Thiele 提出了一种采用精英保留策略的多目标进化算法 SPEA(Strength Pareto Evolutionary Algorithm，强化 Pareto 进化算法)[47]，每代维持一个用来保存从初始种群开始业已发现的非劣解的外部种群，外部种群参与所有遗传操作。如果采用好的记录方法，SPEA 的计算复杂度可由 $O(MN^3)$降至 $O(MN^2)$[53]。

Knowles 与 Corne 提出一种类似(1＋1)-ES 的进化策略的多目标进化算法 PAES(Pareto Archived Evolution Strategy，Pareto 存档演化策略)[54]，只采用一个亲本与一个子代个体，维持一个用来保存业已发现的非劣解的档案。该算法计算复杂度为 $O(aMN)$，其中 a 为档案长度。

与此同时，A. C. Carlos 等人也对仿生算法在多目标优化上的应用寄予厚望，提出了自己的多目标进化算法[48]，并且首开先河，将人工免疫系统算法应用于多目标优化[49]，提出了多目标免疫系统算法(Multiobjective Immune System Algorithm，MISA)，取得了一定的效果。但是，MISA 算法没有充分考虑生物学原理，只是简单地将免疫学术语用于算法的描述中，而且缺乏理论分析和充分的定量数值验证。2008 年，Jiao、Li 等人[23]提出了量子免疫克隆全局优化算法(Quantum-inspired Immune Clonal Algorithm for Global Optimization)。

3）基于非 Pareto 的方法

第一个将进化算法扩展到解多目标优化问题的是 Schaffer，他提出的向量评价遗传算法(Vector Evaluated Genetic Algorithm，VEGA)[42]通过修改个体适应度值计算和选择方法将遗传算法用于解决多目标优化问题。Schaffer 的工作通常被看作遗传算法求解多目标优化的开创性工作。

基于妥协的适应度值分配方法(compromise-based fitness assignment method)由 Cheng 和 Gen 提出[55]，该方法通过某种距离的度量来确定与理想解最近的解。对于复杂问题，基于寻找理想点的困难性，提出了代理想点的概念，用其来代替真实理想点。随着进化过程的进行，代理想点会逐渐接近真实理想点。

目标规划是解决多目标优化问题的另一种方法，Gen 和 Liu 将遗传算法应用到求解非线性目标规划问题[56]。该方法采用基于排序的适应度值分配方法来判断个体的价值。

无论是上述哪种方法，基于进化算法的多目标优化方法大都从以下两个方面进行考虑：

(1) 如何定义个体适应度和进行选择以使种群收敛到 Pareto 最优解集。定义个体适应度的方法有线性加权法、排序法和分级排序法等，选择机制有目标函数选择、可变权值选择以及 Pareto 选择方法等。

(2) 如何保持种群的多样性避免早熟收敛，并获得具有更好均匀性和宽广性的 Pareto 前端。其方法主要有适应度值共享法、拥挤法、限制交配法等。

3. 性能评价方法

多目标进化算法的性能评价指标不像单目标问题那样简单统一，因此，国内外很多学者提出了各种评价指标。目前，多目标进化算法还没有统一的性能评价准则。下面介绍几种常用的准则：

1）ζ 测度：Coverage of Two Sets

ζ 测度方法由 Zitzler 和 Thiele 提出，假设 X'、X''($X'\subseteq X$，$X''\subseteq X$)是目标空间中的两个非劣解集。函数 ζ 定义如下：

$$\zeta(X', X'') = \frac{|\{a^n \in X''; \exists a' \in X' : a' \rhd a''\}|}{|X''|} \tag{3-45}$$

其中，$\trianglerighteq$表示 Pareto 不劣于。

从定义中可以看出函数 $\zeta(X', X'') \in [0, 1]$，$\zeta(X', X'')=1$ 表示集合 X''中的所有解劣于集合 X'中的解；相反，$\zeta(X', X'')=0$ 表示集合 X''中没有一个解劣于集合 X'中的解。但是，$\zeta(X', X'')$和 $\zeta(X'', X')$必须同时考虑，因为二者之间没有确定的等价关系。

2）S 测度：Spacing

Srinivas 和 Deb 提出了一个度量 Pareto 前端均匀性的参数 S。对于目标空间 X 中的非劣解集 X'，函数 S 定义如下：

$$S=\sqrt{\frac{1}{|X'|-1}\sum_{i=1}^{|X'|}(\bar{d}-d_i)^2} \tag{3-46}$$

其中

$$d_i=\min_j\left\{\sum_{k=1}^{p}|f_k(x_i)-f_k(x_j)|\right\},\ x_i\in X',\ x_j\in X',\ i, j=1, 2, \cdots, |X'| \tag{3-47}$$

$\bar{d}$ 表示 d_i 的平均值，p 为目标函数的个数。

可以看出，第一种度量标准能够显示出两种算法得到的有效解集相互之间的支配关系，而第二个指标能够显示出算法得到的有效解集在目标空间的分布情况。一般将两者混合起来进行考察。

3）代距离：G

假设已知理想 Pareto 前端 PF_{true}，把获得的非劣解集 $PF_{current}$ 与 PF_{true} 比较，以度量 $PF_{current}$ 向 PF_{true} 逼近的程度，这个测度称为代距离 G，下式给出了代距离 G 的定义：

$$G=\frac{\sqrt{\sum_{i=1}^{n}d_i^2}}{n} \tag{3-48}$$

其中，n 为 $PF_{current}$ 中的点数，d_i 表示 $PF_{current}$ 中第 i 个点与 PF_{true} 中最近点的距离。

3.3.2 量子免疫克隆多目标优化算法

上节对多目标优化问题作了简要的介绍，目前提出的基于进化算法的多目标优化方法都是集中考虑如何从单目标优化向多目标优化转化的问题。众所周知，早熟收敛已经是进化算法的瓶颈问题，当问题规模较大时，由于没有良好的保持种群多样性的机制，算法容易陷入局部 Pareto 最优解集。另外，收敛速度慢一直是影响遗传算法实用性的一大关键因素。

因此，本节结合免疫系统的免疫优势概念和抗体克隆选择学说，提出了量子免疫克隆多目标优化算法（Quantum-inspired Immune Clonal Multiobjective Optimization

Algorithm，QICMOA)，算法中仍然采用量子位对优势种群抗体进行编码，并针对这种编码方式，设计了量子重组算子和量子非门更新算子，对拥挤密度较小的优势抗体，即拥挤距离较大者，进行克隆、重组和更新。算法只支持优势抗体演化，因此我们不再对支配解进行适应性的度量，而采用拥挤距离作为该优势抗体的亲和度，这里的拥挤距离采用文献[52]给出的描述形式。理论分析和数值仿真表明，QICMOA 算法能够很好地解决多目标优化问题，具有较强的工程应用价值。

1. 问题表示

1）量子编码

在本节算法中，仍然使用一种基于量子位的编码方式。一个具有 m 个量子位的抗体可以描述如下：

$$\begin{bmatrix} \alpha_1 & \alpha_2 & \cdots & \alpha_m \\ \beta_1 & \beta_2 & \cdots & \beta_m \end{bmatrix} \tag{3-49}$$

其中，$|\alpha_i|^2+|\beta_i|^2=1$，$i=1, 2, \cdots, m$。$|\alpha_i|^2$ 表示第 i 个基因位取值为 0 的概率，$|\beta_i|^2$ 表示第 i 个基因位取值为 1 的概率。

2）抗体

一个抗体 a 表示待优化函数的一个候选解，它的亲和度函数值即适应性的度量等于该个体按每个目标值升序排序后其前后相邻两点间的平均距离[22]，即拥挤距离。

3）免疫优势

对最大化问题，称抗体 a_i 在抗体种群 $A=\{a_1, a_2, \cdots, a_n\}$ 中具有免疫优势当且仅当以下条件成立：

在抗体种群 A 中不存在其他抗体 $a_j(j=1, 2, \cdots, n \wedge j\neq i)$，使得

$$(\forall k \in \{1, 2, \cdots, p\} f_k(\mathrm{e}^{-1}(a_j)) \geqslant f_k(\mathrm{e}^{-1}(a_i))) \wedge (\exists l \in \{1, 2, \cdots, p\} f_l(\mathrm{e}^{-1}(a_j)) > f_l(\mathrm{e}^{-1}(a_i))) \tag{3-50}$$

从定义中可以看出，具有免疫优势的抗体即为当前抗体种群中的有效解或非劣最优解。

2. 量子免疫克隆算子设计

设 D_t 为免疫优势种群，A_t 为优势克隆种群，C_t 为克隆后的种群，其前缀 Q 表示采用量子位编码，无前缀的为普通编码。

克隆操作 T^C：本节算法中只对优势种群中拥挤密度较小者，即存放在 A_t 中者，采用克隆操作于 A_t 上，生成克隆后的种群 C_t，该操作定义如下：

$$T^C(A_t) = \{T^C(a_1), T^C(a_2), \cdots, T^C(a_{|A_t|})\} \tag{3-51}$$

其中，$T^C(a_i)=\boldsymbol{I}_i \times a_i$，$i=1, 2, \cdots, |A_t|$，$\boldsymbol{I}_i$ 为元素值为 1 的 q_i 维行向量。q_i 为抗体 a_i 克隆后的规模，即抗体在抗原的刺激下，实现了生物倍增，本节设定为

$$q_i = \left\lceil N_C \cdot \frac{i_{\text{distance}}}{\sum_{i=1}^{N_A} i_{\text{distance}}} \right\rceil, i = 1, 2, \cdots, |A_t| \tag{3-52}$$

N_C 是与克隆后的规模有关的设定值且满足 $N_C > N_A$，且 $N_A = |A_t|$，i_{distance} 为拥挤距离，将两个边界点之间的距离定义为其他优势抗体最大拥挤程度的 2 倍。由此可见，对单一抗体而言，其克隆规模是依据拥挤距离来自适应调整的，也就是说拥挤距离越大者，克隆规模就越大，被搜索的机会也越多。克隆过后，种群变为

$$C_t = \{\{c_1^1, c_1^2, \cdots, c_1^{q_1}\}, \{c_2^1, c_2^2, \cdots, c_2^{q_2}\}, \cdots, \{c_{|A_t|}^1, c_{|A_t|}^2, \cdots, c_{|A_t|}^{q_{|A_t|}}\}\} \tag{3-53}$$

其中，$c_i^j = a_i$，$j=1, 2, \cdots, q_i$。

量子重组算子 T^R：本节算法采用量子位对优势种群中的抗体进行编码，提出了针对该编码形式的量子重组算子 T^R，克隆后的量子种群定义如下：

$$QC_t' = \{T^R(qc_1', A_t), T^R(qc_2', A_t), \cdots, T^R(qc_{N_C}', A_t)\} \tag{3-54}$$

其中，$T^R(qc_i', A_t)$表示经优势父代种群 A_t 反推一个量子编码抗体，并经过量子混沌更新操作产生新抗体。混沌是非线性系统的本质特性，具有随机性、遍历性及规律性等一系列特殊性质。量子位在演化过程中也呈现出混沌现象[57]。这里为了增加其搜索能力，将一个简单的典型 Logistic 映射[25]下的混沌序列用于量子抗体的搜索中，下面给出用于量子位编码的混沌更新操作：

$$qc_i^{j'} = \begin{cases} b \times a_i + (1-b) \times (1-a_i) + v \times \text{Logistic}(j), & \text{rand} > 0.5 \\ b \times a_i + (1-b) \times (1-a_i) + v \times \text{Logistic}(j), & \text{rand} \leqslant 0.5 \end{cases} \tag{3-55}$$

$$(i = 1, 2, \cdots, |A_t|, j = 1, 2, \cdots, q_i)$$

其中，$a_i \in A_t$ 和 Logistic(j)分别为免疫优势抗体和 Logistic 映射的第 j 个序列值(具体形式如第 3.2.2 节所示，其中 $u=4$，$x_0 \in [0, 1]$的随机数)，那么经更新过后的量子位编码为 $qc_i^{j'}$，这一操作相当于在较好的免疫优势抗体周围进行混沌搜索，其中 b 为优势抗体的影响因子。我们设置 b 的范围为[0.1, 0.4]，v 为混沌收缩因子，设置 v 的取值范围为[0.1, 0.3]，保证更新后抗体变量仍在[0, 1]之间。

量子非门更新操作：对于经上述量子重组算子的抗体，以变异概率 p_m 随机选择一位或若干位，对其概率幅进行如下操作(设 Q 为概率幅)：

$$Q = \sqrt{1-|Q|^2} \tag{3-56}$$

量子非门更新操作实现了量子位概率幅的对换，使得原来取状态 1 的概率变为取状态 0 的概率，或者相反。

3. 算法描述

量子免疫克隆多目标优化算法的整体步骤如下。设有三个种群分别是免疫优势种群

D_t、优势克隆种群 A_t 和克隆后的种群 C_t，其大小分别为 N_D、N_A 和 N_C。

① $t=0$，初始化大小为 N_D 的种群 B_0，设定参数。

② 计算 B_t 种群的目标函数值。

③ 根据式(3-50)获得各个具有免疫优势的抗体组成免疫优势种群 D_t，如果 $|D_t|>N_D$，那么根据拥挤距离进行降序排列，从中选择出前 N_D 个抗体，构成免疫优势种群 D_{t+1}。

④ 如果满足停止准则，输入 D_{t+1}，停止；否则 $t=t+1$。

⑤ 从 D_t 中获得优势克隆种群 A_t：如果 $|D_t|\leqslant N_A$，直接令 $D_t=A_t$；否则根据拥挤距离进行降序排列，从中选择前 N_A 个抗体，构成优势克隆种群 A_t。

⑥ 克隆操作种群 A_t，生成种群 C_t。

⑦ 重组和变异操作，生成种群 C_t'。

⑧ 合并两个抗体群 D_t 和 C_t'，生成 B_{t+1}，转步骤 2。

3.3.3 算法分析

1. 算法的特点分析

从上述算法描述中可以看出，QICMOA 算法主要具有以下三个特点：

(1) 局部搜索与全局搜索的同步进行。从亲和度定义中可以看出，我们虽然只考虑非支配解的适应性度量，并按拥挤距离择优选择优势克隆抗体群，但作用于其上的量子重组和量子非门更新操作实现了全局搜索和局部搜索的同步进行。

在重组更新过程中，克隆后的抗体通过组合其他多个父代抗体的部分信息产生新的抗体，因此，新的抗体继承了多个父代的部分基因。图 3-12 为遗传算法的交叉变异操作与本节的克隆重组更新操作在搜索时的比较。

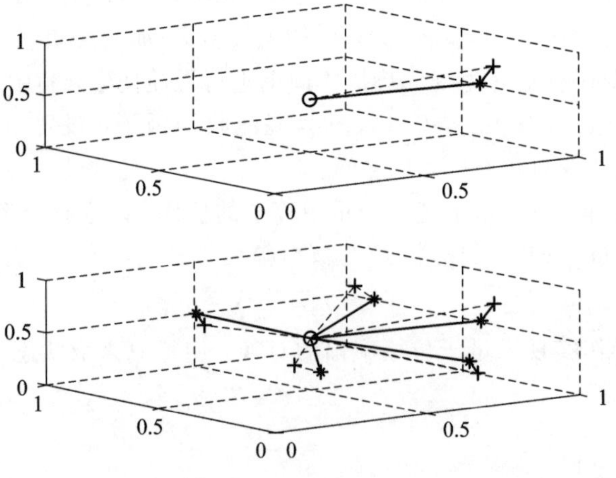

图 3-12　克隆重组更新操作与遗传算法中交叉变异操作的效果比较

图 3-12 中，"○"表示重组或交叉前的个体，"+"表示重组或交叉后的个体，"*"表示变异后的个体。其中上图表示遗传算法中交叉变异操作的效果图，下图表示本节算法中重组更新操作的效果图。从图中可以发现，上图只能实现单一方向的全局或者局部搜索，而在下图中，由于克隆算子的作用，实现了在同一父代抗体周围的多个方向全局或局部搜索的同步进行，量子机制的使用提高了搜索的效率。

(2) 抗体群的持续进化。各抗体群大小的相对稳定，保证了抗体进化的持续性。算法通过在代与代之间维持由潜在解组成的抗体群来实现多方向的全局和局部搜索。算法并没有采用遗传算法的适应度值的概念，而是定义了亲和度这一概念，通过这一适应性度量对不同抗体进行不同的操作。

对于免疫优势抗体群的进化，初期先给出粗略的免疫优势抗体群，随着进化搜索的进行，对免疫优势抗体群进行细化。细化过程是一个交互式过程，其搜索过程由免疫优势概念来指导进化。

对优势克隆抗体群采用了克隆、量子重组和量子非门更新的搜索策略，正如上文所描述的，算法能够同时在同一父代抗体周围的多个方向进行全局或局部搜索，且混沌的加入，使得算法的搜索范围更加广阔，因此算法具有较强的搜索能力，促使优势克隆抗体群中的抗体快速进化。

(3) 免疫优势抗体群的多样性保持。在免疫优势群体的编码上引入量子位编码，正如我们在 3.2.1 小节 2 中所分析的那样，量子编码具有的不确定性增加了种群的多样性，在抗体群择优策略中，采用拥挤距离来度量，拥挤距离是分配给每个 Pareto 解的标量值，与给定解的适应度值不同。更新完免疫优势抗体群后，其免疫特异性度量值将失去意义，而下一代抗体群的度量值与当代度量值之间没有必然的联系，这样就使每个新产生的抗体能够分配合理的度量值。算法根据某个抗体周围的拥挤程度来度量，通过其表现型共享(phenotypic sharing)，即在目标空间度量抗体之间的距离，试图得到整个 Pareto 集上的均匀采样。在多目标优化问题中，在目标空间不存在任何局部极值的概念，Pareto 前沿面上的所有点都是同等优秀的。因此对免疫优势抗体群并没有采用排序方法，以防止搜索唯一地集中于全局最优解上，而是在目标值域的优势抗体上实现共享，即表现型共享，期望能够实现非支配解在全局折中表面上的均匀分布。

2. 算法的复杂度分析

设免疫优势抗体群规模为 N_D、优势克隆抗体群规模为 N_A、克隆规模 N_C 以及编码长度为 l，则算法每迭代一次的时间复杂性可计算如下：

观测算子的时间复杂度为 $O(N_C \times l)$；构造免疫优势抗体群的时间复杂度为 $O((N_D+N_C)^2)$；更新免疫优势抗体群的时间复杂度最差为 $O((N_D+N_C)\log(N_D+N_C))$；构造优势克隆抗体群的时间复杂度最差为 $O(N_D\log(N_D))$；克隆操作的时间复杂度为 $O(N_C \times l)$；重组更

新操作的时间复杂度为 $O(N_C \times l)$。

因此总的时间复杂度最差为

$$O(N_C \times l) + O((N_D + N_C)^2) + O((N_D + N_C)\ \log(N_D + N_C)) + O(N_D \log(N_D)) + O(N_C \times l) + O(N_C \times l)$$

根据符号 O 的运算规则并化简，多目标优化算法每迭代一次的时间复杂度最差为

$$O((N_D + N_C)^2)$$

3.3.4 实验结果及分析

1. 多目标函数优化问题

为了说明算法的优越性，我们考虑将其与其他三种多目标算法进行比较。这三种多目标算法分别是由 Ishibuchi 等人提出的随机权重和遗传算法(RWGA)[50]、由 Zitzler 等人提出的 Pareto 强度进化算法(SPEA)[47] 以及由 Carlos 等人提出的多目标免疫系统算法(MISA)[49]。其中，RWGA 是权重和多目标遗传算法的典型代表，SPEA 是最新且有效的基于 Pareto 优势概念的多目标进化算法之一，MISA 是最先用于求解多目标问题的人工免疫系统算法之一。

我们对 QICMOA、RWGA 和 SPEA 设定的参数如下，其中 SPEA 和 RWGA 的重要参数如变异概率、交叉概率和种群规模等参照了文献[58]中的设置。

对 QICMOA 算法，设定最大迭代次数 $G_{\max}=150$，免疫优势抗体群规模 $N_D=100$，优势克隆抗体群规模 $N_A=200$，克隆规模 $N_C=100$，变异概率为 $2/l$，编码长度 $l=8\times n$，n 为变量个数。

对 RWGA 算法，设定最大迭代次数为 150，种群规模为 300，优秀种群规模为 10，交叉概率为 0.9，变异概率为 0.6，编码长度 $l=8\times n$，n 为变量个数。

对于 SPEA 算法，设定最大迭代次数为 150，种群规模为 200，优秀种群规模为 100，交叉概率为 0.9，变异概率为 0.6，编码长度 $l=8\times n$，n 为变量个数。

在上述参数设置下，对于所有算法，我们只选择最终得到的非支配解进行结果统计，每个算法针对每个问题独立运行 30 次。

QICMOA 算法与 MISA 算法的比较我们直接采用文献[49]中的比较方式，只与已有的测试结果进行比较。由于 MISA 算法在测试结果的获得上存在困难，所以我们不对文献[49]中没有采用的测试问题和评价指标进行比较。

测试实例 1

第一个测试函数描述如下：

$$\min F(x,\ y) = (f_1(x),\ f_2(x))$$

$$
f_1(x) = \begin{cases} -x, & x \leqslant 1 \\ -2+x, & 1 < x < 3 \\ 4-x, & 3 < x \leqslant 4 \\ -4+x, & x > 4 \end{cases} \tag{3-57}
$$

$$
f_2(x) = (x-5)^2
$$

$$
\text{s. t.} \quad -5 \leqslant x \leqslant 10
$$

在这个问题中，理想最优解集分布在两个区间 $x \in \{[1, 2] \cup [4, 5]\}$，并且 Pareto 前沿面也是非连续的。图 3 - 13(a)～图 3 - 13(d)为 Pareto 前沿面及三种算法分别执行一次得到的最优解在两目标空间的分布情况。图 3 - 13(e)为文献[49]中提供的 MISA 算法针对该问题得到的最优解分布情况。

其中，QICMOA 每次得到的非支配解个数均为 100，SPEA 算法运行 30 次中每次平均得到 132 个非支配解，而 RWGA 每次平均只能得到 50 个非支配解。对这些非支配解进行结果统计，具体的两个评价指标数据如下。

由指标 1 可以看出，QICMOA 得到的最优解集的质量要好于 RWGA 和 SPEA 得到的解。MISA 算法得到的最优解也是 100 个，QICMOA 算法除了指标 S 的最小值要比 MISA 算法差之外，无论是平均值还是最大值，前者都要远远好于后者。RWGA 算法在四种算法中效果最不理想。从图 3 - 13 和表 3 - 9、表 3 - 10 中可以得出，四种算法均能很好地收敛到 Pareto 前沿面上，但是从解的数量和分布情况看，QICMOA 算法要好于其他三种算法。其中，X^Q 表示 QICMOA 的解，X^S 表示 RPEA 的解，X^R 表示 RWGA 的解。

表 3 - 9　性能评价指标 1(Coverage of two sets)的测试结果

指标 1：ζ	$\zeta(X^Q, X^S)$	$\zeta(X^S, X^R)$	$\zeta(X^Q, X^R)$	$\zeta(X^R, X^Q)$	$\zeta(X^S, X^R)$	$\zeta(X^R, X^S)$
最差值	0.568 179	0.380 111	0.589 112	0.250 033	0.570 056	0.229 901
平均值	0.727 513	0.466 007	0.722 800	0.299 011	0.609 112	0.347 701
最优值	0.871 431	0.550 006	0.840 799	0.367 911	0.670 331	0.475 641

表 3 - 10　性能评价指标 2(Spacing)的测试结果

算法		QICMOA	MISA	SPEA	RWGA
指标 2：S	最差值	0.045 777	0.008 853	0.043 400	0.065 671
	平均值	0.057 891	0.107 427	0.051 789	0.127 089
	最优值	0.086 46	0.209 062	0.063 077	0.234 223
	标准差	0.008 034	0.054 843	0.004 557	0.039 678

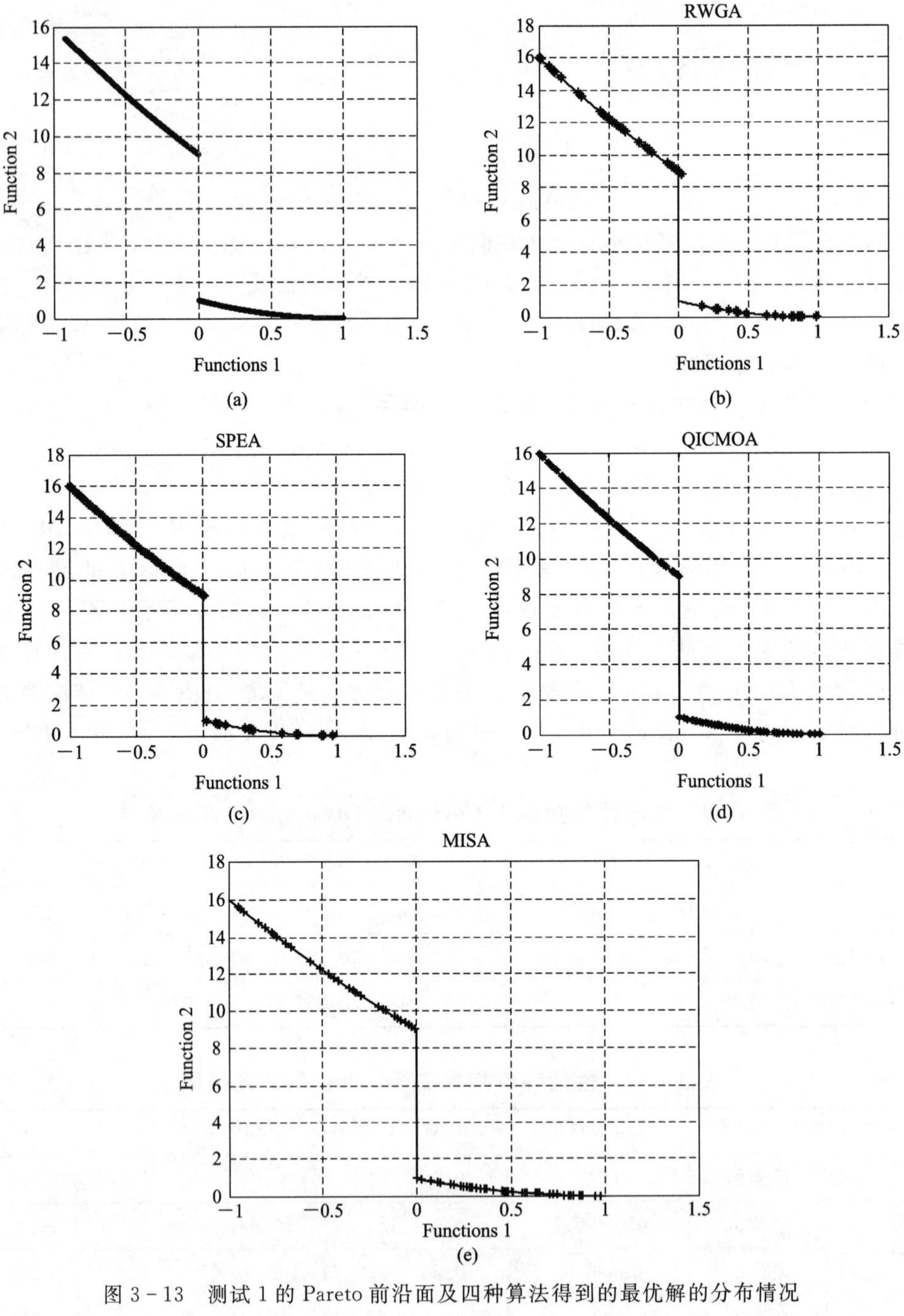

图 3-13　测试 1 的 Pareto 前沿面及四种算法得到的最优解的分布情况

测试实例 2

第二个测试函数描述如下

$$
\begin{aligned}
&\min F(x,\ y) = (f_1(x,\ y),\ f_2(x,\ y)) \\
&f_1(x,\ y) = x \\
&f_2(x,\ y) = (1+10y)\times\left[1-\left(\frac{x}{1+10y}\right)^2-\frac{x}{1+10y}\sin(8\pi x)\right] \\
&\text{s.t.}\ x\geqslant 0,\ y\leqslant 1
\end{aligned}
\tag{3-58}
$$

在这个问题中，Pareto 前沿面非连续地分布在四个区间。图 3-14(a)～图 3-14(d)为 Pareto 前沿面及三种算法分别执行一次得到的最优解在两目标空间的分布情况。图 3-14(e)为文献[49]中提供的 MISA 算法针对该问题得到的最优解分布情况。

其中，QICMOA 每次得到的非支配解个数均为 100，在参数设置不变的情况下，SPEA 算法 30 次运行中每次只能找到 20 个非支配解，而 RWGA 每次平均只能找到 14 个非支配解。对这些非支配解进行结果统计，具体的评价指标数据如表 3-11 和表 3-12 所示。

表 3-11　性能评价指标 1(Coverage of two sets)的测试结果

指标 1：ζ	$\zeta(X^Q,\ X^S)$	$\zeta(X^S,\ X^Q)$	$\zeta(X^Q,\ X^R)$	$\zeta(X^R,\ X^Q)$	$\zeta(X^S,\ X^R)$	$\zeta(X^R,\ X^S)$
最差值	0.598 877	0.000 000	0.285 695	0.000 000	0.000 000	0.000 000
平均值	0.832 199	0.013 988	0.792 777	0.013 785	0.238 111	0.205 577
最优值	1.000 000	0.051 000	1.000 000	0.049 878	0.500 323	0.499 888

表 3-12　性能评价指标 2(Spacing)的测试结果

算法		QICMOA	MISA	SPEA	RWGA
指标 2：S	最差值	0.007 800	0.008 853	0.041 043	0.058 888
	平均值	0.047 711	0.114 692	0.076 987	0.436 751
	最优值	0.499 507	0.629 04	0.145 578	2.168 65
	标准差	0.124 597	0.175 955	0.029 73	0.597 991

对测试问题 2，QICMOA 算法仍有大量最优解收敛到 Pareto 前沿面且比较均匀地分布在四段区间，而 SPEA 和 RWGA 只能找到少量的非支配解，且不能很好地收敛到 Pareto 前沿面。同时与 MISA 算法相比，指标 S 无论是最大值、最小值还是平均值，QICMOA 算法均具有明显的优势。从图 3-14 中也可以看出，QICMOA 解的分布要好于 MISA 算法。

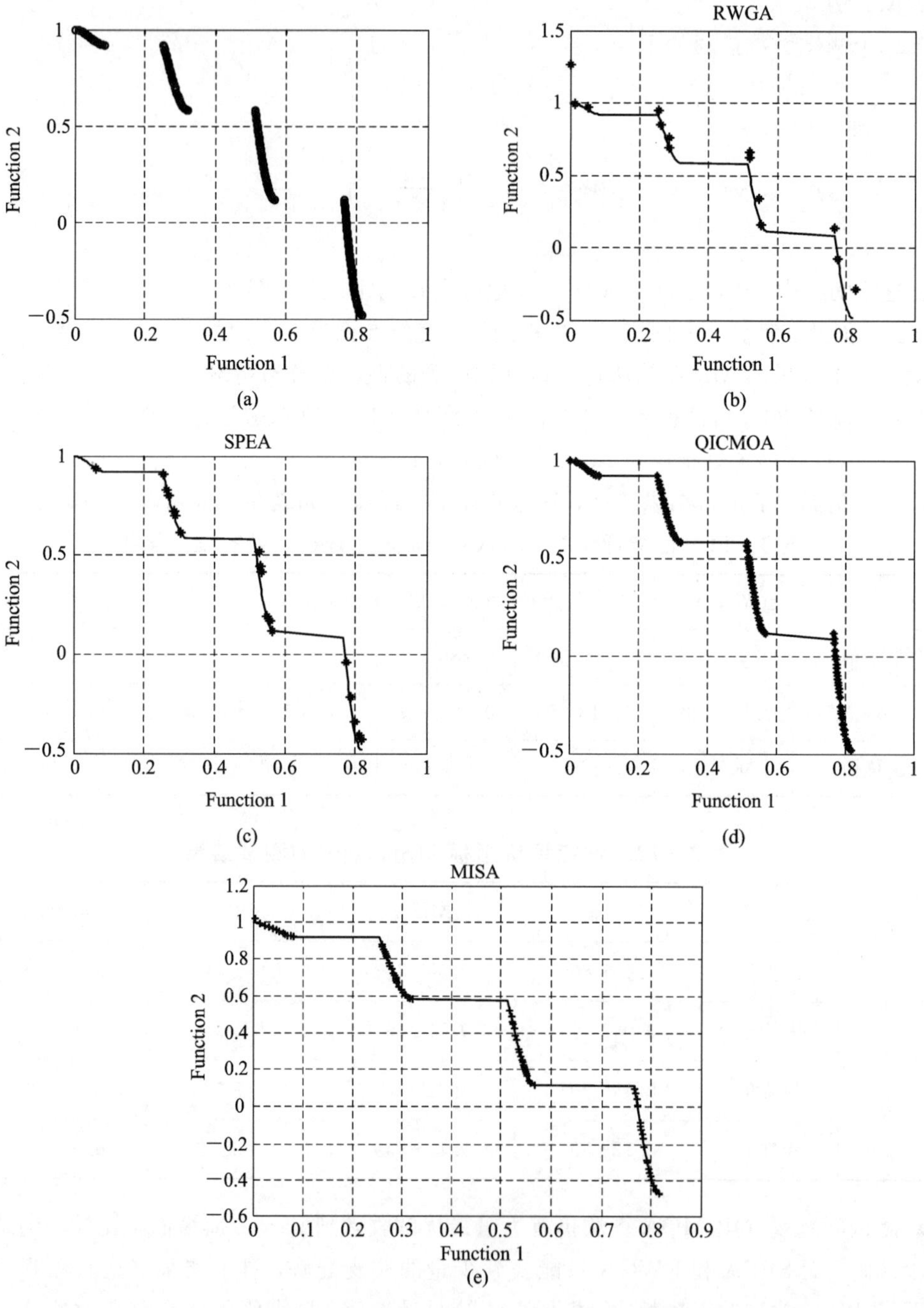

图 3-14　测试 2 的 Pareto 前沿面及四种算法得到的最优解的分布情况

测试实例 3

第三个测试函数描述如下：

$$\begin{aligned}&\min F(x,\ y)=(f_1(x,\ y),\ f_2(x,\ y))\\&f_1(x,\ y)=x+y+1\\&f_2(x,\ y)=x^2+2y-1\\&\text{s.t.}\ \ x\geqslant -3,\ y\leqslant 3\end{aligned}\tag{3-59}$$

该测试问题被认为是文献[59]中最难解决的问题。图 3-15(a)～图 3-15(d)为理想 Pareto 前沿面及三种算法分别执行一次得到的最优解在两目标空间的分布情况。

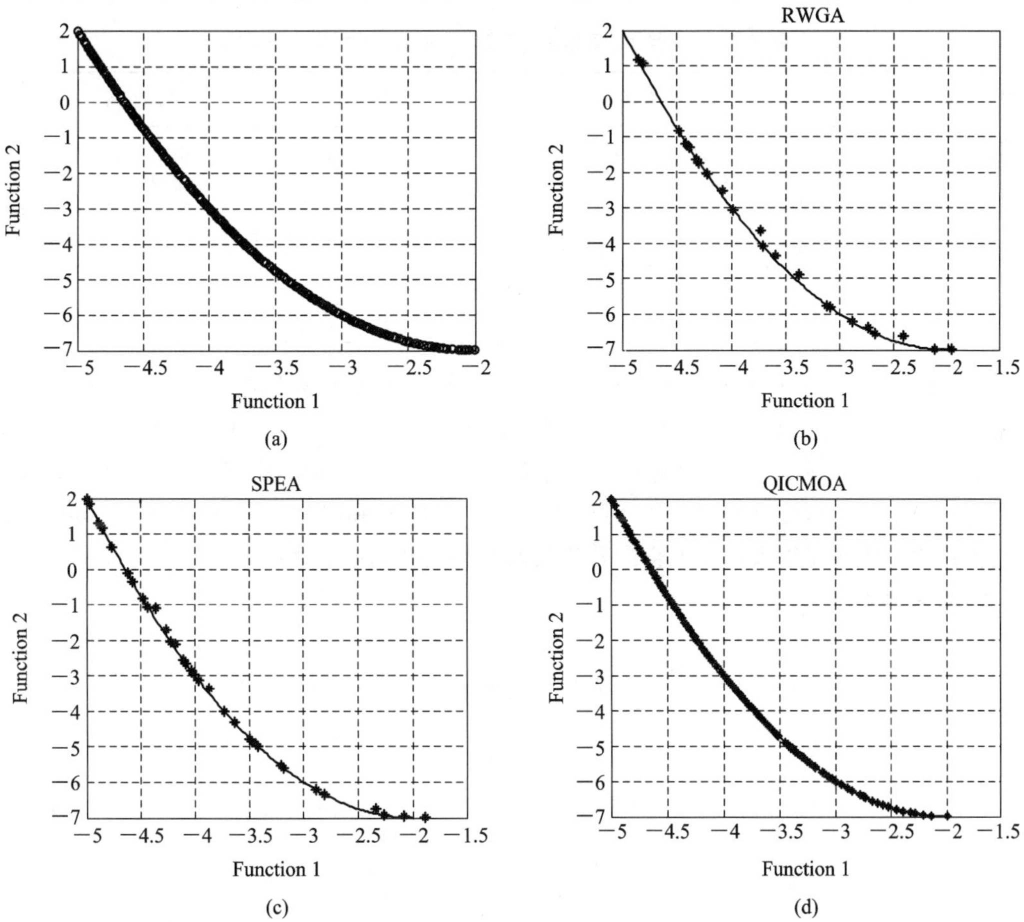

图 3-15　测试 3 的 Pareto 前沿面及三种算法得到的最优解的分布情况

其中，QICMOA 每次得到的非支配解个数均为 100，SPEA 算法 30 次运行中每次平均只能找到 46 个非支配解，而 RWGA 每次平均只能找到 22 个非支配解。对这些非支配解进行结果统计，具体的评价指标数据如表 3－13 和表 3－14 所示。

表 3－13　性能评价指标 1(Coverage of two sets)的测试结果

指标 1：ζ	$\zeta(X^Q, X^S)$	$\zeta(X^S, X^Q)$	$\zeta(X^Q, X^R)$	$\zeta(X^R, X^Q)$	$\zeta(X^S, X^R)$	$\zeta(X^R, X^S)$
最差值	0.740 022	0.039 998	0.731 112	0.029 999	0.045 454	0.021 677
平均值	0.840 099	0.191 772	0.881 312	0.075 999	0.405 957	0.126 512
最优值	0.919 877	0.289 999	1.000 000	0.160 000	0.636 366	0.25 998

表 3－14　性能评价指标 2(Spacing)的测试结果

算法		QICMOA	SPEA	RWGA
指标 2：S	最差值	0.042 099	0.110 601	0.160 299
	平均值	0.049 333	0.151 079	0.263 988
	最优值	0.064 000	0.244 488	0.365 621
	标准差	0.006 000	0.029 900	0.058 599

对于该复杂的多目标问题，QICMOA 算法仍有大量最优解收敛到 Pareto 前沿面且分布相对比较均匀，而 SPEA 和 RWGA 找到的非支配解要明显少于 QICMOA。指标 S 的值定量地反映了 QICMOA 算法找到的解的分布要好于其他两种算法。从指标 1 的比较中可以看出 $\zeta(X^Q, X^S)$和 $\zeta(X^Q, X^R)$要明显大于 $\zeta(X^S, X^Q)$和$\zeta(X^R, X^Q)$，这说明 QICMOA 算法找到的最优解在很大程度上支配着其他两种算法找到的最优解。

测试实例 4

第四个测试函数描述如下：

$$\min F(x, y) = (f_1(x, y), f_2(x, y), f_3(x, y))$$

$$f_1(x, y) = \frac{(x-2)^2}{2} + \frac{(y+1)^2}{13} + 3$$

$$f_2(x, y) = \frac{(x+y-3)^2}{36} + \frac{(-x+y+2)^2}{8} - 17$$

$$f_3(x, y) = \frac{(x+2y-1)^2}{175} + \frac{(2y-x)^2}{17} - 13$$

$$\text{s.t.}\ x \geqslant -4,\ y \leqslant 4 \tag{3-60}$$

该问题是自变量为两维的三目标问题。图 3－16 为理想 Pareto 前沿面及三种算法分别执行一次得到的最优解在两目标空间的分布情况。

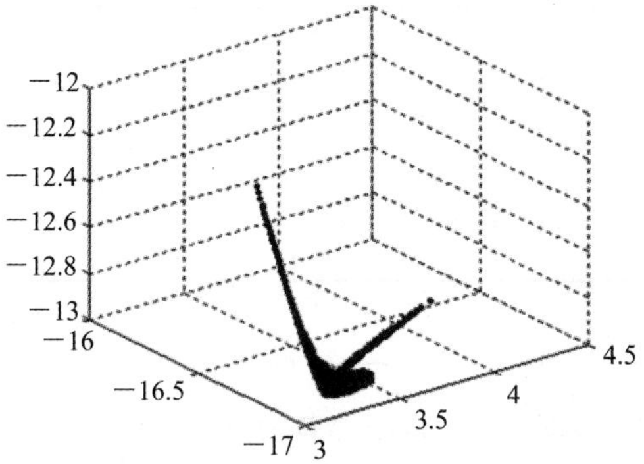

(a)

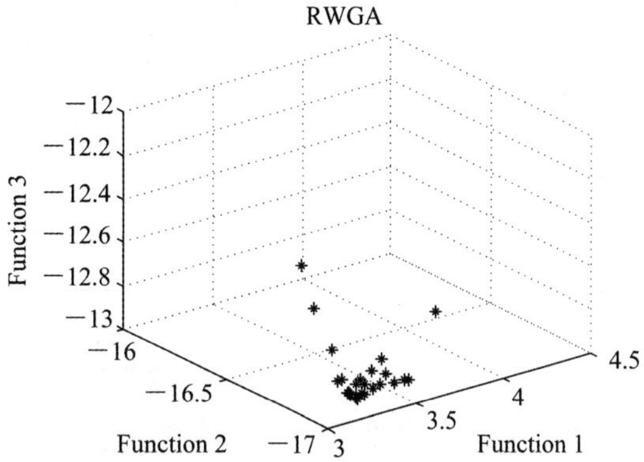

(b)

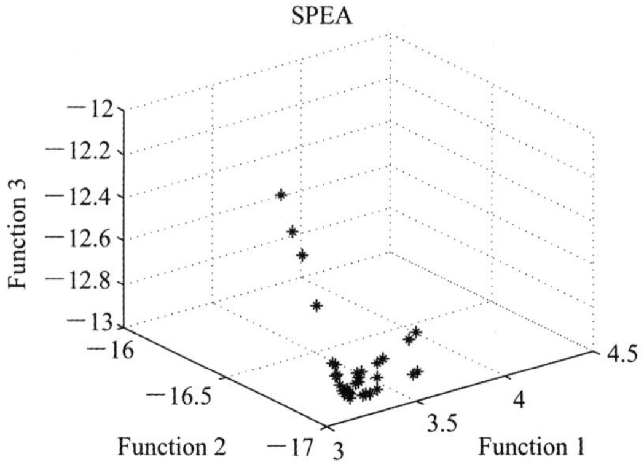

(c)

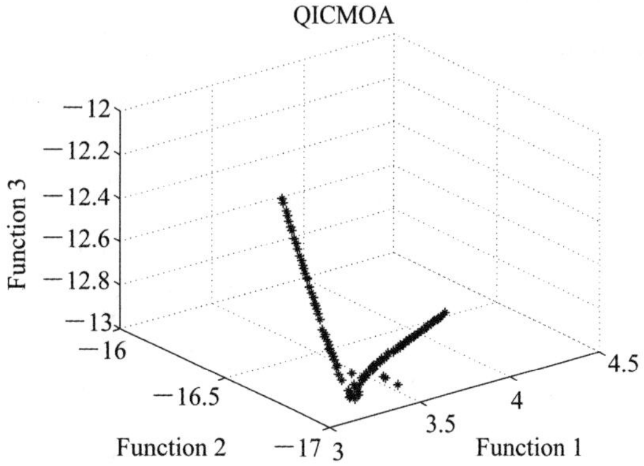

(d)

图 3-16　测试 4 的 Pareto 前沿面及三种算法得到的最优解的分布情况

其中，QICMOA 每次得到的非支配解个数均为 100，SPEA 算法 30 次运行中每次平均只能找到 40 个非支配解，而 RWGA 每次平均只能找到 27 个非支配解。对这些非支配解进行结果统计，具体的评价指标数据如表 3-15 和表 3-16 所示。

表 3-15　性能评价指标 1(Coverage of two sets)的测试结果

指标 1：ζ	$\zeta(X^Q, X^S)$	$\zeta(X^S, X^R)$	$\zeta(X^Q, X^R)$	$\zeta(X^R, X^Q)$	$\zeta(X^S, X^R)$	$\zeta(X^R, X^S)$
最差值	0.249 998	0.000 000	0.185 333	0.000 000	0.073 996	0.049 991
平均值	0.430 012	0.036 998	0.399 991	0.037 999	0.161 555	0.163 351
最优值	0.700 015	0.080 001	0.555 671	0.070 022	0.296 300	0.474 991

表 3-16　性能评价指标 2(Spacing)的测试结果

算法		QICMOA	SPEA	RWGA
指标 2：S	最差值	0.013 400	0.029 986	0.033 272
	平均值	0.033 000	0.076 555	0.127 399
	最优值	0.055 487	0.274 799	0.248 446
	标准差	0.011 701	0.055 300	0.046 579

对于该三目标问题，无论从哪一方面评价，QICMOA 算法都具有明显的优势。从图 3-16 中可以看出，图(d)最接近图(a)，直观上反映了 QICMOA 算法解的分布最理想；在指标 1 的比较中发现，$\zeta(X^Q, X^S)$和$\zeta(X^Q, X^R)$要明显大于$\zeta(X^S, X^Q)$和$\zeta(X^R, X^Q)$，这说明 QICMOA 算法找到的最优解在很大程度上支配着其他两种算法找到的最优解。指标 2 的比较结果也说明了 QICMOA 算法解的分布最为均匀。

测试实例 5

第五个测试函数描述如下

$$
\begin{aligned}
&\min F(\boldsymbol{x}) = (f_1(\boldsymbol{x}),\ f_2(\boldsymbol{x})) \\
&f_1(\boldsymbol{x}) = \sum_{i=1}^{n-1}\left(-10\mathrm{e}^{(-0.2)\sqrt{x_i^2+x_{i+1}^2}}\right) \\
&f_2(\boldsymbol{x}) = \sum_{i=1}^{n}\left(|x_i|^{0.8} + 5\sin(x_i)^3\right) \\
&\text{s.t.}\ -5 \leqslant x_i \leqslant 5,\ i = 1, 2, 3,\ n = 3
\end{aligned}
\tag{3-61}
$$

该问题是一个自变量为三维的两目标最小化问题，其 Pareto 最优前沿面是不连续的。图 3-17 为理想 Pareto 前沿面及三种算法一次执行得到的最优解在两目标空间的分布情况。

测试结果中，QICMOA 每次得到的非支配解个数均为 100，SPEA 算法 30 次运行中每次平均只能找到 24 个非支配解，而 RWGA 每次平均只能找到 12 个非支配解。对这些非支配解进行结果统计，具体的评价指标数据如表 3-17 和表 3-18 所示。

对于该最小化问题，QICMOA 算法具有更加明显的优势。首先，在参数不变的情况下，QICMOA 能够找到最多的非支配解，而 SPEA 和 RWGA 对该问题却只能找到少量的非支配解；其次，$\zeta(X^Q, X^S)$和$\zeta(X^Q, X^R)$要远大于$\zeta(X^S, X^Q)$和$\zeta(X^R, X^Q)$，证明 QICMOA 算法找到的最优解支配着其他两种算法找到的最优解。指标 2 的比较结果也说明了 QICMOA 算法解的分布最为均匀。另外，对于在目标空间 $f_2=0$ 孤立的最优点的情况，在 30 次运行中，SPEA 算法和 RWGA 算法无法找到该点，而 QICMOA 算法全都能较好地找到该点，这充分说明了 QICMOA 算法较强的全局搜索能力。

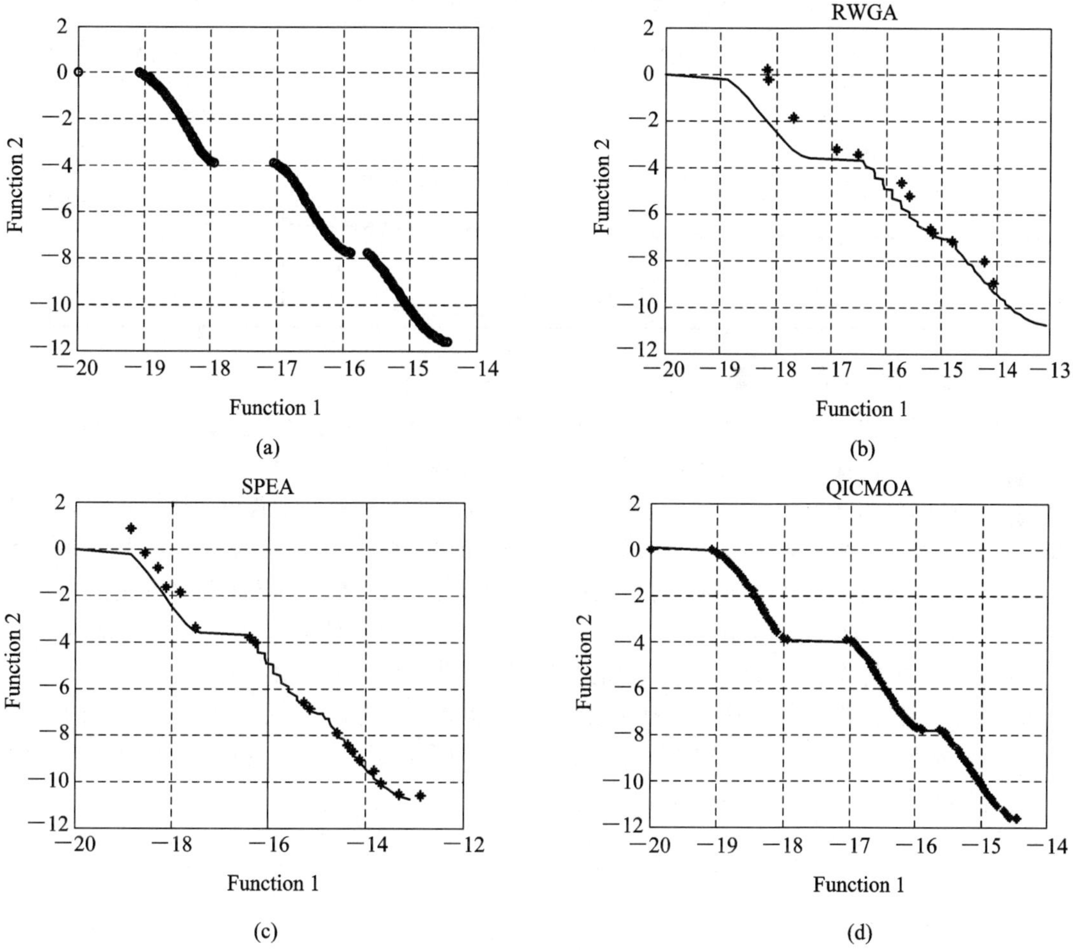

图 3-17　测试 5 的 Pareto 前沿面及三种算法得到的最优解的分布情况

表 3-17　性能评价指标 1(Coverage of two sets)的测试结果

指标 1：ζ	$\zeta(X^Q, X^S)$	$\zeta(X^S, X^Q)$	$\zeta(X^Q, X^R)$	$\zeta(X^R, X^Q)$	$\zeta(X^S, X^R)$	$\zeta(X^R, X^S)$
最差值	0.333 285	0.000 000	0.583 329	0.000 000	0.166 655	0.000 000
平均值	0.788 798	0.015 999	0.905 558	0.004 239	0.441 777	0.099 999
最优值	1.000 000	0.059 998	1.000 000	0.029 887	0.749 998	0.288 227

表 3-18　性能评价指标 2(Spacing)的测试结果

算法		QICMOA	SPEA	RWGA
指标 2：S	最差值	0.096 077	0.300 000	0.400 000
	平均值	0.134 666	0.500 001	0.800 000
	最优值	0.205 111	0.778 891	1.478 011
	标准差	0.021 059	0.117 811	0.345 711

2. 多目标 0-1 背包问题

上节我们选取了 5 个多目标函数优化问题对本章算法进行了性能测试，为了显示其求解复杂高维问题的能力，本节使用 QICMOA 算法来解决著名的 9 背包问题[47]。文献[47]给出 9 背包问题为 9 个多目标 0-1 背包问题的论断，是单目标 0-1 背包问题的扩展，我们知道背包问题是对采用若干种用途来竞争有限资源的抽象，具有广泛的工程背景。0-1 背包问题是一个典型的 NP 难问题，可以表述为已知 m 种物品和一个容量为 M 的包，物品 j 的重量为 w_j，效益值为 p_j，确定一种最优的物品装入方法，使装入物品的总效益值最大化，且装入包中的物品总重量不超过包的容量限制。装入时，一种物品或者全部装入，或者全部不装入。若将背包的数量扩展为 n，背包 i 的容量规定为 c_i，物品 j 相对于包 i 的重量为 w_{ij}，效益值为 p_{ij}，单目标 0-1 背包问题便扩展为多目标 0-1 背包问题，其数学模型为

$$\text{Max } F(x) = (f_1(x), f_2(x), \cdots, f_n(x))$$
$$\text{s.t. } \sum_{j=1}^{m} w_{ij}x_j \leqslant c_i, \quad x = (x_1, x_2, \cdots, x_m) \in \{0, 1\}^m, \quad i = 1, 2, \cdots, n \tag{3-62}$$

其中，$f_1(x) = \sum_{j=1}^{m} p_{ij}x_j$，$i = 1, 2, \cdots, n$。

对于多目标 0-1 背包问题，Pareto 最优解集的搜索任务更为复杂，需要研究有效的搜索方法。9 背包问题描述如下：

考虑背包数量分别为 $n=2, 3, 4$，物品数量分别为 $m=250$，500 和 750 的多目标 0-1 背包问题。系数 w_{ij}、p_{ij} 取值为区间[10, 100]上的随机整数，包的容量按下式计算：

$$c_i = 0.5\sum_{j=1}^{m} w_{ij}, \quad i = 1, 2, \cdots, n \tag{3-63}$$

由于抗体编码的随机性，抗体所表示的总重量可能超过包容量，从而导致无意义的解。因此，本节采用简单的贪婪修复机制作为约束的处理方式。对物品 j，首先求 n 个效益重量比的最大值 r_j，即令：

$$r_j = \max_{i=1}^{n}\left\{\frac{p_{ij}}{w_{ij}}\right\} \tag{3-64}$$

m 种物品共有 m 个 r_j 值，对这 m 个 r_j 值按非降序排列。对不满足约束条件的编码按 r_j 值的非降序依次将非 0 的二进制位清 0，即从背包中删除相应的物品，直至满足约束条件为止。这样的约束处理机制可确保在满足容量约束的同时，尽可能减少背包总效益值的损失。

在本节我们将 QICMOA 算法与 SPEA 算法[47]、NSGA 算法[45]、VEGA 算法[42]以及 NPGA 算法[46]进行比较，其中比较的 4 种算法的参数设置参见文献[47]。QICMOA 的参数具体设置为：最大迭代次数 $G_{\max}=500$，免疫优势抗体群规模 $N_D=100$，优势克隆抗体群规模 $N_A=20$，克隆规模 $N_C=100$，变异概率为 $2/m$。

表 3-19 给出了进行 30 次独立实验的统计结果，其中 Q 代表本节 QICMOA 算法，S 代表 SPEA 算法，NS 代表 NSGA 算法，V 代表 VEGA 算法，NP 代表 NPGA 算法。

在表 3-19 中，我们先来考察 QICMOA 算法与 SPEA 算法关于指标 1 的比较情况。除了第 7 个背包问题(4-250)外，其他 8 个问题，QICMOA 算法获得的解绝大部分支配着 SPEA 算法获得的解，特别在第 3 个问题(2-750)中，$\zeta(X^Q, X^S)$的最差值、最优值和平均值都达到了 1，且相应的 $\zeta(X^S, X^Q)$的最差值、最优值和平均值都为 0，说明 QICMOA 算法在 30 次运行当中，每次获得的解都完全地支配着 SPEA 获得的 解。为了更直观地考察算法获得的解的分布情况，图 3-18 也显示出本节算法的求解能力优于 SPEA。因此，总的来说，对于这 9 个背包问题，QICMOA 算法能够找到比 SPEA 更好的解。

表 3-19　性能评价指标 1(Coverage of two sets)的测试结果

指标 1：ζ		$\zeta(X^Q,X^S)$	$\zeta(X^S,X^Q)$	$\zeta(X^Q,X^{NS})$	$\zeta(X^{NS},X^Q)$	$\zeta(X^Q,X^V)$	$\zeta(X^V,X^Q)$	$\zeta(X^Q,X^{NP})$	$\zeta(X^{NP},X^Q)$
2-250	最差值	0.91023	0.00000	1.00000	0.00000	1.00000	0.00000	1.00000	0.00000
	平均值	0.99066	0.00333	1.00000	0.00000	1.00000	0.00000	1.00000	0.00000
	最优值	1.00000	0.00588	1.00000	0.00000	1.00000	0.00000	1.00000	0.00000
2-500	最差值	0.59101	0.00000	1.00000	0.00000	1.00000	0.00000	1.00000	0.00000
	平均值	0.87104	0.01101	1.00000	0.00000	1.00000	0.00000	1.00000	0.00000
	最优值	1.00000	0.02171	1.00000	0.00000	1.00000	0.00000	1.00000	0.00000
2-750	最差值	1.00000	0.00000	1.00000	0.00000	1.00000	0.00000	1.00000	0.00000
	平均值	1.00000	0.00000	1.00000	0.00000	1.00000	0.00000	1.00000	0.00000
	最优值	1.00000	0.00000	1.00000	0.00000	1.00000	0.00000	1.00000	0.00000

续表

指标 1ζ		$\zeta(X^Q, X^S)$	$\zeta(X^S, X^Q)$	$\zeta(X^Q, X^{NS})$	$\zeta(X^{NS}, X^Q)$	$\zeta(X^Q, X^V)$	$\zeta(X^V, X^Q)$	$\zeta(X^Q, X^{NP})$	$\zeta(X^{NP}, X^Q)$
3 - 250	最差值	0.91076	0.00000	1.00000	0.00000	1.00000	0.00000	1.00000	0.00000
	平均值	0.95603	0.00000	1.00000	0.00000	1.00000	0.00000	1.00000	0.00000
	最优值	1.00000	0.00000	1.00000	0.00000	1.00000	0.00000	1.00000	0.00000
3 - 500	最差值	0.93110	0.00000	0.97056	0.00000	1.00000	0.00000	0.99451	0.00000
	平均值	0.97701	0.00000	0.99901	0.00671	1.00000	0.00000	0.99967	0.00013
	最优值	1.00000	0.00000	1.00000	0.01033	1.00000	0.00000	1.00000	0.00067
3 - 750	最差值	0.52901	0.00000	0.65701	0.00045	0.94057	0.00000	1.00000	0.00000
	平均值	0.77065	0.06931	0.79834	0.00311	0.95870	0.07996	1.00000	0.00000
	最优值	0.99708	0.13781	0.99541	0.00621	1.00000	0.10781	1.00000	0.00000
4 - 250	最差值	0.37801	0.45779	0.57039	0.00000	0.98015	0.00000	0.91322	0.00034
	平均值	0.56701	0.71666	0.80616	0.00000	0.99533	0.00000	0.98571	0.00087
	最优值	0.81023	0.89037	0.99011	0.00000	0.99910	0.00000	1.00000	0.00103
4 - 500	最差值	0.23761	0.00000	1.00000	0.00000	1.00000	0.00000	1.00000	0.00000
	平均值	0.89901	0.00012	1.00000	0.00000	1.00000	0.00000	1.00000	0.00000
	最优值	1.00000	0.00045	1.00000	0.00000	1.00000	0.00000	1.00000	0.00000
4 - 750	最差值	0.47098	0.00000	0.98031	0.00000	1.00000	0.00000	1.00000	0.00000
	平均值	0.89553	0.09341	0.99901	0.00000	1.00000	0.00000	1.00000	0.00000
	最优值	0.90338	0.29011	1.00000	0.00000	1.00000	0.00000	1.00000	0.00000

QICMOA 算法和 NSGA 算法、VEGA 算法、NPGA 算法关于指标 1 的比较情况：从表 3 - 19 中可以看到，对于这 9 个背包问题，QICMOA 算法获得的解绝大部分支配着这三种算法获得的解，$\zeta(X^Q, X^*)$的最差值、最优值以及平均值获得 1 的情况更多，且 $\zeta(X^*, X^Q)$的最差值、最优值以及平均值绝大多数为 0，说明 QICMOA 算法在 30 次运行当中，每次获得的解都完全地支配着这三种算法获得的解。直观上看，图 3 - 18 也显示出本章算法获得的解明显好于这三种算法获得的解。2 - 250、2 - 500、2 - 750 表示背包数为 2 时物品数分别为 250、500、750。

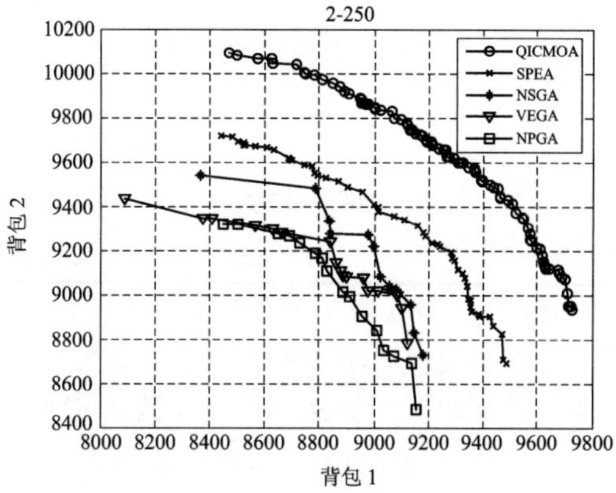

(a) 250个项目

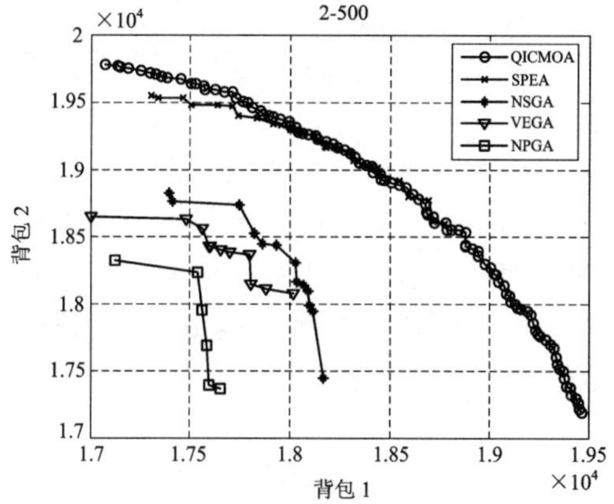

(b) 500个项目

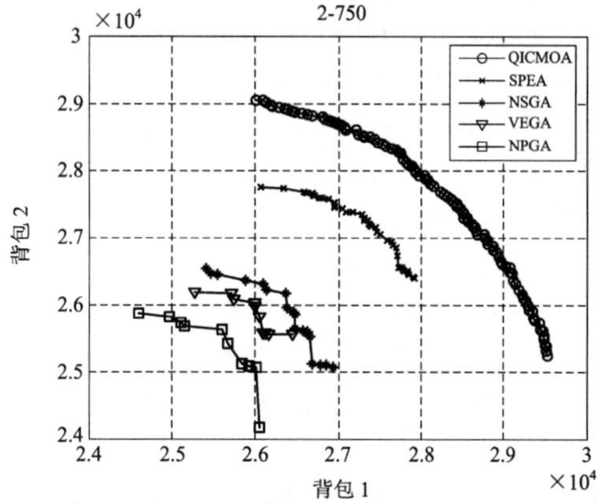

(c) 750个项目

图 3-18　五种算法得到的最优解的分布情况(一次运行的结果)

3.4 结论与讨论

基于量子理论中的量子比特的概念，将量子比特编码染色体引入进化算法中，并结合人工免疫系统中的克隆选择学说，将量子理论与人工智能理论相结合，实现了量子克隆进化算法框架，构造了量子克隆进化算子——量子变异、量子交叉和具有自适应功能的混沌变异。其中，量子变异和混沌变异实施于量子染色体，用于加快算法的收敛；量子交叉实施于普通染色体，用于克服算法的早熟。对应于进化算法，克隆的有效使用使算法更为稳定和快速。本章详细给出了该框架下的三个算法——量子克隆遗传算法、量子克隆进化规划和量子克隆进化策略，并证明了其全局收敛性。算法仿真证明了它相对经典算法的优越性，并讨论了算法的并行实现。理论分析和仿真结果都表明：该算法收敛速度快，种群多样性好，能有效克服早熟现象。类似的结果在国内外还未见报道。

另外，本章结合免疫系统的免疫优势概念和抗体克隆选择学说，提出了量子免疫克隆多目标优化算法（Quantum-inspired Immune Clonal Multiobjective Optimization Algorithm，QICMOA），除了解决了从单目标转化到多目标优化的问题外，还根据多目标优化问题的特性，设计了相应的克隆操作、量子重组算子、量子非门更新算子及保持种群多样性和加速搜索的拥挤距离算子。理论分析算法的复杂度为 $O((N_D+N_C)^2)$，通过 5 个多目标函数优化和 9 个多目标背包问题来测试本章的 QICMOA 算法，仿真结果表明：QICMOA 算法能够很好地解决多目标优化问题，且具有较强的工程应用价值。

本章参考文献

[1] ARABAS J，MICHALEWICZ Z，MULAWKA J. GAVaPS：A genetic algorithm with varying population size[C]. Evolutionary Computation，1994. IEEE World Congress on Computational Intelligence. Proceedings of the First IEEE Conference on. IEEE Xplore，1994，1：73－78.

[2] HESSER J，MÄNNER R. Towards an optimal mutation probability for genetic algorithms[C]. The Workshop on Parallel Problem Solving from Nature. 1991：23－32.

[3] SRINIVAS M，PATNAIK L M. Adaptive probabilities of crossover and mutation in genetic algorithms[J]. IEEE Transactions on Systems Man & Cybernetics，2002，24(4)：656－667.

[4] 康立山，谢云，尤矢勇，等. 模拟退火算法[M]. 北京：科学出版社，1998.

[5] 康立山，谢云，尤矢勇，等. 非数值并行算法. 第 1 册，模拟退火算法[M]. 北京：科学出版社，1994.

[6] LANDAUER R. Information is inevitably physical[M]. Feynman and computation. Florida：CRC Press，1999.

[7] PATEL A. Why genetic information processing could have a quantum basis[J]. Journal of

Biosciences, 2001, 26(2): 145 - 151.

[8] NARAYANAN A, MOORE M. Quantum-inspired genetic algorithms [C]. IEEE International Conference on Evolutionary Computation. IEEE, 1996: 61 - 66.

[9] AHARONOV D, KITAEV A, Nisan N. Quantum circuits with mixed states[C]. Proceedings of the thirtieth annual ACM symposium on Theory of computing. 1998: 20 - 30.

[10] KANE B E. A silicon-based nuclear spin quantum computer[J]. Nature, 1998, 393(6681): 133 - 137.

[11] ZALKA C. Fast versions of Shor's quantum factoring algorithm[J]. Rev Lett, 1998: 3049 - 3052.

[12] VARSEK A, URBANCIC T, FILIPIC B. Genetic algorithms in controller design and tuning[J]. IEEE Transactions on Systems Man & Cybernetics, 2002, 23(5): 1330 - 1339.

[13] MILLER G. Designing Neural Networks using Genetic Algorithms[J]. Proc. int. conf. on Genetic Algorithms, San Mateo, 1989.

[14] GOLDBERG D E. Genetic algorithm in search optimization and machine learning [J]. Addison Wesley, 1989, (7): 2104—2116.

[15] HOLLAND J H. Genetic algorithms and classifier systems: Foundations and future directions[C]. International Conference on Genetic Algorithms on Genetic Algorithms and Their Application. L. Erlbaum Associates Inc. 1987: 82 - 89.

[16] KRISTINSSON K, DUMONT G A. System identification and control using genetic algorithms[J]. IEEE Trans on Systems Man & Cybernetics, 1992, 22(5): 1033 - 1046.

[17] KRISHNAKUMAR K, GOLDBERG D E. Control system optimization using genetic algorithms[J]. Journal of Guidance Control & Dynamics, 1992, 15(15): 735 - 740.

[18] FOGEL D B. An introduction to simulated evolutionary optimization [J]. IEEE Trans Neural Network, 2002, 5(1): 3 - 14.

[19] KLOCKGETHER J, SCHWEFEL H P. Two-phase nozzle and hollow core jet experiments [M]. Pasadena: Engineering aspects of magnetohydrodynamics, 1970.

[20] NIX A E, VOSE M D. Modeling genetic algorithms with Markov chains[J]. Annals of Mathematics and Artificial Intelligence, 1992, 5(1): 79 - 88.

[21] DAVIS T E. A simulated annealing like convergence theory for the simple genetic algorithm[C]. International Conference on Genetic Algorithms, San Diego, Ca, Usa, July. DBLP, 1991: 174 - 181.

[22] EIBEN A E, AARTS E H L, HEE K M V. Global convergence of genetic algorithms: A Markov chain analysis[M]. Parallel Problem Solving from Nature. Springer Berlin Heidelberg, 1991: 3 - 12.

[23] JIAO L CH, LI Y Y, GONG M, et al. Quantum-inspired immune clonal algorithm for global optimization. [J]. IEEE Transactions on Systems Man & Cybernetics Part B, 2008, 38(5): 1234.

[24] 焦李成，杜海峰. 人工免疫系统进展与展望[J]. 电子学报，2003，31(10)：1540 - 1548.

[25] 吕金虎，陆君安，陈士华. 混沌时间序列分析及其应用[M]. 武汉：武汉大学出版社，2002.

[26] CHOI C, LEE J J. Chaotic local search algorithm[J]. Artificial Life and Robotics, 1998, 2(1): 41 -

47.
[27] KRÖGER H. Quantum chaos via the quantum action[J]. Physics, 2002.
[28] SUTTON R. Two problems with back propagation and other steepest descent learning procedures for networks[C]. Proceedings of the Eighth Annual Conference of the Cognitive Science Society, 1986: 823 - 832.
[29] 杨淑媛. 量子进化算法的研究及其应用[D]. 西安：西安电子科技大学硕士学位论文，2003.
[30] LI Y, TIAN M, LIU G, et al. Quantum optimization and quantum learning: A survey[J]. IEEE Access, 2020, 8: 23568-23593.
[31] FAWCETT B H. Manual of political economy[J]. Economic Development & Culture Change, 1975.
[32] COELLO C A. An updated survey of evolutionary multiobjective optimization techniques: State of the art and future trend[C]. Proceedings of Congress on the 1999 Congress on Evolutionary Computation, 1999: 3 - 13.
[33] 玄光男，程润伟. 遗传算法与工程优化[M]. 北京：清华大学出版社，2004.
[34] 谢涛，陈火旺，康立山. 多目标优化的演化算法[J]. 计算机学报，2003，26(8)：997 - 1003.
[35] ZITZLER E. Evolutionary algorithms for multiobjective optimization: Methods and applications[J]. Science & Technology Information, 2008, 4(2): 59 - 68.
[36] 林锉云，董加礼. 多目标优化的方法与理论[M]. 长春：吉林教育出版社，1992.
[37] PARETO V. Course Economic Politique. Volume Ⅰ and Ⅱ[C]. Lausanne: F. Rouge, 1896.
[38] MORGENSTERN O, VON NEUMANN J. Theory of games and economic behavior[M]. New Jersey: Princeton University Press, 1953.
[39] ECONOMICS C C F I, KOOPMANS T C, ALCHIAN A A. Activity analysis of production and allocation proceedings of a conference[M]. New John Wiley & Sons, Inc, 1951.
[40] KUHN H W. Nonlinear Programming[C]. Berkeley Symposium on Mathematical Statistics and Probability. University of California Press, 1951: 481 - 492.
[41] ROSENBERG R S. Simulation of genetic populations with biochemical properties. I. The model[J]. Mathematical Biosciences, 1967, 8(1): 1 - 37.
[42] SCHAFFER J D. Multiple objective optimization with vector evaluated genetic algorithms[C]. International Conference on Genetic Algorithms. L. Erlbaum Associates Inc. 1985: 93 - 100.
[43] HAJELA P, LIN C Y. Genetic search strategies in multicriterion optimal design[J]. Structural Optimization, 1992, 4(2): 99 - 107.
[44] FONSECA C M, FLEMING P J. Multiobjective optimization and multiple constraint handling with evolutionary algorithms—Part I: A unified formulation[J]. IEEE transactions on Systems, Man, and Cybernetics, Part A: Systems and humans, 1998(1): 28.
[45] SRINIVAS N, DEB K. Multiobjective optimization using nondominated sorting in genetic algorithms[J]. Evolutionary Computation, 1994, 2(3): 221 - 248.
[46] HORN J, NAFPLIOTIS N, GOLDBERG D E. A niched Pareto genetic algorithm for multiobjective optimization[J]. IEEE Xplore, 1994, 1: 82 - 87.

[47] ZITZLER E, THIELE L. Multiobjective evolutionary algorithms: A comparative case study and the strength Pareto approach[J]. IEEE Transactions on Evolutionary Computation, 1999, 3(4): 257 - 271.

[48] COELLO COELLO CARLOS A. A Comprehensive survey of evolutionary-based multiobjective optimization techniques[J]. Knowledge & Information Systems, 1999, 1(3): 269 - 308.

[49] COELLO COELLO CARLOS A, CORTES N C. An approach to solve multiobjective optimization problems based on an artificial immune system[C]. International Conference on Artificial Immune Systems. 2002.

[50] ISHIBUCHI H. Multi-objective genetic algorithm and its applications to flowshop scheduling[J]. IEEE Transactions on Systems Man & Cybernetics Part C, 2002, 28(3): 392 - 403.

[51] ZHENG D, GEN M, CHENG R. Multiobjective optimization using genetic algorithms [J]. Engineering Valuation and Cost Analysis, 1999, 2: 303 - 310.

[52] DEB K, PRATAP A, AGARWAL S, et al. A fast and elitist multi-objective genetic algorithm: NSGA-Ⅱ[J]. IEEE Transactions on Evolutionary Computation, 2002, 6(2): 182 - 197.

[53] LAUMANNS M. SPEA2: Improving the strength Pareto evolutionary algorithm[J]. Technical Report Gloriastrasse, 2001, 103.

[54] KNOWLES J, CORNE D. The Pareto archived evolution strategy: A new baseline algorithm for pareto multiobjective optimisation [C]. Proceedings of the 1999 Congress on Evolutionary Computation-CEC99 (Cat. No. 99TH8406). IEEE, 1999, 1: 98 - 105.

[55] GEN M, CHENG R, WANG D. Genetic algorithms for solving shortest path problems [C]. Proceedings of 1997 IEEE International Conference on Evolutionary Computation (ICEC'97). IEEE, 1997: 401 - 406.

[56] GEN M, LIU B, IDA K. Evolution program for deterministic and stochastic optimizations [J]. European Journal of Operational Research, 1996, 94(3): 618 - 625.

[57] PRANGE R E. Topics in quantum chaos[M]. Heidelberg: Springer, 2002.

[58] ISHIBUCHI H, YOSHIDA T, MURATA T. Balance between genetic search and local search in memetic algorithms for multiobjective permutation flowshop scheduling [J]. Evolutionary Computation IEEE Transactions on, 2003, 7(2): 204 - 223.

[59] VALENZUELA-RENDON M, URESTI-CHARRE E. A non-generational Genetic Algorithm for multiobjective optimization [C]. In proceedings of the 7th international conference on Genetic Algorithms. , Sao Mateo, CA. 1997: 658 - 665.

第4章 量子粒子群优化

4.1 量子粒子群算法基础

在经典粒子群优化算法中，粒子是在经典力学状态下沿着确定的轨迹运动的，粒子根据当前位置和速度来运行，速度有限，因而种群粒子个体只能在一个有限的区域进行有限的搜索，并不能以概率 1 搜索到全局最优解。孙俊等人[1]从量子力学的角度出发，根据量子不确定原理假设粒子具有波动性，提出了量子粒子群优化(QPSO)算法，认为粒子具有量子行为，每一个粒子在搜索空间搜索时是在一个以 P_{best}(个体最优位置)为中心的 Delta 势阱中根据波函数运动的。由于在量子空间中的粒子满足聚集态的性质完全不同，并且粒子是根据波函数波动的，粒子移动时并不存在轨迹这个概念，这使粒子可以在整个可行解搜索空间进行搜索，因为它的不确定性和搜索范围的增大，使跳出局部最优的概率增大了，因而量子粒子群优化算法的全局搜索能力远远优于经典粒子群优化算法。

4.1.1 量子粒子群优化算法

1. 量子理论

物理学中常提到的量子是一个不可分割的基本个体，是微观系统中能量的一个力学单位。微观世界中量子的特性不同于宏观世界中的粒子，不能用宏观世界的思想来解释。量子的这些特殊特性主要表现为量子叠加性、量子纠缠态、量子状态不可克隆性、量子波粒二象性和量子不确定性等状态属性。这些奇异的现象是受量子相干特性支配的[2]，量子相干特性是指微观世界中微观客体间存在的相互干涉。

量子不确定性原理[3]是由德国物理学家维尔纳·海森堡提出的量子力学的一条核心理论，它表述为：不可能同时知道粒子的动量与位置，其中的一个知道得越准确，另一个就越不准确，这是量子世界所固有的特性，是物质的波粒二象性的矛盾的反映。量子世界是一个由概率支配的世界，只有发生某件事情的概率，不存在精确预言。正因为量子的这种特性，在微观世界中用波函数来描述量子的行为。

埃尔温·薛定谔是奥地利物理学家，他提出的薛定谔方程是量子力学中的一个基本方程[4]，薛定谔方程在量子力学里占有中心地位。薛定谔方程是一个经验方程，是量子力学的一个基本假定，它的正确性只能靠实验来检验。薛定谔方程主要分为含时薛定谔方程与不含时薛定谔方程。量子粒子群优化算法是依据不含时薛定谔方程提出的，不含时薛定谔方程不依赖于时间，与某本征能量的本征波函数相对应，在量子力学中，用波函数来描述粒子的德布罗意波。

2. 量子粒子群优化算法的提出

粒子群优化(Particle Swarm Optimization，PSO)算法搜索依赖速度，因为速度有限，且只能沿固定轨迹搜索，这就导致搜索区域有限，从而使得全局搜索能力低。鉴于这种确定性所带来的缺点，考虑将不确定性(即概率)的思想引入PSO中。所以研究者将粒子的搜索空间从原来的经典空间转化为量子空间，使粒子具有量子行为，从而使粒子的运动符合量子力学中粒子的运动行为。

2004年，孙俊等人[1]提出了具有量子行为的粒子群算法。随后李阳阳等人[5-7]提出了一系列改进算法，即量子粒子群优化算法(QPSO)，并将其应用于医学图像分割和社区检测。经典物理学中，根据牛顿力学，粒子的状态由位置和速度决定。在量子力学中，根据测不准原理，粒子的位置和速度不能同时确定，“轨迹”这个词在量子力学中是毫无意义的。量子力学中粒子的状态由波函数确定。

在量子力学中，为了定量地描述微观粒子的状态，引入了波函数，并用Ψ表示。一般来讲，波函数是空间和时间的函数。

波函数：$\Psi(\boldsymbol{x}, t)$

粒子的概率密度函数定义为波函数Ψ绝对值的平方，即

概率密度函数：$|\Psi(\boldsymbol{x}, t)|^2$

三维空间中，$|\Psi(\boldsymbol{x}, t)|^2 \mathrm{d}x\mathrm{d}y\mathrm{d}z$表示在时刻$t$，粒子在体积元$\mathrm{d}x\mathrm{d}y\mathrm{d}z$被发现的概率。

在量子粒子群算法中为了确定粒子的状态必须首先得到粒子的波函数，即必须先建立薛定谔方程，从薛定谔方程解出波函数。综合考虑性能和简单性，建立粒子在Delta势阱中运动的薛定谔一维方程(个体以最优点P为中心)为

$$\begin{cases} V(X) = -\gamma\delta(X-p) = -\gamma(y) \\ \hat{H} = -\dfrac{\hbar^2}{2m}\nabla^2 + V(X) \\ -i\hbar\dfrac{\partial}{\partial t}\Psi(X, t) = \hat{H}\Psi(X, t) \end{cases} \tag{4-1}$$

求解式(4-1)得到波函数[4]：

$$\Psi(y) = \frac{1}{\sqrt{L}}\mathrm{e}^{-|y|/L} \tag{4-2}$$

其中，$L=\frac{\hbar^2}{m\gamma}$，$y=X-p$，$V(x)$为势阱，即势函数，$\hat{H}$ 为哈密顿算子，∇^2 为拉普拉斯算子。

这时可得到概率密度函数：$Q(y)=|\Psi(y)|^2=\frac{1}{L}e^{-2|y|/L}$。

为了评估适应度值，需要得到粒子的具体位置，这就需将粒子的状态从搜索空间转化到解空间，即从量子空间转化到经典空间，也就是量子状态坍塌的过程。通过测量实现量子态到经典态的坍塌，这里用蒙特卡罗方法模拟这个测量过程：

首先定义 $s=\frac{1}{L}\text{rand}(0, 1)=\frac{1}{L}u$，然后用 s 代替概率密度函数 $|\Psi(y)|^2$，即 $s=\frac{1}{L}e^{-2|y|/L}$，也就是 $u=e^{-2|y|/L}$，可求得 $y=\pm\frac{L}{2}\ln(1/u)$，假设用 $\bar{x}_i=(x_{i1}, x_{i2}, \cdots, x_{id})$表示第 i 个粒子，其中 D 是粒子的维数，它经历的最好位置表示为 $p_i=(p_{i1}, p_{i2}, \cdots, p_{id})$，最后得到测量后的位置：

$$X_{id}=p_{id}\pm\frac{L}{2}\ln\left(\frac{1}{u}\right) \tag{4-3}$$

L 用粒子的当前位置和粒子的当前最优位置来评价[4]：

$$L=2\times\alpha\times|p_{id}-X_{id}| \tag{4-4}$$

最后得到基于 Delta 势阱的量子粒子群更新公式：

$$X_{id}(t+1)=p_{id}\pm\alpha\times|p_{id}-X_{id}(t)|\times\ln\left(\frac{1}{u}\right) \tag{4-5}$$

其中，α 是基于 Delta 势阱的量子粒子群算法的唯一参数，称为扩张因子，它是介于［0，1］之间的服从均匀分布的随机数。

量子粒子群优化算法比传统的粒子群优化算法有更多的优点，量子粒子群优化算法进化过程是在一个量子系统中的，遵循微观世界的量子理论，而量子系统不是一个简单的线性系统，它是一个复杂的非线性系统，符合状态叠加原理，因此量子系统比线性系统具有更多的状态。在量子系统中，种群个体粒子没有确定的轨迹，粒子能够以某个概率出现在可行搜索区域的任意一个位置，甚至是一个远离当前位置的位置，这个位置可能会比当前种群的全局最优位置具有更好的适应度值。

4.1.2 量子粒子群优化算法的改进算法

1. 量子粒子群算法

虽然基于 Delta 势阱的量子粒子群算法的全局搜索能力远远优于一般的粒子群优化算法，但是在量子粒子群优化(迭代进化寻优)的过程中，与标准的粒子群优化算法一样，群体的多样性会不可避免地减少，从而出现了早熟现象。这是因为粒子在搜索过程中不管自身的当前最优位置的信息是否有陷入局部最优的倾向，仅通过学习自身的当前最优位置和种群的全局最优位置来进行下一步搜索。如果一个复杂系统的搜索空间中存在许多局部最优值，粒子就很容易陷入局部最优，所以在后面的研究中出现了一系列的改进算法。

孙俊等人又提出了一种学习模式[8]，并引入点 mbest(mean best position，平均最优位置)、L：

$$\text{mbest} = \frac{\sum_{i=1}^{M} P_i(t)}{M} = \left(\sum_{i=1}^{M} P_{i1}(t),\ \sum_{i=1}^{M} P_{i2}(t),\ \cdots,\ \sum_{i=1}^{M} P_{id}(t)\right) \tag{4-6}$$

$$L(t+1) = 2 \times \alpha \times |\ \text{mbest} - X(t)\ | \tag{4-7}$$

得到量子粒子群算法的更新公式：

$$X_{id}(t+1) = p_{id} \pm \alpha \times |\ \text{mbest}_i - X_{id}(t)\ | \times \ln\left(\frac{1}{u}\right) \tag{4-8}$$

2. 带权因子的量子粒子群

在量子粒子群中引入 mbest 是为了计算 L 的值，从等式(4-6)可以看出，mbest 是所有个体的平均最优，那么每个粒子对 mbest 的影响是相同的，而 mbest 决定着种群的搜寻范围。但是种群中每个粒子的适应度值是不同的，这就决定了这些有着不同适应度值的种群个体对迭代进化过程所起的作用是不同的，那么每个粒子个体有相等的权重值是不符合实际问题的，因此，一种新的带权重值的量子粒子群优化算法被提出来[9]，mbest 表达式如下：

$$\text{mbest} = \frac{\sum_{i=1}^{M} P_i(t)}{M} = \left(\sum_{i=1}^{M} a_{i1} P_{i1}(t),\ \sum_{i=1}^{M} a_{i2} P_{i2}(t),\ \cdots,\ \sum_{i=1}^{M} a_{id} P_{id}(t)\right) \tag{4-9}$$

其中，a_{id} 为每个粒子的权系数，取其从 1.5 到 0.5 线性递减。量子粒子群优化算法以及带权系数的量子粒子群优化算法在每次迭代时保证粒子在整个空间搜索[9]。

3. 基于柯西随机数的量子粒子群优化算法

柯西分布的函数图中有一条很长的尾翼，即具有较高的两翼概率特点，所以柯西分布容易得到一个离原点较远的随机数，使它比高斯分布产生的随机数分布区域更大，因而柯西变异有很大的概率快速跳出局部最优点，基于此提出了一种基于柯西随机数的量子粒子群优化算法[10]。

这里采用标准的柯西分布，即 $C(0,1)$分布，首先，将随机数 u 的分布由原来的 $u \sim u(0,1)$改为服从 $u \sim C(0,1)$，则粒子位置更新方程变为

$$X_{id}(t+1) = P_{id}(t) \pm \alpha\ |\ \text{mbest}(t) - X_{id}(t)\ | \times \ln\left(\frac{1}{C}\right) \tag{4-10}$$

并且，$P_{id} = \dfrac{C_1 \times P_{id} + C_2 \times P_{gd}}{C_1 + C_2}$，$C_1 \sim C(0,1)$，$C_2 \sim C(0,1)$。

由于量子粒子群具有参数比较少、参数控制简单、全局搜索能力强等优点，近几年研究人员不断研究量子粒子群算法，提出了很多的改进算法，但是仍然或多或少存在一些缺点。

4.2 基于协作学习的单目标量子粒子群优化

在 QPSO 中，粒子的更新主要由两方面决定：算法采用的概率密度函数和每个粒子的吸引子。所以，在给定概率密度函数的情况下，吸引子位置的好坏对算法的性能至关重要。在 QPSO 中，每个粒子的吸引子(位置)通过该粒子当前的全局最优位置和个体最优位置进行随机加权求和获得。文献[11]中提出了一种新型的基于高斯分布的吸引子获取策略。在这种策略中，首先以传统量子粒子群算法中随机加权求和的方式获得一个个体，然后以该个体为中心根据高斯分布随机产生一个新的个体作为粒子的吸引子。该策略在一定程度上可以提高种群的多样性，从而改进算法的性能。但是文献[11]中提出的吸引子获取策略同样是基于传统的随机加权求和方式来设计的。这种随机加权求和的方式已经被证明并不是一个有效的利用粒子的个体最优位置和全局最优位置的方式[12]。随机加权求和之后，粒子的个体最优位置和全局最优位置中的有效信息可能会丢失。除此之外，在一个粒子的个体最优位置和全局最优位置相同的情况下，该粒子根据随机加权求和所获得的吸引子也会跟两个最优位置相同。所以粒子很难有机会跳出该局部最优区域。

“协作”一词对于 QPSO 来说并不陌生。现今已经有一些基于协作的策略被提出并用来对 QPSO 进行改进。文献[13]中提出了一种协作量子粒子群算法。在该算法中，每个粒子在单次迭代中会进行多次观测，多次观测后得到的个体之间通过相互协作来获得新的粒子位置。在文献[14]中，提出了一种基于合作和竞争机制的 QPSO 算法。该算法采用了多个子种群，让子种群之间相互合作和竞争，从而提高算法的性能。本节中介绍的协作学习(Collaborative Learning，CL)策略与上述介绍的协作策略并不相同。在本节中，CL 策略被用来帮助算法中的每个粒子获得更加高效的吸引子。CL 策略中包含两个算子：正交算子和比较算子。正交算子的目的是挖掘出隐含在粒子个体和全局最优位置之间的有用信息。正交试验设计[15](Orthogonal Experimental Design，OED)可以通过较少的实验次数就获得几个个体之间的最佳组合个体。本节中的正交算子就是基于 OED 设计的。因为进化算法中一个非常普遍的缺点就是容易陷入局部最优，所以本章中比较算子的目的就是提高种群多样性，从而提高算法跳出局部最优的能力。

本节主要介绍一种基于协作学习的量子粒子群算法(CL-QPSO)。CL-QPSO 和标准 QPSO 的主要区别是，CL-QPSO 通过 CL 策略来帮助每个粒子获得高效的吸引子。

4.2.1 协作学习策略

近几年来，国内外学者提出了多种关于协作思想的算法。

Van Den Bergh[16]提出了一种协作的方法，将粒子间的协作思想引入到粒子群算法中来。在粒子群算法中，每个粒子都代表一个潜在的解，每一步更新都在这个粒子的所有维的基础上进行，这将会导致粒子中的某些分量越来越靠近最优解，而另一些分量越来越远离最优解。但是粒子群的更新过程却只考虑这个粒子的整体性能是好的，忽略了其中很差的一些分量，因此对于一个高维的问题，很难找到这个全局最优解。

Gao H.[17]等人又将协同的思想引入量子粒子群算法中来，提出了协同量子粒子群算法，全局搜索能力进一步提高了。在协同量子粒子群算法中，跟以往量子粒子群算法不同的是，这里是一维一维地优化每一个粒子，而不是整体优化一个个体。

寻找一个有效的方式来组合粒子的个体和全局最优位置中的有效信息，对提高算法的性能是非常有用的。进化算法一个常见的劣势就是在算法运行的后期容易陷入局部最优。所以，如何保持种群多样性同样也是我们在设计有效的进化优化算法时需要考虑的问题。对于传统的 QPSO 来说，算法在运行后期陷入局部最优也就意味着种群中粒子的个体最优位置和全局最优位置非常接近甚至是相同的。在粒子的两个最优位置相同的情况下，无论是通过传统的随机加权求和方式还是通过上述的正交算子产生的吸引子都与粒子的两个最优位置完全相同。所以这两种方式都无法帮助当前粒子跳出局部最优。针对上述情况，本节中提出了一种比较算子。比较算子主要用来保持种群多样性，从而提高算法跳出局部最优的能力。

在协作学习策略中包含两个算子：正交算子和比较算子。正交算子主要用于充分利用粒子的个体最优位置和全局最优位置中的有用信息。比较算子主要用于提高种群多样性，增强算法跳出局部最优的能力。这两种算子通过相互协作来产生合适的吸引子，从而指导种群进行高效的进化。

1. 正交算子

正交算子的设计主要是基于正交试验设计进行的。OED 可以通过检测搜索空间内的少量具有代表性的组合样本来得到最佳组合个体。在搜索空间维数较大时，OED 方法可以很大程度上提高算法的运行效率。为了便于描述，下面对 OED 的实现过程做一个简单介绍。用 OED 寻找最佳组合个体主要分两个步骤实现。

第一步，设计正交矩阵 $\boldsymbol{OA}$。我们可以通过正交矩阵来得到搜索空间中的代表性组合样本。假定需要获得下面 3 个变量的最佳组合个体：$a=(a_1, a_2, a_3)$，$b=(b_1, b_2, b_3)$，$c=(c_1, c_2, c_3)$。其相应的正交矩阵 $\boldsymbol{OA}$ 如式(4-11)左侧部分所示。式(4-11)的右侧部分是通过 $\boldsymbol{OA}$ 获得的在搜索空间中具有代表性的组合样本。式(4-11) 中，$\boldsymbol{OA}$ 的每一行都代表一个组合样本。以 $\boldsymbol{OA}$ 矩阵的第三行为例，第三行的第二维是 3，这意味着第 3 个组合样本 combine_3 的第二维元素取自第三个变量 c 的第 2 维，即 c_2。正交矩阵的构建现在已经有比较统一的实现流程，其具体过程可参考文献[18]。

$$OA=\begin{bmatrix}1&1&1\\1&2&2\\1&3&3\\2&1&2\\2&2&3\\2&3&1\\3&1&3\\3&2&1\\3&3&2\end{bmatrix}\xrightarrow{\text{通过 }OA\text{ 获得组合样本}}\begin{cases}\text{combine}_1=(a_1,a_2,a_3)\\\text{combine}_2=(a_1,b_2,b_2)\\\text{combine}_3=(a_1,c_2,c_3)\\\text{combine}_4=(b_1,a_2,b_3)\\\text{combine}_5=(b_1,b_2,c_3)\\\text{combine}_6=(b_1,c_2,a_3)\\\text{combine}_7=(c_1,a_2,c_3)\\\text{combine}_8=(c_1,b_2,a_3)\\\text{combine}_9=(c_1,c_2,b_3)\end{cases}\tag{4-11}$$

第二步是对获得的组合样本进行分析。我们可以通过式(4-12)来对第一步中得到的组合样本进行分析，从而产生最佳组合个体。其中，S_{nq} 代表第 q 个变量中第 n 维的影响力。f_m 是第 m 个组合个体 combine_m 的适应度值。如果 combine_m 中的第 n 维元素取自第 q 个向量，那么 $Z_{mnq}=1$，否则 $Z_{mnq}=0$。

$$S_{nq}=\frac{\sum_{m=1}^{M}f_m\times Z_{mnq}}{\sum_{m=1}^{M}Z_{mnq}}\tag{4-12}$$

为了便于理解，我们以从式(4-11)中获得的 9 个组合样本为例，说明获取最佳组合个体的过程。根据式(4-12)，可以得到 3 个向量 (**a**，**b**，**c**)每一维的影响力，如式(4-13)所示。如果 $s_{2,1}$ 是 $[s_{1,1},s_{2,1},s_{3,1}]$ 中的最大值，那么这表示，对于第一维来说，第二个向量具有最强的影响力。所以最佳组合个体的第一维就会取自第二个向量 **b**。以此类推，就可以获得整个最佳组合个体。

$$s=\frac{1}{\sum_{m=1}^{9}f_m}\begin{bmatrix}(f_1+f_2+f_3)&(f_1+f_4+f_7)&(f_1+f_6+f_8)\\(f_4+f_5+f_6)&(f_2+f_5+f_8)&(f_2+f_4+f_9)\\(f_7+f_8+f_9)&(f_3+f_6+f_9)&(f_3+f_5+f_7)\end{bmatrix}\tag{4-13}$$

在本文中，正交算子用来获得粒子的两个最优位置(全局最优位置和个体最优位置)下的最佳组合个体。正交算子的具体操作见算法 4.1。

算法 4.1 正交算子

步骤 1：构造正交矩阵 **OA**；

步骤 2：根据正交矩阵 **OA** 和式(4-11)得到组合样本；

步骤 3：通过分析组合样本获得最佳组合解 X；

步骤 4：选择 X 和组合样本中的最佳个体作为 x_i 的吸引子 attractor_i。

2. 比较算子

比较算子的操作主要是基于对粒子的个体最优位置进行高斯变异来实现的，其主要框架如图 4-1 所示。

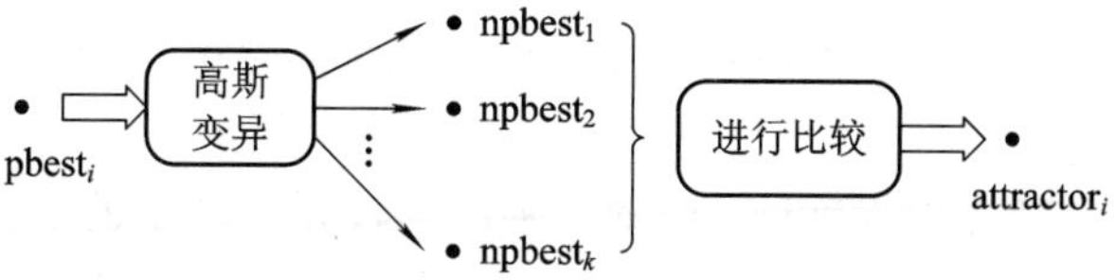

图 4-1　比较算子框架

为了得到粒子 x_i的吸引子 attractor_i，首先对 x_i的个体最优位置 pbest_i进行多次高斯变异。如式(4-14)所示，高斯变异的均值为 pbest_i，标准差为 pbest_i与种群的平均个体最优位置 mbest 之间的距离。在多次变异之后，可以得到多个新的个体。通过对得到的个体进行比较来获得粒子的吸引子。

$$\text{bestnpbest} = N(\text{pbest}_i, \text{mbest} - \text{pbest}_i) \tag{4-14}$$

比较算子的具体操作流程参见算法 4.2。

算法 4.2　比较算子

步骤 1：对于 pbest_i，根据式(4-14)获得 k 个变异个体；

步骤 2：令 $j=1$；

步骤 3：While $j \leqslant D$, Do

步骤 4：将 $\text{pbest}_i(j)$分别与步骤 1 中得到的 k 个变异个体的第 j 维交换，从而得到 k 个新的个体，记作 $(\text{npbest}_1, \text{npbest}_2, \cdots, \text{npbest}_k)$；

步骤 5：对$(\text{npbest}_1, \text{npbest}_2, \cdots, \text{npbest}_k)$ 计算其适应度值，选择其中适应度值最好的个体作为 bestnpbest；

步骤 6：令 $\text{attractor}_i(j) = \text{bestnpbest}(j)$，$j = j + 1$；

End While

在执行比较算子时，首先应该确定高斯变异的次数。如果变异次数过多，那么算法的时间复杂度会大大增加。如果变异次数过少，那么算法跳出局部最优的可能性就会降低。

4.2.2　基于协作学习策略的量子粒子群算法框架及实现

1. 算法提出

“开发”(exploration)是指搜索决策空间中的新区域，体现了算法搜索新空间的能力。而“利用”(exploitation)则是指访问那些历史搜索中曾经访问过的区域，体现了算法求精的能力。本节分别对 CL 策略中的两个算子的“开发”和“利用”特性进行了分析[19]。

设定 o 为父代个体 p_1 和 p_2 通过正交算子获得的子代个体。根据对正交算子的描述可以得知，子代个体 o 的每一维直接取自父代个体 p_1 或 p_2。因为正交算子对父代个体进行相互交叉来获得子代个体，所以正交算子也可以看作一种特殊的交叉算子。从这个角度来说，正交算子和交叉算子类似，其更具有“利用”特性，因此不能被看作一种纯粹的“开发”算子。因为我们很难保证由正交算子和比较算子获得的子代个体会一直分别落在“利用”和“开发”区域。

比较算子是基于高斯变异设计的。因此，通过比较算子产生的子代个体有可能出现在决策空间中的任何新的区域。所以，比较算子更倾向于具有“开发”的特性。

需要注意的是，正交算子并不能被看作一种纯粹的“利用”算子。同样，比较算子也不能被看作一种纯粹的“开发”算子。因为我们很难保证由正交算子和比较算子获得的子代个体会一直分别落在“利用”和“开发”区域。因为正交算子更倾向于具有“利用”特性，而比较算子更倾向于具有“开发”特性。所以，在本章中，CL-QPSO 引入了概率参数 p 来控制 CL 策略中两个算子的实现，从而尽可能达到算法中“开发”和“利用”之间的平衡。

2. 算法描述

CL-QPSO 与传统 QPSO 的框架基本一致，二者唯一的区别就在于采用不同的策略来获得粒子的吸引子。在 CL-QPSO 中，如果一个粒子的个体最优位置经过 G 次迭代都没有发生变化，那么就采用协作学习策略来获取该粒子的吸引子。所以，参数 G 可以控制采用协作学习策略的频率。CL-QPSO 的具体操作流程见算法 4.3。

算法 4.3　CL-QPSO 算法

步骤 1：初始化。

(1) $\mathrm{POP}^{gen}=(x_1, x_2, \cdots, x_N)$；%$\mathrm{POP}^{gen}$ 是粒子种群，POP^{gen} 中的每一个粒子在决策空间随机产生；

(2) $F^{gen}=\mathrm{FitnessCalculation}(\mathrm{POP}^{gen})$；% 计算 POP^{gen} 的适应度值；

(3) $\mathrm{P\ BEST}^{gen}=\mathrm{POP}^{gen}$；% 根据粒子的个体最优初始位置，得到当前的粒子种群；

(4) $\mathrm{gbest}^{gen}=\mathrm{FindBest}(\mathrm{P\ BEST}^{gen})$；% 在所有个体最优位置中选择具有最优适应度的一个，得到全局最优位置；

(5) 对于每个粒子 x_i，令 $\mathrm{stay}_i=0$；% stay_i 代表粒子 x_i 的个体最优位置保持不变的代数。

步骤 2：对于粒子 x_i 获取其吸引子 $\mathrm{attractor}_i$。

(1) 如果 $\mathrm{stay}_i \leqslant G$，那么根据式(4-16)得到吸引子 $\mathrm{attractor}_i$；

(2) 如果($\mathrm{stay}_i=/G$)&($\mathrm{pbest}_i=\mathrm{gbest}$)，那么根据比较算子得到 $\mathrm{attractor}_i$；

(3) 如果($\mathrm{stay}_i=/G$)&($\mathrm{pbest}_i=/\mathrm{gbest}$)&($\mathrm{rand}()<p$)，那么根据正交算子得到 $\mathrm{attractor}_i$；% 求解见算法 4.1；否则根据比较算子得到 $\mathrm{attractor}_i$；%求解见算法 4.2。

步骤 3：更新

(1) 根据公式(4－15)～公式(4－17)对 POP^{gen} 进行更新得到 POP^{gen+1}；

$$\text{mbest} = \frac{1}{N}\sum_{i=1}^{N}\text{pbest}_i \tag{4-15}$$

$$\text{attractor}_{i,j} = \varphi \cdot \text{pbest}_{i,j} + (1-\varphi) \cdot \text{gbest}_j \tag{4-16}$$

$$x_{i,j} = \text{attractor}_{i,j} \pm 2\alpha \cdot \| \text{mbest}_j - x_{i,j} \| \tag{4-17}$$

(2) $F^{gen+1}=\text{FitnessCalculation}(POP^{gen+1})$；

(3) 如果 $F(x_i^{(gen+1)})$ 优于 $F_{\text{pbest}_i(gen)}$，那么 $\text{pbest}_i^{(gen+1)}=x_i^{(gen+1)}$；$\text{stay}_i=0$；否则 $\text{pbest}_i^{(gen+1)}=\text{pbest}_i^{(gen)}$；$\text{stay}_i=\text{stay}_i+1$；

(4) $\text{gbest}^{gen+1}=\text{FindBest}(P\ BEST^{gen+1})$。

步骤 4：判断是否满足终止条件，如果满足则算法终止，否则返回步骤 2。

4.2.3 实验结果及分析

为了评估算法的性能，我们选择 IEEE－CEC 2014 中定义的优化函数(f1～f24)作为本章的测试函数集。从 http://www.ntu.edu.sg/ home/epnsugan/ 可以下载得到这些最小化函数的 Matlab 代码。表 4－1 给出了关于测试函数的一些主要信息，测试函数的具体信息可以参考文献[20]。从表 4－1 中可以看出，这 24 个测试函数可以分为 8 类，其中每一类都包含具有不同决策空间维数以及相同函数类型的 3 个函数。比如说，函数 f1～f3 的函数类型一致，但是它们的决策空间维数分别是 10、20 和 30。

表 4－1 CEC 2014 测试函数集

测试函数	函数类型	特性	全局最优	决策空间	决策空间维数
f1\f2\f3	Shifted Sphere	单峰	0	[－20 20]	10\ 20 \ 30
f4\f5\f6	Shifted Ellipsoid	单峰	0	[－20 20]	10\ 20 \ 30
f7\f8\f9	Shifted and Rotated Ellipsoid	单峰	0	[－20 20]	10\ 20 \ 30
f10\f11\f12	Shifted Step	单峰	0	[－20 20]	10\ 20 \ 30
f13\f14\f15	Shifted Ackley	多峰	0	[－32 32]	10\ 20 \ 30
f16\f17\f18	Shifted Griewank	多峰	0	[－600 600]	10\ 20 \ 30
f19\f20\f21	Shifted Rotated Rosenbrock	多峰	0	[－20 20]	10\ 20 \ 30
f22\f23\f24	Shifted Rotated Rastrigin	多峰	0	[－20 20]	10\ 20 \ 30

1. 算法参数分析

算法 CL-QPSO 中主要采用了 3 个新的参数：概率参数 p、变异次数 k 和停滞参数 G。我们从这 8 类函数中各选择一个函数(f1、f5、f8、f11、f14、f17、f20 和 f23)作为例子来具体分析这 3 个参数。为了保证算法的准确性，下面给出的实验结果根据对算法的 20 次独立运行结果的统计得到。设定算法在单次运行中的最大函数评价次数为 200 000。

1）概率参数 p

协作学习策略的有效与否主要依赖其包含的正交算子和比较算子的执行情况。CL-QPSO 中引入了概率参数 p 来决定采用正交算子还是比较算子，从而平衡协作学习策略中的开发与利用。如果 p 取值过小，那么算法对于粒子的个体最优位置和全局最优位置中有用信息的挖掘不够；如果 p 取值过大，那么算法就可能在粒子的个体最优位置和全局最优位置非常接近的时候仍然采用正交算子，从而造成计算量的浪费。为了分析不同 p 值对算法性能的影响，p 取值从 0 至 1 以步长 0.1 逐步递增。设定变异次数 $k=5$，停滞参数 $G=5$。图 4-2(a) 给出了 CL-QPSO 经 20 次独立运行产生的平均结果。由图 4-2(a) 可以看出，p=0.2 时绝大多数测试函数取得了较好的结果。所以，在本章节中，概率参数 p 取值为 0.2。

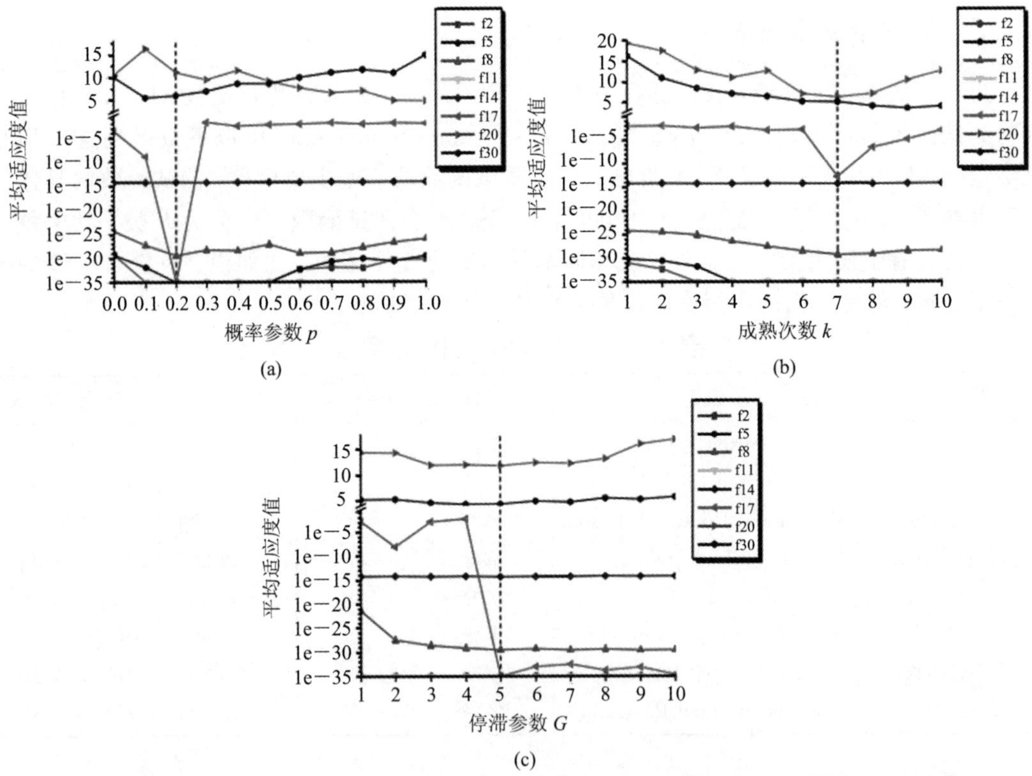

图 4-2　测试函数针对不同参数时的适应度值变化情况

2）变异次数 k

变异次数 k 用来控制在执行比较算子时粒子进行高斯变异的次数。如果 k 取一个较大的值，那么算法将会浪费太多的计算量用来通过变异产生新的个体。然而，如果 k 取值过小，那么算法将无法跳出局部最优。图 4-2(b) 给出了不同 k 值下算法运行的统计结果。设定概率参数 $p=0.2$，停滞参数 $G=5$。由图 4-2(b) 可以看出，k 取值为 7 时，绝大多数测试函数可以取得较好的结果。

3）停滞参数 G

在 CL-QPSO 中，如果粒子在 G 次迭代中其个体最优位置都没有发生变化，我们将会采用协作学习策略来构建吸引子从而使粒子跳出当前位置。所以说，停滞次数 G 在算法中用来控制采用协作策略构建吸引子的频率。如果 G 取值过大，算法将会耗费大量时间采用协作策略构建粒子的吸引子。这无疑会降低算法的效率。如果 G 取值过小，那么粒子陷入局部最优时跳出的可能性将会降低。设定概率参数 $p=0.2$，设定变异次数 $k=7$。G 取值不同时算法的运行结果如图 4-2(c) 所示。可以看出，$G=5$ 时算法在多数测试函数上可以取得较好的结果。

2. 协作策略有效性分析

为了分析协作策略对算法性能提高的影响，在本节中我们将 CL-QPSO 与传统的 QPSO 基于两种不同的终止条件进行比较。CL-QPSO 和 QPSO 的参数设置见表 4-2。表 4-3 和表 4-4 给出了算法经 20 次独立运行获得的统计结果。

表 4-2　算法参数设置

算法	参数设置	参考文献
OLPSO	w：0.4～0.9；$c_1=c_2=2.0$；$G=5$；$V_{\mathrm{MAX}}=0.2\times\mathrm{Range}$	[12]
CLPSO	w：0.4～0.9；$c=1.49445$；$V_{\mathrm{MAX}}=0.2\times\mathrm{Range}$	[21]
CSPSO	$w=0.4$；$c_1=c_2=2$；$p_v=0.8$	[22]
QPSO	α：1～0.5	[23]
CQPSO	α：1～0.5；$\mathrm{Measure}_{\mathrm{num}}=5$	[13]
COQPSO	α：1～0.5；$P=300$；$D=30$	[14]
CL-QPSO	α：1～0.5；$G=5$；$p=0.2$；$k=7$	

第一种终止条件是基于算法在一次独立运行中的迭代次数而设定的。设定算法在一次独立运行中的最大迭代次数(MaxGen)为 200。从表 4-3 可以看出，CL-QPSO 在几乎全部测试函数（24 个测试函数中的 22 个）中都取得了较好的结果。然而，同样也可以看出，在相同的迭代次数下，CL-QPSO 一次独立运行花费的函数评价次数明显高于 QPSO。所以在同样的迭代次数下，CL-QPSO 算法性能较好，同时其计算量也明显高于 QPSO。

表 4-3　CL-QPSO 与 QPSO 在相同函数评价次数下的比较结果

MaxGen＝200				
测试函数	均值±标准差		FEs	
	QPSO	CL-QPSO	QPSO	CL-QPSO
f1	(7.76e－15)±(1.51e－14)	(**9.24e－23**)±(1.52e－22)	10 050	15 485
f2	(3.09e－05)±(3.43e－05)	(**2.48e－12**)±(3.54e－12)	10 050	21 312
f3	(2.10e－02)±(1.09e－02)	(**8.89e－09**)±(8.61e－09)	10 050	26 657
f4	(7.49e－13)±(2.14e－12)	(**4.15e－22**)±(1.10e－21)	10 050	15 455
f5	(3.07e－04)±(3.31e－04)	(**3.39e－10**)±(9.64e－10)	10 050	21 424
f6	(2.94e－01)±(2.04e－01)	(**7.50e－08**)±(7.24e－08)	10 050	27 356
f7	(1.84e－08)±(3.24e－08)	(**1.25e－14**)±(1.72e－14)	10 050	15 406
f8	(8.98e－02)±(1.23e－01)	(**9.50e－05**)±(1.80e－04)	10 050	20 101
f9	(6.79e＋01)±(4.53e＋01)	(**1.50e＋00**)±(1.20e＋00)	10 500	23 949
f10	(**0.00e＋00**)±(0.00e＋00)	(**0.00e＋00**)±(0.00e＋00)	10 050	63 758
f11	(**0.00e＋00**)±(0.00e＋00)	(**0.00e＋00**)±(0.00e＋00)	10 050	104 848
f12	(1.50e－01)±(3.66e－01)	(**0.00e＋00**)±(0.00e＋00)	10 050	139 821
f13	(4.51e－07)±(8.66e－07)	(**1.86e－11**)±(2.16e－11)	10 050	15 386
f14	(9.10e－03)±(4.44e－03)	(**2.60e－06**)±(2.00e－06)	10 050	21 537
f15	(9.82e－01)±(5.82e－01)	(**2.24e－01**)±(1.93e－04)	10 050	27 941
f16	(1.29e－01)±(7.60e－02)	(**1.55e－02**)±(1.25e－02)	10 050	51 597
f17	(3.04e－02)±(3.15e－02)	(**7.40e－04**)±(2.34e－03)	10 050	50 344
f18	(6.45e－01)±(2.42e－01)	(**1.23e－03**)±(3.90e－03)	10 050	58 125
f19	(9.72e＋00)±(1.36e＋01)	(**5.15e＋00**)±(2.61e＋00)	10 050	14 320
f20	(**2.27e＋01**)±(1.43e＋01)	(2.29e＋01)±(1.76e＋01)	10 050	19 803
f21	(**6.88e＋01**)±(4.95e＋01)	(7.89e＋01)±(6.39e＋01)	10 050	33 497
f22	(9.45e＋00)±(4.21e＋00)	(**5.04e＋00**)±(2.70e＋00)	10 050	65 981
f23	(4.15e＋01)±(2.51e＋01)	(**5.07e＋00**)±(1.99e＋00)	10 050	113 086
f24	(1.46e＋02)±(5.21e＋01)	(**7.09e＋01**)±(9.10e＋00)	10 050	162 690

为了更公平地对 CL-QPSO 和 QPSO 进行比较，我们采用了第二种终止条件。第二种终止条件是基于算法在一次独立运行中耗费的函数评价次数来设定的。设定一次运行中函数最大评价次数(MaxFEs)为 200 000。如表 4-4 中所示，CL-QPSO 在大部分测试函数上的表现都要优于传统 QPSO。为了比较两种算法的收敛情况，我们从表 4-1 给出的 8 类函数中分别选取一个(f1、f5、f8、f11、f14、f17、f20 和 f23)进行分析。图 4-3 中分别给出这 8 个函数在不同算法运行下的收敛情况。我们可以看出，与 CL-QPSO 相比，QPSO 明显具

有较快的收敛速度。但是，QPSO 也非常容易陷入局部最优。所以，采用协作学习之后，算法的收敛速度虽然减慢，但是算法跳出局部最优区域的能力也明显增强。

表 4-4　CL-QPSO 与 QPSO 在相同迭代次数下的比较结果

测试函数	MaxFEs＝200，000	
	QPSO	CL-QPSO
f1	(1.07e−30)±(5.65e−31)	(**0.00e+00**)±(0.00e+00)
f2	(2.21e−29)±(4.90e−30)	(**0.00e+00**)±(0.00e+00)
f3	(6.80e−29)±(1.58e−29)	(**0.00e+00**)±(0.00e+00)
f4	(2.60e−30)±(1.17e−30)	(**0.00e+00**)±(0.00e+00)
f5	(5.09e−29)±(1.38e−29)	(**0.00e+00**)±(0.00e+00)
f6	(5.90e−28)±(1.16e−28)	(**0.00e+00**)±(0.00e+00)
f7	(4.53e−30)±(1.10e−30)	(**8.10e−32**)±(3.62e−31)
f8	(6.99e−29)±(1.65e−29)	(**5.82e−30**)±(4.78e−30)
f9	(5.86e−13)±(1.90e−12)	(**5.40e−13**)±(6.73e−13)
f10	(**0.00e+00**)±(0.00e+00)	(**0.00e+00**)±(0.00e+00)
f11	(**0.00e+00**)±(0.00e+00)	(**0.00e+00**)±(0.00e+00)
f12	(**0.00e+00**)±(0.00e+00)	(**0.00e+00**)±(0.00e+00)
f13	(3.64e−15)±(1.10e−15)	(**3.60e−15**)±(1.09e−16)
f14	(6.53e−15)±(1.30e−15)	(**5.77e−15**)±(1.22e−15)
f15	(8.37e−15)±(7.94e−16)	(**7.73e−15**)±(5.81e−15)
f16	(2.62e−02)±(2.02e−02)	(**6.16e−03**)±(1.61e−03)
f17	(1.88e−02)±(1.38e−02)	(**0.00e+00**)±(0.00e+00)
f18	(1.11e−02)±(1.14e−02)	(**0.00e+00**)±(0.00e+00)
f19	(7.09e−01)±(8.08e−01)	(**4.50e−01**)±(1.06e+00)
f20	(**1.25e−01**)±(1.79e+00)	(1.43e+01)±(1.24e+01)
f21	(**2.58e+01**)±(1.76e+00)	(3.67e+01)±(3.02e+01)
f22	(5.23e+00)±(2.28e+00)	(**4.08e+00**)±(2.31e+00)
f23	(1.19e+01)±(5.75e+00)	(**4.93e+00**)±(2.10e+00)
f24	(5.19e+01)±(4.34e+01)	(**5.11e+01**)±(1.04e+01)

总体来讲，与 CL-QPSO 相比，QPSO 收敛速度较快，但是算法后期非常容易陷入局部最优无法跳出。图 4-3 中的结果验证了该结论。这可能是因为在 QPSO 运行后期(粒子的个体最优位置和全局最优位置相同的情况下)，QPSO 中采用随机加权求和方式获得的吸引子并不能有效地指导算法跳出局部最优。在 CL-QPSO 中，通过正交算子和比较算子之间的相互协作，算法可以通过构建有效的吸引子来提高其全局搜索能力和保持种群多样性。

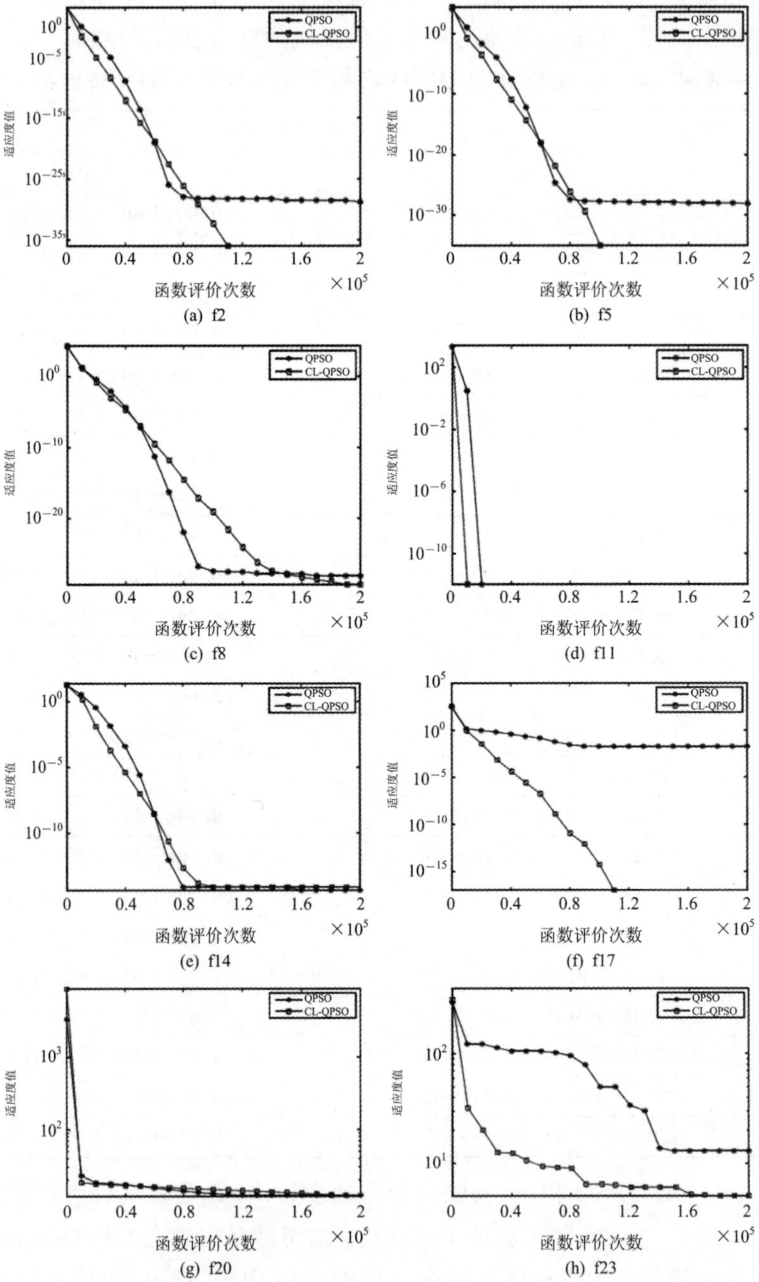

图 4-3 测试函数的收敛情况

3. CL-QPSO 与 PSO 及 QPSO 算法的比较结果及分析

在本小节下，我们将 CL-QPSO 与一些有效的 PSO 算法和 QPSO 算法进行比较。这些用于对比的算法列举如下：

(1) CLPSO[21]：在 CL-PSO 中，每一个粒子利用其他所有粒子的个体最优位置来对自身速度进行更新。

(2) OLPSO[12]：OLPSO 是在传统 PSO 的基础上，通过引入正交学习策略来改进原算法性能的方法。

(3) CSPSO[22]：CSPSO 在传统 PSO 的基础上，引入交叉搜索策略。即通过采用交叉搜索对粒子寻找高效的个体最优位置，从而提高算法的全局搜索速度。

(4) CQPSO[13]：在该算法中，每个粒子通过多次观测产生多个个体，然后多个个体之间相互合作产生下一代粒子种群。

(5) COQPSO[14]：COQPSO 采用多种群策略，每个子种群分别处理问题的一个子部分。多个子种群之间通过合作与竞争来交换信息，从而完成对整个问题的优化。

表 4－5 给出了 CLPSO、OLPSO、CSPSO、CQPSO、COQPSO 和本章所提出的 CL-QPSO 算法在 CEC2014 测试集上的统计结果。其中最好结果用黑体表示。

表 4－5　CL-QPSO 与 PSO 和 QPSO 在 CEC2014 测试集上的比较结果

测试函数	CLPSO	OLPSO	CSPSO	CQPSO	COQPSO	CL-QPSO
f1	**0.00e+00**	**0.00e+00**	4.56e−31	**0.00e+00**	4.83e−18	**0.00e+00**
f2	3.28e−26	2.00e−29	5.96e−30	1.51e−18	1.81e−02	**0.00e+00**
f3	1.04e−16	1.21e−28	1.48e−26	7.74e−10	2.89e−01	**0.00e+00**
f4	0.00e+00	**0.00e+00**	3.55e−31	4.93e−33	9.48e−05	**0.00e+00**
f5	4.69e−25	2.00e−28	9.48e−24	1.18e−17	3.95e−02	**0.00e+00**
f6	1.60e−15	3.85e−28	3.63e−18	1.04e−28	4.48e+00	**0.00e+00**
f7	1.43e−26	**0.00e+00**	4.70e−31	1.06e−30	1.88e−04	8.10e−32
f8	2.57e−10	5.03e−17	1.20e−08	6.67e−15	4.85e−01	**5.82e−30**
f9	1.24e−02	1.25e−07	3.13e−04	7.40e−05	4.0e+01	**5.40e−13**
f10	**0.00e+00**	**0.00e+00**	5.00e−02	**0.00e+00**	**0.00e+00**	**0.00e+00**
f11	**0.00e+00**	**0.00e+00**	1.00e−01	**0.00e+00**	5.78e−08	**0.00e+00**
f12	**0.00e+00**	**0.00e+00**	1.40e+00	**0.00e+00**	3.25e−03	**0.00e+00**
f13	4.00e−15	4.00e−15	7.02e−15	**3.11e−15**	6.12e−03	3.60e−15
f14	4.04e−13	5.35e−13	5.78e−02	2.72e−09	2.10e−01	**5.77e−15**
f15	2.32e−08	2.64e−12	5.20e−01	5.02e−05	8.74e−01	**7.73e−15**
f16	**5.29e−08**	1.73e−03	4.19e−02	1.88e−02	7.77e−02	6.16e−03

续表

测试函数	CLPSO	OLPSO	CSPSO	CQPSO	COQPSO	CL-QPSO
f17	5.35e−12	**0.00e+00**	1.77e−02	1.68e−02	2.16e−01	**0.00e+00**
f18	4.81e−10	**0.00e+00**	9.39e−03	1.78e−02	2.51e−01	**0.00e+00**
f19	1.27e+00	1.65e+00	3.79e+00	2.81e+00	1.71e+00	**4.50e−01**
f20	8.66e+00	**6.03e+00**	1.28e+01	1.41e+01	1.15e+01	1.43e+01
f21	2.42e+01	**1.92e+01**	4.00+01	3.72e+01	6.87e+01	3.67e+01
f22	**3.93e+00**	**9.32e+00**	1.81e+01	5.90e+00	1.61e+01	4.08e+00
f23	5.15e+00	1.05e+01	3.04e+01	9.11e+00	2.05e+01	**4.93e+00**
f24	6.13e+01	6.79e+01	6.46e+01	9.21e+01	1.17e+02	**5.11e+01**

从表 4-5 可以看出，对于大多数测试函数(f1～f6、f8～f12、f14 ～f15、f17～f19 和 f23～f24)，CL-QPSO 都获得了最精确的全局最优解。

为了更好地比较这 6(k)种对比算法在 24(N)个测试函数上的表现，我们首先对算法的结果用 Friedman 检验进行排序。6 种算法根据 Friedman 检验得到的排序结果见表 4-6。

表 4-6 算法在 CEC 2014 函数集上 Friedman 平均排序结果

算法	平均排序值	CL-QPSO 与其他算法的 ARD 值
OLPSO	2.94	1.44
CLPSO	2.79	1.29
CSPSO	4.54	3.04
CQPSO	3.60	1.10
COQPSO	5.42	3.92
CL-QPSO	**1.50**	—
F_F	19.9365	

从排序结果上看，CL-QPSO 表现最好。F 分布在($k-1$，($k-1$)×($N-1$))自由度和 95%置信水平下的临界值 $F_{0.05}(5, 115) < 2.305(F_{0.05}(5, 100))$。从表 4-6 中可以看出，Friedman 排序统计值($F_F=19.9365$) 要明显高于临界值 $F_{0.05}(5, 115)$。这就意味着这些对比算法之间存在比较明显的差异。为了两两比较，我们采用了事后多重检验法(post hoc Bonferroni-Dunn Test)进行测试。在 95% 置信水平下，事后多重检验法测试的临界值差异(Critical Difference，CD)为 1.3912。对于除 CL-QPSO 外的其他任一对比算法来说，如果算法与 CL-QPSO 之间的平均排序值差异(Average Rank Difference，ARD)值大于 1.3912，这就意味着 CL-QPSO 在 95% 置信水平上优于该算法。所以，根据表 4-6 中的结果，CL-QPSO 在95% 置信水平上明显优于除了 CLPSO 之外的所有算法。当我们把置信水平降低到 90% 时，根据事后多重检验法计算出 CD 值为1.2562。此时的 CD 值要小于

CL-QPSO 和 CLPSO 之间的排序差值。因此在 90% 置信水平下，CL-QPSO 的性能要优于 CLPSO。

根据表 4-2 所示，本章中采用的测试函数集可以分为 8 类不同的函数类型。为了分析 CL-QPSO 在高维函数上的表现，我们将每一类函数分别扩展到了 50 维和 100 维。所有算法在一次独立运行中的最大函数评价次数都设为 200 000。每个算法都通过 20 次独立运行得到其统计结果。

表 4-7 给出了 6 种算法在扩展后的 16 个测试函数上的统计结果，表 4-8 是算法根据 Friedman 检验给出的排序结果。如果仅从排序结果的角度来看，CL-QPSO 对于 50 维和 100 维的测试函数都取得了最好的排序值。F 分布在 (6－1, (6－1)×(8－1)) 自由度和 95% 置信水平下的临界值 $F_{0.05}(5, 35)$ 对 50 维的情况来说，其 Friedman 统计值(F_F＝8.2282)要大于临界值 $F_{0.05}(5, 35)$。所以说 6 种算法在 8 个 50 维测试函数上的表现存在差异。根据 Bonferroni-Dunn 检验，在 95% 置信水平下的临界值差异 CD = 2.4096，所以 CL-QPSO 在 95% 置信水平要明显优于 CQPSO 和 COQPSO。尽管 CL-QPSO 在 95% 置信水平没有明显优于 CLPSO 和 OLPSO，但是从 Friedman 排序值上来讲，CL-QPSO 获得的结果仍然要优于 CLPSO 和 OLPSO。对于 100 维的情况，其 Friedman 统计值(F_F＝5.7963)大于 $F_{0.05}(5, 35)$，所以算法在 100 维的 8 个函数上的表现同样具有可以区分的差异。根据与 100 维情况同样的分析过程可以得出，CL-QPSO 在 95% 置信水平要明显优于 CQPSO 和 COQPSO。尽管 CL-QPSO 在 95% 置信水平没有明显优于 CLPSO 和 OLPSO，但是从 Friedman 统计值上来讲，CL-QPSO 获得的结果仍然要优于 CLPSO 和 OLPSO。

表 4-7 CL-QPSO 与 PSOs 和 QPSOs 在高维测试函数上的比较结果

函数类型	类型 1 (Shifted Sphere)		类型 2(Shifted Ellipsoid)	
函数维数	50	100	50	100
CLPSO	2.87e−09±1.06e−09	2.87e−09±1.06e−09	4.07e−08±1.24e−08	3.82e−02±7.80e−03
OLPSO	5.10e−12±3.99e−12	1.16e−03±1.14e−03	9.97e−11±1.12e−10	3.95e−02±2.12e−02
CSPSO	8.25e−24±1.10e−23	1.38e−09±4.29e−09	4.85e−15±1.15e−15	8.73e−04±1.93e−04
CQPSO	5.12e−04±3.11e−04	3.96e+00±1.25e+00	9.67e−03±4.43e+03	1.44e+02±4.42e+02
COQPSO	6.84e−02±9.13e−02	7.16e+00±8.63e+00	2.27e+00±1.98e+00	1.03e+02±1.29e+02
CL-QPSO	**1.49e−26**±3.31e−26	**7.76e−11**±6.22e−11	**2.87e−25**±3.99e−25	**3.00e−09**±2.15e−09
函数类型	类型 3 (Shifted and Rotated Ellipsoid)		类型 4 (Shifted Step)	
函数维数	50	100	50	100
CLPSO	1.69e+04±1.57e+03	2.24e+05±2.73e+04	**0.00e+00**±0.00e+00	**0.00e+00**±0.00e+00
OLPSO	2.14e+04±4.66e+03	3.17e+05±4.27e+04	**0.00e+00**±0.00e+00	**0.00e+00**±0.00e+00
CSPSO	**8.79e+01**±9.01e+01	**3.71e+04**±9.48e+03)	1.98e+01±3.08e+01	9.20e+01±3.85e+01
CQPSO	6.39e+04±1.08e+04	7.04e+05±7.62e+04	3.25e−01±7.58e−01	1.95e+00±1.99e+00

续表

函数类型	类型 3 (Shifted and Rotated Ellipsoid)		类型 4(Shifted Step)	
函数维数	50	100	50	100
COQPSO	6.78e+04±9.08e+04	2.22e+06±1.83e+06	**0.00e+00**±0.00e+00	**0.00e+00**±0.00e+00
CL-QPSO	2.04e+04±5.66e+04	3.36e+05±5.60e+04	**0.00e+00**±0.00e+00	**0.00e+00**±0.00e+00
函数类型	类型 5 (Shifted Ackley)		类型 6(Shifted Griewank)	
函数维数	50	100	50	100
CLPSO	1.02e−04±2.01e−05	3.91e−02±2.44e−03	1.27e−06±7.82e−07	1.81e−02±3.02e−03
OLPSO	1.06e−04±5.24e−05	1.15e+00±3.27e−01	1.62e−08±2.00e−08	1.04e−01±5.77e−02
CSPSO	1.95e+00±1.18e+01	4.16e−01±6.64e−01	6.15e+00±1.09e+00	**4.53e−03**±7.02e−03
CQPSO	3.60e−02±8.81e−03	3.04e+00±2.59e−01	9.03e−02±8.79e−02	1.95e+00±2.43e−01
COQPSO	2.78e+00±2.16e+00	9.10e−02±4.84e−02	4.45e−01±2.63e−01	1.12e−01±2.65e−01
CL-QPSO	**1.57e−12**±9.58e−13	**7.76e−05**±4.34e−05	**1.49e−08**±3.67e−08	1.05e−02±2.24e−02
函数类型	类型 7 (Shifted Rotated Rosenbrock)		类型 8(Shifted Rotated Rastrigin)	
函数维数	50	100	50	100
CLPSO	1.83e+02±1.76e+01	5.32e+02±4.45e+02	1.90e+02±1.30e+01	6.91e+02±4.15e+01
OLPSO	1.40e+02±2.71e+01	4.42e+02±4.96e+01	**1.39e+02**±2.17e+01	**1.87e+02**±6.40e+01
CSPSO	**9.30e+01**±3.62e+01	2.82e+02±1.92e+02	1.59e+02±7.81e+01	3.08e+02±3.21e+01
CQPSO	1.33e+02±2.53e+01	4.10e+02±9.36e+01	2.27e+02±1.61e+01	6.59e+02±3.91e+01
COQPSO	2.91e+02±8.25e+01	1.08e+03±1.85e+03	3.26e+02±5.37+01	9.98e+02±1.07e+02
CL-QPSO	1.32e+02±1.36e+01	**1.56e+02**±3.09e+01	1.83e+02±2.07e+01	3.99e+02±6.08e+01

表 4-8 算法在高维测试函数上的 Friedman 平均排序结果

维数	100		100	
算法	平均排序值	CL-QPSO 与其他算法的 ARD 值	平均排序值	CL-QPSO 与其他算法的 ARD 值
CLPSO	3.31	1.50	3.19	1.25
OLPSO	2.81	1.00	3.44	1.50
CSPSO	3.13	1.32	2.50	0.50
CQPSO	4.63	2.82	5.00	3.06
COQPSO	5.44	3.63	4.94	3.00
CL-QPSO	**1.81**	—	**1.94**	—
F_F	8.2282		5.7963	

总之，对于标准 CEC 2014 测试函数，CL-QPSO 在 90% 置信水平下取得最佳表现。随着问题维数的增加，CL-QPSO 根据 Friedman 排序结果仍然可以取得最佳的排序值。在某种程度上可证明所提出的协作策略的有效性。协作策略中的正交算子通过组合粒子的个体最优位置和全局最优位置中的有用信息得到高效的吸引子来指导粒子的移动。比较算子通过变异来提高粒子跳出局部最优的能力。二者相互协作来帮助算法保持种群多样性和增强全局搜索能力。

4. CL-QPSO 与其他进化算法的比较结果及分析

表格 4－9 给出了算法 CMA-ES[24]、JADE[25]、SaDE[26]、NCS[27] 和本章中提出的 CL-QPSO 算法在 CEC 2014 测试函数上进行 20 次独立运行获得的统计结果。从 http://www. ntu. eedu. sg/home/epnsugan/可以下载得到算法 CMA-ES、JADE 和 SaDE 的 Matlab 代码。NCS 的 Matlab 代码参见 http://staff. ustc. edu. cn/ ketang/codes/NCS. html。对于每个算法来说，一次独立运行的最大函数评价次数为 $D\times10^5$，其中 D 为测试函数搜索空间的维数。表 4－9 中，5 种算法产生的最佳结果用黑体表示。

表 4－9　CL-QPSO 与 CMA-ES、JADE、SaDE 和 NCS 的比较结果

均值						
测试函数	MaxFEs	CMA-ES	JADE	SaDE	NCS	CL-QPSO
f1	1×10^5	2.13e−29	**0.00e+00**	**0.00e+00**	1.36e−07	**0.00e+00**
f2	2×10^5	8.47e−28	**0.00e+00**	**0.00e+00**	1.80e−15	**0.00e+00**
f3	3×10^5	2.80e−27	**0.00e+00**	3.94e−32	1.93e−23	**0.00e+00**
f4	1×10^5	5.10e−29	**0.00e+00**	**0.00e+00**	5.83e−07	**0.00e+00**
f5	2×10^5	9.20e−27	**0.00e+00**	**0.00e+00**	2.76e−14	**0.00e+00**
f6	3×10^5	5.21e−26	**0.00e+00**	**0.00e+00**	3.57e−19	**0.00e+00**
f7	1×10^5	5.63e−29	**0.00e+00**	**0.00e+00**	9.64e−07	8.10e−32
f8	2×10^5	8.98e−27	**0.00e+00**	1.17e−30	3.50e−14	5.82e−30
f9	3×10^5	5.33e−26	**1.20e−30**	1.14e−28	7.15e−15	1.44e−25
f10	1×10^5	**0.00e+00**	**0.00e+00**	**0.00e+00**	**0.00e+00**	**0.00e+00**
f11	2×10^5	**0.00e+00**	**0.00e+00**	**0.00e+00**	3.00e−01	**0.00e+00**
f12	3×10^5	**0.00e+00**	**0.00e+00**	**0.00e+00**	2.20e+00	**0.00e+00**
f13	1×10^5	1.83e+01	2.93e−15	**4.46e−16**	2.81e−01	4.00e−15
f14	2×10^5	1.95e+01	4.00e−15	**3.82e−15**	8.45e−01	5.77e−15

续表

均值						
测试函数	MaxFEs	CMA-ES	JADE	SaDE	NCS	CL-QPSO
f1	1×10^5	2.13e−29	**0.00e+00**	**0.00e+00**	1.36e−07	**0.00e+00**
f15	3×10^5	1.96e+01	**4.00e−15**	2.29e−01	1.53e+00	**4.00e−15**
f16	1×10^5	9.24e−03	4.92e−12	**0.00e+00**	1.79e−01	1.61e−02
f17	2×10^5	4.68e−03	**0.00e+00**	2.09e−03	2.33e−02	**0.00e+00**
f18	3×10^5	3.70e−04	**0.00e+00**	5.04e−03	1.11e−02	**0.00e+00**
f19	1×10^5	1.92e−28	**0.00e+00**	1.19e+00	1.36e−01	2.29e+00
f20	2×10^5	3.99e−01	**1.99e−01**	1.24e+01	1.14e+00	1.43e+01
f21	3×10^5	**1.45e−26**	3.99e−01	2.55e+01	1.13e+01	2.26e+01
f22	1×10^5	1.28e+02	**4.00e+00**	4.33e+00	1.88e+01	4.95e+00
f23	2×10^5	2.59e+02	3.51e+00	**2.39e+00**	4.56e+01	4.93e+00
f24	3×10^5	5.11e+02	**2.41e+01**	3.19e+01	1.03e+02	4.64e+01

表 4-10 给出了 5 种算法根据 Friedman 检验的排序结果。对于某一算法来说，如果表中 CL-QPSO 与该算法的 ARD 值为负值，就表示该算法的平均排序值小于(优于) CL-QPSO。反之亦然。查表可得，F 分布在 95% 置信水平 (5−1，(5−1)×(24−1)) 下的临界值 $F_{0.05}(4, 92) = 2.471$，比表 4-10 中给出的 Friedman 统计值 F_F 小，这就说明 5 种算法性能之间存在可以区分的差异。由于 Bonferroni-Dunn 检验在 90% 置信水平下的临界值差异 CD 为 1.4929，所以 CL-QPSO 在 90% 置信水平下性能明显优于 CMA-ES 和 NCS。根据平均排序结果，CL-QPSO 在测试函数上的表现要差于 JADE 和 SaDE。

表 4-10　CL-QPSO 与 CMA-ES、JADE、SaDE 和 NCS 的 Friedman 平均排序结果

算法	平均排序值	平均排序差异 w.r.t. CL-QPSO
CMA-ES	3.72	1.09
JADE	**1.65**	−0.98
SaDE	2.39	−0.24
NCS	4.33	2.00
CL-QPSO	2.63	—
F_F	9.5724	

表 4-11 展示了算法 MVMO[28]、SO-MODS[29]、WA[30]、SA-DE-DPS[31]、HSBA[32]和 GCO[33]在 24 个测试函数上的统计结果。这 6 种算法的结果直接引用自其相应的参考文献。表 4-11 中的 MaxFEs 表示对于每个评价函数所采用的最大函数评价次数。表 4-12 是上述 6 种算法与 CL-QPSO 根据 Friedman 检验的平均排序结果。因为在 95% 置信水平下临界值 $F_{0.05}(6, 138) < 2.191$，$F_{0.05}(6, 100)$ 明显小于 F_F，并且在 90% 置信水平下根据 Bonferroni-Dunn 检验的临界值差异为 1.4929。所以，在 90% 置信水平下 CL-QPSO 的表现要明显差于 MVMO、SOMODS 和 SA-DE-DPS。从平均排序的角度来看，CL-QPSO 表现要差于 WA 和 HSBA，优于 GCO。

表 4-11 CL-QPSO 与 MVMO、SO-MODS、WA、SA-DE-DPS、HSBA 和 GCO 的比较结果

均值								
测试函数	MaxFEs	MVMO	SO-MODS	WA	SA-DE-DPS	HSBA	GCO	CL-QPSO
f1	500	**0.00e+00**	**0.00e+00**	**0.00e+00**	**0.00e+00**	**0.00e+00**	1.14e+01	9.95e-01
f2	1000	**0.00e+00**	**0.00e+00**	**0.00e+00**	**0.00e+00**	**0.00e+00**	1.14e+01	5.68e+00
f3	1500	**0.00e+00**	9.34e+05	**0.00e+00**	**0.00e+00**	**0.00e+00**	7.77e+00	9.04e+00
f4	500	**0.00e+00**	5.24e-07	**0.00e+00**	**0.00e+00**	9.21e-08	3.23e+01	1.45e+01
f5	1000	**0.00e+00**	1.02e-02	**0.00e+00**	3.01e-01	1.11e-01	8.92e+01	7.20e+01
f6	1500	2.65e+02	3.28e-01	**3.90e-06**	1.25e+01	6.87e+00	1.64e+02	1.08e+02
f7	500	**0.00e+00**	2.15e-03	**0.00e+00**	**0.00e+00**	1.02e-07	8.25e+01	4.77e+01
f8	1000	**0.00e+00**	2.30e-03	**0.00e+00**	5.70e-02	2.66e-01	1.94e+02	1.39e+02
f9	1500	8.85e-01	2.02e+01	**2.12e-03**	1.92e+01	1.45e+01	1.68e+03	7.18e+02
f10	500	2.65e+00	**0.00e+00**	2.45e+00	9.00e-01	1.71e+01	9.25e+00	2.70e+00
f11	1000	6.55e+00	**0.00e+00**	5.31e+01	1.03e+01	1.21e+02	8.20e+00	6.30e+00
f12	1500	1.27e+01	**0.00e+00**	1.64e+02	8.64+02	3.07e+02	7.35e+00	2.00e+01
f13	500	4.92e+00	**1.16e-01**	1.03e+01	1.28e+01	7.82e+00	6.18e+00	3.56e+00
f14	1000	7.94e+00	**9.39e-05**	1.25e+01	1.28e+01	9.47e+00	6.21e+00	4.36e+00
f15	1500	7.92e+00	**2.42e-04**	1.50e+01	1.18e+01	1.07e+01	6.41e+00	4.04e+00
f16	500	4.40e-01	**1.54e-02**	1.41e-01	3.45e-02	5.81e-02	1.99e+00	1.23e+00
f17	1000	**0.00e+00**	3.76e-03	4.67e-03	**0.00e+00**	7.00e-07	1.84e+00	2.53e+00
f18	1500	**0.00e+00**	1.01e-02	2.86e-02	**0.00e+00**	3.14e-07	1.82e+00	2.41e+00
f19	500	**1.07e+00**	1.04e+01	3.59e+00	3.15e+00	3.79e+00	8.84e+01	3.54e+01
f20	1000	**1.07e+01**	1.79e+01	1.39e+01	2.03e+01	2.40e+01	1.10e+02	9.23e+01
f21	1500	3.44e+01	3.66e+01	2.98e+01	**2.87e+01**	3.33e+01	2.37e+02	3.92e+02
f22	500	2.62e+01	2.70e+01	6.95e+01	**1.98e+01**	3.65e+01	4.47e+01	3.91e+01
f23	1000	4.25e+01	5.98e+01	1.40e+02	4.83e+01	**3.44e+01**	7.68e+01	7.94e+01
f24	1500	**8.49e+01**	1.10e+02	3.07e+02	1.03e+02	1.02e+02	1.78e+02	2.31e+02

表 4-12　CL-QPSO 与 MVMO、SO-MODS、WA、SA-DE-DPS、HSBA 和 GCO 的排序结果

算法	平均排序值	CL-QPSO 与其他算法的 ARD 值
MVMO	**2.63**	−2.70
SO-MODS	3.38	−1.95
WA	3.96	−1.37
SA-DE-DPS	3.42	−1.91
HSBA	3.94	−1.39
GCO	5.42	0.09
CL-QPSO	5.33	—
F_F	7.7079	—

总之，根据表 4-11 和表 4-12 可知，当将算法在一次独立运行中的最大函数评价次数设置为一个较小值时，CL-QPSO 表现有些不尽如人意。然而当最大函数评价次数增加时，CL-QPSO 表现得到改善(见表 4-9 和表 4-10)。这可能是由于协作策略中的正交算子和比较算子都需要耗费一定的计算量来寻找高效的吸引子。当设置的最大函数评价次数过小时，协作学习策略并不能发挥其优势。

4.3　基于记忆策略的动态单目标量子粒子群优化

近年来，利用进化算法来解决 DOP(动态优化问题)引起了越来越多学者的关注。目前，已经有很多有效的策略被提出并且成功引入到进化算法中来解决各种 DOP[34-39]。在这些策略中，基于记忆信息的策略的基本思想是通过利用历史环境中的有用信息来指导算法适应新的环境。因为这一特点，基于记忆信息的策略已经成为进化算法处理 DOP 时的一个有效工具[40-43]。

在优化 DOP 时，基于记忆信息的动态目标优化算法需要考虑如下问题：

(1) 记忆信息的提取和更新。因为记忆信息的存储形式决定了算法能否有效地利用记忆信息，所以如何对记忆进行建模和表示是基于记忆信息的动态目标优化算法需要考虑的一个重要问题。另外，当环境发生变化时，所存储的记忆信息可能会过时，所以如何对记忆信息进行更新也是影响算法性能的一个重要因素。

(2) 记忆信息的使用。对于基于记忆信息的动态目标优化算法来说，对记忆信息的使用决定了算法能否很好地适应不断变化的环境。

(3) 种群多样性保持[44]。对于具有多个极值点的单目标动态优化问题，算法应该避免所有的个体都集中于一个极值点附近。如果算法在当前环境下所有个体都集中于一个极值附近，那么当环境发生变化时，算法将有很大的可能在新环境下陷入局部最优。所以，如何保持种群多样性也是算法处理 DOP 时需要考虑的因素。

在 QPSO 算法中，粒子通过两个最优位置(个体最优位置和全局最优位置)来指导其进化过程。个体最优位置是每个粒子在搜索历史中所获得的最优位置，而全局最优位置是整个种群在搜索历史中所获得的最优位置。因为 QPSO 算法运行过程中需要记忆种群搜索历史中产生的最优位置，所以 QPSO 算法的进化过程也是基于记忆信息的。本节提出了一种基于记忆策略的 QPSO 算法(即 ME-DQPSO 算法)，用来解决动态环境下的具有多个极值的单目标优化问题。

与标准 QPSO 算法不同的是，ME-DQPSO 算法采用多种群策略来保持种群多样性。在算法的进化过程中采用了 3 个记忆文件：个体记忆文件、全局记忆文件和临时极值记忆文件。其中，个体记忆文件和全局记忆文件分别用来帮助种群中的粒子获取个体最优位置和全局最优位置，临时极值记忆文件用来对子种群进行更新。本节的主要工作列举如下：

(1) 在 ME-DQPSO 算法中采用了多个种群同时进化，并且种群的进化过程依赖 3 个记忆文件：个体记忆文件、全局记忆文件和临时极值记忆文件。

(2) 为了避免所有的子种群集中在一个极值附近，算法采用了一种基于相似度的更新策略来对子种群进行更新。

(3) 通过一种重新初始化策略对子种群进行重新初始化。重新初始化策略通过利用临时极值记忆文件中的信息来实现。

(4) 为了从个体记忆文件中找到一个较好的方式(用于选择个体最优位置)，本节通过实验对 3 种不同的选择方式(最优选择方式、最近邻选择方式、随机选择方式)进行了比较。

4.3.1 动态优化环境下的记忆策略

在动态优化环境下，记忆策略的基本思想是存储历史环境中的有用信息，然后在新的环境中进行重复利用，以此来指导算法在新环境中的进化过程。记忆信息的存储机制主要有两种：隐式记忆机制和显式记忆机制[40]。

对于隐式记忆机制，进化算法通过基因型对个体进行编码表示。种群中最优或部分个体的冗余编码作为隐式记忆信息。

动态优化环境中的大部分记忆策略是基于显式记忆机制的。在显式记忆机制中，通常通过一个外部记忆文件来存储当前环境中的有用信息。

根据记忆文件中的信息存储方式，显式记忆机制中的记忆信息可以分为直接记忆(direct memory)信息和间接记忆(indirect memory 或 associative memory)信息两类。如果算法直接保存当前环境中的较好个体，并且在新环境中重复使用这些保存的个体，那么这种记忆信息就称作直接记忆信息。文献[45]提出了一种典型的基于直接记忆信息的动态优化算法，该算法存储了运行过程中产生的较好个体。当环境发生变化时，种群中的部分(5%～10%)个体直接从记忆信息中获取，种群中的剩余个体则通过随机初始化获得。如果算法不仅存储了运行过程中产生的较好个体，同时也存储了这些个体与当前环境的相关信息，那么这种记忆信息就称作间接记忆信息。文献[46]所提出的算法在存储较好个体的同时也存储了最好个体与当前环境之间的相关信息。如果新的环境与某个存储的环境信息比较类似，那么算法就会重新利用记忆文件中与该环境信息相关的较好个体。

关于显式记忆信息的更新，目前主要有以下 3 种方式：

(1) 用根据个体的适应性或多样性等因素判断出的较好个体替换记忆信息中的不好个体。

(2) 替换记忆文件中对记忆文件多样性贡献最小的个体。

(3) 替换记忆文件中与当前最优个体最接近的个体。

其中，第三种方式是常用的动态优化中记忆信息的更新方式。除此之外，文献[42]提出了一种新的记忆文件更新策略。该策略中不会替换与当前种群中最优个体最接近的个体，而是将该记忆个体向着种群中的最优个体移动。

4.3.2 基于记忆策略的动态单目标量子粒子群算法框架实现

1. 算法提出动机

对于 DOP，一个理想的优化算法需要能在环境变化之前尽快地收敛到当前的全局最优解，同时，在环境发生变化后有能力在新的环境中搜索得到新的全局最优解。所以，进化算法解决 DOP 的一个难点在于算法收敛速度与多样性之间的平衡。

本节提出了一种基于记忆策略的 QPSO 算法——ME-DQPSO 算法，来处理动态环境下的单目标优化问题。QPSO 算法在进化过程中内含的记忆机制是选择 QPSO 作为基本算法的原因之一。为了尽可能多地搜索到局部极值，在 ME-DQPSO 算法中采用了多种群策略。ME-DQPSO 算法通过构建个体记忆文件和全局记忆文件来帮助种群中的粒子获取个体最优位置和全局最优位置。本节采用 3 种不同的方式(最优选择方式、最近邻选择方式和随机选择方式)从个体记忆文件中选择粒子的个体最优位置。为了避免多个子种群收敛到一个局部极值，ME-DQPSO 算法采用了一种基于相似度的更新策略来对全局记忆文件中的个体进行更新。除此之外，ME-DQPSO 算法通过构建临时极值记忆文件来存储算法在历史环境中搜索到的局部极值。当环境发生变化时，算法通过临时极值记忆文件来对子种群进行重新初始化操作，以此来使种群更快地搜索到新的全局最优解。

总的来说，ME-DQPSO 算法通过基于相似度的更新策略和多种群策略来保持种群多样性，因此，该算法在环境发生变化后仍能很好地适应新的环境。同时，ME-DQPSO 算法采用一种重新初始化策略来帮助算法利用历史环境中的有用信息。通过利用历史环境中的有用信息，ME-DQPSO 算法能够在新环境中尽快地搜索到全局最优解。ME-DQPSO 算法期望通过上述两种策略达到收敛速度和多样性之间的平衡。4.3.3 节验证了 ME-DQPSO

算法所采用的策略的有效性。

2. ME-DQPSO 算法框架

图 4－4 为 ME-DQPSO 算法的整体框架。可以看出，ME-DQPSO 算法中包含了 k 个子种群，不同的子种群分别围绕不同的局部极值进行搜索。ME-DQPSO 算法中，种群的进化过程依赖 3 个外部记忆文件：个体记忆文件、全局记忆文件和临时极值记忆文件。

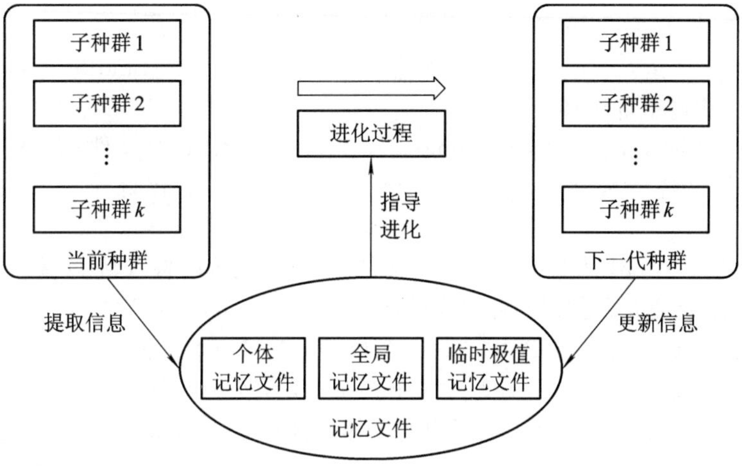

图 4－4　ME-DQPSO 算法的整体框架

全局记忆文件用来存储子种群在当前环境中搜索到的最优个体。如果当前算法中有 k 个子种群，那么全局记忆文件将会由 k 个个体构成。子种群中的粒子在进化过程中所需的全局最优位置可以直接从全局记忆文件中获得。由此可以看出，全局记忆文件中的个体直接影响子种群粒子的进化方向。如果全局记忆文件中有两个个体集中于一个局部极值附近，那么这两个个体对应的子种群也将有很大可能围绕一个局部极值进行搜索。为了避免上述现象，本节通过一种基于相似度的更新算子来指导外部文件进行更新。

在 ME-DQPSO 算法中，每个粒子分别对应一个个体记忆文件。个体记忆文件中记录了粒子在搜索历史中得到的较好解。粒子在进化时所需的个体最优位置将从相应的个体记忆文件中选择得到。不同的选择方式会对算法的搜索能力产生一定的影响。本节采用了 3 种不同的方式(最优选择方式、最近邻选择方式和随机选择方式)从个体记忆文件中为每个粒子选择个体最优位置。4.3.3 节中具体分析了不同选择方式对算法性能的影响。

临时极值记忆文件中存储了算法在当前环境中搜索到的局部极值。因为新环境中的全局极值(全局最优解)很有可能存在于当前环境中的局部极值附近，所以通过对多个局部极值进行跟踪定位可以提高算法在新环境中搜索到全局极值的概率[47]。ME-DQPSO 算法采用了一种重新初始化策略，该策略通过利用临时极值记忆文件中的信息来指导子种群进行初始化。

ME-DQPSO 算法的具体步骤见算法 4.4。

算法 4.4 ME-DQPSO 算法

步骤 1：初始化。

(1) POP={$subP_1$, $subP_2$, …, $subP_k$}，%POP 为整个种群，$subP_i$ 为第 i 个子种群，k 为子种群的数目，种群中的个体在决策空间内随机产生。

(2) F=FitnessCalculate(POP)，%F 为种群的适应度值。

(3) GM={g_1, g_2, …, g_k}，% GM 为全局记忆文件，g_i=FindBest($subP_i$)，g_i 为第 i 个子种群 $subP_i$ 中的最优个体。

(4) PM = {$pbest_1$, $pbest_2$, …, $pbest_N$}，%PM 为个体记忆文件，N 为整个种群 P 的规模，$pbest_i$ 中包含了粒子 x_i 在搜索历史中得到的几个较好个体，在初始化阶段 $pbest_i=x_i$。

(5) TM=∅；%TM 为临时极值记忆文件(在初始化阶段将 TM 设置为空集合)

步骤 2：不满足终止条件时，再次执行算法。

步骤 3：对任意子种群 $subP_i$ 中的每一个粒子 x_j，进行如下操作：

(1) 获取粒子全局最优位置 gbest=g_i；% g_i 为 GM 中的第 i 个元素。

(2) 从粒子的个体记忆文件中选择得到个体最优位置；% 通过最优/最近邻/随机选择方法实现。

(3) 根据式(4-15)～式(4-17)对粒子位置进行更新。

(4) 计算新种群的适应度值。

步骤 4：更新个体记忆文件为 PM^{gen+1}={$pbest^{gen1+1}$, $pbest^{gen2+1}$, …, $pbest^{genN+1}$}，其中 $pbest^{gen+1}$={$pbest_i^{gen}$, x_i^{gen+1}}。如果 $pbest_i^{gen+1}$ 的规模超出给定的阈值，则根据拥挤度排序对其进行删减[48]。

步骤 5：根据基于相似度的更新策略对全局记忆文件 GM 进行更新；% 详见算法 4.5。

步骤 6：更新临时极值记忆文件 TM。

(1) 如果子种群 $subP_i$ 的全局最优个体 g_i 与 TM 中某一个体距离小于 s，则从 TM 中删除该个体；% 阈值设置见式(4-18)。

(2) 如果子种群 $subP_i$ 的最优解经过 5 次迭代没有发生变化，则将 g_i 加入 TM。

步骤 7：如果环境发生变化，则

(1) 根据重新初始化算子对子种群进行重新初始化，%详见算法 4.6。

(2) 根据步骤 1 对 GM 和 TM 进行重新初始化。

End While

3. 基于相似度的更新策略

根据上面的描述，全局记忆文件 GM={g_1, g_2, …, g_k}，并且 g_i 是从子种群 $subP_i$ 中

搜索得到的最优个体。根据式(4－15)～式(4－17)中粒子的更新过程可以看出，全局最优位置可以直接影响子种群中粒子的移动方向。为避免出现不同子种群集中于一个局部极值的现象，对 GM 进行更新是 ME-DQPSO 算法中保持种群多样性的关键。本节提出了一种基于相似度的更新策略来对 GM 进行更新。其中，相似度通过个体之间的欧氏距离来度量。

为了方便描述，以 GM 中的一个个体 g_i 为例来说明基于相似度的更新策略的实现过程。在该策略中，g_i 的更新依赖于它与 GM 中其他个体之间的相似度。所以，第一步即为计算 g_i 与 GM 中其他个体之间的欧氏距离。如果 g_i 与 g_j(g_j 为 GM 中的个体且 $i \neq j$)之间的欧氏距离小于阈值 s，那么可以认为子种群 $subP_i$ 和 $subP_j$ 围绕同一极值进行搜索。这种情况下，$subP_i$ 和 $subP_j$ 中具有较差全局最优解的子种群将会根据算法 4.6 进行重新初始化。如果 g_i 与 g_j 之间的欧氏距离大于阈值 s，那么认为两个子种群围绕不同极值进行搜索。这种情况下，如果 g_i 差于当前种群中的最优个体，则将 g_i 更新为种群中的最优个体，否则 g_i 保持不变。

阈值 s 的计算式如下：

$$s = \frac{\| \max - \min \|}{\text{peaks\_num}} \tag{4-18}$$

其中，max 和 min 分别为决策空间的上、下边界，$\| \max - \min \|$ 表示 max 和 min 之间的欧氏距离，peaks_num 为待优化问题具有的极值个数。

基于相似度的更新策略的具体步骤见算法 4.5。

算法 4.5 基于相似度的更新策略

步骤 1：对于 g_i，计算 g_i 与 GM 其他个体之间的欧氏距离。

步骤 2：如果 $\| g_i - g_j \| \geq s (i \neq j)$，那么

(1) $g_i^{t+1} = \text{FindBest}(\{g_i^t; \text{FindBest}(subP_i)\})$；% FindBest($subP_i$) 用于寻找与 g_i 对应的子种群中的最优个体；

(2) $g_j^{t+1} = \text{FindBest}(\{g_j^t; \text{FindBest}(subP_j)\})$；

步骤 3：如果 $\| g_i - g_j \| < s$ 并且 $g_i \geq g_j$，那么

(1) 根据算法 4.4 重新初始化 $subP_j$；

(2) $g_i^{t+1} = \text{FindBest}(\{g_i^t; \text{FindBest}(subP_i)\})$；

步骤 4：如果 $\| g_i - g_j \| < s$ 并且 $g_j \geq g_i$，那么

(1) 根据算法 4.6 重新初始化 $subP_i$；

(2) $g_j^t + 1 = \text{FindBest}(\{g_i^t, \text{FindBest}(subP_j)\})$。

4. 重新初始化策略

本节提出了一种重新初始化策略来对 ME-DQPSO 算法中的子种群进行重新初始化。该策略在实现过程中利用了临时极值记忆文件中存储的信息。当环境发生变化时，算法通过

采用重新初始化策略来对子种群进行初始化操作，从而使种群能够更快地搜索到全局极值。

重新初始化策略的具体步骤见算法 4.6。在用该策略对子种群进行初始化时，首先需要确定子种群的中心位置。如果当前的临时极值记忆文件不为空集，则选择其中最好的个体作为子种群的中心。如果临时极值记忆文件为空集，则在决策空间中随机产生一个个体作为子种群的中心。子种群中的其他个体通过正态分布产生。正态分布的中心即为先前确定的子种群的中心，正态分布的标准差为 s。s 可以根据式(4-18)确定。

算法 4.6 重新初始化策略

步骤 1：如果 TM≠∅ %TM 为临时极值记忆文件

那么

(1) 对 TM 根据适应度排序，TM=$\{p_1, p_2, \cdots, p_n\}$，其中 p_1 适应度最好，n 为 TM 的规模；

(2) $c=p_1$；其中，c 为产生的子种群中心；

(3) 从 TM 中将 p_1 删除。

步骤 2：如果 TM=∅，那么在决策空间随机产生一个个体作为 c。

步骤 3：设置 New_subP=c。

步骤 4：设置 $i=2$。

步骤 5：

While $i\leqslant$ sub_size **Do** %sub_size 为设定的子种群规模

$c_1=N(c; s)$; % c_1 为根据正态分布产生的个体

New_subP=[New_subP; c]。

$i=i+1$。

End While

4.3.3 实验结果及分析

本节选择具有移动极值点的标准测试函数，英文简写为(Moving Peak Benchmark, MPB)来对算法性能进行评估，下面简称为 MPB 问题，并且选择了几种有效的动态单目标优化算法与 ME-DQPSO 算法进行比较。为了保证数据的有效性，算法结果通过 30 次独立运行统计得到。

1. 动态优化问题和量化评价指标

MPB 问题为具有多个极值的动态单目标优化函数，每个极值点可根据位置(X)、高度(H)和宽度(W)确定。当环境发生变化时，极值点会发生细微的变化。MPB 问题具有两种不同的形式，分别可以通过式(4-19)[40]和式(4-20)[49]表示。其中，$x_j(t)$为第 j 个极值在第 t 次环境时的位置，$H_i(t)$和 $W_i(t)$分别为第 i 个极值在第 t 次环境时的高度和宽度，D

为决策空间的维数，peaks_num 为总的极值点的数目。

$$F(x,t)=\max_{i\in[1,\ \text{peaks\_num}]}\left\{\frac{H_i(t)}{1+W_i(t)\sum_{j=1}^{D}(x_j(t)-X_{ij}^*)^2}\right\} \tag{4-19}$$

$$F(x,t)=\max_{i\in[1,\ \text{peaks\_num}]}\left\{H_i(t)-W_i(t)\sqrt{\sum_{j=1}^{D}(x_j(t)-X_{ij}^*)^2}\right\} \tag{4-20}$$

当环境发生变化时，每个极值点会根据式(4-21)进行变化。其中，σ 为服从均值为 0 和方差为 1 的正态分布的随机数；$\boldsymbol{r}$ 为随机向量；λ 为相关系数，其取值通常设置为 0。

$$\begin{cases}H_i(t+1)=H_i(t)+\text{height}_{\text{severity}}\times\sigma\\ W_i(t+1)=W_i(t)+\text{width}_{\text{severity}}\times\sigma\\ X_i^*(t+1)=X_i^*(t)+v_i(t+1)\\ v_i(t+1)=\dfrac{s}{|\boldsymbol{r}+v_i(t)|}[(1-\lambda)\boldsymbol{r}+\lambda v_i(t)]\end{cases} \tag{4-21}$$

本节采用的测试函数如式(4-20)所示，测试函数的其他设置参考表 4-13。

表 4-13　MPB 问题测试函数的设置

设置变量	取值情况
极值数目	[1，200]
决策空间维数	5
高度	[30，70]，severity = 7
宽度	[1，12]，severity = 1
变量每维范围	[0，100]
位置变化幅度	$\|s\|=1$
变化频率	每进行 5000 次实验，进行一次函数评价

为了评估算法性能，这里采用 oe[50](offline error)作为定量评价指标。oe 的计算式如下：

$$\text{oe}=\frac{1}{T}\sum_{t=1}^{T}(f_t^*-f_t) \tag{4-22}$$

其中，T 为环境变化的总次数，f_t^* 为 t 次环境中的最好函数值，f_t 为算法在 t 次环境中获得的最好函数值。

2. 子种群设置分析

子种群的不同设置(子种群的数目和每个子种群的规模)可能会对 ME-DQPSO 算法的全局搜索能力产生影响。这里通过实验分析不同的子种群设置对算法性能的影响。表 4-14 给出了 ME-DQPSO 算法在不同子种群设置下的平均 oe 值(这里采用的 MPB 问题具有的极值点总数为 10)。从表 4-14 中可以看出，当子种群数目为 7，每个子种群规模为 10 时，ME-DQPSO 算法表现最好。

表 4-14　ME-DQPSO 算法对 MPB 问题的设置

子种群规模	不同子种群数目下的平均 oe 值					
	3	5	7	10	15	20
3	1.8462	1.1299	1.1833	1.2164	1.6199	1.7136
5	1.6229	1.0319	1.0551	1.0690	1.1208	1.2466
7	1.5473	0.9808	0.8380	0.8741	1.0341	1.2038
10	1.3386	0.7878	**0.4035**	0.9517	1.2923	1.6655
15	1.1940	0.9372	1.2108	1.7324	2.3705	2.7593
20	1.2648	1.5855	2.0429	2.5198	2.7598	2.8186

3. 个体最优位置选择方式分析

在 ME-DQPSO 算法中，每个粒子的个体最优位置是从其相应的个体记忆文件中选择得到的。根据 4.3.2 节中的描述，个体记忆文件中存储了粒子搜索历史中获得的较好的个体。也就是说，粒子的个体记忆文件中存储了该粒子在搜索历史中找到的对于目标函数来说最好的前 s 个个体。这里，s 设置为 5。算法分别采用了 3 种不同的方式来选择粒子的个体最优位置。这 3 种方式分别为：最优选择方式、最近邻选择方式和随机选择方式。最优选择方式指从粒子的个体记忆文件中选择函数值最优的个体作为该粒子的个体最优位置。最近邻选择方式指从个体记忆文件中选择与当前粒子距离最近的个体作为粒子的个体最优位置。随机选择方式指从个体最优文件中随机选择一个个体作为粒子的个体最优位置。

表 4-15 给出了采用 ME-DQPSO 算法在不同的个体最优位置选择方式下的平均 oe 值。表中的最优结果用黑体表示。可以看出，对于具有不同极值数目的 MPB 问题，采用最优选择方式的 ME-DQPSO 算法总体表现最好，采用随机选择方式的 ME-DQPSO 算法总体表现最差。所以，采用最优选择方式可以帮助算法具有更强的搜索能力。本节中，ME-DQPSO 算法中的粒子默认采用最优选择方式来获取个体最优位置。

表 4-15　个体最优位置选择方式下的平均 oe 值

极值点总数目	最优选择方式下的 oe 值（均值±标准差）	最近邻选择方式下的 oe 值（均值±标准差）	随机选择方式下的 oe 值（均值±标准差）
10	**0.4035** ± 0.0764	0.4126 ± 0.0796	0.7042 ± 0.0746
20	**0.6255** ± 0.0710	0.6814 ± 0.0663	0.8046 ± 0.0782
30	0.7500 ± 0.0711	**0.7189** ± 0.0877	0.9261 ± 0.1224
40	**0.7715** ± 0.0337	0.8266 ± 0.0641	0.9582 ± 0.0823
50	**0.7123** ± 0.0292	0.8687 ± 0.0927	0.9830 ± 0.1128
100	0.9478 ± 0.0716	**0.9293** ± 0.0920	1.0968 ± 0.0786
200	**0.9539** ± 0.0805	0.9690 ± 0.0434	1.067 ± 0.0478

4. 算法有效性分析

ME-DQPSO 算法主要采用了基于相似度的更新策略和重新初始化策略来提高算法的性能。下面分别对这两个策略的有效性进行具体分析。

1) 基于相似度的更新策略

根据 4.3.2 节中的描述，基于相似度的更新策略用来避免算法中出现多个子种群围绕相同的极值点进行搜索的现象。ME-DQPSO 算法通过采用该更新策略对全局记忆文件中的个体进行更新，从而增加整个种群的多样性。表 4-16 给出了采用及不采用更新策略的 ME-DQPSO 算法在具有 50 个极值点的 MPB 问题上获得的平均 oe 值。从统计结果可以看出，采用了更新策略之后的算法获得的平均 oe 值明显优于不采用更新策略的算法。

表 4-16　更新策略下的平均 oe 值

极值点总数目	采用更新策略的下的 oe 值（均值±标准差）	不采用更新策略的下的 oe 值（均值±标准差）
10	0.4035± 0.0764	7.3189 ± 1.5633
20	0.6255 ± 0.0710	7.5703 ± 1.1942
30	0.7500 ± 0.0711	8.7716± 2.1004
40	0.7715 ± 0.0337	9.3146±2.7867
50	0.7123 ± 0.0292	11.6974±2.8483
100	0.9478 ± 0.0716	15.8231± 6.4947
200	0.9539 ± 0.0805	17.4918± 7.5596

图 4-5 表示了 100 次环境变化中获得的全局最优值与理想的全局最优值之间的差异。其中，采用的 MPB 问题具有 50 个极值点。从图 4-5 中可以看出，对于 100 次环境变化，采用基于相似度的更新策略之后的 ME-DQPSO 算法在几乎全部环境中都找到了更接近理想全局最优值的解。所以，基于相似度的更新策略确实可以提高算法在动态环境中的搜索能力。

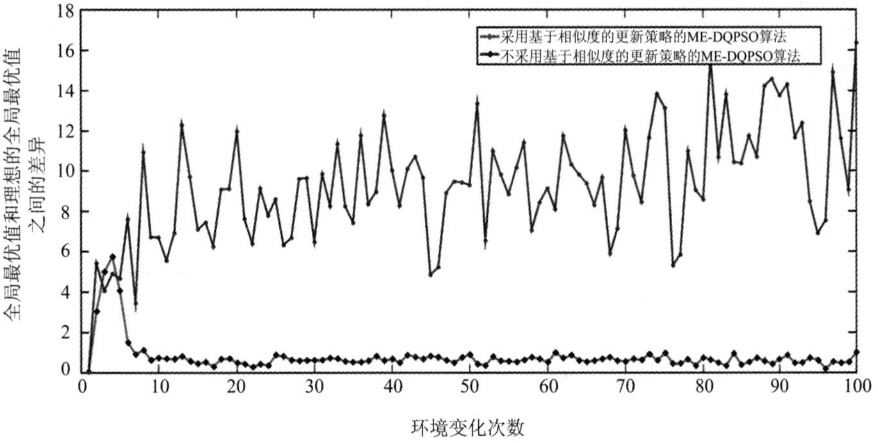

图 4-5　算法对具有 50 个极值点的 MPB 问题的统计结果

2）重新初始化策略

一个理想的动态优化算法需要在环境变化后尽快搜索到新环境中的全局最优位置。ME-DQPSO 算法采用了一种重新初始化策略来对子种群进行重新初始化操作，以此帮助算法在环境变化后快速定位到新的全局最优位置。重新初始化策略通过利用临时极值记忆文件来实现。

表 4－17 给出了 ME-DQPSO 算法在采用和不采用重新初始化策略时获得的平均 oe 值。图 4－6～图 4－9 中纵轴表示的是算法在每次环境中获得全局最优位置（或全局最优值）时使用的函数评价次数。图 4－6～图 4－9 分别针对具有 10、50、100 和 200 个极值点的 MPB 问题进行了展示。从 4 幅结果图中可以看出，采用了重新初始化策略的 ME-DQPSO 算法在每次环境中寻找到全局最优位置时所使用的函数评价次数要远低于不采用重新初始化策略的算法所使用的函数评价次数。这表明了本节提出的重新初始化策略确实可以帮助算法更快地适应不断变化的环境。

表 4－17　重新初始化策略下的平均 oe 值

极值点总数目	采用重新初始化策略的 ME-DQPSO 算法的平均 oe 值（均值±标准差）	不采用重新初始化策略的 ME-DQPSO 算法的平均 oe 值（均值±标准差）
10	0.4035±0.0764	5.2208±0.2254
20	0.6255±0.0710	5.5176±0.4310
30	0.7500±0.0711	5.3232±0.3892
40	0.7715±0.0337	7.0324±0.7024
50	0.7123±0.0292	8.1930±1.3207
100	0.9478±0.0716	9.4125±1.3695
200	0.9539±0.0805	9.3447±0.8998

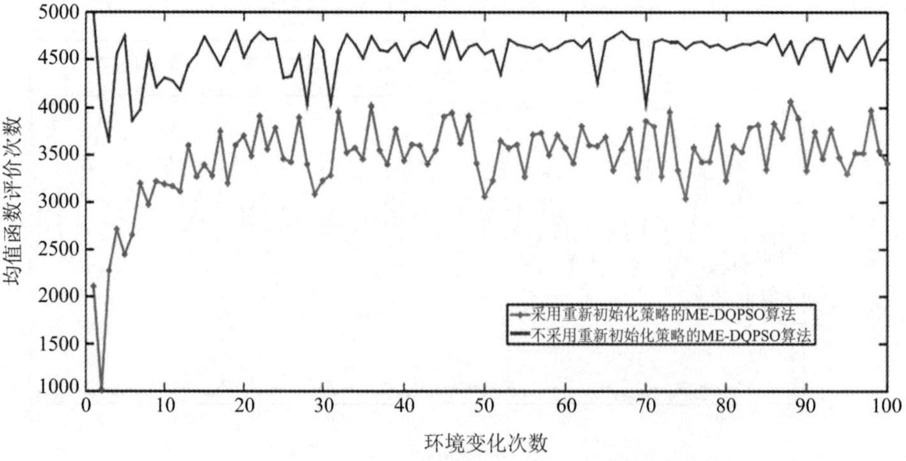

图 4－6　算法对具有 10 个极值点的 MPB 问题的统计结果

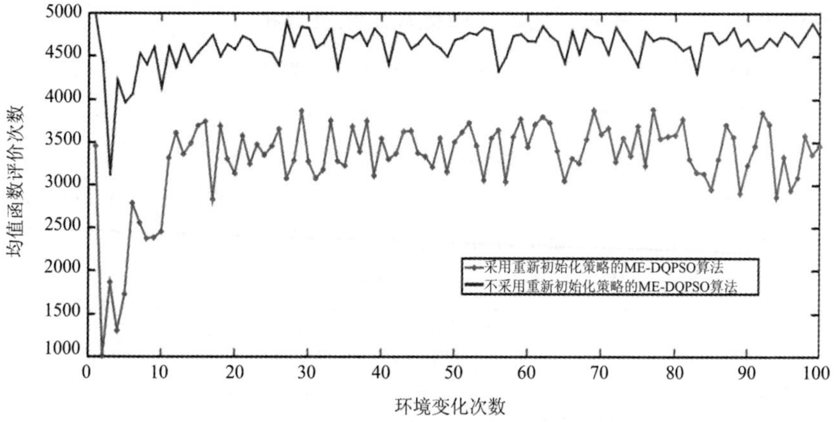

图 4-7 算法对具有 50 个极值点的 MPB 问题的统计结果

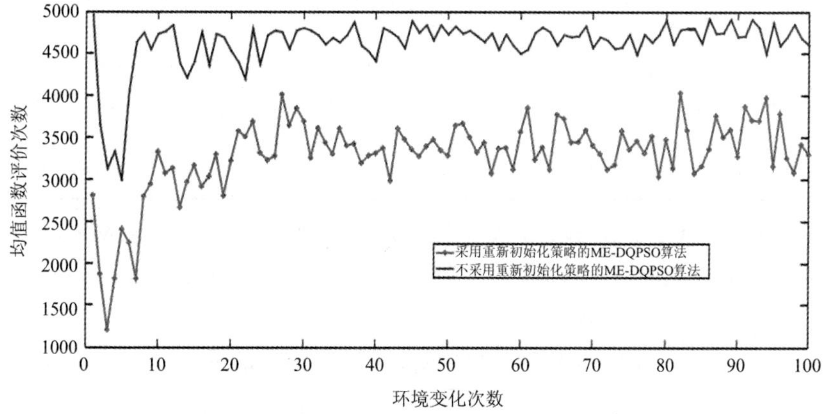

图 4-8 算法对具有 100 个极值点的 MPB 问题的统计结果

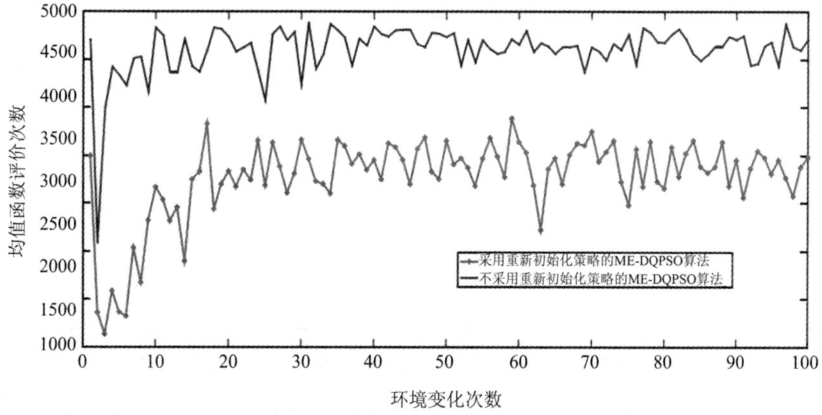

图 4-9 算法对具有 200 个极值点的 MPB 问题的统计结果

5. ME-DQPSO 算法与其他进化算法的比较结果及分析

这里，我们将 ME-DQPSO 算法与其他几种有效的进化算法进行比较，以评估 ME-DQPSO 算法的性能。其中，算法的结果都是基于 oe 评价指标统计得到的。

表 4-18 给出了 ME-DQPSO 算法与其他几种有效的进化算法的比较结果。可以看出，ME-DQPSO 算法在几种具有不同极值点总数目的 MPB 问题上都取得了最优结果。比较结果验证了 ME-DQPSO 算法在处理单目标动态优化问题时的有效性。

表 4-18 基于相似度的更新策略下的平均 oe 值

算法	不同极值点总数目下的平均 oe 值						
	10	20	30	40	50	100	200
CPSO[51]	1.05±0.24	0.59±0.22	1.58±0.17	1.51±0.12	1.54±0.12	1.41±0.08	1.24±0.06
mCPSO[52]	2.08±0.07	2.64±0.07	2.63±0.08	2.67±0.07	0.65±0.06	2.49±0.04	2.44±0.04
mQSO[52]	1.80±0.06	2.42±0.07	2.48±0.07	2.55±0.07	2.50±0.06	2.36±0.04	2.26±0.03
CCPSO[53]	0.75±0.06	1.21±0.08	1.40±0.07	1.47±0.08	1.50±0.09	1.76±0.09	—
PSO-CP[54]	1.40±0.31	2.40±0.38	2.88±0.25	3.12±0.38	2.16±0.40	2.07±0.41	2.31±0.15
SPSO[47]	2.69±0.34	3.27±0.25	3.71±0.32	3.94±0.31	3.87±0.38	4.21±0.44	4.21±0.44
rSPSO[55]	1.61±0.29	2.30±0.13	2.72±0.24	2.82±0.14	2.86±0.21	3.01±0.42	2.87±0.34
ME-DQPSO	**0.40±0.08**	**0.63±0.07**	**0.75±0.07**	**0.77±0.03**	**0.71±0.03**	**0.94±0.07**	**0.95±0.08**

表 4-19 给出了 ME-DQPSO 算法与其他几种有效的进化算法在 MPB 问题上的统计结果。可以看出，对于具有 10 和 50 个极值点的 MPB 问题，ME-DQPSO 取得了最优的结果。对于剩下的 5 种 MPB 问题，MHSA-ExtArchive 取得了最优结果。

表 4-19 ME-DQPSO 与几种进化算法的平均 oe 值

算法	不同极值点总数目下的平均 oe 值						
	10	20	30	40	50	100	200
MHSA-ExtArchive[56]	0.44±0.21	**0.37**±0.26	**0.45**±0.35	**0.48**±0.41	0.77±0.51	**0.80**±0.47	**0.88**±0.53
DynPopDE[57]	1.39±0.07	—	—	—	2.10±0.06	2.34±0.05	2.44±0.05
DMAFSA[58]	1.01±0.05	1.42±0.06	1.63±0.06	—	1.84±0.07	1.95±0.05	1.99±0.04
RVDEA[39]	3.54	3.87	3.92	—	3.78	3.37	3.54
ESCA[59]	1.54±0.02	1.89±0.04	1.52±0.02	—	1.67±0.02	1.61±0.01	—
CbDE-wCA[60]	0.86±0.24	0.98±0.25	1.34±0.28	1.15±0.24	1.31±0.26	1.35±0.29	1.39±0.24
ME-DQPSO	**0.40**±0.08	0.63±0.07	0.75±0.07	0.77±0.03	**0.71**±0.03	0.94±0.07	0.95±0.08

为了比较 9(k) 种算法对具有不同极值点总数目的 MPB 问题(共有 7(N) 种问题)的整体表现。首先对算法获得的统计结果利用 Friedman 检验进行排序。表 4-20 给出了平均排

序结果。平均排序值越小，算法的表现越好。由于 F 分布在 95% 置信水平和 $(k-1, (k-1)\times(N-1))$ 自由度下的临界值 $F_{0.05}(8, 56) < 2.18$ ($F_{0.05}(8, 40)$)，因此很容易看出 $F_{0.05}(8, 56)$ 明显小于表 4-20 中的 Friedman 统计值(F_F)。也就是说，9 种算法在 7 种 MPB 问题上的表现具有可以区分的差异。

表 4-20 ME-DQPSO 与几种进化算法的平均排序结果

算法	不同极值点总数目下的排序							平均排序
	10	20	30	40	50	100	200	
CPSO	4	2	4	4	5	4	3	3.71
mCPSO	8	8	6	6	2	7	7	6.29
mQSO	7	7	4	5	7	6	5	5.86
PSO-CP	5	6	8	8	6	5	6	6.29
SPSO	9	9	9	9	9	9	9	9
rSPSO	6	5	7	7	8	8	8	7
MHSA-ExtArchive	2	1	1	1	3	1	1	1.43
CbDE-wCA	3	4	3	3	4	3	4	3.43
ME-DQPSO	1	3	2	2	1	2	2	1.86
F_F								29.29

然后，采用事后多重检验法对算法进行两两比较。这里以表 4-20 中的 SPSO 算法为例来说明比较过程。因为在 90% 置信水平下，事后多重检验法的临界值差异(Critical Difference，CD)为 3.6567，并且 ME-DQPSO 算法与 SPSO 算法的平均排序结果之间的差异大于 3.6567，因此可以说，ME-DQPSO 算法在 90% 置信水平表现要明显优于 SPSO 算法。以此类推，ME-DQPSO 算法的表现在 90% 置信水平下明显优于 mCPSO 算法、mQSO 算法、PSO-CP 算法、SPSO 算法和 rSPSO 算法。根据平均排序结果，ME-DQPSO 算法的表现要稍差于 MHSA-ExtArchive，这说明 ME-DQPSO 算法在平衡多样性和收敛速度方面仍需要进行一些改进。

4.4 基于 MapReduce 的量子行为的粒子群优化

4.4.1 量子行为的粒子群优化算法

量子力学与轨道分析近些年在学界逐渐升温，在诸多领域中均有应用，例如图像分割、神经网络和基于种群的优化算法，其中，Zhang[61] 系统地回顾了量子衍生的进化算法。为了克服原始 PSO 算法的缺陷，孙俊等人在 2004 年提出了量子行为的粒子群优化

(Quantum-behaved Particle Swarm Optimization，QPSO)算法[62]。受到量子空间中粒子移动的启发，该算法提出了一种新的解的繁殖算子。由于粒子能够以一定概率到达量子空间的任意位置，QPSO 算法的所得解亦能以一定概率出现在可行域的任意位置，实现了整个解空间的充分搜索。更多的细节可参照孙俊对于 QPSO 算法的详细分析[63]。

根据不确定性原理，粒子的速度和位置不可能被同时确定。在量子空间，一个粒子出现位置的概率函数能够根据薛定谔方程获得。粒子的真实位置可以通过蒙特卡罗法测量。基于上述思想，在 QPSO 算法中，一个局部吸引子通过每个粒子的粒子最优解(值)和全局最优解构建：

$$P_{ij}(t+1) = \phi_j(t) \times pB_{ij}(t) + (1-\phi_j) \times gB_{ij}(t) \tag{4-23}$$

其中，$_{ij}(t)$是第 j 维第 i 个粒子的局部吸引子，$\phi_j(t)$是分布在[0，1]上的随机数，$pB_{ij}(t)$是粒子最优解，$gB_{ij}(t)$是现有的全局最优解。

粒子位置更新公式如下：

$$X_{ij}(t+1) = P_{ij}(t+1) \pm \alpha \times |\mathrm{mbest} - X_{ij}(t)| \times \ln\left(\frac{1}{u}\right) \tag{4-24}$$

其中，u 是一个分布在[0，1]上的随机数；α 是扩张-收缩因子，是用来调节局部搜索与全局搜索平衡的正实数，其定义式为

$$\alpha = \frac{(1-0.5) \times (\mathrm{Iter}_{\max} - t)}{\mathrm{Iter}_{\max}} + 0.5 \tag{4-25}$$

其中，$\mathrm{Iter}_{\max}$是最大迭代次数；mbest 是粒子的历史最好位置，定义式为

$$\mathrm{mbest} = \left(\frac{1}{M}\sum_{i=1}^{M} P_{i1}, \frac{1}{M}\sum_{i=1}^{M} P_{i2}, \cdots, \frac{1}{M}\sum_{i=1}^{M} P_{id}\right) \tag{4-26}$$

这里，M 是种群大小，P_i 是粒子 i 的全局极值。

QPSO 算法的第一步是随机初始化种群，包括每个粒子的位置、粒子最优解和全局最优解。第二步是根据式(4-26)计算第 j 维的平均位置，之后粒子被再次评价，粒子最优解和全局最优解都会根据适应度值来更新。第三步是利用式(4-23)和式(4-24)进行粒子更新；当达到迭代次数或者满足精度需求时，流程停止并输出最优解。

虽然 QPSO 算法优于 PSO 算法，但是它仍有一些缺点。当算法面对的是大规模复杂问题时，随之增加的计算量会成为 QPSO 算法的瓶颈，算法效率大大降低；假若为了节省运算时间而减少计算资源，早熟问题则不可避免。

4.4.2 MRQPSO 算法

PSO 算法是一种受欢迎的进化算法，这得益于它具有概念简单、收敛快速和解的质量良好等优点。然而，PSO 算法本身也存在一些缺点，例如无法解决早熟问题。为了解决原始 PSO 算法的缺点，孙俊等人提出了一种不确定的全局随机算法——量子行为的粒子群

优化(QPSO)算法。该算法将传统的经典牛顿搜索空间转移到量子空间，令粒子可以以不同概率向任意位置移动，早熟问题在一定程度上得到解决。

虽然 QPSO 算法在解决早熟问题上获得了令人满意的进步，但是它无法解决一些大规模的复杂问题或者是需要大量计算的问题。即便 QPSO 算法中的粒子是离散运动的，它们同样有可能会错过在狭窄区域的最优解。随着问题的复杂化，计算的花费也在增加。基于此，为了顺应趋势并提升传统 QPSO 算法的运算能力，我们将 QPSO 算法移植到 MREA 的平台上，对算法进行并行化与分布化处理，得到了基于映射减少(MapReduce)的量子行为的粒子群优化(Quantum-behaved Particle Swarm Optimization using MapReduce, MRQPSO)算法。MRQPSO 算法的框架如图 4-10 所示。

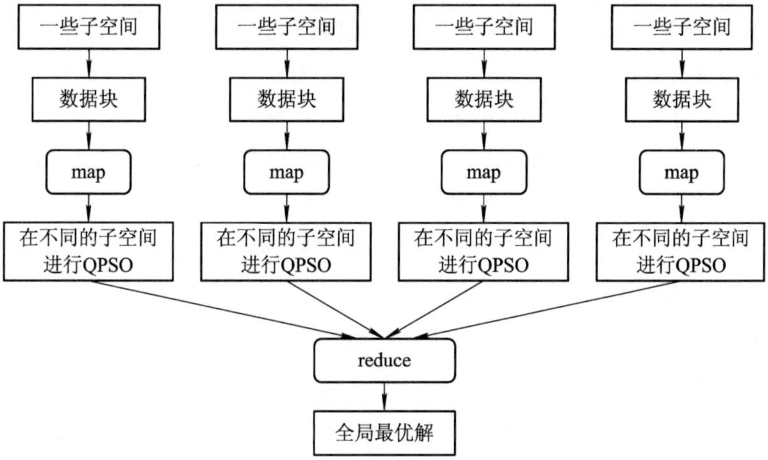

图 4-10　MRQPSO 算法的框架

与 MREA 模型相同，MRQPSO 算法将定义域分割为很多子空间，之后使用多个服务端 mapper(映射子函数)在不同的子空间中并行执行 QPSO 算法。在所有的 mapper 完成计算后，reducer(减少子函数)整理并合并中间值后输出最优解。子空间的分割帮助粒子分布得更均匀，确保所有的区域在初始化阶段都有粒子落入。这有效地防止了粒子飞过存在最优解的狭窄空间。并行的 mapper 也可以缩短 MRQPSO 算法的运行时间。

1. MRQPSO 算法的映射子函数

MRQPSO 算法中映射子函数的具体工作流程见算法 4.7。

算法 4.7　映射子函数

(key1, value1)=function mapper(key, value) {
%key 是子空间的 ID
%value 是子空间
　　while(所有的数据块都没有处理完毕){

```
        接收 key 和 value;
        初始化种群粒子的位置;
        计算所在位置的函数值，选出 pbest 和 gbest;
        在子空间上运行 QPSO;
        key1="子空间";
        value1=通过进化算法在子空间上获得的最优解;
        output(key1, value1); }
}
```

pbest 是粒子具有最优值的位置，gbest 是全局最优解的位置。子空间分配到数据块中并按照记录存储。当一个数据块开始 QPSO 进程时调用 Mapper 函数。输入键/值对为子空间的信息，key 是子空间的 ID，value 是子空间的字符串。之后 mapper 开始在每个子空间中进行 QPSO 的运算。当一个子空间搜索完毕后，另一个子空间搜索会立即接上。在理想条件下，mapper 数越多，单个 mapper 需要处理的进程越少，并行化就越充分。然而实际上，mapper 需要花费一些时间进行初始化。如果数据足够大，启动时间就能够被忽略。但是在我们之后的实验中，它仍旧会在一定程度上影响实验结果。

2. MRQPSO 算法中的 reducer 函数

与一般 MREA 模型相同，MRQPSO 算法中的 reducer 函数负责整合 mapper 发出的信息。reducer 函数的主要工作同算法 4.8 一样，算法的 reducer 部分用来筛选所有子空间中的最小值。在所有 mapper 完成工作后，它们生成并传送来的中间键/值对被 reducer 接收。在 reducer 模块，所有的 gbest 和相对应的子空间的适应度值被相互比较，最终筛选出它们之间的最小值，并将其作为最终结果输出。

在所有的 mapper 进程结束后，中间键/值对转而代表当前子空间的 gbest 全局最优解的信息，MRQPSO 算法中减少子函数如算法 4.8 所示。之后，中间键/值对向 reducer 模块传送。

算法 4.8 减少子函数

```
(key2, value2)=function reducer(key1, list(value1)) {
    全局最优解=1000000;
    for 在 list(value1)中的每个最优解 value_i {
        if value_i <全局最优解 {
            全局最优解 = value_i;
        }
    key2="问题";
    value2= 全局最优解;
```

```
    output (key2, value2);
}
```

4.4.3 实验结果及分析

1. 测试问题

这里我们选择如表 4-21 所示的 8 个函数来测试 MRQPSO 算法处理复杂问题的能力。选取的可扩展的优化问题来自 CEC 2013 Special Session on Real-Parameter Optimization[64]。所有的测试函数的搜索空间相同，均为$[-100, 100]^D$，且均为求最小值问题，最优解均为 0。

表 4-21 MRQPSO 所用测试函数

复合函数	描 述
F1	$n=5$，旋转的
F2	$n=3$，无旋转的
F3	$n=3$，旋转的
F4	$n=3$，旋转的
F5	$n=3$，旋转的
F6	$n=5$，旋转的
F7	$n=5$，旋转的
F8	$n=5$，旋转的

注：n 是基本测试函数的种类数。

2. 算法对比与参数设定

我们将 MRQPSO 算法同原始的 QPSO 算法对比，以测试二者的优化表现。每个函数独立运行 20 次，实验评价次数均为 $2^{12}\times900$，$D=10$。

(1) QPSO：该算法将搜索空间从经典空间转移到了量子空间。在量子空间，粒子可以出现在任意位置，可以在一定程度上避免早熟收敛。QPSO 的种群大小为 10。

(2) MRQPSO：该算法将 QPSO 移植到 MREA 模型上，实现了 QPSO 的并行分布。MRQPSO 的种群大小 s 分别为 10、20 和 30，参与对比时，s 为 10，搜索空间被平均分割为 2^{11} 块。

所有的实验均在 VMware Workstation Virtual Machines Version 12.0.0 上运行：一个处理器，1.0 GB RAM；并行实验中 Hadoop 版本为 1.1.2，Java 版本为 1.7，运用了三台虚拟机；CPU 为酷睿 i7；编程语言为 Java。

3. MRQPSO 算法在测试问题上的表现

表 4-22 列出了 MRQPSO 算法在不同种群规模下的最小值、最大值、平均值、标准差

和平均运行时间。由结果可知，随着种群规模的不断变大，解的质量会有所下降，这或许是因为当粒子数量增加时，为了使函数评价次数不变，每个粒子的迭代次数就要随之下降，因此无法提高精度。

表 4-22　MRQPSO 算法的表现

函数	种群大小(s)	最小值	最大值	平均值	标准差	平均运行时间/ms
F1	10	3.17e+01	1.23e+02	8.10e+01	3.26e+01	52 098
	20	2.98e+01	1.21e+02	9.34e+01	2.86e+01	55 393
	30	4.16e+01	1.37e+02	1.07e+02	3.11e+01	63 067
F2	10	4.26e+01	1.36e+02	9.07e+01	2.09e+01	57 123
	20	1.14e+02	2.50e+02	1.84e+02	3.58e+01	59 785
	30	1.82e+02	4.53e+02	2.98e+02	6.93e+01	68 330
F3	10	1.78e+02	4.76e+02	3.65e+02	7.50e+01	58 311
	20	1.88e+02	7.83e+02	5.54e+02	1.57e+02	61 245
	30	4.84e+02	9.22e+02	7.58e+02	1.12e+02	68 463
F4	10	1.04e+02	1.13e+02	1.09e+02	1.75e+00	942 736
	20	1.08e+02	1.14e+02	1.11e+02	1.39e+00	978 615
	30	1.07e+02	1.16e+02	1.13e+02	2.46e+00	1 108 999
F5	10	1.07e+02	1.15e+02	1.12e+02	2.62e+00	903 781
	20	1.10e+02	1.18e+02	1.14e+02	2.61e+00	984 774
	30	1.10e+02	1.20e+02	1.16e+02	2.89e+00	1 134 965
F6	10	1.06e+02	1.11e+02	1.08e+02	1.09e+00	982 763
	20	1.04e+02	1.11e+02	1.08e+02	2.04e+00	1 053 224
	30	1.09e+02	1.16e+02	1.12e+02	1.94e+00	1 183 599
F7	10	1.54e+02	3.42e+02	2.37e+02	5.08e+01	970 225
	20	1.61e+02	3.54e+02	2.49e+02	5.23e+01	1 056 708
	30	1.92e+02	3.71e+02	2.91e+02	4.68e+01	1 239 350
F8	10	1.04e+02	1.23e+02	1.14e+02	5.16e+00	76 354
	20	1.08e+02	1.25e+02	1.15e+02	3.93e+00	81 578
	30	1.15e+02	1.43e+02	1.28e+02	8.02e+00	89 552

4. MRQPSO 算法与 QPSO 算法的比较

为了使 MRQPSO 算法与 QPSO 算法的对比结果更清楚，我们使用了两份表格来分列各项，如表 4-23 和表 4-24 所示。种群大小为 10。更优结果加黑标注。从表 4-23 可得，

MRQPSO 算法在所有测试函数中解质量均更优秀。对于 F2 和 F3 来说，虽然 QPSO 算法的最优解在数值上更低，但是 MRQPSO 算法同样接近该值。因为两个值相近，我们可以认为两个算法都陷入了同样的局部最优，并且由于 MRQPSO 算法下的每个粒子的迭代次数更少，MRQPSO 算法不可能像 QPSO 算法一样收敛精确到一点。通常来说，MRQPSO 算法在平均值和标准差上有更好的表现，这意味着 MRQPSO 算法更有能力去搜索最优解、克服早熟现象，同时比原始 QPSO 算法的鲁棒性更高且稳定。

表 4-23 MRQPSO 算法与 QPSO 算法在最优解上的对比

函数	最小值		最大值		平均值		标准差	
	MRQPSO 算法	QPSO 算法	MRQPSO 算法	QPSO 算法	MRQPSO 算法	QPSO 算法	MRQPSO 算法	QPSO 算法
F1	**3.17e+01**	2.13e+02	**1.23e+02**	8.32e+02	**8.10e+01**	4.45e+02	**3.26e+01**	1.51e+02
F2	4.26e+01	**3.69e+01**	**1.36e+02**	7.96e+02	**9.07e+01**	3.15e+02	**2.09e+01**	2.22e+02
F3	1.78e+02	**9.66e+01**	**4.76e+02**	9.95e+02	**3.65e+02**	4.97e+02	**7.50e+01**	2.60e+02
F4	**1.04e+02**	1.28e+02	**1.13e+02**	2.26e+02	**1.09e+02**	2.14e+02	**1.75e+00**	2.07e+01
F5	**1.07e+02**	1.10e+02	**1.15e+02**	2.26e+02	**1.12e+02**	2.11e+02	**2.62e+00**	2.42e+01
F6	**1.06e+02**	1.06e+02	**1.11e+02**	3.27e+02	**1.08e+02**	2.40e+02	**1.09e+00**	7.87e+01
F7	**1.54e+02**	5.06e+02	**3.42e+02**	7.07e+02	**2.37e+02**	5.80e+02	**5.08e+01**	6.09e+01
F8	**1.04e+02**	1.42e+02	**1.23e+02**	1.07e+03	**1.14e+02**	5.81e+02	**5.16e+00**	2.60e+02

表 4-24 MRQPSO 算法与 QPSO 算法在平均运行时间上的对比

函数	平均运行时间/ms	
	MRQPSO 算法	QPSO 算法
F1	**52 098**	60 704
F2	**57 123**	71 371
F3	**58 311**	72 962
F4	**942 736**	1 811 935
F5	**903 781**	1 739 438
F6	**982 763**	1 855 480
F7	**970 225**	1 945 936
F8	**76 354**	104103

表 4-24 展示了 MRQPSO 算法在时间方面的显著优势。从表中可以看出，在时间方面 MRQPSO 算法的效率更高，而且 QPSO 算法用时越多，这个优势就越明显。这是因为 mapper 在启动时需要耗费一些时间来进行初始化。当问题太简单时，串行算法的运行速度很快，收敛速度快这一优势就会被削弱，例如 F1～F3。但是当搜索时间变长时，mapper 的初始化时间甚至可以忽略不计，例如 F4～F7 中，MRQPSO 算法的运行时间降至 QPSO 算法的一半。

总的来说，我们能够发现 MRQPSO 算法的解质量更高且所需的运算时间更短，因此 MRQPSO 算法更适合且更有效率去应对那些复杂问题。

5. 用 MRQPSO 算法求解非线性方程组

非线性方程组的求解是工程中的一个非常基础的问题，经济学、工程学、机械学、医学和机器人学等领域的大量实际问题都可能转换成求解大规模非线性方程组的问题。目前常用的方法为牛顿迭代法，但由于其对初始点的敏感性，很容易造成求解失败。MRQPSO 属于改进版本的进化算法，其具有这类算法本身固有的收敛速度快、求解效果好的特点。此外，MRQPSO 算法本身所具有的并行性与分布性又克服了传统 PSO 算法局部搜索能力差、易陷入局部最优等缺点。这里我们用 MRQPSO 算法求解非线性方程组问题，利用进化算法的特点，不涉及方程组个数或者变量个数，适用于大范围的非线性方程组求解。

通常来讲，一个非线性方程组可以被描述为下述形式[65]：

$$\begin{cases} e_1(\boldsymbol{x}) = 0 \\ e_2(\boldsymbol{x}) = 0 \\ \quad\vdots \\ e_M(\boldsymbol{x}) = 0 \end{cases}, \boldsymbol{x} \in \Omega^D \tag{4-27}$$

其中，M 为方程的个数，D 是变量的维度，e_i是方程组中第 i 个方程。通常如果一个解能使系统中所有的描述为真，则该解可以看成是该方程组的一个最优解。

为了获得非线性方程组的最优解，需要将优化问题构造为如下形式：

$$\min \sum_{i=1}^{M} |e_i(\boldsymbol{x})|, \boldsymbol{x} \in \Omega^D \tag{4-28}$$

或

$$\min \sum_{i=1}^{M} |e_i{}^2(\boldsymbol{x})|, \boldsymbol{x} \in \Omega^D \tag{4-29}$$

式(4-28)和式(4-29)的最优解即为非线性方程组(即式(4-27))的最优解。

在本节中，类似于式(4-28)的优化问题被用来求解非线性方程组。将 MRQPSO 算法与 QPSO 算法中的函数 F1～F3 分别进行对比，三组方程问题表示如下：

F1：

$$\begin{cases} \sum_{i=1}^{D} x_i^2 - 1 = 0 \\ |x_1 - x_2| + \sum_{i=3}^{D} x_i^2 = 0 \end{cases} \tag{4-30}$$

D 为 20，可行域为$[-1, 1]^{20}$。2 个方程均为非线性方程，理论上存在两个最优解。

F2：

$$\begin{cases} x_1^2 + x_3^2 = 1 \\ x_2^2 + x_4^2 = 1 \\ x_5 x_3^3 + x_6 x_4^3 = 0 \\ x_5 x_1^3 + x_6 x_2^3 = 0 \\ x_5 x_1 x_3^2 + x_6 x_4^2 x_2 = 0 \\ x_5 x_3 x_1^2 + x_6 x_2^2 x_4 = 0 \end{cases} \tag{4-31}$$

D 为 6，可行域为$[-1, 1]^6$。6 个方程均为非线性方程，理论上存在无穷多个最优解。

F3：

$$\begin{cases} (x_k + \sum_{i=1}^{D-k-1} x_i x_{i+k}) x_D - c_k = 0, \quad 1 \leqslant k \leqslant D-1 \\ \sum_{l=1}^{D-1} x_l + 1 = 0 \end{cases} \tag{4-32}$$

D 为 20，可行域为$[-1, 1]^{20}$。在该方程组中，1 个方程是线性方程，另外 19 个为非线性方程，理论上有无穷多个解。

求解非线性方程组的参数和环境如下：

每个算法对每个问题独立运行 20 次。所有的实验评价次数为 $2^{10} \times 1000$。种群大小为 10。MRQPSO 算法将搜索空间分割为 2^{10} 块。QPSO 算法和 MRQPSO 算法在非线性方程组上的对比结果如表 4-25 所示(更优结果加粗显示)。

在这次对比中，我们考虑了两个方面：一个是获得的最小目标函数值，另一个是两个算法的运行时间。

从表 4-25 可以看出，两种算法在目标函数值的求解上均有不错的表现。对于 F1 和 F2 方程组，MRQPSO 算法在平均值和最大值上稍微优于 QPSO 算法。对于 F3 方程组，QPSO 算法在最小值上优于 MRQPSO 算法。对于 F1 方程组，QPSO 算法在最小值上优于 MRQPSO 算法。实际上，MRQPSO 算法与 QPSO 算法所获得的解与理论最优解都非常接近。在 MRQPSO 算法中，计算资源分布在不同的区域中，因此在 MRQPSO 算法后期的搜索中，并不能够像 QPSO 算法那样利用足够多的计算资源去提高精度，这或许是 MRQPSO 算法在最小值上稍显逊色的原因。

表 4-25　MRQPSO 算法与 QPSO 算法在非线性方程组上的对比

函数		函数值			时间/s		
		最小值	最大值	平均值	最小值	最大值	平均值
F1	QPSO	**7.22e−16**	4.71e−03	2.88e−04	144 371	160 675	152 362
	MRQPSO	4.73e−06	**1.11e−04**	**3.77e−05**	**93 284**	**96 551**	**94 077**
F2	QPSO	**0.00e+00**	1.52e−02	1.37e−03	119 379	129 658	123 579
	MRQPSO	**0.00e+00**	**0.00e+00**	**0.00e+00**	**77 345**	**86 161**	**79 761**
F3	QPSO	**9.10e−07**	**2.09e−05**	**7.47e−06**	110 133	116 815	115 000
	MRQPSO	1.28e−06	3.53e−05	1.37e−05	**73 275**	**80 671**	**75 855**

然而从时间耗费上来看，MRQPSO 算法在所有问题上花费的时间比 QPSO 算法要少，并且优势非常显著。这是由多台虚拟机设备同时在可行域评估求解导致的，可以在较短的时间内完成计算任务。

4.5　结论与讨论

量子粒子群算法经过不断发展，全局搜索能力有所提高，在一定程度上缓解了维数灾难问题。本章受此启发，提出了改进的量子粒子群算法——量子粒子群优化算法，使得算法以更快的速度收敛到最优解。实验中以复杂函数优化问题为例，实验结果表明，与传统的粒子群算法、量子粒子群算法的结果相比，本章提出的算法无论是对于一般的测试函数的求解和 CEC 05 复合函数的求解，还是在动态函数优化问题上，从收敛速度、搜索结果以及算法的鲁棒性上，本章所提算法都要优于其他优化算法。最后我们将量子粒子群算法移植到分布式计算平台上，实现了算法的并行化与分布化，进一步实现了量子并行计算，提高了计算效率。

本章参考文献

[1] SUN J, FENG B, XU W. Particle swarm optimization with particles having quantum behavior[C]. Proceedings of the 2004 congress on evolutionary computation (IEEE Cat. No. 04TH8753). IEEE, 2004, 1: 325-331.

[2] 陈汉武. 量子信息与量子计算简明教程[M]. 南京：东南大学出版社，2006.

[3] HEISENBERG W. The physical principles of the quantum theory[J]. Philosophy of Science, 1930, 16(4): 303-324.
[4] SCHRÖDINGER E. An adulatory theory of the mechanics of atoms and molecules[J]. Physics Reports, 1926, 28(6): 1049-1070.
[5] LI Y Y, BAI X Y, JIAO L CH. Partitioned-cooperative quantum-behaved particle swarm optimization based on multilevel thresholding applied to medical image segmentation[J]. Applied Soft Computing, 2017, 56: 345-356.
[6] LI Y Y, JIAO L CH, SHANG R H, et al. Dynamic-context cooperative quantum-behaved particle swarm optimization based on multilevel thresholding applied to medical image segmentation[J]. Information Sciences, 2015, 294: 408-422.
[7] LI Y Y, WANG Y, CHEN J, et al. Overlapping community detection through an improved multi-objective quantum-behaved particle swarm optimization[J]. Journal of Heuristics. 2015, 21(4): 549-575.
[8] SUN J, XU W B, FENG B. A global search strategy of quantum-behaved particle swarm optimization[C]. Proceedings of the IEEE International Conference on Cybernetics and Intelligent Systems, 2004.
[9] XI M L, SUN J, XU W B. An improved quantum-behaved particle swarm optimization algorithm with weighted mean best position[J]. Applied Mathematics and Computation, 2008, 205(2), 51-759.
[10] 张兰. 量子粒子群算法及其应用[D]. 西安：西北大学硕士学位论文，2010.
[11] SUN J, FANG W, PALADE V, et al. Quantum-behaved particle swarm optimization with Gaussian distributed local attractor point[J]. Applied Mathematics and Computation, 2011, 218(7): 3763-3775.
[12] ZHAN Z H, ZHANG J, LI Y, et al. Orthogonal learning particle swarm optimization[J]. IEEE Transactions on Evolutionary Computation, 2011, 15(6): 832-847.
[13] LI Y Y, XIANG R R, JIAO L CH, et al. An improved cooperative quantum-behaved particle swarm optimization[J]. Soft Computing, 2012, 16(6): 1061-1069.
[14] LU S, SUN C. Quantum-behaved particle swarm optimization with cooperative-competitive co-evolutionary[C]. 2008 International Symposium on Knowledge Acquisition and Modeling. 2008: 593-597.
[15] MONTGOMERY D C. Design and Analysis of Experiments[M]. 9th ed. New York: J. Wiley, 2006.
[16] FRANS V D B, ENGELBRECHT A P. A Cooperative approach to particle swarm optimization[J]. IEEE Transactions on Evolutionary Computation, 2004, 8(3): 225-239.
[17] GAO H, XU W, SUN J, et al. Multilevel thresholding for image segmentation through an improved quantum-behaved particle swarm algorithm[J]. IEEE Transactions on Instrumentation & Measurement, 2010, 59(4): 934-946.
[18] LEUNG Y W, WANG Y. An orthogonal genetic algorithm with quantization for global numerical optimization[J]. IEEE Transactions on Evolutionary Computation, 2001, 5(1): 41-53.

[19] CREPINSEK M, LIU S, MERNIK M. Exploration and exploitation in evolutionary algorithms: a survey[J]. ACM Computing Surveys, 2013, 45(3): 1 - 33.
[20] LIU B, CHEN Q, ZHANG J J, et al. Problem definitions and evaluation criteria for computational expensive single objective numberical optimization[R]. Zhengzhou: Zhengzhou University, 2013.
[21] LIANG J J, SUGANTHAN P N, BASKAR S. Comprehensive learning particle swarm optimizer for global optimization of multimodal functions[J]. IEEE Transactions on Evolutionary Computation, 2006, 103: 281 - 295.
[22] MENG A B, LI ZH, YIN H, et al. Accelerating particle swarm optimization using crisscross search [J]. Information Sciences, 2016, 329: 52 - 72.
[23] XU W B, SUN J. Adaptive parameter selection of quantum-behaved particle swarm optimization on global level[M]. Heidelberg: Springer, 2005.
[24] AUGER A, HANSEN N. Performance evaluation of an advanced local search evolutionary algorithm[C]. IEEE Transactions on Evolutionary Computation, 2005: 1777 - 1784.
[25] ZHANG J Q, SANDERSON A C. JADE: Adaptive differential evolution with optional external archive[J]. IEEE Transactions on Evolutionary Computation, 2009, 13(5): 945 - 958.
[26] BREST J, ZUMER V, MAUCEC M S. Self-adaptive differential evolution algorithm in con-strained real-parameter optimization[C]. IEEE Congress on Evolutionary Computation (CEC), 2006:215 - 222.
[27] TANG K, YANG P, YAO X. Negatively correlated search[J]. IEEE Journal on Selected Areas in Communications, 2016, 34(3): 542 - 550.
[28] ERLICH I, RUEDA J L, WILDENHUES S, et al. Solving the IEEE-CEC 2014 expensive optimization test problems by using single-particle MVMO[C]. IEEE Congress on Evolutionary Computation (CEC), 2014: 1084 - 1091.
[29] MULLER J, KRITYAKIERNE T, SHOEMAKER C A. SO-MODS: Optimization for high dimensional computationally expensive multi-modal functions with surrogate search[C]. IEEE Congress on Evolutionary Computation (CEC), 2014: 1092 - 1099.
[30] ASAFUDDOULA M D, RAY M. An approach to solve computationally expensive optimization problems of CEC 2014 without approximation[R]. Zhengzhou: Zhengzhou University, 2014.
[31] ELSAYED S M, RAY T, SARKER R A. A surrogate-assisted differential evolution algorithm with dynamic parameters selection for solving expensive optimization problems[C]. IEEE Congress on Evolutionary Computation (CEC), 2014: 1062 - 1068.
[32] SINGH H K, ISAACS A, RAY T. A hybrid surrogate based algorithm (HSBA) to solve computationally expensive optimization problems[C], IEEE Congress on Evolutionary Computation (CEC), 2014, 1069 - 1075.
[33] BISWAS S, EITA M A, DAS S, et al. Evaluating the performance of Group Counseling Optimizer on CEC 2014 problems for Computational Expensive Optimization [C]. IEEE Congress on Evolutionary Computation (CEC), 2014: 1076 - 1083.

[34] ZHOU A, JIN Y C, ZHANG Q F. A population prediction strategy for evolutionary dynamic multi-objective optimization[J]. IEEE Transactions on Cybernetics, 2014, 44(1): 40 - 53.
[35] HU J, ZENG J C, TAN Y. A diversity guided particle swarm optimizer for dynamic environments [C]. International Conference on Life System Modeling and Simulation, 2007: 239 - 247.
[36] CEDENO W, VEMURI V R. On the use of niching for dynamic landscapes[C]. IEEE International Conference on Evolutionary Computation, 1997: 361 - 366.
[37] LI C H, YANG S X. A general framework of multipopulation methods with clustering in undetectable dynamic environments[J]. IEEE Transactions on Evolutionary Computation, 2012, 16 (4): 556 - 577.
[38] YANG S X, YAO X. Population-based incremental learning with associative memory for dynamic environments[J]. IEEE Transactions on Evolutionary Computation, 2008, 12(5): 542 - 561.
[39] WOLDESENBET Y G, YEN G G. Dynamic evolutionary algorithm with variable relocation[J]. IEEE Transactions on Evolutionary Computation, 2009, 13(3): 500 - 513.
[40] BRANKE J. Memory enhanced evolutionary algorithms for changing optimization problems[C]. In Evolutionary Computation, 1999, 3: 1875 - 1882.
[41] YANG S X. Associative memory scheme for genetic algorithms in dynamic environments[C]. International Conference on Applications of Evolutionary Computation, 2006: 788 - 799.
[42] BENDTSEN C N, KRINK T. Dynamic memory model for non-stationary optimization[C]. Proceedings of the 2002 Congress on Evolutionary Computation, 2002: 145 - 150.
[43] MORI N, KITA H, NISHIKAWA Y. Adaptation to changing environments by means of the memory based thermodynamical genetic algorithm[J]. Transactions of the Institute of Systems, Control and Information Engineers, 2001, 14: 33 - 41.
[44] DE FABRICIO O F, ZUBEN F J V. A dynamic artificial immune algorithm applied to challenging benchmarking problems[C]. IEEE Congress on Evolutionary Computation (CEC), 2009: 423 - 430.
[45] LOUIS S J, XU Z. Genetic algorithms for open shop scheduling and rescheduling[C]. In Proc. of the 11th ISCA Int. Conf. on Computers and their Applications, 1996: 99 - 102.
[46] RAMSEY C L, GREFENSTETTE J J. Case-based initialization of genetic algorithms[C]. Proceedings of the 5th International Conference on Genetic Algorithms, 1993: 84 - 91.
[47] PARROTT D, LI X D. Locating and tracking multiple dynamic optima by a particle swarm model using speciation[J]. IEEE Transactions on Evolutionary Computation, 2006, 10(4): 440 - 458.
[48] DEB K, PRATAP A, AGARWAL S, et al. A fast and elitist multiobjective genetic algorithm: NSGA - Ⅱ[J]. IEEE Transactions on Evolutionary Computation, 2002, 6(2): 182 - 197.
[49] MORRISON R W, JONG K A D. A test problem generator for nonstationary environments[C]. Congress on Evolutionary Computation, 1999. CEC 99. Proceedings of the 1999: 2047 - 2053.
[50] BRANKE J, SCHMECK H. Designing evolutionary algorithms for dynamic optimization problems [C]. Advances in evolutionary computing. Springer-Verlag, 2003: 239 - 262.
[51] YANG S X, LI C H. A clustering particle swarm optimizer for locating and tracking multiple optima

in dynamic environments[J]. IEEE Transactions on Evolutionary Computation, 2010, 14(6): 956 - 974.

[52] BLACKWELL T, BRANKE J. Multiswarms, exclusion, and anticonvergence in dynamic environments[J]. IEEE Transactions on Evolutionary Computation, 2006, 10(4): 459 - 472.

[53] NICKABADI A, EBADZADEH M M, SAFABAKHSH R. A competitive clustering particle swarm optimizer for dynamic optimization problems[J]. Swarm Intelligence, 2012, 6(3): 177 - 206.

[54] LIU L L, YANG S X, WANG D W. Particle swarm optimization with composite particles in dynamic environments[J]. IEEE Transactions on Cybernetics, 2010, 40(6): 1634 - 1648.

[55] BIRD S, LI X D. Using regression to improve local convergence[C]. IEEE Congress on Evolutionary Computation (CEC), 2007: 592 - 599.

[56] TURKY A M, ABDULLAH S. A multi-population harmony search algorithm with external archive for dynamic optimization problems[J]. Information Sciences, 2014, 272: 84 - 95.

[57] DU P. M C, ENGELBRECHT A P. Differential evolution for dynamic environments with unknown numbers of optima[J]. Journal of Global Optimization, 2013, 55(1):73 - 99.

[58] YAZDANI D, AKBARZADEH-TOTONCHI M R, NASIRI B, et al. A new artificial fish swarm algorithm for dynamic optimization problems[C]. IEEE Congress on Evolutionary Computation (CEC), 2012: 1 - 8.

[59] MOSER I, CHIONG R. Dynamic function optimisation with hybridised extremal dynamics[J]. Memetic Computing, 2010, 2(2): 137 - 148.

[60] MUKHERJEE R, PATRA G R, KUNDU R, et al. Cluster-based differential evolution with crowding archive for niching in dynamic environments[J]. Information Sciences, 2014, 267: 58 - 82.

[61] ZHANG G. Quantum-inspired evolutionary algorithms: A survey and empirical study[J]. Journal of Heuristics, 2011, 17(3): 303 - 351.

[62] SUN J, FENG B, XU W. Particle swarm optimization with particles having quantum behavior[C]. Evolutionary Computation, 2004, 1: 325 - 331.

[63] SUN J, FANG W, WU X, et al. Quantum-behaved particle swarm optimization: Analysis of individual particle behavior and parameter selection[J]. Evolutionary Computation, 2012, 20(3): 349 - 393.

[64] LIANG J J, QU B Y, SUGANTHAN P N, et al. Problem definitions and evaluation criteria for the CEC 2013 special session on real-parameter optimization[R]. Singapore: Nanyang Technological University, 2013.

[65] SONG W, WANG Y, LI H X, et al. Locating multiple optimal solutions of nonlinear equation systems based on multiobjective optimization[J]. IEEE Transactions on Evolutionary Computation, 2015, 19(3): 414 - 431.

第5章 基于量子智能优化的数据聚类

5.1 基于核熵成分分析的量子聚类

5.1.1 量子聚类算法

为了实现量子力学在聚类分析中的应用，David Horn 和 Assaf Gottlieb 提出了量子聚类的概念。他们将聚类问题看作一个物理系统，构建粒子波函数表征原始数据集中样本点的分布。通过求解薛定谔方程来获得粒子势能分布情况，而势能最小的位置可以确定为聚类的中心点。

随着现代科技的迅猛发展，聚类所面对的数据的规模也越来越大，结构也越来越复杂。此时，量子聚类也面临着不小的挑战。为了更加精确且高效地实现数据的聚类，本节参考并结合了核聚类、信息熵、谱聚类以及 K 近邻的一些思想，来优化量子聚类算法。本节提出了一种新的量子聚类方法——利用核熵成分分析的量子聚类(KECA-QC)。该方法可分为两个子步骤：预处理和聚类。在数据预处理阶段，结合核熵主成分分析替代原来简单的特征提取方式，将原始数据映射至高维特征空间，使非线性可分的数据在特征空间变得线性可分，并用熵值作为筛选主成分的评价标准，提取核熵主成分。预处理能够有效解决数据间复杂的非线性关系问题，尤其对于高维数据，还能够同时达到降维的目的。在聚类阶段，在传统量子聚类算法的基础上，引入 K 近邻法来估计量子波函数及势能函数。这种局部信息的引入既降低了算法运行时间，又提高了聚类的精度。为了进一步验证该方法的有效性，通过将其与 4 种算法——KM(K 均值法)、NJW(著名的谱聚类方法)、QC(传统量子聚类算法)和 KECA-KM(核熵成分分析聚类方法)作比较，利用 8 个人工合成数据集和 10 个 UCI 数据集进行实验结果的统计，分析这 5 种算法的性能。

量子力学描述了微观粒子在量子空间的分布，而同聚类(数据样本在尺度空间中的分布情况)是等价的。波函数是粒子量子态的描述[1]，波的强度决定了粒子出现在空间某处的概率。薛定谔提出的波动方程描述了微观粒子的运动，其目的是求解波函数，即求解有势场约束的粒子的分布状况。换句话说，粒子量子态的演化遵循薛定谔方程。本节使用不显含时间(时间独立)的薛定谔方程，其可以表述为

$$H\psi(\boldsymbol{p}) = \left(-\frac{\sigma^2}{2}\nabla^2 + V(\boldsymbol{p})\right)\psi = E\psi(\boldsymbol{p}) \tag{5-1}$$

其中，$\psi(\boldsymbol{p})$为波函数；$V(\boldsymbol{p})$为势能函数；H 为 Hamilton 算子；E 为算子 H 的能量特征值；∇为劈形算子；σ 为波函数宽度调节参数。

量子力学理论的研究发现，微观粒子自身所具有的势能影响着粒子在能量场中的分布。从式(5-1)也容易看出，势能相同，则粒子的状态分布相同。势能函数相当于一个抽象的源，随着势能趋近于零或者比较小时，在一定宽度的势阱中往往分布有较多的粒子。当粒子的空间分布缩变到一维无限深势阱时，粒子则聚集在势能为零的势阱中。

从量子力学角度出发，对于样本分布已知的数据，等价描述为粒子分布的波函数已知。聚类过程相当于：在波函数已知时，利用薛定锷方程反过来求解势能函数，而这个势能函数决定着粒子的最终分布。这就是量子聚类[2-4]的物理思想依据。在量子聚类中，本节使用带有 Parzen 窗的高斯核函数来估计波函数公式(即样本点的概率分布)，即

$$\psi(\boldsymbol{p}) = \sum_{i=1}^{N} \mathrm{e}^{-\|\boldsymbol{p}-\boldsymbol{p}_i\|^2/2\sigma^2} \tag{5-2}$$

式(5-2)对应于尺度空间中的一个观测样本集$\{\boldsymbol{p}_1, \boldsymbol{p}_2, \cdots, \boldsymbol{p}_i, \cdots, \boldsymbol{p}_N\} \subset \boldsymbol{R}^d$，$\boldsymbol{p}_i = (p_{i1}, p_{i2}, \cdots, p_{id})^{\mathrm{T}} \in \boldsymbol{R}^d$。高斯函数可以被看作一个核函数[5]，它定义了一个由输入空间到 Hilbert 空间的非线性映射。因此也可以认为 σ 是一个核宽度调节参数。

因此，当波函数 $\psi(p)$已知时，若输入空间只有一个单点 $\boldsymbol{p}_1$，即 $N=1$，通过求解薛定谔方程，势能函数表示为

$$V(\boldsymbol{p}) = \frac{1}{2\sigma^2}(\boldsymbol{p}-\boldsymbol{p}_1)^{\mathrm{T}}(\boldsymbol{p}-\boldsymbol{p}_1) \tag{5-3}$$

根据量子理论可知，式(5-3)是粒子在谐振子中的调和势能函数的表达式，此时 H 算子的能量特征值为 $E=d/2$，其中 d 为算子 H 的可能的最小特征值，可以用样本的数据维数来表示[4]。

对于一般情况，我们进一步把式(5-2)带入式(5-1)，得到样本服从高斯分布的势能函数的计算公式：

$$V(\boldsymbol{p}) = E + \frac{(\sigma^2/2)\nabla^2\psi}{\psi} = E - \frac{d}{2} + \frac{1}{2\sigma^2\psi}\sum_i \|\boldsymbol{p}-\boldsymbol{p}_i\|^2 \exp\left[-\frac{\|\boldsymbol{p}-\boldsymbol{p}_i\|^2}{2\sigma^2}\right] \tag{5-4}$$

假定 V 非负且确定，也就是说 V 的最小值为零，E 可以通过求解式(5-4)得到，即

$$E = -\min\frac{(\sigma^2/2)\nabla^2\psi}{\psi} \tag{5-5}$$

根据量子力学理论可知，当粒子具有较低势能时，其振动较小，相对来说比较稳定。从聚类的角度看，这就相当于势能最小或者为零的样本周围也会有比较多的样本存在。由于

样本的势能函数值是可以被计算的，因此可以利用势能来确定聚类中心。

当样本数据符合欧氏分布时，利用梯度下降法找到势能函数的最小点作为聚类的中心。其迭代公式[3-5]为

$$y_i(t+\Delta t)=y_i(t)-\eta(t)\nabla V(y_i(t)) \tag{5-6}$$

其中，初始点设为 $y_i(0)=p_i$；$\eta(t)$为算法的学习速率；∇V 为势能的梯度。最终，粒子朝势能下降的方向移动，即数据点将逐步朝其所在的聚类中心位置移动，并在聚类中心位置处停留。因此，可以利用量子方式确定聚类的中心点。距离最近的那些点被归为一类。

从整体来看，在 QC 算法中势能函数就相当于量子聚类的价值函数，其聚类中心不是简单的几何中心或随机确定的，而是完全取决于样本自身的潜在信息，且聚类不需要预先假定任何特定的样本分布模型和聚类类别数，是一种基于划分的无监督学习算法。

5.1.2 基于核熵成分分析的量子聚类算法

1. 核熵成分分析方法

一个纯粹的量子聚类方法并非在所有的实例中都有效，尤其是当数据集的维数较高时。究其原因，一是数据之间存在着一定的冗余信息，这极有可能过度强化某一属性的信息，而忽略某些有用的特征，阻碍了对数据间真实的潜在结构的寻找；二是随着数据量或者维度增加，直接对原始数据集进行处理会给算法运行带来很高的计算代价。为了解决上述问题，David Horn 和 Inon Axel 等人认为在执行量子聚类之前，应该对原始数据集进行预处理。在文献[3，4]中，这个预处理指的是用奇异值分解(SVD)的方法实现由原始数据空间到特征空间的转换。这种利用 SVD 的量子聚类方法就是最经典的量子聚类方法，后续的实验中仍用 QC 来表示它。然而 SVD 也存在着比较明显的缺点：SVD 是一个线性变换。虽然线性变换计算方便，并且容易推广到新的数据上，但是在实际的生产中，数据间往往呈现复杂的非线性关系，因此线性变换在许多实际问题中并不适用。主成分分析法(PCA)也存在着同样的问题。因此，在很多情况下，这种线性变换方法不能达到较好的效果。基于此，许多学者将其推广到核空间中去解决，以适应非线性的情况，如核主成分分析法(KPCA)[6，7]。

给定一个数据集 $\boldsymbol{X}=\{\boldsymbol{x}_1, \boldsymbol{x}_2, \cdots, \boldsymbol{x}_N\}$，其中 $\boldsymbol{x}_i, \boldsymbol{x}_j \in \mathbf{R}^d$，$i, j=1, 2, \cdots, N$。本节同样使用高斯核矩阵进行空间变换：

$$\boldsymbol{G}(\boldsymbol{x}_i, \boldsymbol{x}_j)=\mathrm{e}^{-\|\boldsymbol{x}_i-\boldsymbol{x}_j\|^2/2\sigma^2} \tag{5-7}$$

其中，σ 是高斯核的唯一参数。$\boldsymbol{G}$ 为一个$(N\times N)$的核矩阵，其维度等于样本点的个数。核矩阵可以分解为 $\boldsymbol{G}=\boldsymbol{Q}\boldsymbol{\Lambda}\boldsymbol{Q}^{\mathrm{T}}$，其中 $\boldsymbol{\Lambda}$ 为由特征值 $\lambda_1, \lambda_2, \cdots, \lambda_N(\lambda_1\geqslant\lambda_2\geqslant\cdots\geqslant\lambda_N)$组成的对角矩阵，$\boldsymbol{Q}$ 为对应的特征向量 $\boldsymbol{q}_1, \boldsymbol{q}_2, \cdots, \boldsymbol{q}_N$(作为列向量)构成的矩阵。

如图 5-1 所示，我们使用两个合成数据集(图(a)和图(d))作为例子展示数据的预处理

结果。图 5-1(b)～图 5-1(f)都代表着数据变换空间的二维映射。可以看出线性变换和非线性变换的显著差别。SVD 不能将不同的类分开，KPCA 则很容易抓住相对较为复杂的数据结构。尤其对 Synthetic2 尤为明显：KPCA 完全将两个类分隔开，而 SVD 没有。

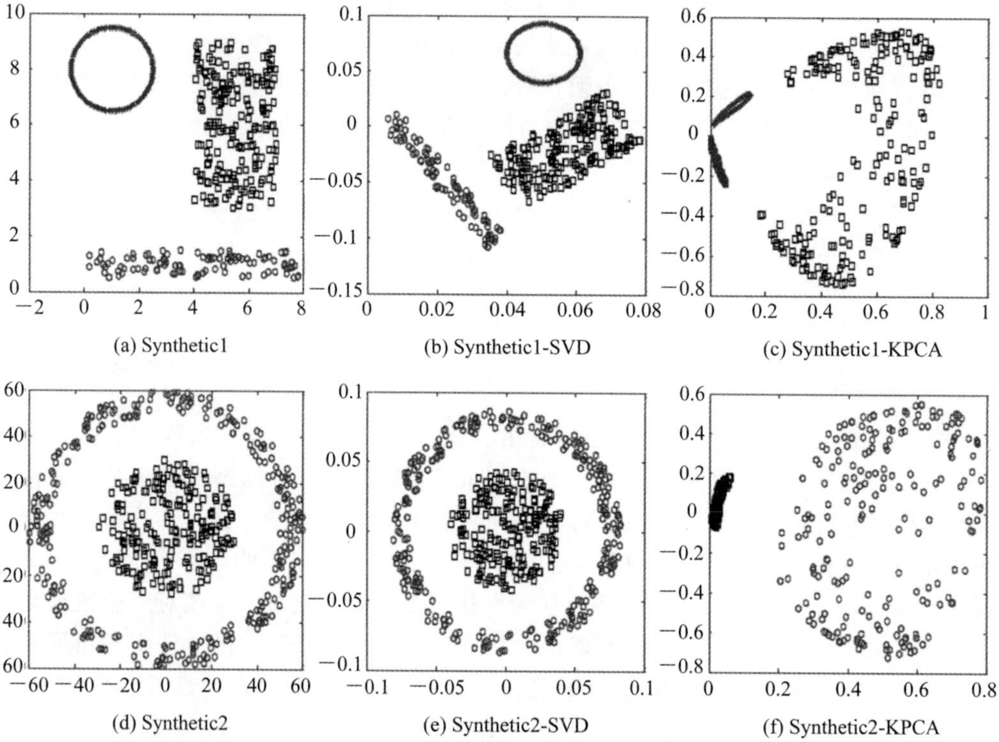

图 5-1 利用 SVD 和 KPCA 的数据变换

在数据的预处理过程中，本节总是选择前 l 个最大的特征值所对应的特征向量。然而，这并不能保证很好地提取数据集的结构信息。如图 5-2 所示，以 Synthetic1 为例，展示了前 6 个特征向量($\boldsymbol{q}_1 \sim \boldsymbol{q}_6$)。在所有特征向量中，均各有一段曲线对应的样本值不为零，而其他部分为零。如果使用 KPCA 进行数据的特征提取，按照特征值的大小会选取前 3 个特征向量($\boldsymbol{q}_1 \sim \boldsymbol{q}_3$)。$\boldsymbol{q}_2$ 中不为零的样本与 $\boldsymbol{q}_1$ 基本相同，均没有体现第一类和第三类的特征。因此可以得出这样的结论：$\boldsymbol{q}_1$ 和 $\boldsymbol{q}_2$ 提供的类的信息是相同的。因此，应该采用更有效的方式提取不同类样本的差异。

假设待聚类数据集是一个系统，聚类算法实际上就是将这个系统从无序(各模式随机放置)转换到有序(各模式按相似性聚集在一起)的过程。而熵可以作为系统有序性的度量。从信息论的角度，Jenssen 等人将熵与核方法数据映射结合起来，提出核熵主成分分析法(KECA)[8]。在计算熵的时候用到带有高斯核函数的 Parzen 窗作为概率分布模型，很自然

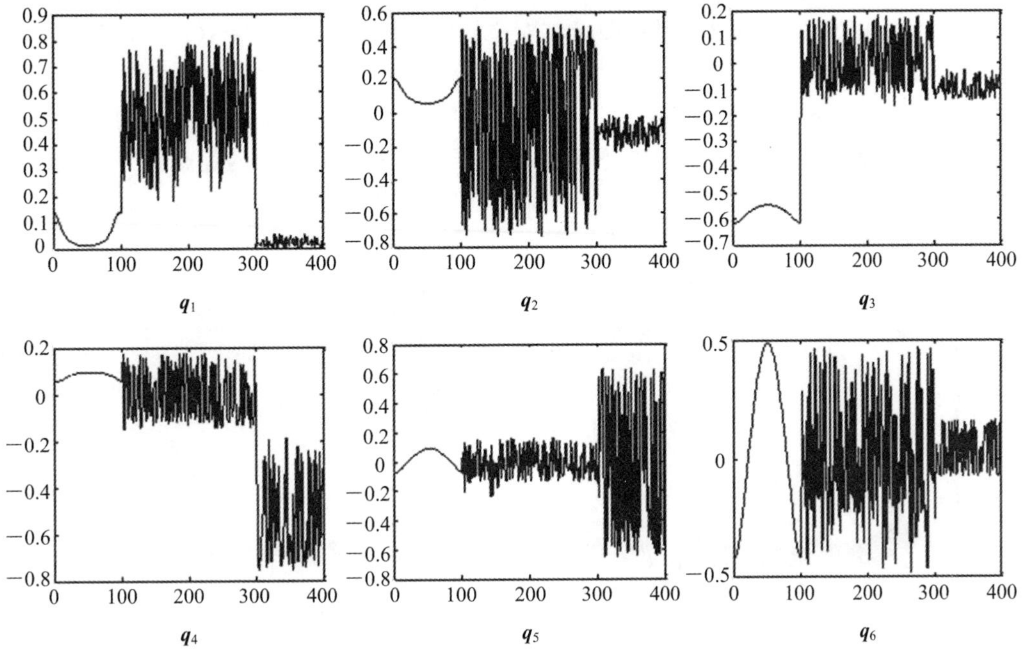

图 5-2　按降序排列前 6 个最大的特征值所对应的特征向量

地将熵的计算转化为核矩阵的计算，将问题构造为一个核空间里的优化问题。

设 $p(x)$ 是数据 $X=\{x_1,\ x_2,\ \cdots,\ x_N\}$ 的概率密度函数，则该数据的信息熵为 $-\lg\int p^2(x)\mathrm{d}x$。由于对数函数是单调函数，所以只需考虑 $r=\int p^2(x)\mathrm{d}x$ 即可。为了估计 r，需要进行 Parzen 窗的密度估计 $\hat{p}(x)=\dfrac{1}{N}\sum_i K(x,\ x_i)$，这就将熵的计算和高斯核矩阵联系在一起。$r$ 的值可通过数学推导得出：

$$r_i=\left(\sqrt{\lambda_i}\boldsymbol{q}_i^{\mathrm{T}}\mathbf{1}\right)^2 \tag{5-8}$$

其中，$\mathbf{1}$ 为每个元素均取 1($N\times 1$)的向量；r_i($i=1,\ 2,\ \cdots,\ N$)是第 i 个特征值和特征向量对应的熵的贡献值。

以熵值大小为度量标准，降序排列特征值及其对应的特征向量。令 $\boldsymbol{\Lambda}_{\mathrm{KECA}l}$ 为一个包含前 l 个对应的特征值的对角矩阵，$\boldsymbol{Q}_{\mathrm{KECA}l}$ 为一个以前 l 个对应特征向量为列的矩阵，则利用 KECA 得到特征空间中的变换数据为

$$\boldsymbol{\Phi}_{\mathrm{KECA}}=\boldsymbol{\Lambda}_{\mathrm{KECA}l}^{1/2}\boldsymbol{Q}_{\mathrm{KECA}l}^{\mathrm{T}} \tag{5-9}$$

$\boldsymbol{\Phi}_{\mathrm{KECA}}$ 为一个($N\times l$)的核熵主成分矩阵，将其作为输入数据用于下一步的量子聚类，其每一行都对应着原始数据集中的一个点。

图 5－3 展示了利用 KECA 的 Synthetic1 和 Synthetic2 的预处理结果。对于 Synthetic1 图 5－1(c)，KPCA 选取前 2 个特征值及其对应的特征向量，而图 5－3(a)中，KECA 则选择第一个和第三个主成分。对比图 5－1(c)和图 5－3(a)，加入熵选择的数据呈现的结构更加清晰，对于 Synthetic2 亦是如此。KECA 可以更好地保留数据集的聚类结构信息，扩大类与类之间的差异。尤其对于线性不可分的数据集，表现出更好的优越性。此外，利用 KECA 的预处理为量子聚类奠定了基础，同时提高了聚类效率。

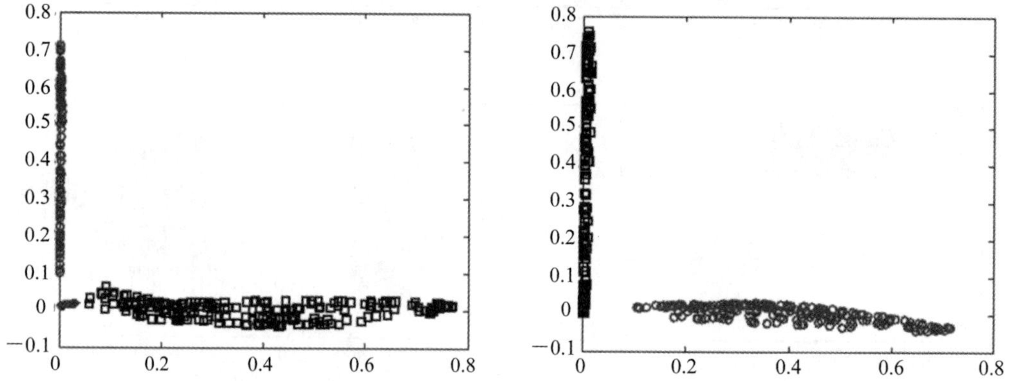

(a) Synthetic1-KECA　　(b) Synthetic2-KECA

图 5－3　利用 KECA 的数据变换

总的来说，通过 KECA 预处理，可以将原始数据映射到高维特征空间，提取特征并用熵作为度量来选择主成分。可以说，KECA 是一个先升维后降维的过程。KECA 去除了数据的冗余信息，获得更加紧凑和经济的数据表示形式，同时更加有效地表达数据的潜在结构。此外，KECA 将一个非线性可分的问题转变为一个线性可分的问题，在结构更为复杂的数据上也能够获得较好的处理效果。这些都有助于提高聚类的准确度。对于那些维度较高的数据，采用 KECA 还能够同时达到降维的目的。应当指出的是，预处理变换后的数据维度有可能大于原始数据的维度，尤其是对那些低维原始数据。尽管如此，变换处理后的数据仍是有利于聚类分析的。因为不论原始数据维度的高低，变换后的数据维度都会维持在一个较低的水平。虽然数据的预处理需要花费一定的时间，但是这有利于后期聚类运行的效率和聚类的精度提高，付出的代价是值得的。

2. K 近邻的量子聚类

在 QC 算法中，$\boldsymbol{\Phi}_{\text{KECA}}$的每一行都可以看作一个粒子对应着的原始数据的一个数据点。从式(5－2)中可以看出，要计算粒子的波函数就必须统计该粒子到所有其他粒子的核距离，也就是说，粒子的波函数受其他粒子的共同作用，作用的大小以高斯核距离为衡量标准。距离越远，其影响力越小。假设数据集中有 N 个样本，每次迭代都需要计算 N 个波函数，每个波函数的获得又需要统计 N 个高斯核距离。因此，在量子聚类中，波函数的计算复杂度为 $O(N^2)$。随着数据样本点的增加，每次迭代算法执行时间会以指数形式增长。

本节提出了一种新的统计波函数的方法。图 5-4 为规模参数为 1 的高斯核函数的分布。横坐标表示粒子之间的距离，纵坐标表示高斯核函数值，即粒子的作用力大小。可以很直观地看出，高斯核函数的作用是局部的，随着距离的增加，它的作用效果下降的速度非常快，直至无限接近于 0，因此它往往用于低通滤波。这里可以做一个大胆的假设：某处粒子的波函数值仅受其周围粒子的影响。基于这个假设来估计波函数，只需要考虑样本的局部信息。本方法采用 K 近邻策略进行波函数的估计。假设一个有 N 个样本点的数据集，$\boldsymbol{p}$ 是其中任意一个样本，$\boldsymbol{p}$ 的最近的 K 个邻居的集合用 $\Gamma_K(\boldsymbol{p})$ 表示。根据其他样本点到该样本点 $\boldsymbol{p}$ 的欧氏距离排列样本：

$$\{\boldsymbol{p}_{(k)} \mid \|\boldsymbol{p}_{(k)}-\boldsymbol{p}\|^2 \leqslant \|\boldsymbol{p}_{(k+l)}-p\|^2,\ k=1,2,\cdots,K\} \tag{5-10}$$

其中，$K \leqslant N$；$\Gamma_K(\boldsymbol{p})=\{\boldsymbol{p}_{(1)}-\boldsymbol{p}_{(2)},\cdots,\boldsymbol{p}_{(k)}\}$为 $\boldsymbol{p}$ 的 K 个近邻的集合。$\boldsymbol{p}_{(1)}$是整个数据集中距离 $\boldsymbol{p}$ 最近的点，$\boldsymbol{p}_{(K+l)}$ 是 $\Gamma_K(\boldsymbol{p})$集以外的其他点中距离 $\boldsymbol{p}$ 最近的点。本节重新估计波函数为

$$\psi(\boldsymbol{p}) = \sum_{\boldsymbol{p}_{(k)} \in \Gamma_K(\boldsymbol{p})} \mathrm{e}^{-\|\boldsymbol{p}-\boldsymbol{p}_{(k)}\|^2/2\sigma^2} \tag{5-11}$$

用式(5-11)代替原来的波函数的估计公式(式(5-2))。本式只需要考虑样本的 K 近邻 $\Gamma_K(\boldsymbol{p})$，而不是所有样本点。最终势能函数重写为

$$V(\boldsymbol{p}) = E - \frac{d}{2} + \frac{1}{2\sigma^2\psi}\sum_{\boldsymbol{p}_{(k)} \in \Gamma_{K(\boldsymbol{p})}} \|\boldsymbol{p}-\boldsymbol{p}_{(k)}\|^2 \exp\left[-\frac{\|\boldsymbol{p}-\boldsymbol{p}_{(k)}\|^2}{2\sigma^2}\right] \tag{5-12}$$

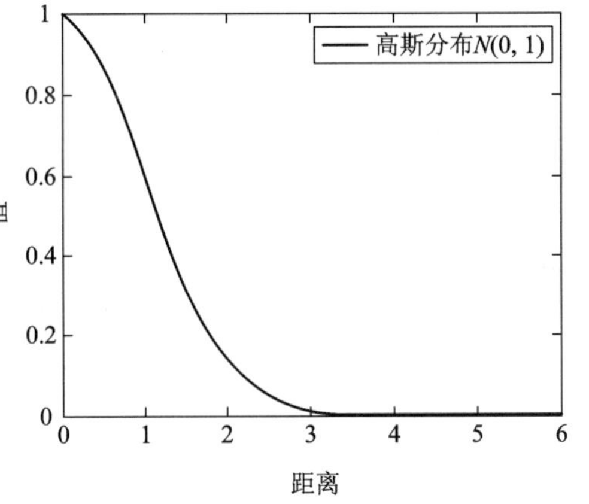

图 5-4　高斯核函数分布

尽管计算 K 近邻需要花费一定的时间，但这与统计所有的核距离相比，花费的代价是值得的。同时，引入样本点的局部信息也有助于聚类准确性的提高。在实验结果与分析部分，本节给出了引入 K 近邻的量子聚类和没有 K 近邻的量子聚类的比较，在算法运行时间

和聚类准确性上都验证了我们的结论。

3. 算法描述

结合 QC 算法，本节提出一种新的量子聚类方法——利用核熵主成分分析的量子聚类(KECA-QC)。该方法是一个两阶段过程，首先在数据预处理阶段，用核熵主成分分析替代简单的特征提取方式，将原始数据映射至高维特征空间，并用熵值作为筛选主成分的评价标准，提取核熵主成分；其次在聚类阶段，结合量子聚类方法和 K 近邻策略，通过梯度下降方法不断迭代以获得最终聚类结果。KECA-QC 的算法流程如图 5－5 所示。具体步骤见算法 5.1。

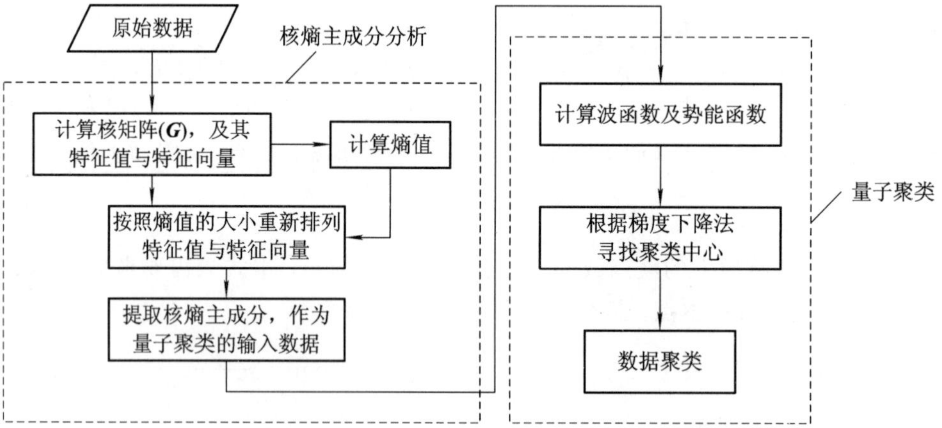

图 5－5　KECA-QC 算法流程

算法 5.1　KECA-QC 算法

数据预处理阶段：

步骤 1：输入一个数据集 $\boldsymbol{X}=\{\boldsymbol{x}_1, \boldsymbol{x}_2, \cdots, \boldsymbol{x}_N\}$，建立高斯核矩阵 $\boldsymbol{G}$。

步骤 2：通过非线性数据映射，在特征空间计算 $\boldsymbol{G}$ 的特征值和特征向量，并根据熵值 $\boldsymbol{r}$ 的大小重新排列所对应的特征值和特征向量。

步骤 3：设置主成分个数选择参数 l，得到核熵主成分矩阵 $\boldsymbol{\Phi}_{\mathrm{KECA}} \in \mathbf{R}^{N\times l}$，其每一行都可看作量子聚类中的一个粒子，并与原始数据中的数据点相对应。

聚类阶段：

步骤 4：计算波函数 ψ，势能函数 V 及其梯度下降方向 ∇V，同时统计每个粒子 $\boldsymbol{p}$ 的 K 个最近的邻居，即 $\Gamma_K(\boldsymbol{p})$。

步骤 5：利用梯度下降方法不断迭代寻找量子势能的最小值，直到达到设定的最大迭代次数。最终特征空间中的每个点都会聚缩在其所在的聚类中心的位置附近。

步骤 6：根据每个粒子点距离聚类中心的远近划分其至不同的类中，完成聚类过程。

从广义上说，任何涉及聚类特征分解的算法都可以被称为谱聚类(Spectral Clustering，SC)[9,10]。从这个角度看，KECA-QC 也应属于广义上的谱聚类算法。由此可见，本节的算法同样具有谱聚类算法的一般优势，或者说 KECA-QC 在算法性能上和 SC 相匹敌。经典谱聚类算法的一般步骤如下：构建相似度矩阵或者拉普拉斯矩阵，选择前 L 个最大的特征值对应的特征向量组成特征矩阵，并将其中每一行看作特征空间中的一个向量，使用 K 近邻方法进行聚类，聚类结果中每一向量所属的类别就是对应的原数据集中数据点所属的类别。从以上步骤可以看出，KECA-QC 与谱聚类在算法框架上非常相似，为此在实验部分给出 KECA-QC 与谱聚类的代表性算法 Ng-Jordan-Weiss (NJW)的比较。

4. 参数设置

在 KECA-QC 中，有如下参数需要事先设置：核参数 σ_{KECA}(预处理 KECA 中)和 σ_{QC}(聚类 QC 中)，主成分个数 l，梯度下降迭代次数 Steps，以及近邻个数 K。

核方法的其中一个难点就是核参数的选择。从式(5-2)、式(5-7)和式(5-11)中可以看出，改变了核参数实质上就隐含地改变了映射函数，从而改变了样本数据在核空间分布的复杂程度，因此核参数的选择会对最终的聚类效果产生直接的影响。一般来讲，核参数是一个不太明确的经验值[3,4]，需要通过多次实验去筛选优化。许多学者致力于设计一个较为确定的方法来选择核参数，如 Silverman[11] 构建了一个以样本集维度和大小为变量的核参数选择函数；Varshavsky 使用贝叶斯信息准则选择核参数，评估聚类的质量[12]；Nikolaos Nasios 等人认为核参数可以从 K 近邻的统计分布中估计[13]。在本节中，为了简化核参数的选择，本节根据文献[13]中的方法定义 σ：

$$\sigma = \frac{\sum_{i=1}^{N} \sum_{x_{(k)} \in \Gamma_K(x)} \| \boldsymbol{x}_{(k)} - \boldsymbol{x} \|^2}{N \times (K-1)} \tag{5-13}$$

由式(5-13)可以看出，σ 的值其实就是样本点到其 K 近邻点的平均欧氏距离。虽然这种方法无法找到最优的 $\hat{\sigma}$，但可以用较小的时间复杂度找到相对优的 $\hat{\sigma}$，在文献[13]中已验证。高斯核矩阵 $\boldsymbol{G}$(式(5-7))，波函数 $\psi(\boldsymbol{p})$(式(5-11))和势能函数(式(5-12))都能够根据式(5-13)计算得到。这里设置近邻个数 $K=50$。根据量子聚类参考文献[14]，设置相同的参数 Steps=20，实验也证明，量子聚类过程中梯度下降迭代 10～20 次，粒子就已经基本处于稳定状态。核熵主成分个数 l 通过熵的差分方法得到，具体来说，对熵进行降序排列，$r_{(l)} - r_{(l+1)} = \max(r_{(i)} - r_{(i+1)})$，$i=1, 2, \cdots, N-1$。

5.1.3 实验结果及分析

为了进一步测试 KECA-QC 的有效性，我们对 18 个数据集进行实验(包括 8 个计算机合成数据集和 10 个 UCI 数据集[15])。对比算法有：KM(K 均值法)[16]、NJW(代表性谱聚类算法)[17]、QC(传统量子聚类算法)[3]和 KECA - KM(核熵成分分析聚类方法)[18]。在这四种对比算法中，QC 不需要预设聚类的个数。以下三个指标用于评价算法的性能：Minkowski Score (MS)[19]、Jaccard Score (JS)[3]和聚类正确率(cluster accuracy，CA)。

这里，KM 是一个众所周知的无监督聚类算法，通过优化目标函数获得最终的聚类结果。在前面，已给出了 SC 算法的描述，NJW 使用拉普拉斯矩阵的前 L 个特征向量将数据集划分为 L 类。传统的 QC 算法在前面已详细给出，而 KECA - KM 算法的大体流程是，首先提取前 L 个核熵主成分，然后利用角距离的 K 均值算法将数据划分成 L 类。

实验运行的 PC 环境为 Intel(R) Core(TM) 2 Duo CPU 2. 33 GHz 2G RAM，在 Matlab7. 4(R2007a)环境下编程实现。

在接下来的实验中，由于 KM 和 NJW 都是随机优化算法，为了进行公平的比较，其实验结果是在独立运行 100 次的基础上得到的。QC、KECA-KM 和 KECA-QC[20]都是确定性算法，算法运行一次即可。

1. 数据集及评价指标

表 5 - 1 为 8 个合成数据集的基本描述，并在图 5 - 6 中具体展示。AD_9_2 和 AD_20_2 均为紧凑型的簇状数据，而 data12 和 sizes5 中的数据分布较为弥漫；data8、eyes、lineblobs 和 spiral 是 4 个流形数据集。表 5 - 2 给出了 10 个 UCI 数据集的基本描述，包括 breastcancer(WBC)、german、glass、heart、ionosphere、iris、new_thyroid、sonar、vote 和 zoo。

表 5 - 1　合成数据集基本描述

数据集	样本个数	样本维数	类别数
AD_9_2	450	2	9
AD_20_2	1000	2	20
data12	800	2	4
sizes5	1000	2	4
data8	600	2	2
eyes	300	2	3
lineblobs	266	2	3
spiral	1000	2	2

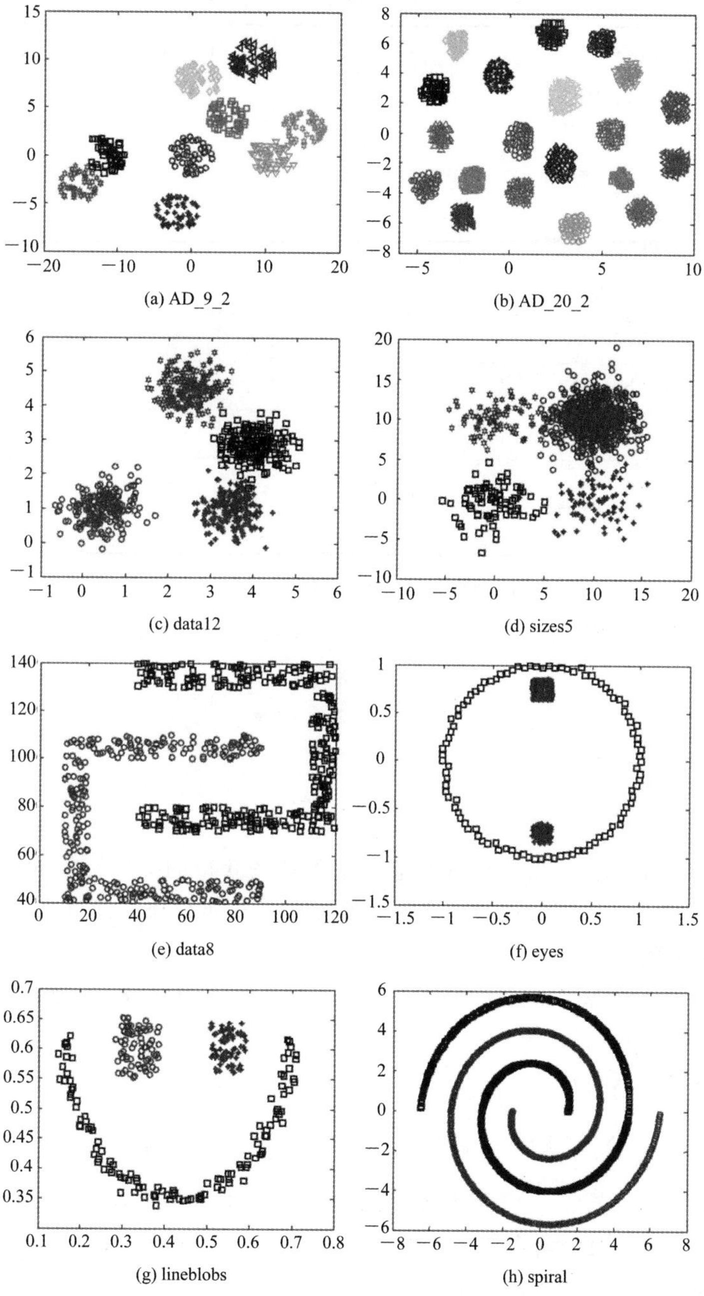
(a) AD_9_2
(b) AD_20_2
(c) data12
(d) sizes5
(e) data8
(f) eyes
(g) lineblobs
(h) spiral

图 5-6　合成数据集

表 5－2　UCI 数据集基本描述

数据集	样本个数	样本维数	类别数
breastcancer(WBC)	683	9	2
german	1000	24	2
glass	214	9	6
heart	270	13	2
ionosphere	351	33	2
iris	150	4	3
new_thyroid	215	5	3
sonar	208	60	2
vote	435	16	2
zoo	101	16	7

在本节中，以下三个指标用于评价算法的性能：

Minkowski Score(MS)：

$$MS = \sqrt{\frac{n_{01} + n_{10}}{n_{11} + n_{10}}} \tag{5-14}$$

Jaccard Score：(JS)：

$$JS = \frac{n_{11}}{n_{11} + n_{01} + n_{10}} \tag{5-15}$$

其中，n_{11}表示同时属于真实聚类标签和通过聚类算法获得的类别标签的成对样本的数目；n_{01}表示仅属于真实聚类标签的成对的样本的数目；n_{01}表示仅属于通过聚类获得的类别标签得到的成对的样本数目。

本节定义 N 为实际输入的总的样本个数；T 为真实的类别数；S 为聚类获得的类别数；$\boldsymbol{C}_{\text{confusion}}(i, j)$为混淆矩阵。

Cluster accuracy(CA)：

$$CA = \frac{1}{N}\sum_{i=1}^{T} \text{MAX}\boldsymbol{C}_{\text{confusion}}(i, j), \quad (i = 1, \cdots, T;\ j = 1, \cdots, S) \tag{5-16}$$

其中，混淆矩阵中$\boldsymbol{C}_{\text{confusion}}(i, j)$表示同时出现在真实类别中的第 i 类和聚类获得的第 j 类的样本点数目。由于属于同一真实类别的样本可能在聚类中被划分至多个类别，因此取聚类中样本点个数最多的那个作为统计输入。

以上三个指标的返回值都在[0，1]区间内。MS 的值越小，聚类效果越好；而 JS 和 CA 的值越大，聚类效果越好。当取得完全正确的结果时，MS 的值为 0；其他两个评价指标的值均为 1。

2. 合成数据和 UCI 数据的实验

表 5-3 给出了五种算法在合成数据集上的比较，加粗的数字表示五种算法获得的最好结果。

表 5-3　五种算法在合成数据集上的比较

数据集		KM	NJW	QC	KECA-KM	KECA-QC
AD_9_2	MS	0.5438	0.4968	**0.0938**	**0.0938**	**0.0938**
	JS	0.7430	0.7807	**0.9912**	**0.9912**	**0.9912**
	CA	0.8710	0.8969	**0.9978**	**0.9978**	**0.9978**
AD_20_2	MS	0.5836	0.5163	**0**	**0**	**0**
	JS	0.7320	0.7756	**1**	**1**	**1**
	CA	0.8634	0.8914	**1**	**1**	**1**
data12	MS	0.2857	0.2101	**0.1573**	**0.1573**	0.1721
	JS	0.8953	0.9320	**0.9756**	**0.9756**	0.9708
	CA	0.9450	0.9639	**0.9938**	**0.9938**	0.9925
sizes5	MS	0.4235	0.2241	0.1799	0.2340	**0.1673**
	JS	0.7771	0.9456	0.9686	0.9475	**0.9722**
	CA	0.9514	0.9603	0.9850	0.9130	**0.9890**
data8	MS	0.7393	0.7270	0.7571	0.5864	**0**
	JS	0.5710	0.5820	0.5556	0.7066	**1**
	CA	0.8367	0.8433	0.8267	0.9050	**1**
eyes	MS	0.8443	0.1500	0.8948	0.3723	**0**
	JS	0.5226	0.9205	0.5017	0.8709	**1**
	CA	0.7533	0.9433	0.6967	0.9633	**1**
lineblobs	MS	0.8811	0.1089	0.9075	**0**	**0**
	JS	0.4493	0.9397	0.4326	**1**	**1**
	CA	0.7406	0.9642	0.7143	**1**	**1**
spiral	MS	0.9829	**0**	0.9844	0.8132	**0**
	JS	0.3485	**1**	0.3472	0.5033	**1**
	CA	0.5920	**1**	0.5880	0.7910	**1**

KM 和 NJW 分别是聚类和谱聚类的代表性算法，比较这两种算法，显然 NJW 获得的聚类结果更好，尤其是在 4 个流形数据集上。由此可以得出结论，NJW 不仅能处理簇状数据，在流形数据集上还能比 KM 有更好的聚类能力。传统的 QC 算法在粗壮数据集上表现出了很好的性能，然而，此算法在流行数据集上表现不佳。NJW、KECA-KM 和 KECA-QC 都可以称为广义上的谱聚类算法。这三种算法在流形数据的聚类效果上明显优于 KM 和 QC。KECA-QC 在多数数据集上聚类效果比 NJW 好。KECA-QC 表现最优，在 7 个数据集上取得最优值，只有在数据集 data12 上取得次优结果(MS：0.1721，JS：0.9708，CA：0.9925)。值得注意的是，在 4 个流形数据集上，KECA-QC 取得了完全正确的聚类结果(MS：0，JS：1，CA：1)，在 spiral 上 NJW 取得的结果是完全正确的，在 lineblobs 上 KECA-KM 的结果是完全正确的。此外，QC 和 KECA-QC 在簇状数据集上的效果大致相同，因此，可以说引入核熵成分分析提高了量子聚类在复杂结构的流形数据集上的聚类能力。

从表 5－4 可以看出，在 10 个 UCI 数据集中，KECA-QC 在其中 6 个数据集上取得了最优结果，KECA-KM 在其他 4 个数据集上取得最优结果。同时，结果表明，KECA-QC 在所有测试数据集上的结果都比 KM、NJW 以及传统的 QC 算法好。KECA-KM 取得次优结果，这是因为该算法在聚类阶段使用基于余弦角度距离度量的 K 均值算法，而 KECA 预处理得到的数据往往是带有夹角结构的。从整体上看，KECA-QC 在 UCI 数据集上的优势不如在合成数据集上的那么明显。这主要是因为，UCI 数据集的结构不像合成数据集的结构那么简单，它们的结构较为多样化，且其数据属性也非常复杂。总的来说，本节改进的算法，相比于其他四种对比算法，仍能取得较好的聚类结果。

表 5－4　五种算法在 UCI 数据集上的比较

数据集		KM	NJW	QC	KECA-KM	KECA-QC
breastcancer (WBC)	MS	0.3733	0.3307	0.4752	**0.2984**	0.3230
	JS	0.8707	0.8962	0.7923	**0.9143**	0.9003
	CA	0.9605	0.9692	0.9341	**0.9751**	0.9707
german	MS	0.8697	0.8435	0.8960	**0.7285**	0.8797
	JS	0.4905	0.5713	0.4225	**0.6223**	0.4606
	CA	0.7000	0.7090	0.7000	**0.8100**	0.7000
glass	MS	1.0931	1.0368	1.0859	**0.9921**	1.0839
	JS	0.3176	0.2777	0.2446	**0.2860**	0.3418
	CA	0.5685	0.5905	0.5608	**0.6402**	0.5841

续表

数据集		KM	NJW	QC	KECA-KM	KECA-QC
heart	MS	0.9767	0.9738	0.9637	0.9469	**0.9446**
	JS	0.3632	0.3560	0.3903	0.4377	**0.4197**
	CA	0.5926	0.6000	0.6222	0.6518	**0.6556**
ionosphere	MS	0.8714	0.8789	0.9468	0.8714	**0.5618**
	JS	0.4358	0.4283	0.3910	0.4358	**0.7360**
	CA	0.7122	0.7037	0.6410	0.7122	**0.9060**
iris	MS	0.6624	0.6230	0.5831	0.5666	**0.3200**
	JS	0.6579	0.6819	0.7167	0.7238	**0.9026**
	CA	0.8480	0.8791	0.9000	0.9067	**0.9733**
new_thyroid	MS	0.6659	0.8465	0.6284	0.6037	**0.6002**
	JS	0.6316	0.5778	0.7075	0.7147	**0.7243**
	CA	0.8426	0.7535	0.8651	0.8744	**0.8745**
sonar	MS	0.9921	0.9912	0.9911	**0.9128**	0.9462
	JS	0.3400	0.3548	0.3570	**0.4637**	0.3869
	CA	0.5529	0.5566	0.5577	**0.7019**	0.6586
vote	MS	0.6687	0.6653	0.6629	0.6531	**0.6379**
	JS	0.6298	0.6306	0.6327	0.6421	**0.6556**
	CA	0.8616	0.8655	0.8667	0.8713	**0.8782**
zoo	MS	0.7827	0.8201	0.8273	0.4894	**0.4776**
	JS	0.4787	0.4231	0.4940	0.7795	**0.7930**
	CA	0.8218	0.7824	0.7721	0.8515	**0.8812**

3. KECA 和 K 近邻对聚类的贡献

表 5-3 和表 5-4 表明，KECA-QC 的聚类效果明显优于传统的 QC 算法，这主要是由于核熵主成分预处理过程提取了有用的结构信息。由于三个评价指标的一致性，我们使用 CA 作为唯一的评价指标比较 KECA-QC 和传统 QC(使用 SVD 作为预处理步骤)，结果如图 5-7 所示。在图 5-7 中，横轴坐标 1，2，⋯，8 表示 8 个合成数据集，横坐标轴的最后 10 个数字 11，⋯，18 表示 UCI 数据集。

在图 5-7 中，基于 KECA 算法预处理的 QC 算法在 12 个数据集上比使用 SVD 算法预处理的 QC 算法有更好的效果。此外，在 5 个数据集上，两种对比算法取得相同的聚类结果。因此，可以说，KECA 预处理过程能够帮助算法获得高的聚类精度，尤其是在复杂结构的流形数据集(5，6，7，8)上。

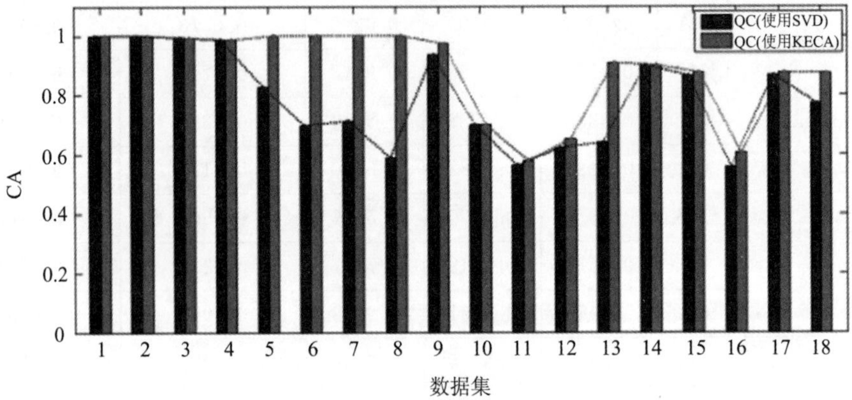

图 5-7　使用 SVD 算法和 KECA 算法的 QC 算法比较

为了确定 K 近邻方法设置对聚类算法的贡献，我们比较了引入 K 近邻方法的 KECA-QC 算法和没有引入 K 近邻方法的 KECA-QC 算法。表 5-5 给出了两种算法的比较。粗体值代表两种方法的最优结果。在聚类正确率上，引入 K 近邻方法的 KECA-QC 算法要比没有引入 K 近邻方法的 KECA-QC 算法略微高些，但在运行时间上，引入 K 近邻方法的 KECA-QC 算法大大缩短了聚类时间。为了进一步证明其优越性，图 5-8 和图 5-9 进一步展示了对比结果。

表 5-5　K 近邻对聚类的贡献

数据集	KECA-QC(未引入 K 近邻方法)		KECA-QC(引入 K 近邻方法)	
	CA	时间/s	CA	时间/s
AD_9_2	**0.9978**	2.891	**0.9978**	**1.842**
AD_20_2	**1**	24.39	**1**	**5.922**
data12	0.9912	6.266	**0.9925**	**3.516**
sizes5	0.9850	11.67	**0.9890**	**6.109**
data8	**1**	3.657	**1**	**1.734**
eyes	**1**	0.922	**1**	**0.781**
lineblobs	**1**	0.750	**1**	**0.625**
spiral	**1**	10.48	**1**	**7.594**

续表

数据集	KECA-QC(未引入 K 近邻方法)		KECA-QC(引入 K 近邻方法)	
	CA	时间/s	CA	时间/s
breastcancer(WBC)	**0.9722**	3.609	0.9707	**2.250**
german	**0.7000**	8.754	**0.7000**	**4.360**
glass	0.5794	0.672	**0.5841**	**0.578**
heart	0.6518	0.703	**0.6556**	**0.625**
ionosphere	**0.9060**	1.031	**0.9060**	**0.875**
iris	0.9000	0.484	**0.9733**	**0.281**
new_thyroid	**0.8745**	0.547	**0.8745**	**0.516**
sonar	0.6046	0.485	**0.6586**	**0.469**
vote	0.8736	1.485	**0.8782**	**1.063**
zoo	0.8713	**0.297**	**0.8812**	0.375

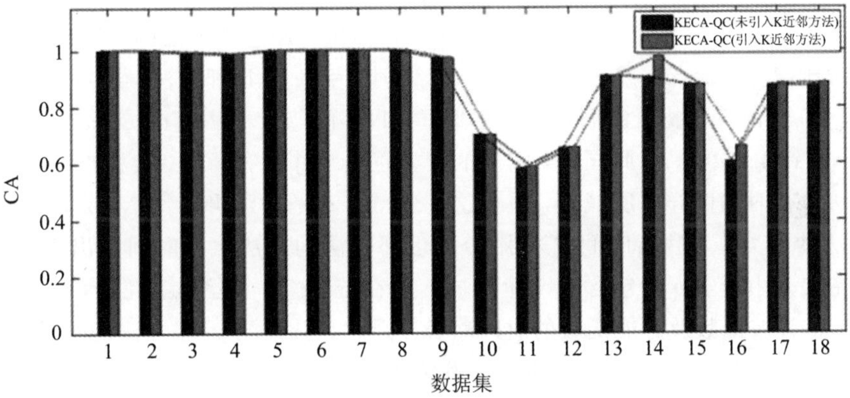

图 5-8　K 近邻在聚类正确率上的贡献

由表 5-5 和图 5-8 可以看出，在这 18 个数据集中，引入 K 近邻的算法在 8 个数据集上取得较优越的聚类正确率，但效果不太明显，这两种算法在 10 个数据集上具有相同的聚类正确率，只有在 breastcancer (WBC)上，引入 K 近邻的算法效果反而没有未引入 K 近邻的聚类算法好。以上分析表明，在聚类正确率上，两种对比算法的差别不大。在大多数情况下，局部信息 K 近邻足以表达数据的结构信息，冗余的信息在聚类过程中很可能发挥不了积极的作用。在某些情况下，过多的冗余信息甚至会降低聚类的精度。在所有实验中，引入 K 近邻方法的 KECA-QC 算法仅在 breastcancer (WBC)数据集上效果不佳，这主要是由于在 683 个样本点中，我们只提取前 50 个近邻，而这未能够表征全部有效信息，换句话说，50 个近邻的设置对 breastcancer (WBC)来说是不够的。实验表明，当选择 $K>80$，是否引入 K 近邻方法的聚类算法有相同的聚类效果。

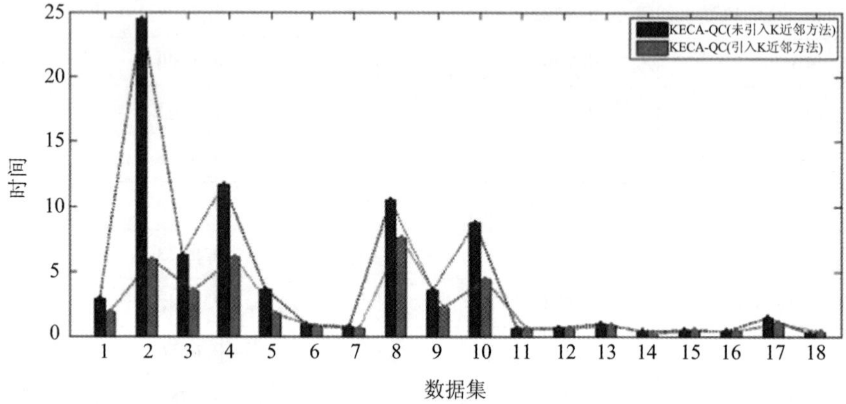

图 5-9　K 近邻方法对运行时间的影响

表 5-5 和图 5-9 共同展示了算法的执行时间。可以看出，除了 zoo 数据集，在其他数据集上，引入 K 近邻方法的算法的执行时间小于未引入 K 近邻方法的算法的。数据点的个数越多，对比越明显。当数据点个数超过 500 个时，引入 K 近邻方法，运行时间明显缩短。例如，AD_20_2 的算法执行时间从原来的 24.391 s 降低到 5.922 s；german 的执行时间从 8.754 s 降低到 4.360 s。与此同时，它们的聚类正确率并没有降低。数据点的个数少于 500 个时，算法执行时间同样有所减少，虽然这表现得并不是特别明显。对于 zoo 数据集，引入 K 近邻方法的聚类算法执行时间比未引入 K 近邻方法的算法执行时间多出 0.078 s，实验证明，这主要是由于 zoo 仅包含 101 个样本，而在统计 50 个近邻上花费的时间比用所有 101 个样本估计波函数及势能函数的时间略长。因此，引入 K 近邻方法的量子聚类对样本点较多的数据集在降低算法执行时间上效果显著。

4. 鲁棒性分析

为了比较这 5 种算法的鲁棒性，本节采用文献[21]中的方法。算法 m 在某个数据集 t 上的相对性能用该算法所获得的 Adjusted Rand Index(ARI，一种聚类性能评估参数)与所有算法在求解该问题时得到的最大 ARI 的比值来衡量，即：

$$b_{mt}=\frac{R_{mt}}{\max\limits_{k} R_{kt}} \tag{5-17}$$

其中，R 表示 ARI，定义如下：

$$R(T,S)=\frac{\sum_{i,j}\binom{n_{ij}}{2}-\left[\sum_i\binom{n_{i\cdot}}{2}\cdot\sum_j\binom{n_{\cdot j}}{2}\right]\Big/\binom{n}{2}}{\frac{1}{2}\left[\sum_i\binom{n_{i\cdot}}{2}+\sum_j\binom{n_{\cdot j}}{2}\right]-\left[\sum_i\binom{n_{i\cdot}}{2}\cdot\sum_j\binom{n_{\cdot j}}{2}\right]\Big/\binom{n}{2}} \tag{5-18}$$

其中，n_{ij}表示同时属于类别 i 和类别 j 的数据点的个数 $k(i\in T,\ j\in S)$，T 和 S 分别表示真实类别和聚类划分获得的类别。ARI 返回区间[0，1]之间的值。

从式(5－17)中看出，当 $b_{mi}=1$ 时，说明算法 m 在该数据集 i 上取得了所有算法中的最优 ARI 值，而其他算法 $b_{*i}\leqslant 1$。b_m 为算法 m 在所有数据集上获得的比值之和，用于评价算法 m 的鲁棒性。这个值越大，算法的鲁棒性越强。

图 5－10 给出了 5 种算法在所有 18 个数据集上的 b_m 值分布的对比。结果表明，KECA-QC 拥有最高的 b_m 值(16.7678)。KECA-KM 取得次好的鲁棒性结果(15.771)，但 KECA-KM 需要预先知道聚类的个数。如果仅考虑不需要预设聚类个数的算法 QC 和 KECA-QC，KECA-QC 的聚类鲁棒性远远高于 QC。总之，KECA-QC 具有比其他 4 种算法更强的鲁棒性。

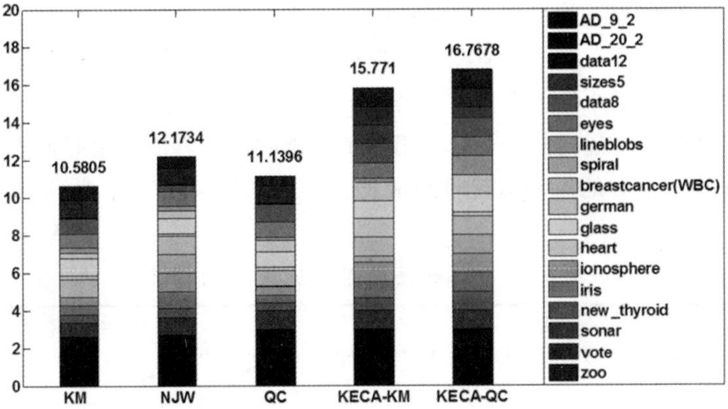

图 5－10　五种算法的鲁棒性比较

5. 大规模数据集

在此提到的大规模主要有两层意义：一是，数据规模大，包含的样本点的个数多；二是，数据维度高。本节提出的算法包含一个重要的数据预处理过程——核熵主成分分析[21]，它主要用于数据的转换和维度的削减，尤其适用于大规模数据集。除此之外，引入 K 近邻策略计算每个量子粒子的波函数，以此来减小聚类阶段的时间复杂度，使之降低至线性水平。本节主要讨论 KECA-QC 算法在大规模测试集上的性能。

所谓的高维数据所具有的维度高达几百甚至几千，而表 5－2 中展示的 sonar、german、ionosphere 这 3 种数据集只能够被称为中等规模的数据集，因此本节用计算机生成一些人工的高维度数据集。在接下来的实验中，随机产生一些数据集，每个数据集都包含1000个数据点，数据维数分别为10、50、100、500、1000、5000和10 000。由于该数据集是随机产生的，所以没办法知道该集的聚类准确度。本节仅仅记录了算法运行多次的时间的统计实验结果。表5-6显示了算法在不同维度下，10个测试集的平均运行时间。

表5-6 不同维度下的算法运行时间

数据维度	10	50	100	500	1000	5000	10 000
运行时间/s	4.127	4.268	4.525	5.028	6.297	15.84	26.88

如表5-6中所示，随着数据的维数从10到10 000不断变化，算法的运行时间也在急剧增加。即便如此，算法的时间也没超过30 s。式(5-7)展示了把原始数据映射到核空间的数学表示。位于核空间内的任意两个样本点之间的核距离首先被计算出来。原始数据的维数越高，则计算相应的核矩阵需要较高的时间复杂度。但是数据的维度在随后的算法运行过程中不再被用到，因此，数据的维度仅仅影响核矩阵的计算这一单一过程。如，在本实验中，无论数据维度的高低，量子聚类这一过程的持续时间约为1.5 s。为了能够测试算法KECA-QC在高维数据集上的性能，本节选取了4组真实的数据集。表5-7给出了数据集的一些属性和聚类的结果。其中l是经预处理后的转换数据的维度。从表5-7中可以观察到，预处理过程均降低了原始数据集的数据维度，其中具有最高维度的数据集lung，它的维数从12 600降到了8。通过这一处理，用一个低维的数据就能够很好地表示原高维数据。在这四组数据集中，lung的算法运行时间最长，为6.827 s，而它本身具有12 600维，203个样本点。

表5-7 算法在高维数据集上的测试

数据集	样本量	数据维度	聚类数	KECA-QC				
				l	MS	JS	CA	运行时间/s
spell	798	72	5	5	0.8053	0.5385	0.7381	3.516
ovarian	54	1536	2	3	0.5547	0.7370	0.8716	0.123
colon	62	2000	2	7	0.5230	0.7526	0.9194	0.165
lung	203	12 600	5	8	0.5037	0.7845	0.8916	6.827

表5-8给出了在不同样本点规模下，算法在10个随机数据集上的平均运行时间。其中，每个数据集都是一个二维数据集。在研究中发现，KECA可能比SVD花费更长的时间，但是与传统的QC相比，KECA-QC在大规模数据集上的运行时间就相当短了。在随机产生的1000个样本点的测试集上，KECA-QC的平均运行时间仅有12.52 s，而QC的运行时间却为26.98 s。对于5000个样本点的测试集，KECA-QC的运行时间为1407 s，而QC

的时间代价为 8153 s，这说明本算法通过引入邻域信息极大地降低了算法的时间代价。数据集的样本点规模越大，KECA-QC 越能发挥出快速省时的优点。但是即使这样，KECA-QC 在具有 5000 个点的测试集上的运行时间也很长，将近 2 个小时才能得到聚类结果。

表 5-8　算法对具有不同样本点规模的数据集的平均运行时间

样本量		100	500	1000	2000	3000	4000	5000
平均运行时间/s	KECA-QC	0.182	2.490	12.52	112.2	352.8	506.8	1407
	QC	0.170	4.226	26.98	470.4	1882	4097	8153

在表 5-9 中，用两个数据集来测试算法的性能。Normal7 为具有 7 个簇状类的合成数据集；Twonorm 来自真实数据，具有 7400 个样本点和 20 个维度。通过表 5-9 得到，通过预处理，Twonorm 数据集的维度从 20 降到了 4，然而与之相反的是，Normal7 的维度反而从 2 上升至 7。正如前面所说，不是所有的数据集通过预处理，数据维度都会降低，并且这种情况屡见不鲜，尤其是在数据集本身维度不高的情况下。尽管如此，KECA 产生的变换数据对后续的聚类分析仍是有利的。

表 5-9　算法在样本点规模大的数据集上的测试

数据集	样本量	数据维数	聚类数	KECA-QC				
				l	MS	JS	CA	运行时间/s
Normal7	3500	2	7	7	0.1168	0.9865	0.9966	496.7
Twonorm	7400	20	2	4	0.5184	0.7126	0.8362	3785

通过上述分析，可以断言 KECA-QC 适用于高维数据集合，在高维度数据集上效率极高。它可以用于处理几万个维度的数据集合，且运行速度很快。虽然与传统的 QC 相比，本算法在相同的时间内能够处理更多的数据点，但是当数据点个数超过 5000 时，相对而言，本算法需要消耗的时间仍然是巨大的，它对于需要在线处理的实际问题的实施仍有难度。

5.2　基于量子粒子群的软子空间聚类

鉴于文献[22]中提出的基于差分进化的软子空间聚类算法(DESSC)的时间复杂度较高，而且权值矩阵是随机初始化的，所以，算法对初始值比较敏感，从而不够稳定。于是，本节寻找更好的优化算法，并且针对初始值敏感的问题展开了研究。经过大量探索和思考，在自然计算的众多算法中，基于量子行为的粒子群优化算法可以帮助软子空间聚类改善以上情况。

受自然界鸟群的群体觅食行为的影响，Kennedy J. 等人于 1995 年首次提出了粒子群优化算法(Particle Swarm Optimization，PSO)来模拟生物的这一本能活动。种群中的每个个体均代表一只鸟，鸟有位置和速度，其他鸟的位置将会影响此鸟的飞行方向和下一个位置。既然是模拟，PSO 中的每个粒子同样具有位置和速度。所有的粒子都会根据群体中位置最好的那个粒子来决定下一位置，所有粒子合作搜索最终完成优化，找到最优解。

量子行为粒子群优化算法(Quantum-behaved Particle Swarm Optimization，QPSO)[23]由孙俊等人于 2004 年提出，QPSO 是以 PSO 为原型，通过引入量子的概念，使粒子具有量子属性的群体智能优化的经典算法之一。鉴于物理学中粒子具有动量和能量，QPSO 算法引入这一思想，用波动函数代表粒子的运动轨迹[24]，从而取代了 PSO 中粒子在牛顿空间采用速度和位置表达的方法。由于 QPSO 在 PSO 的基础之上结合了量子思想，故而 QPSO 具有随机、并行、分布式等特点，由于这些优良的特点，QPSO 一直被关注和研究，并得到了广泛的应用。

在本节中，首先简单介绍了 QPSO；然后提出了基于量子粒子群优化的软子空间聚类算法(QPSOSC)，对 QPSOSC 的理论、思想和步骤进行了详细说明和叙述；最后，将 QPSOSC 和一些经典的算法进行了实验对比，并给出了实验结论。

5.2.1 QPSO 算法

对于优化问题

$$\begin{aligned} &\min f(x_1, x_2, \cdots, x_D) \\ &\text{s.t } x_{j,L} \leqslant x_j \leqslant x_{j,U}, \ j = 1, 2, \cdots, D \end{aligned} \tag{5-19}$$

QPSO[25]算法首先初始化种群，QPSO 中的粒子只有位置没有速度，所以，随机在解空间中初始化 G 个粒子的位置为 $X = \{X_1, X_2, \cdots, X_i, \cdots, X_G\}$。在 t 时刻，粒子 i 的位置为

$$X_i(t) = [X_{i,1}(t), X_{i,2}(t), \cdots, X_{i,d}(t), \cdots, X_{i,D}(t)], \ i = 1, 2, \cdots, G \tag{5-20}$$

在 t 时刻，粒子 i 的最好位置被定义为局部最优位置(解)pbest，其表示为

$$P_i(t) = [P_{i,1}(t), P_{i,2}(t), \cdots, P_{i,d}(t), \cdots, P_{i,D}(t)], \ i = 1, 2, \cdots, G \tag{5-21}$$

局部最优解是由适应度函数的大小决定的，在该粒子的所有位置中选取一个最优的，对于上述最小化问题，即选取最小的目标函数，所以，局部最优位置 $P_i(t)$ 由式(5-22)确定：

$$P_i(t) = \begin{cases} X_i(t), & f(X_i(t)) < f(P_i(t-1)) \\ P_i(t-1), & f(X_i(t)) \geqslant f(P_i(t-1)) \end{cases} \tag{5-22}$$
$$i = 1, 2, \cdots, G$$

从所有粒子的局部最优中寻找到的最好的那个位置，QPSO 把它定义为全局最优位置(gbest)，$G(t) = [G_1(t), G_2(t), \cdots, G_d(t), \cdots, G_D(t)]$，如式(5-23)所示：

$$g = \arg \min_{1 \leqslant t \leqslant G} \{ f[P_i(t)] \}$$

$$G(t) = P_g(t)$$
$$1 \leqslant g \leqslant G \tag{5-23}$$

在式(5－23)中，符号 g 是 gbest 中为表明全局最优位置粒子所设置的下标。

为了让粒子向最优解方向靠拢，QPSO 将不断更新每一个粒子的位置，而粒子位置的更新方向需要结合局部最优位置和全局最优位置。孙俊在文献［24］、［25］中详细介绍了关于 QPSO 算法的位置更新公式的原理，式(5－24)中的 $p_{i,j}(t)$代表在 t 时刻第 i 个粒子的第 j 维的随机位置；式(5－25)中的 $X_{i,j}(t+1)$为该粒子的新的位置；$C(t)$为粒子群的平均最优位置，$C_j(t)$表示粒子群在第 j 维的平均最优位置。具体原理本文不再阐述，在此只给出 QPSO 的位置更新公式(5－25)：

$$p_{i,j}(t) = \varphi_j(t) \cdot P_{i,j}(t) + [1 - \varphi_j(t)] \cdot G_j(t) \quad \varphi_j(t) \sim U(0, 1) \tag{5-24}$$

$$X_{i,j}(t+1) = p_{i,j}(t) \pm \alpha \cdot |C_j(t) - X_{i,j}(t)| \cdot \ln[1/u_{i,j}(t)] \quad u_{i,j}(t) \sim U(0, 1) \tag{5-25}$$

$$\begin{aligned} C(t) &= (C_1(t), C_2(t), \cdots, C_D(t)) = \frac{1}{G}\sum_{i=1}^{G} P_i(t) \\ &= \left(\frac{1}{G}\sum_{i=1}^{G} P_{i,1}(t), \frac{1}{G}\sum_{i=1}^{G} P_{i,2}(t), \cdots, \frac{1}{G}\sum_{i=1}^{G} P_{i,D}(t)\right) \end{aligned} \tag{5-26}$$

QPSO 算法的执行步骤见算法 5.2。

算法 5.2： QPSO 算法

初始化：

1. 确定种群规模 G，可行解中随机初始化粒子群的位置 $P(0)$。

重复：

1. 根据式(5－26)计算粒子群的平均最优位置；

2. 根据式(5－22)计算粒子群的当前局部最优位置 pbest，即计算当前每一个粒子的适应度值，如果前一次迭代的适应度值大于等于当前的适应度值，则根据粒子的上次位置选择不更新，否则，需要更新粒子的位置为当前位置；

3. 根据式(5－23)计算粒子群的当前全局最优位置 gbest；

4. 将前一次迭代的全局最优位置与当前的全局最优位置进行比较，选择出较好的全局最优位置并将其更新为当前的 gbest；

5. 根据式(5－24)计算粒子的每一维，从而得到一个随机的位置；

6. 更新粒子的位置，计算可参考式(5－25)。

直到满足终止条件。

本节主要对 QPSO 的思想以及具体步骤作了简要介绍，由于 QPSO 引入了物理学中量子的思想，所以提高了粒子在搜索过程中的多样性，降低了解陷入局部最优的概率，从而

使 QPSO 更加稳定。

5.2.2 QPSOSC 算法

在量子空间中，QPSO 不像 PSO 那样(PSO 不但可以确定粒子的位置，还可以确定其速度)，它只能明确粒子的位置或者速度。基于以上原因，孙俊在他的文章[25]中通过建立 δ 势阱场来获得粒子在量子空间的位置更新公式。首先，QPSO 用波函数 $\Psi(X, t)$ 表示粒子情况，$\Psi(X, t)$ 平方的含义就是粒子在可行解空间中遍历某个解的概率密度 Q，即 $|\Psi|^2 \mathrm{d}x\mathrm{d}y\mathrm{d}z = Q\mathrm{d}x\mathrm{d}y\mathrm{d}z$。然后，根据波函数的平方，全部的可行解均有可能被粒子遍历，这样就保证了全局寻优的目的。

综上，QPSO 通过建立 δ 势阱场来保证粒子多样性，但不会无限扩散，该特性由群体智能本身决定。QPSO 用波函数来描述粒子的状态的目的就是让处于这种聚集性中的粒子以一定的概率密度出现在可行解空间的任何位置，跳出局部最优点的缺陷。所以我们决定选取 QPSO 来解决子空间聚类中的权值矩阵的值的优化问题。

1. 算法的提出

鉴于 DESSC 算法的时间复杂度较高，且权值矩阵是随机初始化的，所以，算法对初始值仍然比较敏感，算法的鲁棒性不高。在自然计算的优化算法中，QPSO 的全局搜索性、量子纠缠、叠加、并行以及多样性都能够帮助算法改善这一问题，于是本节引入了 QPSO，提出了基于 QPSO 的软子空间聚类算法(QPSOSC)。

2. 算法的目标函数

增强软子空间聚类方法(ESSC)[26]的目标函数综合了簇内距离和簇间距离，目的就是使聚类的中心分散开，进而尽可能地避免陷入局部最优。但是引入簇间距离又产生了大量的计算量，使得计算成本增加了很多。而熵加权 K-均值的高维稀疏数据的子空间聚类(EWKM)[27]算法的目标函数是簇内距离和熵加权的组合，目的也是避免局部最优的问题，但是也因此加大了计算量。DESSC 引入了差分进化算法，有助于提高算法的全局寻优能力，故而 DESSC 采用了计算量相对较小的目标函数，没有熵加权部分。QPSOSC 的目标函数将样本簇内距离作为相似度的评判条件，有效地降低了计算量。

我们在考虑 QPSOSC 算法的目标函数时，综合了以上优缺点，最终选择了计算量较小的簇内距离的目标函数。原因如下：首先，QPSOSC 引入了 QPSO 算法来优化权值矩阵的分配问题，而在 QPSO 算法中，粒子以一定的概率跳出局部最优点，这可以有效地提高粒子的全局搜索能力；其次，进化过程会增加额外的运行时间，所以要尽可能地选择一些计算量小、时间复杂度比较低的目标函数。综上所述，QPSOSC 的目标函数如下：

$$F_{\mathrm{QPSOSC}} = \sum_{i=1}^{C}\left[\sum_{j=1}^{N}\sum_{k=1}^{D} w_{i,k}u_{i,j}(x_{j,k}-z_{i,k})^2\right] \tag{5-27}$$

约束条件为

$$
\begin{cases}
u_{i,j} \in \{0, 1\}, & 1 \leqslant i \leqslant C, 1 \leqslant j \leqslant N \\
\sum_{i=1}^{C} u_{i,j} = 1, & 1 \leqslant j \leqslant N \\
0 \leqslant \sum_{j=1}^{N} u_{i,j} \leqslant N, & 1 \leqslant i \leqslant C \\
0 \leqslant w_{i,k} \leqslant 1, 1 \leqslant i \leqslant C, & 1 \leqslant k \leqslant D \\
\sum_{k=1}^{D} w_{i,k} = 1, & 1 \leqslant i \leqslant C
\end{cases}
\tag{5-28}
$$

其中，C 是聚类的类别数目；D 是数据的特征维度；N 是数据点的样本总数；$\boldsymbol{W}=[w_{i,k}]_{C\times D}$ 被定义为权值矩阵，$w_{i,k}$ 表示第 i 类数据的第 k 维权值；$\boldsymbol{U}=[u_{i,j}]_{C\times N}$ 被定义为隶属度矩阵（划分矩阵），$u_{i,j}$ 的值用于判断样本 j 是否属于第 i 个簇；$\boldsymbol{Z}=[z_{i,k}]_{C\times D}$ 代表中心矩阵；$z_{i,k}$ 表示第 i 个聚类中心第 k 个特征的权重。

3. QPSO 算法用于软子空间的原理

本节主要介绍 QPSO 是怎样被引入到子空间聚类中的。子空间聚类过程中要考察几个重要的因素，分别是权值矩阵 $\boldsymbol{W}=[w_{i,k}]_{C\times D}$、中心矩阵 $\boldsymbol{Z}=[z_{i,k}]_{C\times D}$、划分矩阵 $\boldsymbol{U}=[u_{i,j}]_{C\times N}$ 以及适应度 F。关于目标函数的确立原则我们在上一节已经详细陈述了，目标函数的大小直接决定了聚类效果的好坏，而权值矩阵、中心矩阵和划分矩阵又直接决定了目标函数的大小。所以，如何在解空间中优化分配 $\boldsymbol{W}=[w_{i,k}]_{C\times D}$、$\boldsymbol{Z}=[z_{i,k}]_{C\times D}$ 和 $\boldsymbol{U}=[u_{i,j}]_{C\times N}$ 的值成为了关键的步骤之一。QPSOSC 引入了 QPSO 算法来解决这个关键问题。

首先，把权值矩阵 $\boldsymbol{W}=[w_{i,k}]_{C\times D}$、中心矩阵 $\boldsymbol{Z}=[z_{i,k}]_{C\times D}$、划分矩阵 $\boldsymbol{U}=[u_{i,j}]_{C\times N}$ 以及适应度 F 看作 QPSO 需要优化的粒子的属性，而每个粒子都由 4 种不同的属性组成，其中，适应度 F 就是该个体对应的 QPSOSC 的目标函数的值。

然后，确定种群规模 G，初始化种群中的粒子（要分别初始化其中的 4 种属性），随机选取 C 个聚类中心作为个体的中心矩阵，令权值矩阵的每个值都为维度数的均值 $1/D$，令划分矩阵的值都为 0。接下来，分别计算粒子的划分矩阵的值和 F 的大小。划分矩阵的更新计算公式如下：

$$
u_{i,j}^{(g+1)} = \begin{cases}
1, & \sum_{k=1}^{D} (w_{i,k}^{(g)})(z_{i,k}^{(g)} - x_{j,k})^2 \leqslant \sum_{k=1}^{D} (w_{r,k}^{(g)})(z_{r,k}^{(g)} - x_{j,k})^2 \quad (1 \leqslant r \leqslant C) \\
0, & \text{其他} \quad (1 \leqslant i \leqslant C, 1 \leqslant j \leqslant N, 1 \leqslant k \leqslant D)
\end{cases}
\tag{5-29}
$$

划分矩阵的更新公式(5-29)原理是在子空间上获得当前点与各个中心点间的距离，也就是在相关维度上计算当前点与各个中心点的加权长度，从中选取最小的，则该数据项就和该中心点属于同一簇。

接下来考虑 QPSOSC 算法的重复迭代部分，也是 QPSO 应用到子空间聚类的部分。在第 g 代，G 个粒子的位置为 $X(g)=\{X_1(g),\ X_2(g),\ \cdots,\ X_j(g),\ \cdots,\ X_G(g)\}$，其中，$j=1,\ 2,\ \cdots,\ G$，且每个粒子都属于解空间。QPSOSC 算法把权值矩阵作为 QPSO 需要优化的粒子属性，而个体中的其余属性只需要根据权值矩阵进行更新即可。在第 g 代，粒子 i 的权值矩阵的位置如下：

$$X(g)\cdot w_{i,k}=\{w_{i,1}(g),\ w_{i,2}(g),\ \cdots,\ w_{i,d}(g),\ \cdots,\ w_{i,D}(g)\} \tag{5-30}$$

其中，$1\leqslant i\leqslant C$，D 是解空间的维度数。

在第 g 代，粒子 i 的局部最优解 pbest 为

$$P_j(t)=[P_{j,1}(g),\ P_{j,2}(g),\ \cdots,\ P_{j,d}(g),\ \cdots,\ P_{j,D}(g)],\ j=1,\ 2,\ \cdots,\ G \tag{5-31}$$

在 QPSOSC 中，pbest 是由算法的目标函数决定的，且目标函数值越小，适应性越好，权值矩阵的值被保留的概率越大，所以，局部最优位置 $P_j(t)$ 由以下公式确定：

$$P_j(g)=\begin{cases}X_j(g), & (f(X_j(g))<f(P_j(g-1)))\\ P_j(g-1), & (f(X_j(g))\geqslant f(P_j(g-1)))\end{cases} \tag{5-32}$$

$$j=1,\ 2,\ \cdots,\ G$$

同时，第 g 代的全局最优位置是在所有局部最优位置中选择的，即在所有处于局部最优的粒子中选取适应性最强的权值，将最小的一个目标函数值作为全局最优位置 gbest：

$$G(g)=[G_1(g),\ G_2(g),\ \cdots,\ G_d(g),\ \cdots,\ G_D(g)] \tag{5-33}$$

选取公式如下：

$$\begin{aligned}&t=\arg\min_{1\leqslant i\leqslant G}\{f(P_j(g))\}\\&G(g)=P_t(g)\\&1\leqslant t\leqslant G\end{aligned} \tag{5-34}$$

然后，更新权值矩阵的值，结合权值矩阵的局部最优值和全局最优值，尽量让权值矩阵向最优解偏移。我们用粒子 j 中的特征权重值 $X_j(g)\cdot w_{i,k}(g)$ 来模拟这一过程，$X_j(g)\cdot w_{i,k}(g)$ 的含义为第 g 代粒子 j 中样本的特征属性 k 对簇 i 的贡献程度；$C_k(g)\cdot w_{i,k}(g)$ 为粒子群的特征属性权值的平均最优位置；$X_j(g+1)\cdot w_{i,k}(g+1)$ 为 $X_j(g)\cdot w_{i,k}(g)$ 的新的位置。具体原理本文将不再阐述，在此只给出 $X_j(g)\cdot w_{i,k}(g)$ 的新位置的更新公式：

$$\begin{aligned}&X_j(g)\cdot w_{i,k}(g)=\varphi_j(g)\cdot P_j(g)\cdot w_{i,k}(g)+[1-\varphi_j(g)]\cdot G_j(g)\cdot w_{i,k}(g)\\&\varphi_j(t)\sim U(0,\ 1)\end{aligned} \tag{5-35}$$

$$C_k(g)\cdot w_{i,k}(g)=\frac{1}{G}\sum_{j=1}^{G}P_j(g)\cdot w_{i,k}(g) \tag{5-36}$$

$$X_j(g+1)\cdot w_{i,k}(g+1)=X_j(g)\cdot w_{i,k}(g)\pm\alpha\cdot|\ C_k(g)$$

$$-X_j(g)\cdot w_{i,k}(g)\,|\cdot\ln[1/\mathrm{rand}(0,1)] \tag{5-37}$$

最后，根据权值矩阵的最新位置更新中心矩阵，中心矩阵的更新原则是在子空间中对在同一个簇内的点的位置进行均值化，更新公式如下：

$$z_{i,k}^{(g+1)}=\frac{\sum_{i=1}^{N}u_{i,j}^{(g+1)}x_{j,k}}{\sum_{i=1}^{N}u_{i,j}^{(g+1)}},\quad 1\leqslant i\leqslant C,\ 1\leqslant k\leqslant D,\ 1\leqslant j\leqslant N \tag{5-38}$$

更新划分矩阵和适应度值，不断执行以上迭代步骤，以算法达到收敛为止。

4. 算法的步骤

我们将在此对 QPSOSC 算法的步骤进行总结，详细步骤见算法 5.3。

算法 5.3： QPSOSC 算法

输入：

种群规模 G，最大迭代次数 T，类别数目 C，样本数据维度 D

初始化：

1. 随机选择 C 个样本作为聚类中心；
2. 初始化权值矩阵 $\boldsymbol{W}^{(0)}$ 的值，$\boldsymbol{W}^{(0)}=[1/D]_{C\times D}$；
3. 根据公式(5－29)计算划分矩阵，根据公式(5－27)计算适应度。

重复：

1. 根据公式(5－36)计算粒子中每个权值矩阵的平均最优位置；
2. 根据公式(5－32)计算粒子群中权值矩阵的当前局部最优位置 pbest；
3. 根据公式(5－34)计算粒子群的当前全局最优位置 gbest；
4. 根据公式(5－35)计算每个粒子中权值矩阵中每一个权值的一个随机位置；
5. 根据公式(5－37)更新权值矩阵；
6. 根据公式(5－29)计算划分矩阵；
7. 根据公式(5－38)更新中心矩阵；
8. 根据公式(5－27)计算适应度；
9. 选择操作。

直到满足终止条件。

输出：最优解对应的权值矩阵 $\boldsymbol{W}$、划分矩阵 $\boldsymbol{U}$、中心矩阵 $\boldsymbol{Z}$、适应度函数 F。

5.2.3 实验结果及分析

本小节将 QPSOSC 分别与 ESSC[26]、EWKM[27]、高维数据聚类的局部自适应变量方法 LAC[28] 和特征加权 K-均值算法的文本文档子空间聚类算法 FWKM[29] 作对比，并且也与 DESSC 算法作比较。分别让上述算法在 UCI 样本集以及高维度的癌症基因表达样本集上进行了大量对比测试，得出了充足的测试结果。关于 FWKM、EWKM、LAC 和 ESSC 算法的思想以及步骤本节将不再赘述。

本章在尽可能应用好的设备的同时，对算法的软件情况进行了严格的设置。所有算法的运行环境都是相同的，为了尽可能地保证公平公正，每个算法在每个数据集上都运行了 50 次，采用了 50 次运行结果的均值以及方差来进行对比分析。实验环境参数如表 5－12 所示。

表 5－10　实验环境参数

处理器	Intel(R) Core(TM) i3 CPU 550 @ 3.20GHz 3.20GHz
内存	4G
系统	Windows 10　64 位操作系统
运行软件	MATLAB R2014a
种群规模 G	40
最大迭代次数 T	100

FWKM、EWKM、LAC 和 ESSC 这四种算法的参数借鉴了各自相应的文献。

1. 算法的评价指标

在进行算法的实验评估时，为了更客观、更公平地评价算法效果，采用三种评价指标来对实验结果进行详细的分析，让实验效果更直观地体现在数字比对上。三种评价指标分别是兰德指数 RI (rand index)、调整兰德指数 ARI (Adjusted rand index)和标准互信息 NMI (normalized mutual information)。

RI 和 ARI 的思想是一致的，都是将数据的原本归类情况与聚类处理后的数据归类情况进行比对。然后，将比对结果进行标准化处理，两个指标都处于 0 和 1 之间，越大表示聚类处理后的归类情况与数据原有的归类情况越接近，算法的聚类效果越好。而 NMI 评价指标的思想是利用互信息的值来表达聚类结果的效果，聚类结果与原数据的归类越一致，互信息的值就越大。NMI 的取值也在 0 和 1 之间，如果 NMI 的值为 0，就表示该算法的聚类结果与数据原有的归类情况是一模一样的。

兰德指数的公式如下：

$$\mathrm{RI}=\frac{2(n_{11}+n_{00})}{N(N-1)} \tag{5-39}$$

式(5－39)中，n_{11}表示正确归类的样本数据对数，即原本属于同一类，在被处理之后又被分到同一类的数据项的对数；n_{00}表示原本不属于同一类，聚类后也处于不同簇的样本点对数；N 表示数据集的个数。

调整兰德指数的公式如下：

$$\text{ARI}=\frac{\sum_{ij}\binom{N_{ij}}{2}-\left[\sum_{i}\binom{a_i}{2}\sum_{j}\binom{b_j}{2}\right]\Big/\binom{N}{2}}{\frac{1}{2}\left[\sum_{i}\binom{a_i}{2}+\sum_{i}\binom{b_i}{2}\right]-\left[\sum_{i}\binom{a_i}{2}\sum_{j}\binom{b_j}{2}\right]\Big/\binom{N}{2}} \tag{5-40}$$

式(5－40)中，$N_{i,j}$表示样本原本属于第j类，经过处理之后该样本归到i类的数据个数，a_i表示处理之后簇i中的数据项个数，b_j表示处理之后簇j中的数据项个数。

标准互信息的思想是聚类结果与原数据归类情况越一致，NMI的值就越大。公式如下：

$$\text{NMI}=\frac{\sum_{ij}N_{ij}\log(N\cdot N_{ij}/(N_i\cdot N_j))}{\sqrt{\sum_{i}a_i\log(a_i/N)\sum_{j}b_j\log(b_j/N)}} \tag{5-41}$$

其中各符号的定义与上述相同。

2. UCI数据集的实验结果及分析

我们随机选取了9个UCI数据集用于实现算法的对比测试。首先，我们将QPSOSC与DESSC、FWKM、EWKM、LAC和ESSC分别在UCI的9个数据集上独立运行了50次。UCI的9个数据集如表5－11所示。

表5－11　UCI数据集

UCI数据集	样本数目	维度	类别数
WDBC	569	30	2
Iris	150	4	3
Waveform3	5000	21	3
Balance	625	4	3
Glass	214	9	6
Heart	270	13	2
Wine	178	13	3
Australian	690	14	2
Seed	210	7	3

表5－12、表5－13、表5－14分别是QPSOSC、DESSC、FWKM、EWKM、LAC和ESSC在上述9个UCI数据集上的运行结果，它们分别用RI、ARI和NMI衡量。表5－11里的每个数据都是平均50次的结果，方差表示这50次结果的异同情况，方差越小表示50次的聚类结果越相似，越大表示不同之处越多。其中最优结果用加粗的方式表示。

表 5-12 算法在 UCI 数据集上的聚类结果的 RI 评价指标

UCI 数据集		QPSOSC	DESSC	ESSC	FWKM	EWKM	LAC
WDBC	均值	0.7969	**0.8840**	0.7641	0.7301	0.7901	0.7583
	方差	**3.9357e-08**	0.0085	0.0205	0.0139	0.0158	0.0246
Iris	均值	0.8797	**0.9417**	0.8664	0.8511	0.8496	0.8788
	方差	1.4085e-06	**5.6075e-16**	0.0937	0.0729	0.0761	0.1081
Waveform3	均值	0.6640	**0.7033**	0.6738	0.6727	0.6514	0.6617
	方差	**5.0510e-11**	0.0025	0.0162	0.0204	0.0273	0.0372
Balance	均值	0.5862	0.5869	0.5738	**0.5919**	0.5850	0.5882
	方差	**1.9244e-04**	0.0113	0.0125	0.0195	0.0157	0.0170
Glass	均值	0.6743	0.6765	**0.6962**	0.5746	0.6924	0.6954
	方差	**6.9896e-06**	0.0080	0.0165	0.0501	0.0156	0.0151
Heart	均值	0.6744	**0.9494**	0.5883	0.5991	0.6200	0.6122
	方差	**1.3696e-32**	0.0812	0.0562	0.0505	0.0515	0.0614
Wine	均值	0.8687	**0.9288**	0.9210	0.9235	0.9187	0.9192
	方差	0.0042	**0.0013**	0.0631	0.0064	0.0061	0.0351
Australian	均值	**0.7518**	0.7461	0.5900	0.6242	0.5200	0.6103
	方差	**1.3696e-32**	0.0284	0.1001	0.1100	0.0539	0.0959
Seed	均值	0.8627	0.8550	**0.8648**	0.6872	0.8619	0.8569
	方差	**0**	6.6576e-4	0.0044	0.0033	0.0025	0.0022

表 5-13 算法在 UCI 数据集上的聚类结果的 ARI 评价指标

UCI 数据集		QPSOSC	DESSC	ESSC	FWKM	EWKM	LAC
WDBC	均值	0.5953	**0.7663**	0.5347	0.4560	0.5830	0.5227
	方差	**1.5408e-07**	0.0171	0.0389	0.0243	0.0297	0.0468
Iris	均值	0.7302	**0.8681**	0.8664	0.6810	0.6772	0.7447
	方差	7.5665e-06	**0**	0.2003	0.1374	0.1443	0.2146
Waveform3	均值	0.2461	**0.3411**	0.2735	0.2702	0.2192	0.2461
	方差	**5.9924e-10**	0.0491	0.0373	0.0555	0.0668	0.0923
Balance	均值	0.1335	0.1365	0.1098	**0.1463**	0.1334	0.1382
	方差	**8.4675e-04**	0.0236	0.0252	0.0407	0.0328	0.0358

续表

UCI数据集		QPSOSC	DESSC	ESSC	FWKM	EWKM	LAC
Glass	均值	0.1741	**0.2650**	0.1542	0.0706	0.1880	0.1616
	方差	**1.9763e−05**	0.0343	0.0412	0.0501	0.0325	0.0391
Heart	均值	**0.3488**	0.2650	0.1762	0.1978	0.2398	0.2243
	方差	**3.4239e−33**	0.0343	0.1127	0.1013	0.1031	0.1228
Wine	均值	0.7081	0.8276	0.8179	**0.8282**	0.8174	0.8203
	方差	0.0201	**0.0029**	0.0386	0.0144	0.0138	0.0673
Australian	均值	**0.5036**	0.4921	0.1792	0.2481	0.0378	0.2200
	方差	**0**	0.0568	0.0806	0.2202	0.1085	0.1922
Seed	均值	0.6902	0.6740	**0.6967**	0.6478	0.6893	0.6783
	方差	**0**	0.0015	0.0097	0.0078	0.0054	0.0047

表 5-14　算法在 UCI 数据集上的聚类结果的 NMI 评价指标

UCI数据集		QPSOSC	DESSC	ESSC	FWKM	EWKM	LAC
WDBC	均值	0.4938	**0.6724**	0.4932	0.3682	0.4907	0.4757
	方差	**1.3523e−07**	0.0240	0.0167	0.0243	0.0057	0.0161
Iris	均值	0.7582	**0.8498**	0.7327	0.7415	0.7343	0.7808
	方差	1.0365e−05	**2.4825e−16**	0.1506	0.0735	0.0739	0.1318
Waveform3	均值	0.3448	0.3352	0.3104	**0.3574**	0.2727	0.2461
	方差	**1.7058e−10**	0.0344	0.0436	0.0329	0.0449	0.0708
Balance	均值	0.1155	0.1114	0.0880	**0.1244**	0.1140	0.1175
	方差	**7.0002e−04**	0.0119	0.0184	0.0447	0.0274	0.0310
Glass	均值	0.3373	**0.4161**	0.2781	0.1015	0.3368	0.2925
	方差	**3.1913e−05**	0.0421	0.0439	0.0321	0.0429	0.0424
Heart	均值	0.2712	**0.6765**	0.1474	0.1529	0.1970	0.1827
	方差	**3.4239e−33**	0.0080	0.0845	0.0695	0.0814	0.0941
Wine	均值	**0.8529**	0.8180	0.8472	0.8146	0.8022	0.8081
	方差	**1.0956e−32**	0.0026	0.0969	0.0113	0.0151	0.0498
Australian	均值	**0.4279**	0.4171	0.1532	0.2051	0.0386	0.1856
	方差	**3.4239e−33**	0.0534	0.0757	0.1876	0.0859	0.1577
Seed	均值	0.6468	0.6533	**0.6685**	0.6478	0.6628	0.6575
	方差	**1.2326e−32**	0.0030	0.0071	0.0112	0.0059	0.0057

对以上表中的 RI、ARI 和 NMI 的评价指标进行对比可以看出，QPSOSC 算法的运行结果中的方差比较小，这说明相对于其他 4 种算法来说，QPSOSC 的稳定性比较好。但是就 RI、ARI 和 NMI 的均值而言，DESSC 仍旧占据优势，所以，关于在 UCI 的样本集上的运行结果，使用 DESSC 比使用 QPSOSC 更贴近真实归类情况。除此之外，由于 ESSC 不但把簇内的距离融入其中，更把样本簇间的距离引入进来，所以，ESSC 的聚类效果较 FWKM、EWKM、LAC 好。另外，DESSC 以及 QPSOSC 的步骤中都有进化过程，时间复杂度为 $O(TGNCD)$，其中，T 是最大迭代次数，G 是种群规模，所以这两种算法的时间复杂度会比其他四种高。

3. 癌症基因表达样本的实验分析

在 DESSC 的实验环节，我们采用了癌症基因表达数据集来测试 QPSOSC、DESSC、FWKM、EWKM、LAC 和 ESSC 的运行情况。子空间聚类的产生就是为了处理高维数据的聚类分析，所以，在本节为了公平客观地评价各个算法，高维度的实验样本集是必不可少的。同样，我们决定采用癌症基因表达数据集来进行测试，该数据集的具体情况如表 5-15 所示。通过每个算法在每个样本集上运行 50 次的实验，我们得出了 RI、ARI 和 NMI，如表 5-16～表 5-18 所示。

表 5-15 各种癌症基因表达数据集详情

数据集	数目	维度	类别数	数据来源
MLL	72	12533	3	http://www.biolab.si/supp/bi-cancer/projections/
Bladder	40	5724	3	
Prostate	20	12627	2	
Lung	203	12600	5	
Breast	24	12615	2	
DLBCL	77	7070	2	

表 5-16 算法在癌症基因表达数据集上的聚类结果的 RI 评价指标

数据集	对比结果	QPSOSC	DESSC	ESSC	FWKM	EWKM	LAC
MLL	均值	0.7430	**0.7587**	0.7103	0.6238	0.6643	0.6488
	方差	**2.0577e-04**	0.0314	0.0671	0.0112	0.0780	0.1009
Bladder	均值	**0.6795**	0.6234	0.6364	0.6214	0.6362	0.6215
	方差	**0.0011**	0.0648	0.0875	0.1089	0.1005	0.0935
Prostate	均值	**0.6053**	0.5852	0.5258	0.5902	0.5201	0.5059
	方差	**0.0020**	0.0411	0.0520	0.0562	0.0489	0.0432

续表

数据集	对比结果	QPSOSC	DESSC	ESSC	FWKM	EWKM	LAC
Lung	均值	0.5796	**0.5922**	0.5449	0.5348	0.5627	0.5519
	方差	**3.7045e−05**	0.0354	0.0336	0.2257	0.0395	0.0247
Breast	均值	**0.6087**	0.5471	0.5705	0.5455	0.5394	0.5674
	方差	**1.5884e−04**	0.0465	0.0528	0.0677	0.0412	0.0411
DLBCL	均值	**0.6370**	0.5891	0.5643	0.5372	0.5714	0.5282
	方差	**1.3696e−32**	3.3645e−16	7.4505e−16	0	3.3645e−16	4.4860e−16

表 5-17　算法在癌症基因表达数据集上的聚类结果的 ARI 评价指标

数据集	对比结果	QPSOSC	DESSC	ESSC	FWKM	EWKM	LAC
MLL	均值	0.4177	**0.4753**	0.3654	0.2534	0.2976	0.2769
	方差	**0.0011**	0.0688	0.1394	0.1567	0.1435	0.1521
Bladder	均值	**0.3544**	0.2301	0.2556	0.2318	0.2657	0.2418
	方差	**0.0038**	0.1088	0.1501	0.1555	0.1665	0.1384
Prostate	均值	**0.2088**	0.1779	0.0629	0.0433	0.0571	0.0334
	方差	**0.0078**	0.0825	0.0983	0.0785	0.0896	0.0790
Lung	均值	0.1555	**0.1812**	0.0855	0.1126	0.1214	0.0988
	方差	**1.4797e−04**	0.0711	0.0676	0.0688	0.0798	0.0498
Breast	均值	**0.2172**	0.0929	0.1370	0.1217	0.0759	0.1314
	方差	**6.1110e−04**	0.0936	0.1069	0.0564	0.0834	0.0835
DLBCL	均值	0.1316	**0.1756**	0.1241	0.0885	0.1678	0.0515
	方差	8.5597e−34	**0**	8.41123e−17	0	0	0

表 5-18　算法在癌症基因表达数据集上的聚类结果的 NMI 评价指标

数据集	对比结果	QPSOSC	DESSC	ESSC	FWKM	EWKM	LAC
MLL	均值	0.4451	**0.5079**	0.3975	0.3211	0.3443	0.3337
	方差	**4.3845e−04**	0.0661	0.1344	0.1576	0.1447	0.1607
Bladder	均值	**0.4812**	0.3516	0.3513	0.3334	0.3558	0.3286
	方差	**0.0014**	0.1206	0.1444	0.1489	0.1441	0.1329
Prostate	均值	0.1919	**0.2708**	0.1141	0.0877	0.1199	0.0991
	方差	**0.0049**	0.1145	0.1000	0.0985	0.1022	0.0921

续表

数据集	对比结果	QPSOSC	DESSC	ESSC	FWKM	EWKM	LAC
Lung	均值	0.3226	**0.3325**	0.2445	0.2378	0.2644	0.2496
	方差	**3.2826e−05**	0.0536	0.0724	0.0785	0.0792	0.0635
Breast	均值	**0.2408**	0.1421	0.2405	0.1799	0.1754	0.1813
	方差	**0.0027**	0.0451	0.0844	0.0653	0.0764	0.0398
DLBCL	均值	0.0563	**0.3391**	0.2798	0.1899	0.3338	0.1797
	方差	**4.2798e−35**	1.1215e−16	5.6075e−17	2.3451e−16	5.6075e−17	1.1215e−16

由表5-16～表5-18的实验数据可以看出，相对其他5种算法，QPSOSC在处理高维度的数据集时，有4个数据集的RI的均值最高，占总数的2/3，有3个数据集的ARI均值最高，占总数的1/2，有两个数据集的NMI的均值最高，占总数据集数的1/3。而RI、ARI和NMI的方差对比结果显示，对于大部分数据集，QPSOSC算法的效果最好。

以上说明：

(1) QPSOSC在处理高维数据集时比其他5种算法效果更好，即聚类结果与真实结果最相似。

(2) QPSOSC在处理高维数据集时稳定性较其他5种算法最稳定。

(3) DESSC在处理高维数据集时效果仅次于QPSOSC。

(4) QPSOSC和DESSC的时间复杂度均为$O(TGNCD)$，而FWKM、EWKM、LAC和ESSC的时间复杂度均为$O(TNCD)$，前两者比其他四种聚类算法更复杂、运行时间更长。

5.3 结论与讨论

基于量子智能优化的数据聚类已经提出了一些算法，例如基于流形距离的量子进化聚类[30]，量子多目标进化聚类[30]和基于分水岭的量子进化聚类算法[31]等。本书主要介绍了两种基于量子的聚类算法：基于核熵成分分析的量子聚类方法和基于量子粒子群的软子空间聚类算法。基于核熵成分分析的量子聚类方法保持了传统量子聚类的优点，是一种无监督学习聚类算法，不需要预先假定任何特别的样本分布模型和聚类类别数，并且聚类中心完全取决于样本自身的潜在信息，而不是简单的几何中心或随机确定。基于量子粒子群的软子空间聚类算法，首先对DESSC算法[22]的不足之处进行了深刻思考，首先针对DESSC算法的初始值敏感问题和稳定性不强问题展开研究；然后研究了QPSO方法的特点，而且对该算法的原理、步骤进行了简短说明；最后提出了基于QPSO的软子空间聚类算法

(QPSOSC)，由实验结果可知 QPSOSC 较其他算法而言稳定性比较强，就聚类效果而言，在处理低维数据集时，DESSC 的效果要优于 QPSOSC，但是在处理高维数据集时，QPSOSC 展现出了 DESSC 以及其他 4 种算法都没有的优越性。然而，对于引入进化算法的聚类而言，时间复杂度为 $O(TGNCD)$，由于多了样本个数，所以时间复杂度较高，这是该类方法面临的挑战。

本章参考文献

[1] GASIOROWICZ S. Quantum physics[M]. New York: John Wiley and Sons, Inc., 1974.

[2] HORN D. Clustering via Hilbert space[J]. Physica A Statistical Mechanics & Its Applications, 2001, 302(1-4): 70-79.

[3] HORN D, GOTTLIEB A. The method of quantum clustering[J]. Advances in Neural Information processing system, 2002: 769-776.

[4] HORN D, GOTTLIEB A. Algorithm for data clustering in pattern recognition problems based on quantum mechanics.[J]. Physical Review Letters, 2002, 88(1): 261-268.

[5] NASIOS N, BORS A G. Kernel-based classification using quantum mechanics [J]. Pattern Recognition, 2007, 40(3): 875-889.

[6] SCHÖLKOPF B, SMOLA A, MÜLLER K R. Nonlinear component analysis as a kernel eigenvalue problem[J]. Neural Computation, 1998, 10(5): 1299-1319.

[7] HOFFMANN H. Kernel PCA for novelty detection[J]. Pattern Recognition, 2007, 40(3): 863-874.

[8] JENSSEN R, HILD K E, ERDOGMUS D, et al. Clustering using Renyi's entropy[C]. Proceedings of the International Joint Conference on Neural Networks, 2003: 523-528.

[9] DHILLON I S, GUAN Y Q, KULIS B. Kernel k-means: spectral clustering and normalized cuts[C]. Proceedings of the tenth ACM SIGKDD International Conference on Knowledge Discovery and data Mining, 2004: 551-556.

[10] MALIK J, SHI J. Normalized cuts and image segmentation[J]. IEEE Trans. Pattern Anal. Mach. Intell., 2000, 22(8): 888-905.

[11] SILVERMAN B W. Density estimation for statistics and data analysis[M]. London: Chapman and Hall, 1986: 296-297.

[12] VARSHAVSKY R, HORN D, LINIAL M. Clustering algorithms optimizer: A framework for large datasets[C]. Bioinformatics Research and Applications, Third International Symposium, ISBRA 2007, Atlanta, GA, USA, May 7-10, 2007, Proceedings, 2007: 85-96.

[13] NASIOS N, BORS A G. Kernel-based classification using quantum mechanics [J]. Pattern Recognition, 2007, 40(3): 875-889.

[14] HORN D, AXEL I. Novel clustering algorithm for microarray expression data in a truncated SVD

space[J]. Bioinformatics, 2003, 19(9): 1110-1115.

[15] UC Irvine Machine Learning Repository[EB/OL]. http://archive.ics.uci.edu/ml/datasets.html.

[16] MACQUEEN J. Some methods for classification and analysis of multi-variate observations[C]. Proc. of, Berkeley Symposium on Mathematical Statistics and Probability, 1967: 281-297.

[17] NG A Y, JORDAN M I, WEISS Y. On spectral clustering: Analysis and an algorithm[J]. Proceedings of Advances in Neural Information Processing Systems, 2001, 14: 849-856.

[18] JENSSEN R. Kernel entropy component analysis[J]. Pattern Analysis & Machine Intelligence IEEE Transactions on, 2010, 32(5): 847-860.

[19] BEN-HUR A, GUYON I. Detecting stable clusters using principal component analysis.[J]. Methods in Molecular Biology, 2003, 224(224): 159-182.

[20] LI Y Y, WANG Y, WANG Y Y, et al. Quantum clustering using kernel entropy component analysis[J]. Neurocomputing, 2016, 202: 36-48.

[21] GENG X, ZHAN D C, ZHOU Z H. Supervised nonlinear dimensionality reduction for visualization and classification[J]. IEEE Transactions on Systems Man & Cybernetics Part B Cybernetics, 2005, 35(6): 1098-1107.

[22] LI Y Y, LU Y J, JIAO L CH. Soft subspace clustering using differential evolutionary algorithm[C]. In: Proceedings of the 2016 IEEE Congress on Evolutionary Computation, 24-29 July 2016, Vancouver, Canada, 2016: 1-8.

[23] SUN J, FENG B, XU W. Particle swarm optimization with particles having quantum behavior[C]// Proceedings of the 2004 Congress on evolutionary computation, IEEE(at. No. 04TH8753). IEEE, 2004, 1: 325-331.

[24] 孙俊. 量子行为粒子群优化：原理及应用[M]. 北京：清华大学出版社，2011.

[25] 孙俊. 量子行为粒子群优化算法研究[D]. 无锡：江南大学博士论文，2009.

[26] DENG Z, CHOI K S, CHUNG F L, et al. Enhanced soft subspace clustering integrating within-cluster and between-cluster information[J]. Pattern Recognition, 2010, 43(3): 767-781.

[27] JING L, NG M K, HUANG J Z. An entropy weighting k-means algorithm for subspace clustering of high-dimensional sparse data[J]. IEEE Transactions on Knowledge & Data Engineering, 2007, 19(8): 1026-1041.

[28] DOMENICONI C, GUNOPULOS D, MA SH, et al. Locally adaptive metrics for clustering high dimensional data[J]. Data Mining and Knowledge Discovery, 2007, 14(1): 63-97.

[29] JING L, NG M K, XU J, et al. Subspace clustering of text documents with feature weighting k-means algorithm[C]. Pacific-Asia Conference on Advances in Knowledge Discovery and Data Mining. Springer-Verlag, 2005: 802-812.

[30] 焦李成，李阳阳，刘芳，等. 量子计算、优化与学习[M]. 北京：科学出版社，2017.

[31] LI Y Y, SHI H ZH, JIAO L CH, et al. Quantum evolutionary clustering algorithm based on watershed applied to SAR image segmentation[J]. Neurocomputing, 2012. 87: 90-98.

第6章 基于量子智能优化的数据分类

6.1 基于量子粒子群的最近邻原型数据分类

6.1.1 数据分类方法简介

K 近邻分类方法是最受欢迎、应用最广泛的经典分类分析方法之一，也是一种有监督的分类方法，并且它能够根据训练和测试的投票结果对给定的数据进行分类。该方法是一种基于统计的分类方法，即把所要分类的数据依据某种测度，划归到距离相应的类中。K 近邻分类方法具有简单、易行的优点，但是它需要计算待分类的数据到所有训练数据的距离，计算复杂度较高。

最近邻原型分类[1]方法是一种基于原型的分类方法，该方法用基于原型的编码代替传统的原始训练数据，通过一定的优化迭代，寻找到最有效的原型，计算测试数据到原型的距离，再根据固定的分类标准进行分类。最近邻分类方法可以应用到规模较小的数据分类中，具有直观、简单、快速的特点，但是对于规模较大，特性稍复杂的数据，最近邻的分类效果就不太理想。但是，一般的方法在寻找有效原型时往往不能有效提高分类的正确率。量子粒子群算法(QPSO)被证实是一种全局搜索算法，可以尝试用它来解决上述问题。

本书把 QPSO 应用到数据分类问题中，用量子粒子群算法搜索有效原型。首先，对粒子进行基于原型的编码，并对不同的原型分派相应的类别；第二步，对训练数据进行学习后，根据最近邻分类计算分类正确率，并以此作为适应度函数，采用量子粒子群算法进行搜索迭代，再经过更新算子，达到停止条件确定有效的原型；第三步，计算测试数据到原型的距离，并根据原型的类别对其分配相应的类别标签，最终得到分类结果。这样不但可以减少分类时间，也可以更好地指导分类，达到较好的分类效果。

在数据挖掘领域，人们把数据分类(Data classification)定义为一个从现有的带有类别的数据集中寻找同一类别数据的共同特征，并以此对它们进行区分的过程。数据分类一般分为分类模型的构建和使用两个阶段。在模型构建阶段，算法为每个类别产生一个相对应数据集的准确描述或规则，其核心内容是分类算法；在模型使用阶段，算法利用提取出的类别描述或规则对未知类别的数据进行分类[2]。

尽管数据分类在理论和技术方面已经取得了一定的突破，但是它仍然面临很多的问题和挑战，主要包括：

(1) 分类算法的准确性和有效性。现代社会的信息已经达到了 GB 级，甚至是 TB 级。面对这些海量数据，分类算法必须能够在可容忍的时间内提取出相对准确的分类信息。具有指数复杂度的算法在实际应用中是不实用的，即使它们能够提取出更加准确的信息。

(2) 分类规则的可理解性。分类规则和结果是否能够被人们很好地理解是数据分类所提取出的信息是否有用的前提。简单明了的分类规则和结果无疑会给人们的判断和决策提供很大的帮助。

解决数据分类的一般步骤如下：

(1) 将现有的已知类别的数据划分为训练数据和测试数据两部分。

(2) 通过构造分类算法对训练数据进行学习，最终得到一个符合学习要求的分类模型，它可以通过分类规则、决策树或者数学公式等形式给出。

(3) 使用分类模型对测试数据进行检验，如果符合要求则进行下一步；否则，重复上一步。

(4) 应用得到的分类模型对未知类别的新数据进行分类。

其中，第(2)步构造分类算法对于分类结果的影响是至关重要的。一个好的分类算法会使得产生的分类规则能够更准确地描述训练数据集的特性，并且分类规则可以被更容易地应用到对未知数据的预测中去，从而得到更精确的结果。随着数据分类在人工智能、机器学习和模式识别等领域的广泛应用，许多分类算法相继产生，其中应用比较广泛、效果较好的几种分类算法有决策树分类、贝叶斯分类、神经网络分类、支持向量机、K 近邻分类等。

1. 最近邻和 K 近邻分类算法[3]

最近邻法允许类中全部样本点作为类的代表，它不仅比较样本点与各类均值的距离，而且计算其和所有样本点之间的距离，只要有距离更近的训练样本点，就将新样本点归入该训练样本所属的类。为了克服最近邻法错判率较高的缺陷，可以使用 K 近邻分类算法(前面章节也称为 K 近邻方法)，K 近邻分类算法不是仅选取一个最近邻进行分类，而是选择 k 个近邻，然后检查它们的类别，归入比重最大的那一类。K 近邻分类算法认为新样本点属于距它最近的样本点所属的类，它的优点是简单且不受最小错误概率的影响，缺点是受噪声影响较大，k 值的选择不固定，且对于规模较大的数据计算量较大。

2. 决策树分类算法

决策树又称判定树，是运用于分类的一种树结构。决策树分类算法的分类学习过程包括树构造和树剪枝两个阶段。

1）树构造阶段

决策树采用自顶向下的递归方式，从根节点开始在每个节点上按照给定标准选择测试属性，然后按照相应属性的所有可能取值向下建立分枝，划分训练样本，直到一个节点上的所有样本都被划分到同一个类，或者某一节点中的样本数量低于给定值时为止。这一阶段关键的操作是在树的节点上选择最佳测试属性，该属性可以对训练样本进行最好的划分。此外，测试属性的取值可以是连续的，也可以是离散的，而样本的类属性必须是离散的。

2）树剪枝阶段

构造过程中得到的并不是最简单、最紧凑的决策树。因为许多分枝反映的可能是训练数据中的孤立点或噪声。树剪枝过程试图监测和去掉这种分枝，以便提高模型对未知数据集进行分类时的准确性。树剪枝主要有先剪枝、后剪枝和两者相结合的方法。树剪枝方法的剪枝标准有最小描述长度原则和期望错误率最小原则等。

生成一棵决策树是从数据中生成分类模型的一个非常有效的方法，相对于其他分类方法，决策树分类算法应用最为广泛，其主要优点包括：

(1) 学习过程中不需要了解很多背景知识，只要训练事例能够用属性—结论的方式表达出来，就能用该算法进行学习。

(2) 速度快，计算量相对较小，且容易转化成分类规则，便于理解。

(3) 决策树的分类模型是树状结构，简单直观，比较符合人类的思考方式。

尽管如此，它依然存在很多的问题：

(1) 在构造树的过程中，需要对数据集进行多次的顺序扫描和排序，这使得算法的效率不高，在处理大规模数据时的计算时间过长。

(2) 算法只适合对于驻留内存的数据集进行处理。当数据规模超出内存所能容纳的范围时，程序无法运行。

3. 贝叶斯分类算法

贝叶斯分类算法是一种基于最小错误率的概率分类的算法，如 NB(Naive Bayes，朴素贝叶斯)等。这种算法主要利用贝叶斯定理来预测一个未知类别的样本属于各个类别的可能性，选择其中可能性最大的一个类别作为该样本的最终类别。

在描述贝叶斯定理如何应用于分类问题之前，可以先从统计学角度对分类问题加以形式化描述。设 X 表示属性集，Y 表示类变量。如果类变量和属性之间的关系不确定，那么可以把 X 和 Y 看作随机变量，用 $P(Y|X)$ 以概率的方式描述二者之间的关系。这个条件概率又称为 Y 的后验概率，相应地，$P(Y)$ 称为 Y 的先验概率。

在训练阶段，要根据从训练数据中收集的信息，对 X 和 Y 的每一种组合学习后验概率。然后，找出后验概率最大的类，再对测试数据进行分类。

由于贝叶斯定理的成立本身需要一个很强的独立性假设前提，而此假设在实际情况中经常是不成立的，因而造成其分类的准确性下降。为此出现了许多降低独立性假设的贝叶斯分类算法，如 TAN(Tree Augmented Bayes Network，树增强贝叶斯网络)等。

4. 基于关联规则的分类算法

基于关联规则的分类算法(Classification Based on Association，CBA)作为数据挖掘中最活跃的研究方法之一，是最早由 Agrawal 等人提出的基于关联规则发现方法的分类算法，它主要是通过发现训练集中的关联规则来构造分类器。最初提出的动机是针对购物篮子分析问题的，其目的是发现交易数据库中不同商品之间的联系规则，这些规则刻画了顾客购买行为模式，可以用来指导商家科学地安排进货库存以及货架设计等。该算法通过两个步骤构造分类器：第一步，发现所有的右部为类别的类别关联规则(Classification Association Rules，CAR)；第二步，从已发现的 CAR 中选择高优先度的规则来覆盖训练集。CBA 算法关联规则的发现采用经典算法 APriori，该算法对于发现隐藏于大量交易记录之中的关联规则来说是比较有效的，但当利用它发现分类规则时，为了防止漏掉某些规则，最小支持度常被设为 0，此时该算法就发挥不了它的优化作用，结果是产生的频繁集过多，运行效率很差。CBA 算法的优点是其分类准确度较高，因为它的发现规则相对较全面。

5. 支持向量机分类

支持向量机(Support Vector Machine，SVM)是一种监督式学习的方法，它广泛应用于统计分类以及回归分析中。基于结构风险原则的支持向量机与其他学习机相比具有良好的推广能力和很强的普适性。它的最终求解可以转化为一个线性约束凸二次规划问题，不存在局部极小问题。通过引入核函数方法，可以将线性支持向量机简单地推广到非线性支持向量机，而且对于高维样本几乎不增加额外的计算量。通过提高数据的维度把非线性分类问题转换成线性分类问题，较好地解决了传统算法中训练集误差最小而测试集误差仍较大的问题，算法的效率和精度都比较高。然而，同神经网络一样，SVM 分类器依赖于一些预定义的参数，这些参数的选取将影响最终的分类精度，并且在大规模训练样本和多分类问题上存在困难。

6. 神经网络分类算法

神经网络是大量的简单神经元按一定规则连接构成的网络系统。它的工作机理是通过学习改变神经元之间的连接强度。常用的神经网络计算模型有多层感知器、反馈网络、自适应映射网络等。

在数据挖掘领域，主要采用前向神经网络提取分类规则。神经网络算法最早在文献[4]中被提出，此后又提出许多版本，包括替换的学习率和要素参数的动态调整，误差函数、网络拓扑的动态调整等。近年来，从神经网络中提取规则受到人们越来越多的关注。其中主要有以下两种倾向：一种是网络结构分解的规则提取；另一种是根据神经网络的非线性映射关系提取规则。虽然目前神经网络分类算法在解决分类问题方面取得了较好的结果，但是仍然存在较多的不足，主要包括：

(1) 网络不适合处理大规模的数据。当数据的规模足够大时，采用神经网络解决分类问题会使得计算时间过长，资源占用过多，导致解决问题的效率低下。

(2) 分类过程比较复杂。由于在神经网络分类过程中，分类规则隐含在网络权值之中，需要对输入层和隐含层节点逐步、反复地训练和筛检，直到分类预测精度误差达到可接受的程度。

7. 基于数据库技术的分类算法

虽然数据挖掘研究是由数据库领域的研究人员兴起的，然而至今为止提出的大多数算法却没有利用数据库的相关技术，数据挖掘应用也很难与数据库系统集成，此问题已成为该领域研究的关键问题之一。在基于数据库技术的分类算法中，目前主要有 MND(mining in dataset，数据库挖掘)和 GAC-RDB(Grouping and Count-relational dataset，关系数据库的分组计数)两种。基于数据库技术的分类算法的缺点有：

(1) 算法采用 UDF 完成主要的计算任务，而 UDF 一般利用高级语言实现，无法使用数据库系统提供的查询处理机制，无法利用查询优化方法，且 UDF 的编写和维护都比较复杂。

(2) GAC-RDB 中用 SQL 语句实现的功能本身是比较简单的操作，但是采用 SQL 实现的方法却显得相当复杂。

6.1.2 K 近邻分类算法概述

K 近邻(K-Nearest Neighbor，KNN)算法，即 K 近邻分类算法或 KNN 算法)最初由 Cover 和 Hart 于 1967 年提出，是一种典型的延迟学习方法[5]。由于其简单易行，而且分类效果良好，对不同数据集都有很高的可操作性，多年来在文本分类[6, 7]、模式识别[8]及图像分类[9]等领域得到广泛应用。

KNN 算法[10]为所有待分类的实例构建一个分类模型，一次建模反复使用，其基本思想是在训练样本中找到测试样本的 k 个最近邻，然后根据这 k 个最近邻的类别来决定测试样本的类别。

假设训练集 $X=\{x_1, x_2, \cdots, x_n\}$ 是多维空间中的点集，分类属性为 l，它是一个离散型变量，其值域为 $L=\{1, 2, \cdots, k\}$。分类的目标是最小化分类误差 M_j，即对于每一个取值 $l_j \in L$，有

$$M_j = \sum_{l_j \in L} R_{l_j l_{j'}} p(l_{j'} \mid q) \tag{6-1}$$

其中，$R_{l_j l_{j'}}$ 代表将取值 l_j 分类为 $l_{j'}(j \neq j')$ 造成的误差，q 代表被预测点，$p(l_{j'} | q)$ 代表将 q 分类为 $l_{j'}$ 的概率。通常来说，KNN 假定所有的误分类都具有相同的误差，即

$$R_{l_j l_{j'}} = \begin{cases} 0, & j = j' \\ 1, & j \neq j' \end{cases} \tag{6-2}$$

KNN 算法并不能精确地预测出 q 的分类属性值，而是给出最有可能的预测值：

$$\mathrm{KNN}(q) = \arg\max_{l_j \in L} p(l_j \mid q) \tag{6-3}$$

其中，KNN(q)表示 KNN 方法对于被预测点 q 的预测结果。

K 近邻分类算法的步骤如下：

首先确定一个合适的距离，对于测试集中的每个数据点 s，在训练集中根据距离机制找到 s 的 k 个最近的邻居；然后根据 k 个最近邻的分类属性取值投票决定被预测点的分类属性；预测完成后，根据

$$M_j = \sum_{l_j \in L} R_{l_j l_{j'}} p(l_{j'} \mid q) \tag{6-4}$$

来确定分类误差或分类准确率。

K 近邻分类算法是一种基于类比学习的非参数分类技术，该算法概念清晰、思想简单、易于实现；训练过程简单迅速，不需要产生额外的数据来描述分类规则，其规则就是训练数据本身；该算法虽然在原理上依赖于极限定理，但是采用该方法可以避免不平衡的样本数量问题。因为在实际具体分类过程中，它其实只与很少量的近邻样本相关。该算法也存在一些不足之处[11]：

(1) 分类速度慢。KNN 算法是一种基于实例学习的懒惰学习方法，对于每一个待分样本，都需要计算它与训练样本库中的所有样本的相似度，才能得到与待分样本最近的 k 个邻居，这样算法的时间复杂度和空间复杂度都会很高，当其遭遇数据集规模较大并且是高维样本时，其时间复杂度为 $O(mn)$，m 是数据集的大小，n 是样本的特征维数。

(2) 特征属性作用相同会降低分类效果。KNN 算法对所有的特征属性都统一看待，即分类时赋予每一个特征属性相同的权重，根据数据样本的所有特征属性来计算样本间的距离和衡量相似度。然而，按照这种所有特征属性权重相同来计算样本间的相似度，这经常会误导分类过程，因为不同特征与分类结果的关联程度不同，只有部分特征与分类强相关。

(3) k 值需要确定。KNN 算法确定时必须指定近邻数 k，若 k 值选择不当，则分类精度将会受到影响。实际应用中，通常要尝试不同的 k 值进行一系列实验来确定分类效果最优的 k 值。

(4) 分类效果容易受到数据分布情况的影响。实际应用中，待处理的数据样本可能很松散，数据分布极不均匀，特别是大量分布在类边界的数据样本，在很大程度上增加了分类的“噪音”干扰，KNN 算法的分类性能也大大降低。

近年来，随着智能算法的研究，粒子群算法逐渐被引入到解决数据分类问题的工作中，算法本身的潜力使它在解决数据分类时相对于传统的分类算法能够表现出更好的性能。但是，粒子群算法在数据分类中的应用还处在起步阶段，算法在很多方面还有待于进一步完

善，现有的改进也只是简单地针对问题而进行的，并没有考虑算法内在的不足，从而使得算法性能的提升非常有限。本书的研究工作正是基于上述问题而进行的。

6.1.3 基于量子粒子群的最近邻原型的数据分类算法

传统的KNN算法是一种简单易行的“懒惰”学习法，因为它对训练数据不做任何处理。分类过程分为学习和测试两个阶段，在测试阶段，每一个测试数据都需要计算它与训练样本库中的所有样本的相似度，从而得到与待分样本最近的邻居，这样算法的时间复杂度和空间复杂度都将会很高，尤其当实验数据集规模较大并且是高维样本时，其时间复杂度将更大。

基于上述问题，本书采用基于原型的最近邻分类方法。这种算法采用有效的原型集合来表示粒子，通过学习训练出分类模型，选出有效原型，这样在分类时只需计算待分类数据到原型的距离即可，而不是到原始的训练数据的距离。这意味着分类的速度将会大大提升，因为原型的数量要比原始的训练数据的个数少得多。基于原型的最近邻分类方法除了能降低算法的复杂度(由原型的数量决定)之外，还能改善基本最近邻算法的分类正确率。而这些有效的原型的选取则需要根据一定的规则优化选择得到。

因此，基于量子粒子群算法和最近邻算法，提出了基于量子粒子群的最近邻原型的数据分类算法。

1. 算法流程

基于量子粒子群的最近邻原型的数据分类(QPSO)算法的具体步骤如下：

步骤1：输入待处理的数据。

步骤2：初始化粒子群，注意每个粒子的维数等于类别数 K、每类的原型数 N 和数据的属性个数 D 的乘积。

步骤3：给粒子分派类别标签，每类对应 N 个原型。

步骤4：十倍交叉选择训练和测试数据，并归一化数据集。

步骤5：对训练数据进行学习，得到每个粒子的适应度值。

步骤6：采用粒子群优化算法进行迭代优化，选出最好的粒子和其中有效的原型，为接下来对测试数据分类作准备。

步骤7：计算测试数据到选出的原型的距离，对测试数据进行分类。

步骤8：继续步骤5，直到满足终止条件。

步骤9：统计种群的分类正确率，并输出最终结果。

2. 算子的设计

1) 数据预处理

输入样本数据中可能会存在相对于其他输入样本特别大或特别小的奇异数据。在步骤4里面，将数据归一化到[0，1]的目的是避免因奇异样本数据存在所引起的网络训练时间增加以及可能引起的网络无法收敛问题。这是数据挖掘领域中对数据进行预处理的最常用方法之一。归一化过的数据就是实验中所要处理的数据。

2）粒子的编码

在优化问题的量子粒子群算法中，使用它的位置编码能代表问题的解的粒子集合，搜索空间中的每个粒子会根据粒子自身和相邻粒子的适应度值的变化而变化。

与数据类似，原型通过属性和相应的类别进行定义，而属性是通过连续值的集合来描述的。因为一个粒子的编码可以对应问题的全部解，所以每个粒子中包含多个原型。这些原型在粒子中依次地编码，并且有独立的矩阵来决定每一个原型对应的类标。这些类标保持不变，因为每个原型的类标是由它在粒子中所处的位置决定的，这个位置保持不变。

表 6-1 描述了单个粒子的编码，每类对应 N 个原型且具有 D 个属性和 K 个类标。对于每个原型，它们的类标编码分别为 $0 \sim K-1$，并按照这个顺序依次标记下去，直到第 $N \cdot K$ 个原型。因此，该粒子的总维数为 $N \cdot D \cdot K$。

表 6-1　粒子中一系列原型的编码

原型序数	原型 1	…	原型 K	原型 $K+1$	…	原型 $N \cdot K$
位置	$x_{1,1}, x_{1,2}, \cdots, x_{1,D}$	…	$x_{K,1}, x_{K,2}, \cdots, x_{K,D}$	$x_{K+1,1}\, x_{K+1,2}, \cdots, x_{K+1,D}$	…	$x_{NK,1}\, x_{NK,2}, \cdots, x_{NK,D}$
类标	0	…	$K-1$	0	…	$K-1$

本书中基于 PSO、QPSO 的数据分类方法，粒子的编码采用的均是上述编码机制。

3）适应度函数

用来评估粒子的适应度函数所求得的值即是分类正确率。为了计算它，首先要基于粒子中编码的原型，训练数据集中的数据根据最近邻原型被分配类标，如果被分配的类标和训练数据本身的类标相同，就称为一个"好的分类"。这些好的分类的个数与训练数据集中的总的数据个数之比记为粒子的适应度值：

$$适应度值 = \frac{好的分类个数}{总的数据个数} \times 100\% \tag{6-5}$$

式(6-5)也用来获得整个种群总的分类正确率。一旦训练学习部分的算法执行完毕，通过训练获得的最好粒子中的有效原型将用来对测试数据进行分类。而后，根据式(6-5)在测试数据集上计算的分类正确率就是整个算法的分类结果。

4）算法公式

这里将采用 QPSO 算法进行优化，在文献[12]中，算法提出者描述了算法中参数的选择和意义。

简单来说，QPSO 采用多维实值下的时空作为搜索空间，并在该空间下定义了一系列粒子，并且对 每个粒子的位置采用如下所示的公式进行迭代进化：

$$x_{i,j}(t+1) = p_{i,j}(t) \pm \beta \cdot | m_j(t) - x_{i,j}(t) | \cdot \ln\left[\frac{1}{u_{i,j}(t)}\right] \quad u_{i,j}(t) \sim U(0, 1) \tag{6-6}$$

其中，$x_{i,j}(t)$表示粒子当前的位置；$x_{i,j}(t+1)$表示粒子进化后下一代的位置；$p_{i,j}(t)$表示在t时刻第i个粒子的第j维的随机位置；$p_{i,j}(t)=\alpha \cdot p_i+(1-\alpha) \cdot p_j$；$\beta$为扩张-收缩因子；$m_j(t)$为所有粒子个体最好位置的平均。

6.1.4 实验结果及分析

1. 二维人工数据集的分类结果

本节首先将QPSO算法应用于二维人工(合成)数据集上进行测试，从而定性地检测算法是否有效。表6-2给出了这些数据集的特点，包括每个数据集的名称(Name)、样本个数(Inst.)、属性个数(Attributes)、类别数(Classes)和各类别样本的分布情况(Classification)。针对每一个测试数据集分别采用十倍交叉进行10次独立实验。图6-1给出了该算法对这些数据的分类结果。表6-3给出了QPSO算法和标准PSO算法对这些数据的分类正确率。

表6-2 实验所用二维人工数据集

数据集名	样本个数	属性个数	类别数	各类别样本分布情况
Long 1	1000	2	2	500/500
Spiral	1000	2	2	500/500
Eyes	238	2	3	56/82/100
Lineblobs	266	2	3	118/75/73
Square 4	1000	2	4	250/250/250/250
Sticks	512	2	4	117/123/150/122

表6-3 PSO、QPSO对人工(合成)数据集的分类正确率 单位：%

数据集名	PSO	QPSO
Long 1	**100**	99.90(=)
Spiral	67	**73.10**(+)
Eyes	83.33	**97.91**(+)
Lineblobs	96.29	**100**(+)
Square 4	90	**94.20**(+)
Sticks	78.43	**100**(+)

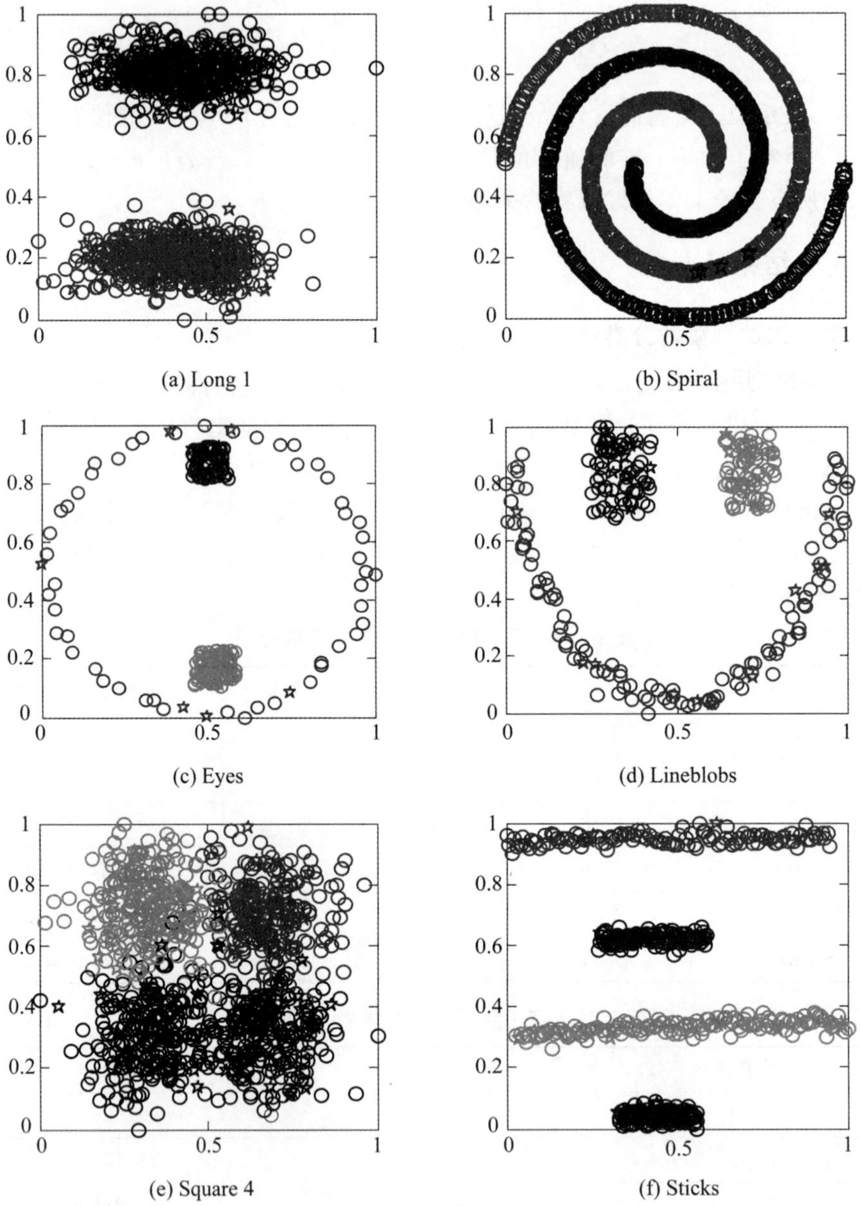

图 6-1　二维人工合成数据分类结果图

从图 6-1 中可以看出，无论是流形数据还是弥漫型数据，大部分数据还是被正确分类的。这意味着本节的算法是可行的，尤其是对于流形数据，此算法使用欧氏距离的测度也能正确分类。对于 Long 1 和 Sticks 这种比较容易分开的数据，所有的数据点都被正确分类；在 Eyes 和 Lineblobs 问题上，经常会将一些数据错误地划分到距离较近的数据点中，而图示中结果显示这两种数据均得到正确分类；虽然 Spiral 数据只有两类，但由于它特殊的数据分布使其总是很难被正确分类，本节算法的结果显示大部分的数据点都被正确分类，但仍然存在一些错分点；Square 4 属于典型的弥漫型数据，且具有 4 种类别，结果图显示分类效果还可以接受。

算法参数设置如下：本节算法的初始种群规模 popsize=50，每个类别对应的原型 $N=10$，迭代次数为 300。在粒子群中，系数 $w=0.72984$，$C_1=C_2=2.05$。量子粒子群中收缩-扩张因子 $\beta\in[0.5, 1.0]$，并线性递减。每个算法采用十倍交叉独立运行 10 次，即每个算法独立运行 100 次。

在本节所有的表格中，若两个分类正确率之间的差距超过 0.5 时，则说明对比结果差距明显。待测算法均与表格中的 QPSO 算法进行比较，并在待测算法的旁边使用符号表示对比结果，“+”符号表明这个算法的平均结果明显优于 QPSO 算法的结果；“=”意味着两者之间的差距不明显；而“-”说明与 QPSO 算法相比，这个算法的结果明显较差。从表 6-3 给出的结果可以看出，采用量子粒子群的最近邻原型的数据分类算法的实验结果明显要优于采用粒子群算法的。以上结果说明了算法在流形数据和弥漫型数据上的有效性，因此可以进一步对分类数据进行实验测试。

2. 二维人工球形数据集的分类结果

在这一小节中，针对二维人工球形数据集来测试基于量子粒子群的最近邻原型的数据分类算法的性能。该数据集的属性如表 6-4 所示，这些数据都是球形数据，具有球形数据的特征。表 6-5 和表 6-6 分别为 PSO 和 QPSO 两种算法分类所需的原型个数和迭代次数。图 6-2 给出了 QPSO 算法的分类结果图，表 6-7 给出了三种算法的分类正确率。

表 6-4　二维人工球形数据集属性描述

数据集名	样本个数	类别数	数据维数
AD_3_2	150	3	2
AD_4_2	200	4	2
AD_5_2	250	5	2
AD_6_2	300	6	2
AD_7_2	350	7	2
AD_8_2	400	8	2

表 6-5 两种算法分类所需原型个数

数据集名	PSO	QPSO
AD_3_2	3	3
AD_4_2	4	4
AD_5_2	4	4.6
AD_6_2	4	6
AD_7_2	5	7.3
AD_8_2	5	6.8

表 6-6 两种算法分类所需迭代次数

数据集名	PSO	QPSO
AD_3_2	18	2.5
AD_4_2	133	15.8
AD_5_2	80	54.4
AD_6_2	45	79
AD_7_2	282	172
AD_8_2	216	82

表 6-7 三种算法的分类正确率比较　　单位：%

数据集名	QPSO	PSO	NN
AD_3_2	**100**	100(=)	100(−)
AD_4_2	**100**	85(−)	75(−)
AD_5_2	**88.80**	72(−)	58.80(−)
AD_6_2	**99**	53.33(−)	49.66(−)
AD_7_2	**92.85**	62.85(−)	42.85(−)
AD_8_2	**83.5**	57.50(−)	37.50(−)

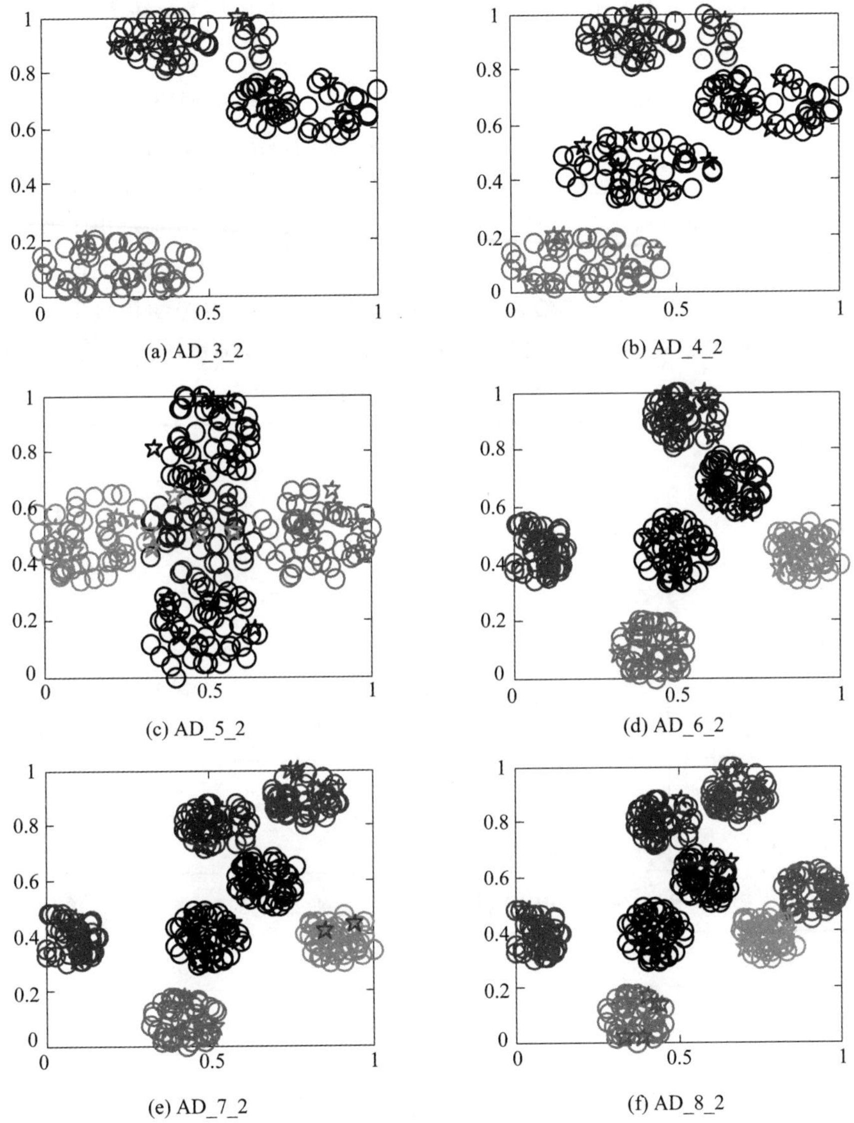

图 6-2　QPSO 算法对球形数据集的分类结果图

随着类别数的增加，分类的难度逐渐增大。从图 6-2 的结果中可以看出，类别数较少时待分类数据基本全部被正确分类，而对于 AD_7_2 和 AD_8_2 则出现了错分的现象。从表 6-5 中可以看出，QPSO 对应的分类算法所用的原型数大部分都比 PSO 大一些，但是从表 6-6 和 6-7 中可得知，基于 QPSO 的分类方法收敛速度较快，并且相对于粒子群算法和传统的最近邻(NN)分类方法，分类正确率明显高很多，尤其是对于类别数较大的数据。

这说明，引入量子机制的分类算法还是有较大优势的，且适用于球形数据。

3. UCI数据集的分类结果

UCI(University of California Irvine，加州大学欧文分校)数据集是一种在数据挖掘中常用的公共标准测试集。表6－8给出了本节实验所用的数据集及其特点。这些数据集既包括不同数量的属性和类别，也包括类别平衡和非平衡的问题，有些数据可以简单通过最近邻分类器(NN)分出，而有些还存在较大问题。表6－9～表6－11分别给出了基于粒子群和量子粒子群算法的平均分类正确率、所采用的平均原型个数和平均收敛迭代次数。表6－12给出了本节的算法与传统NN分类算法以及SVM的平均分类正确率比较。为保证实验的公正合理性，所有的参数设置均根据相关参考文献设置，使各种算法性能达到最优。

表6－8　实验所用UCI数据集

数据集名	样本个数	属性个数	类别数	各类别样本分类情况
Bupa	345	6	2	200/145
Diabetes	768	8	2	500/268
Iris	150	4	3	50/50
Heart Disease	303	14	5	164 / 55/ 36/ 35/ 13
Balance Scale	625	4	3	288/49/288
Thyroid	215	5	3	150/35/30
Wisconsin	699	9	2	458/241

表6－9　PSO、QPSO的平均分类正确率比较　　单位：%

数据集名	QPSO	PSO
Bupa	**73.1429**	69.7143(—)
Diabetes	**79.2208**	75.5844(—)
Iris	**97.3333**	94.6667(—)
Heart Disease	**62.0000**	61.6667(=)
Balance Scale	**88.7302**	87.3016(—)
Thyroid	**99.0909**	93.6364(—)
Wisconsin	**97.7143**	96.4286(—)

表 6-10　PSO、QPSO 分别采用的平均原型个数

数据集名	QPSO	PSO
Bupa	**2**	3.2
Diabetes	**2**	2.2
Iris	**3**	3.3
Heart Disease	**3**	4.0
Balance Scale	**2**	2.9
Thyroid	**3**	3.6
Wisconsin	**2.2**	3.9

表 6-11　两种算法的平均收敛迭代次数

数据集名	QPSO	PSO
Bupa	172.30	**145.40**
Diabetes	**102.40**	146.50
Iris	**37.40**	145.50
Heart Disease	**83.40**	286.00
Balance Scale	**32.80**	147.20
Thyroid	**56.10**	180.90
Wisconsin	**38.80**	82.20

表 6-12　QPSO 与各分类算法(包括 PSO、NN 和 SVM)的平均分类正确率比较　单位：%

数据集名	QPSO	PSO	SVM (C-SVM)	NN
Bupa	**73.14**	69.71(—)	59.14(—)	64.00(—)
Diabetes	**79.22**	75.58(—)	77.01(—)	70.25(—)
Iris	**97.33**	94.66(—)	95.33(—)	95.33(—)
Heart Disease	61.67	**62.00**(=)	54.67(—)	54.00(—)
Balance Scale	**87.73**	87.30(—)	85.28(—)	79.20(—)
Thyroid	**99.09**(=)	93.63(—)	91.36(—)	96.36(—)
Wisconsin	**97.71**(=)	96.42(—)	96.86(—)	96.00(—)

算法参数设置如下：本节算法的初始种群规模 popsize=50，每个类别对应的原型 $N=10$，迭代次数为 300。在粒子群中，系数 $w=0.72984$，$C_1=C_2=2.05$。量子粒子群中收缩-扩张因子 $\beta\in[0.5, 1.0]$，并线性递减。所采用的 SVM 是 C-SVM，核函数是径相基函数 RBF(Radius Basis Function)，其中纠错惩罚参数、核参数分别取 1 和 0.001。每个算法采用十倍交叉独立运行 10 次，即每个算法独立运行 100 次。

从表 6-9 中对 UCI 数据集的分类正确率统计上可以看出，对于所有的数据，引入量子机制的量子粒子群算法的分类正确率都要高于粒子群算法，特别是 Bupa、Diabetes、Iris 和 Thyroid 数据集的分类结果(即分类正确率)有明显的提高。

表 6-10 给出了分类过程中所使用的有效原型个数。所用的原型个数与测试过程的计算复杂度密切相关，原型个数越多计算复杂度越高，分类的时间也越长。因此，在保证分类正确率的情况下，原型个数越少越好。而表中结果显示，QPSO 的平均原型数均小于 PSO。

表 6-11 是两者获得解时平均收敛迭代次数的比较。除了 Bupa 之外，对于其他的数据集，QPSO 的迭代次数均比 PSO 的小，这说明，QPSO 算法的收敛速度要好一些。

从表 6-12 中 QPSO 与 PSO、传统最近邻分类 NN 与支持矢量机 SVM 的分类结果对比中不难发现，QPSO 的平均分类正确率是明显高于 NN 和 SVM 的。这表明，和传统经典方法相比，本节的算法还是很有竞争性的。

6.2 改进的量子粒子群的最近邻原型数据分类算法

6.2.1 基于多次塌陷-正交交叉量子粒子群的最近邻原型的数据分类算法

最近邻原型分类是一种基于原型的分类方法，用基于原型的编码代替传统的原始训练数据，通过一定的优化迭代，寻找到最有效的原型，计算待测试数据到原型的距离，再根据固定的分类标准进行分类。但是，一般的方法在寻找有效原型时往往不能有效提高分类的正确率。

本书的 6.1 节把 QPSO 算法与最近邻原型算法相结合，并将其应用到数据分类问题中，用量子粒子群算法搜索有效原型。步骤如下：首先，对粒子进行基于原型的编码，并对不同的原型分派相应的类别；第二步，对训练数据学习后根据最近邻分类计算分类正确率，并以此作为适应度函数，采用改进的算法进行搜索迭代，再经过更新算子，达到停止条件确定有效的原型；第三步，计算测试数据到原型的距离，并根据原型的类别对其分配相应的类别标签，最终得到分类结果。使用这种方法不但可以减少分类时间，也可以更好地指导分类达到较好的分类效果。

本节采用改进的量子粒子群算法来寻找有效原型。步骤如下：第一步，采用有效的原型集合来表示粒子，通过训练学习出分类模型，选出有效原型；第二步，在分类时只需计算待分类数据到原型的距离即可，而不是原始的训练数据。这样就意味着分类的速度将会大大提升，因为原型的数量要比训练数据的个数小得多。除了减小算法的复杂度(由原型的数量决定)之外，它还能改善基本最近邻算法的分类正确率。而这些有效的原型的选取则需要根据一定的规则优化选择得到。

因此，基于量子粒子群算法和最近邻算法，提出了基于多次塌陷-正交交叉[13]量子粒子群(MOQPSO)的最近邻原型数据分类算法，这是一种改进的量子粒子群的最近邻原型数据分类算法。

1. 算法流程

基于多次塌陷-正交交叉量子粒子群的最近邻原型数据分类算法具体步骤如下：

步骤1：输入待处理的数据。

步骤2：初始化粒子群，注意每个粒子的维数等于类别数 K、每类别对应的原型数 N、数据的属性个数 D 的乘积。

步骤3：给粒子分派类别标签，每类别对应 N 个原型。

步骤4：十倍交叉选择训练和测试数据，并归一化数据集。

步骤5：对训练数据进行学习，得到每个粒子的适应度值。

步骤6：采用多次塌陷-正交交叉[13]量子粒子群算法进行迭代优化，选出最好的粒子和其中有效的原型，为接下来对测试数据分类作准备。

步骤7：计算测试数据到选出原型的距离，对测试数据进行分类。

步骤8：继续步骤5，直到满足终止条件。

步骤9：统计种群的分类正确率，并输出最终结果。

2. 算子的设计

上述算法流程中需要注意的操作如下所示。

1) 数据预处理

输入样本数据中可能会存在相对于其他输入样本特别大或特别小的奇异数据。在步骤4中，将数据归一化到[0，1]的目的是避免奇异样本数据存在所引起的网络训练时间增加，并可能导致网络无法收敛。这是数据挖掘领域中对数据进行预处理的最常用方法之一。归一化过的数据就是实验中要处理的数据。

2) 粒子的编码

在优化问题中，量子粒子群算法中使用位置编码，用其代表问题的解的粒子集合，搜索空间中的每个粒子根据粒子自身和相邻粒子的适应度值的变化而变化。

与数据类似，原型通过属性和相应的类别进行定义，而属性是通过连续值的集合来描述的。因为一个粒子的编码可以对应问题的全部解，所以每个粒子中包含多个原型。这些原型在粒子中依次编码，并且有一个独立的矩阵来决定每一个原型对应的类标。每个原型的类标是由它在粒子中所处的位置决定的，这些类标的位置保持不变。

表 6-13　粒子中一系列原型的编码

原型序数	原型 1	…	原型 K	原型 $K+1$	…	原型 $N\cdot K$
位置	$x_{1,1},x_{1,2},\cdots,x_{1,D}$	…	$x_{K,1},x_{K,2},\cdots,x_{K,D}$	$x_{K+1,1}\,x_{K+1,2},\cdots,x_{K+1,D}$	…	$x_{NK,1}\,x_{NK,2},\cdots,x_{NK,D}$
类标	0	…	$K-1$	0	…	$K-1$

表 6-13 描述了单个粒子的编码，每类对应 N 个原型且具有 D 个属性和 K 个类标。对于每个原型，类标编码分别为从 0 到 $K-1$，并按照这个顺序依次标记下去直到第 $N\cdot K$ 个原型。因此，该粒子的总维数为 $N\cdot D\cdot K$。

本节基于 PSO、QPSO、WQPSO 以及 AQPSO 的数据分类方法，粒子的编码均是采用上述编码机制。

3）适应度函数

用来评估粒子的适应度函数所求得的值即是分类正确率。为了计算它，首先基于粒子中编码的原型，在训练数据集中的数据根据最近邻原型被分配类标，如果被分配的类标和训练数据本身的类标相同，就称为是一个“好的分类”。这些好的分类的个数与训练数据集中的总的数据个数之比记为粒子的适应度值。

$$\text{适应度值}=\frac{\text{好的分类个数}}{\text{总的数据个数}}\times 100\% \tag{6-7}$$

式(6-7)也可以用来获得整个种群总的分类正确率。一旦训练学习部分的算法执行完毕，通过训练获得的最好粒子中的有效原型将用来对测试数据进行分类。而后，根据式(6-7)在测试数据集上计算的分类正确率就是整个算法的分类结果。

4）算法公式

本书将采用 MOQPSO 算法进行优化。

简单来说，MOQPSO 采用多维实值下的时空作为搜索空间，并在该空间下定义了一系列粒子，并且每个粒子的位置采用式(6-6)进行迭代进化。

6.2.2　实验结果及分析

1. 二维人工数据集的分类结果

本节首先将该算法应用于二维人工(聚类)数据集上进行测试，来定性地检测算法是否有效。表 6-14 给出了这些数据集的特点，包括每个数据集的名称(Name)、样本个数(Inst.)、属性个数(Attributes)、类别数(Classes)和各类别样本的分布情况(Classification)。这些数据既有具有流形结构的数据，如 Spiral、Eyes、Lineblobs 和 Sticks，又有弥漫型数据，如 Long 1 和 Square 4。针对每一个测试问题分别采用十倍交叉进行 10 次独立实验。图 6－3 给出了该算法对这些数据的分类结果图。

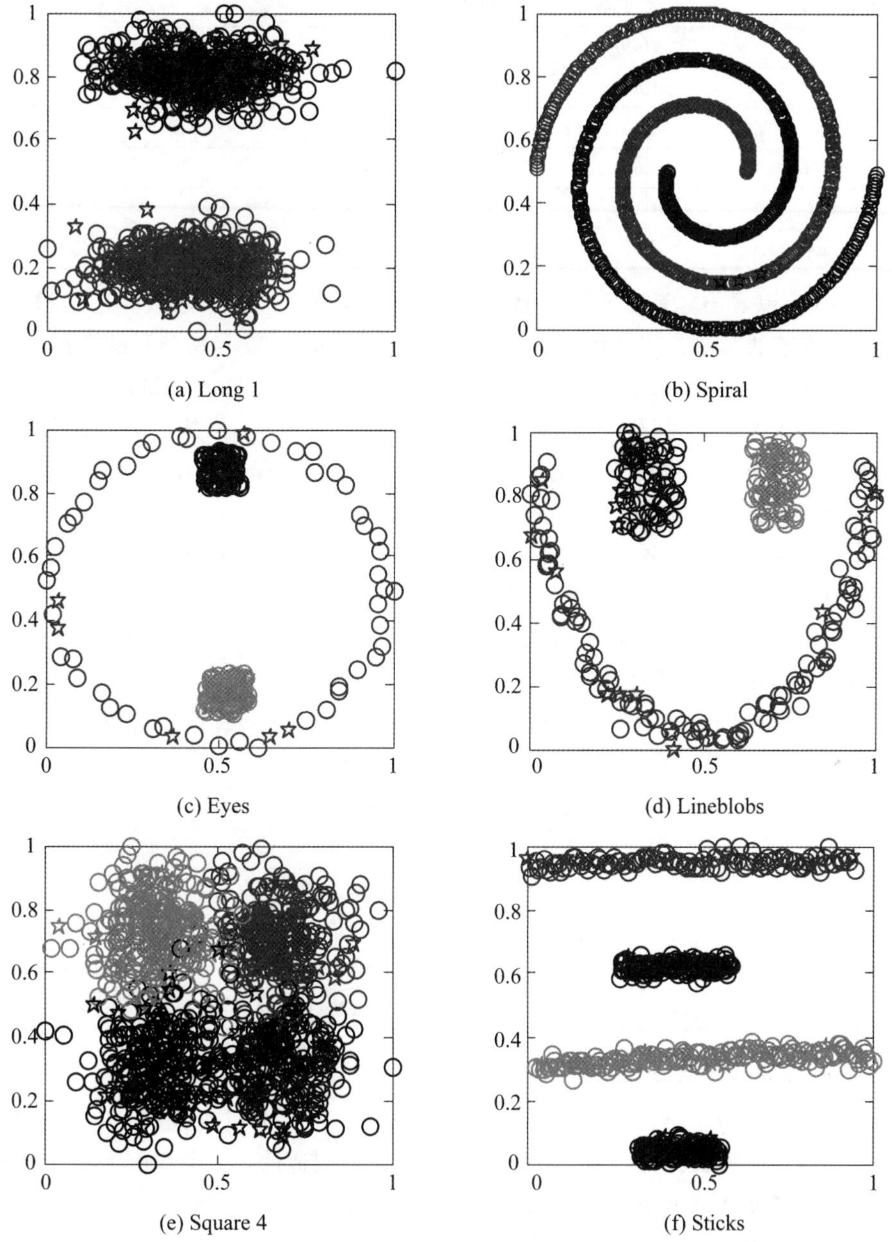

图 6－3　二维人工数据分类结果图

表 6-14　实验所用二维人工数据集

数据集名	样本个数	属性个数	类别数	样本分布情况
Long 1	1000	2	2	500/500
Spiral	1000	2	2	500/500
Eyes	238	2	3	56/82/100
Lineblobs	266	2	3	118/75/73
Square 4	1000	2	4	250/250/250/250
Sticks	512	2	4	117/123/150/122

从图 6-3 可以看出，无论是流形数据还是弥漫型数据，大部分数据还是被正确分类的。这意味着本节的算法是可行的。对于 Long 1 和 Sticks 比较容易分开的数据，所有的数据点都被正确分类；在 Eyes 和 Lineblobs 问题上，经常会将一些数据错误地划分到距离较近的数据点中，而图示结果显示这两种数据均得到了正确分类；虽然 Spiral 数据只有两类，但由于其特殊的数据分布使得它总是很难被正确分类，本节算法的结果显示大部分的数据点都被正确分类，虽然仍然存在一些错分点；Square 4 属于典型的弥漫型数据，且具有 4 种类别，结果图显示分类效果还可以接受。从表 6-15 中给出的正确率也可以看出，改进后的算法对应的分类结果较 PSO 和 QPSO 的均有所提高，说明采用改进量子粒子群的最近邻原型分类算法明显要优于采用粒子群的实验结果。以上结果说明了算法的有效性，因此可以进一步对分类数据进行实验测试。

表 6-15　三种算法对二维人工聚类数据的分类正确率比较

数据集名	PSO	QPSO	MOQPSO
Long 1	**100**	99.90(=)	**100**(=)
Spiral	67	73.10(+)	**73.20**(+)
Eyes	83.33	97.91(+)	**99.58**(+)
Lineblobs	96.29	**100**(+)	**100**(+)
Square 4	90	**94.20**(+)	**94.10**(+)
Sticks	78.43	**100**(+)	**100**(+)

2. 二维人工球形数据分类实验

这组数据包括 AD_3_2、AD_4_2、AD_5_2、AD_6_2、AD_7_2、AD_8_2。这些数据都是球形数据，具有球形数据的特征。它们均是二维人工构造的，类别数依次为 3 到 8。

算法参数设置如下：本节算法的初始种群规模 popsize=50，每个类别对应的原型 $N=10$，迭代次数为 300。在粒子群中，系数 $w=0.72984$，$C_1=C_2=2.05$。量子粒子群和 MOQPSO 中收缩-扩张因子 $\beta\in[0.5, 1.0]$，并线性递减。在权重量子粒子群 WQPSO 中，权重系数 a_i 根据排序从 1.5 线性递减至 0.5。所采用的 SVM 是 C-SVM，核函数是径向基函数 RBF，其中纠错惩罚参数、核参数分别取 1 和 0.001。每个算法采用十倍交叉独立运行十次，即每个算法独立运行 100 次。

随着类别数的增加，分类的难度越来越大。从图 6－4 中可看出，改进后的方法对实验中球形数据中的大部分的数据点都正确分类了，但从表 6－16 和表 6－17 中看出，改进算法所用的原型数和迭代次数并不总是最小的。表 6－18 的实验结果显示，无论是对于现有的改进的量子粒子群算法还是对于传统的最近邻算法，改进后的算法对 6 个数据集中的 4 个数据集的分类正确率都是最高的，在剩下的两个数据集中正确率排第 2，显示出了较好的优越性。

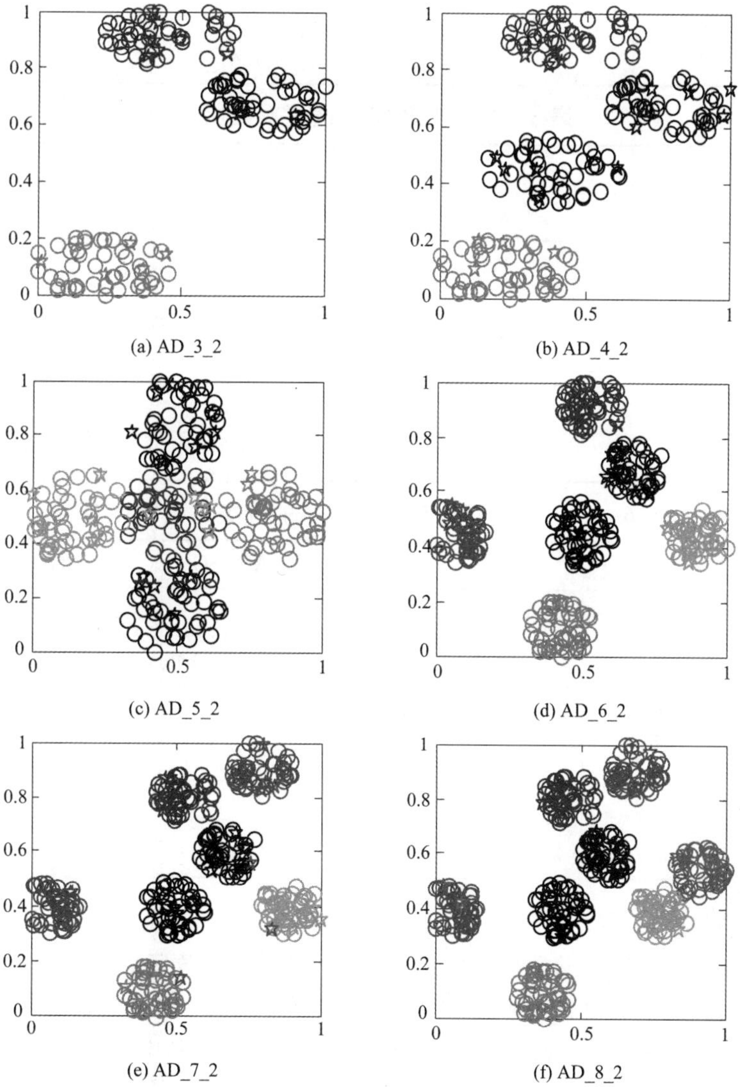

图 6－4　球形数据分类结果图

表 6-16　三种算法所用的原型数

数据集名	PSO	QPSO	MOQPSO
AD_3_2	5	3.7	4.5
AD_4_2	4	4.1	4
AD_5_2	5	5	5.2
AD_6_2	4	5.7	6
AD_7_2	5	7	6.7
AD_8_2	4	7.6	7.9

表 6-17　三种算法迭代次数比较

数据集名	PSO	QPSO	MOQPSO
AD_3_2	8	5.7	**1.6**
AD_4_2	75	18.1	**8.5**
AD_5_2	140	**37.8**	50.8
AD_6_2	**24**	42.7	61.3
AD_7_2	172	**46.1**	117.6
AD_8_2	263	151.4	**116.9**

表 6-18　几种算法对球形数据的分类正确率比较　　单位：%

数据集名	MOQPSO	PSO	QPSO	AQPSO	WQPSO	NN
AD_3_2	**100**	100(=)	100(=)	91.33(−)	87.33(−)	100(=)
AD_4_2	**100**	100(=)	99.5(−)	100(=)	99.50(−)	75(−)
AD_5_2	**99.20**	76(−)	99.2(=)	96.80(−)	64.40(−)	58.80(−)
AD_6_2	**97.33**	53.33(−)	93(−)	82.33(−)	41.33(−)	49.66(−)
AD_7_2	94.28	71.42(−)	**100(+)**	30.57(−)	56.85(−)	42.85(−)
AD_8_2	96.75	37.50(−)	90.5(−)	**99.50**(+)	53.25(−)	37.50(−)

3. 数据集的分类实验

表 6-19 给出了本节实验所用的数据集及其特点。这些数据集既包括不同数量的属性和类别，也包括类别平衡和非平衡的问题，有些数据集可以简单通过最近邻分类器(NN)分出，而有些还存在较大问题。表 6-20～表 6-23 分别给出了基于粒子群和量子粒子群算法的分类的正确率、所采用的原型个数和收敛迭代次数。表 6-20 给出了将本节的算法与传

统 NN 分类算法、SVM 以及现有的两种改进量子粒子群算法 AQPSO 和 WQPSO 的分类结果比较。为保证实验的公正性和合理性，所有的参数均根据相关参考文献设置，以使各种算法性能达到最优。

表 6－19　本节实验所用数据集

数据集名	样本个数	属性个数	类别数	样本分类情况
Bupa	345	6	2	200/145
Diabetes	768	8	2	500/268
Iris	150	4	3	50/50
Heart Disease	303	14	5	164 / 55/ 36/ 35/ 13
Balance Scale	625	4	3	288/49/288
Thyroid	215	5	3	150/35/30
Wisconsin	699	9	2	458/241
glass	214	9	6	70/76/17/13/9/29
zoo	101	16	7	41/20/5/13/4/8/10
vowel	528	10	11	48/48/48/48/48/48/48/48/48/48/48

表 6－20　三种算法的分类结果比较　　单位：%

数据集名	算法		
	MOQPSO	PSO	QPSO
Bupa	72.5714	69.7143(－)	**73.1429**(＋)
Diabetes	**79.2208**	75.5844(－)	**79.2208**(＝)
Iris	**98**	94.6667(－)	97.3333(－)
Heart Disease	**63.3333**	61.6667(－)	62.0000(－)
Balance Scale	**88.8889**	87.3016(－)	87.7302(－)
Thyroid	98.7273	93.6364(－)	**99.0909**(＝)
Wisconsin	**97.8571**	96.4286(－)	97.7143(＝)
glass	**52.3810**	47.6190(－)	46.6667(－)
zoo	79	**80**(＋)	70(－)
vowel	**30**	26.4151(－)	24.9057(－)

表 6-21　三种算法所用有效原型比较　　　单位：%

数据集名	算法		
	PSO	QPSO	MOQPSO
Bupa	3.2	**2**	2.2
Diabetes	2.2	2	**2**
Iris	3.3	3	**3**
Heart Disease	4.0	3	**3**
Balance Scale	2.9	**2**	2.1
Thyroid	3.6	3	**3**
Wisconsin	3.9	2.2	**2**
Glass	4	**2.2**	3.1
Zoo	5	**3.1**	4
Vowel	6	**3.2**	4.5

表 6-22　三种算法获得解时的迭代次数对比

数据集名	算法		
	PSO	QPSO	MOQPSO
Bupa	145.40	172.30	**72.10**
Diabetes	146.50	102.40	**74.80**
Iris	145.50	**37.40**	43.60
Heart Disease	286.00	83.40	**25.30**
Balance Scale	147.20	32.80	**27.70**
Thyroid	180.90	**56.10**	65.10
Wisconsin	82.20	38.80	**25.20**
glass	254.00	58.90	**35.5**
zoo	142.00	**47.20**	52.50
vowel	218.00	94.30	**80.5**

表 6-23　MOQPSO 分类结果与多种分类方法(包括 PSO、QPSO、AQPSO、WQPSO、SVM 及 NN)的分类正确率对比　　单位：%

数据集名	算法						
	MOQPSO	PSO	QPSO	AQPSO	WQPSO	SVM (C-SVM)	NN
Bupa	72.57	69.71(－)	**73.14**(＋)	72.00(－)	61.42(－)	59.14(－)	64.00(－)
Diabetes	**79.22**	75.58(－)	**79.22**(＝)	78.31(－)	74.93(－)	77.01(－)	70.25(－)
Iris	98.00	94.66(－)	97.33(－)	**98.66**(＋)	94.66(－)	95.33(－)	95.33(－)
Heart Disease	**63.33**	62.00(－)	61.67(－)	62.00(－)	59.00(－)	54.67(－)	54.00(－)
Balance Scale	**88.88**	87.30(－)	87.73(－)	82.85(－)	88.25(－)	85.28(－)	79.20(－)
Thyroid	**98.72**	93.63(－)	**99.09**(＝)	93.63(－)	83.63(－)	91.36(－)	96.36(－)
Wisconsin	**97.85**	96.42(－)	**97.71**(＝)	88.71(－)	96.71(－)	96.86(－)	96.00(－)
Glass	52.38	47.62(－)	46.67(－)	**69.05**(＋)	42.381(－)	61.90(＋)	52.38(＝)
Zoo	79	80(＋)	70(－)	88(＋)	61(－)	**94.00**(＋)	65.00(－)
Vowel	30	26.42(－)	24.91(－)	26.60(－)	14.15(－)	**80.94**(＋)	27.17(－)

在本节所有的表格中，设定两个分类正确率之间的差距，若超过 0.5，则说明对比较明显。所有的算法均与表格中待测算法 MOQPSO 进行比较，并在一个算法的旁边采用“＋”符号来表明这个平均结果明显优于待测算法的结果，“＝”意味着两者之间的差距不明显，而“－”说明与待测算法相比，这个算法的结果明显较差。

算法参数设置如下：本节算法的初始种群规模 popsize＝50，每个类别对应的原型 $N=10$，迭代次数为 300。在粒子群中，系数 $w=0.72984$，$C_1=C_2=2.05$。量子粒子群和 MOQPSO 中收缩-扩张因子 $\beta\in[0.5, 1.0]$，并线性递减。在量子粒子群 WQPSO 中，权重系数 a_i 根据排序从 1.5 线性递减至 0.5。所采用的 SVM 是 C-SVM，核函数是径向基函数 RBF，其中纠错惩罚参数、核参数分别取 1 和 0.001。每个算法采用十倍交叉独立运行 10 次，即每个算法独立运行 100 次。

从表 6-20 中对 UCI 数据的分类正确率的统计上可以看出，对于所有的数据，引入量子机制的量子粒子群算法的分类正确率都要高于粒子群算法，特别是对于 Bupa、Diabetes、Iris 和 Thyroid 数据集的分类结果有明显的提高。而对于 Glass、Zoo 和 Vowel 数据集，由于其类别数和维数都较高而较难分类。实验结果表明，除了 Zoo 数据集三种算法的分类正确率基本相等之外，另外两个数据上 MOQPSO 的分类正确率均有明显提高。由此可看出，改进后的算法在大多数问题上的分类结果均有所提升。

表 6-21 给出了 PSO、QPSO 和 MOQPSO 分类过程中所使用的有效原型个数。所用的原型个数与测试过程的计算复杂度密切相关，原型个数越多，计算复杂度越高，分类的时间也越长。因此，在保证正确率的情况下，原型个数越少越好。而表中结果显示，后面两种量子粒子群算法的平均原型数均小于标准 PSO。

表 6-22 是三种算法获得解时平均迭代次数的比较。除了第一个数据集之外，对于其他的数据，QPSO 算法的迭代次数均比 PSO 算法的小，而采用 MOQPSO 算法，除了 Iris、Thyroid 和 Zoo 三个数据集的迭代次数与 QPSO 相近之外，其他数据集的迭代次数均明显比 QPSO 小。这说明，改进后的算法在分类过程中的收敛速度要好一些。

从表 6-23 中 MOQPSO 与传统最近邻分类 NN、支持矢量机 SVM 以及 QPSO、两种现有改进的量子粒子群算法 AQPSO 和 WQPSO 的分类结果对比中不难发现，在大多数情况下，其分类正确率均是最高的。同时，SVM 对 Zoo 和 Vowel 的分类效果较好，而对于其他数据集，MOQPSO 的分类效果要优于 SVM。这表明，和传统经典方法相比，本节的算法在大多数问题上也是很有竞争力的。

综上，从三部分的实验结果中可以看出，无论是对于流形数据、弥漫型数据还是球形数据，抑或是对于分布结构未知的 UCI 数据，改进后的基于 MOQPSO 的分类算法在分类正确率上都有所提高，验证了所提出算法的有效性。

6.3 结论与讨论

本章尝试将量子粒子群算法应用到数据分类中，为了提高算法效率，充分利用量子不确定性，结合正交试验，提出了改进的量子粒子群分类方法。并采用最近邻原型分类代替传统的最近邻分类以减小计算复杂度，二者结合形成了基于量子粒子群的最近邻原型分类算法。实验结果表明：将量子粒子群引入到数据分类中，能以更快的速度优化出有效的原型，同时，最近邻原型分类也能更有效地进行数据分类，相比传统方法，不仅在算法复杂度上有所降低，而且在分类正确率上得到明显提高。实验结果表明，与传统的最近邻、支持向量机等分类方法以及现有的两个量子粒子群改进算法的分类结果相比，无论是从原型数和收敛速度上，还是算法的鲁棒性上，本章算法都要优于其他分类算法。

本章参考文献

[1] CERVANTES A, GALVÁN I M, ISASI P. AMPSO: A new particle swarm method for nearest neighborhood classification[J]. IEEE Transactions on Systems Man & Cybernetics Part B Cybernetics A Publication of the IEEE Systems Man & Cybernetics Society, 2009, 39(5): 1082-1091.

[2] 刘安佐. 基于改进蚁群算法的数据分类研究[D]. 大连：大连理工大学硕士论文，2006.

[3] 焦李成. 智能数据挖掘与知识发现[M]. 西安：西安电子科技大学出版社，2006.
[4] RUMELHART D E，HINTON G E，WILLIAMS R J. Learning internal representations by error propagation[C]. MIT Press，1986：318-362.
[5] COVER T，HART P. Nearest neighbor pattern classification[J]. IEEE transactions on information theory，1967，13(1)：21-27.
[6] AHA D W. Lazy learning[M]. Amsterdam：Kluwer Academic Publishers，1997.
[7] BAOLI L，QIN L，SHIWEN Y. An adaptive k-nearest neighbor text categorization strategy [J]. ACM Transactions on Asian Language Information Processing，2004，3(4)：215-226.
[8] HWANG W J，WEN K W. Fast kNN classification algorithm based on partial distance search[J]. Electronics Letters，1998，34(21)：2062-2063.
[9] INTHAJAK K，DUANGGATE C，UYYANONVARA B，et al. Medical image blob detection with feature stability and KNN classification[C]. Computer Science and Software Engineering (JCSSE)，2011 Eighth International Joint Conference on. IEEE，2011：128-131.
[10] 张磊，刘建伟，罗雄麟. 基于KNN和RVM的分类方法：KNN-RVM分类器[J]. 模式识别与人工智能，2010，23(3)：376-384.
[11] 孙凉艳. 基于K近邻集成算法的分类挖掘研究[D]. 西安：西北大学硕士论文，2010.
[12] SUN J，FENG B，XU W. Particle swarm optimization with particles having quantum behavior[C]. Evolutionary Computation，CEC2004. Congress on，2004：1571-1580.
[13] 焦李成，李阳阳，刘芳，等. 量子计算、优化与学习[M]. 北京：科学出版社，2017.

第7章 基于量子智能优化的网络学习

7.1 基于量子进化算法的超参数优化

超参数优化是一个在最近几年才逐渐受到关注的研究课题，在海量数据的驱动下，深度神经网络难以调参，故而设计一套自动化的流程来进行超参数选择很有必要。本节首先介绍几种常用的机器学习模型，然后简要叙述优化算法，最后介绍基于单个体量子遗传算法的超参数优化算法的框架，并通过实验测试的方法，验证该算法的有效性。

7.1.1 常用的机器学习模型

目前学术界和工业界比较常用的机器学习模型有支持向量机模型、随机森林集成模型和神经网络模型等。

1. 支持向量机模型

1）支持向量机介绍

支持向量机(SVM)是一个二分类器。通俗地讲，支持向量机最基本的思想就是在样本空间中找到一个鲁棒性好的划分超平面 $\boldsymbol{w}^{\mathrm{T}}\boldsymbol{x}+b=0$，将两种类别的样本分开。如图 7-1 所示，图中所有的超平面都可以正确地划分训练样本，但是可以看出，粗直线代表的那个超平面的鲁棒性最好。

在支持向量机中为了量化这种鲁棒性，学者们提出了间隔的概念，而划分超平面被称作支持向量。如图 7-2 所示，两条虚线之间的距离叫作间隔。

支持向量机的学习目标就是找到一个具有“最大间隔”的划分超平面，用数学语言描述，即

$$\begin{aligned} &\min \frac{1}{2}\ \|\boldsymbol{w}\|^2 \\ &\text{s. t.}\ \ y_i(\boldsymbol{w}^{\mathrm{T}}\boldsymbol{x}_i+b)\geqslant 1,\ i=1,\ 2,\ \cdots,\ m \end{aligned} \tag{7-1}$$

式(7-1)也是支持向量机的基本型。m 表示训练样本的个数，$(\boldsymbol{x}_i,\ y_i)$表示第 i 个样本以及其对应的标签。

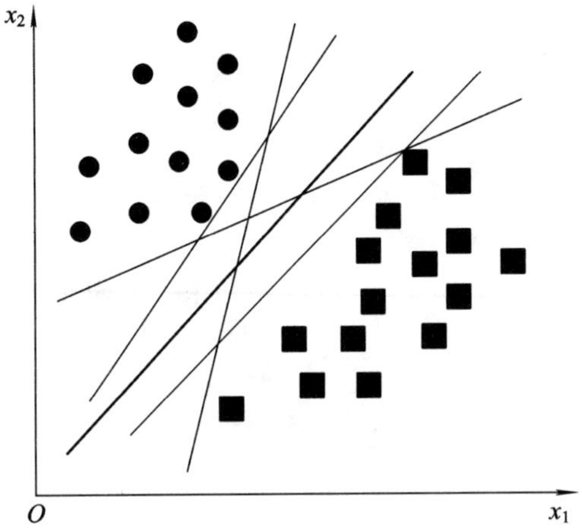

图 7-1　支持向量机图例 1

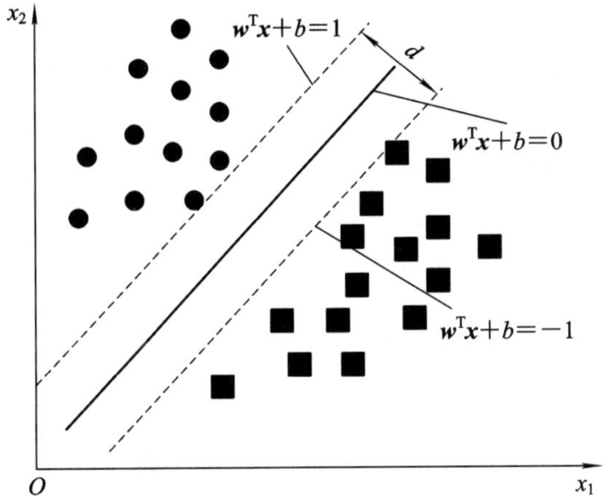

图 7-2　支持向量机图例 2

在支持向量机基本型的基础上，支持向量机的构建是一个由简到繁的过程。首先当数据线性可分(见图 7-1)时，可通过优化式(7-1)求解出符合要求的划分超平面，这时的支持向量机称为硬间隔支持向量机；当数据近似线性可分(见图 7-3)时，我们可以允许某些样本不满足式(7-1)的约束，这时支持向量机的学习即是求解如下的优化问题：

$$\begin{aligned}&\min \frac{1}{2}\ \|\boldsymbol{w}\|^2+C\sum_{i=1}^{m}\zeta_i\\&\text{s.t.}\ \ y_i(\boldsymbol{w}^{\mathrm{T}}\boldsymbol{x}+b)\geqslant 1-\zeta_i,\ \zeta_i\geqslant 0,\ i=1,\ 2,\ \cdots,\ m\end{aligned}\tag{7-2}$$

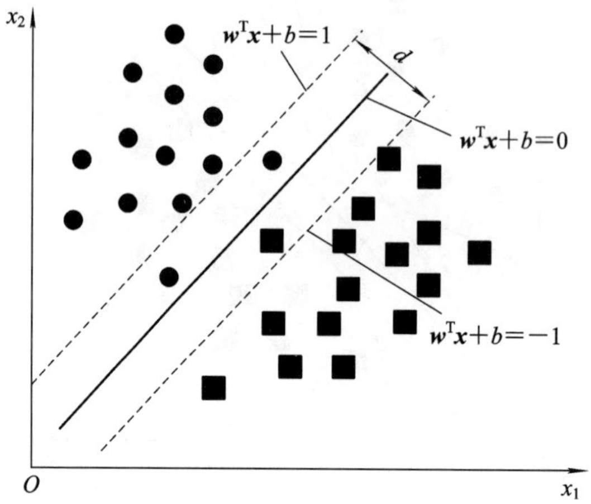

图 7-3　支持向量机图例 3

其中，m 表示训练样本的个数，ζ_i 表示第 i 个样本对应的松弛变量，用以表征该样本不满足式(7-1)的约束的程度。$(\boldsymbol{x}_i, y_i)$表示第 i 个样本以及其对应的标签。这时的支持向量机称为软间隔支持向量机。当数据线性不可分时，可以通过核技巧以及软间隔最大化来学习(核技巧可使样本空间映射到特征空间，原来在样本空间的线性不可分数据映射到特征空间后就变得线性可分了)。例如，图 7-4 中的异或问题从二维空间映射到三维空间后，就变得线性可分了。使用核技巧的支持向量机称为非线性支持向量机[1,2]。

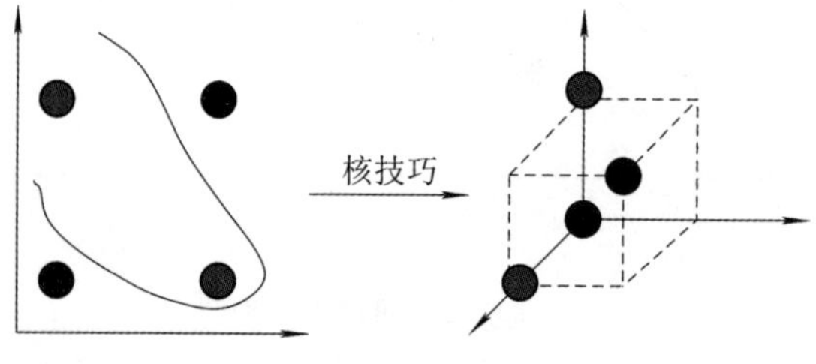

图 7-4　核技巧演示图例

2）支持向量机模型的超参数

现实中的分类任务数据大多线性不可分，因此实际应用中使用的都是非线性支持向量机。这里就涉及支持向量机的几个特别重要的超参数。

首先是核函数的种类。表 7-1 记录了几种常用的核函数[1]。

表 7-1 支持向量机中的常用核函数

核函数的名称	表达式	参数
线性核	$\kappa(\boldsymbol{x}_i, \boldsymbol{x}_j)=\boldsymbol{x}_i^{\mathrm{T}}\boldsymbol{x}_j$	—
多项式核	$\kappa(\boldsymbol{x}_i, \boldsymbol{x}_j)=(\boldsymbol{x}_i^{\mathrm{T}}\boldsymbol{x}_j)^d$	d 为多项式的次数，$d\geqslant 1$
高斯核	$\kappa(\boldsymbol{x}_i, \boldsymbol{x}_j)=\exp\left(-\frac{\\|\boldsymbol{x}_i-\boldsymbol{x}_j\\|^2}{2\sigma^2}\right)$	σ 为高斯核的带宽，$\sigma>0$
拉普拉斯核	$\kappa(\boldsymbol{x}_i, \boldsymbol{x}_j)=\exp\left(-\frac{\\|\boldsymbol{x}_i-\boldsymbol{x}_j\\|}{\sigma}\right)$	$\sigma>0$

核函数是支持向量机的最重要的超参数，不同的核函数意味着将样本空间映射到不同的空间。一般而言，在利用支持向量机进行图像分类时，通常会选择高斯核，这时候高斯核的带宽 σ 也是一个特别重要的超参数。

除了核函数及其参数的选择，式(7-2)中的 C 的选择也对支持向量机的泛化性能有着重要的影响。当 $C=0$ 时，支持向量机起不到分类的效果；当 C 为无穷大时，会迫使所有样本满足式(7-1)的约束。因此为 C 选择一个合适的值对支持向量机的泛化性能有着重要的影响。

以上是对支持向量机的全部总结。如果读者想要更深入地了解支持向量机或者工程应用方面的问题，可以参阅文献[1]至[4]。

2. 随机森林的集成模型

1) 随机森林介绍

随机森林的集成模型有两种：一种是加法模型，代表的有 AdaBoosting、GBDT；另一种是并行式集成模型，代表的有 Bagging 和随机森林。这里主要介绍随机森林。假设随机森林中有 T 个基学习器(决策树)，并且训练集有 m 个样本。首先我们在包含 m 个样本的训练集中采用自助采样法，采样 N 次，每次采样 m 个训练样本，这样就得到 N 个采样集。然后基于每个采样集训练出一个决策树，再将这些决策树结合起来。对于分类任务，随机森林可以采用简单的投票法输出最终结果。其中在决策树的学习过程中，传统的决策树选择的是当前最优属性，而随机森林则引入了随机属性选择，从而保证了集成模型中的基学习器的“好而不同”的特性，这一点与传统的决策树的选择策略有所不同[1]。

2) 随机森林的超参数

想要利用随机森林取得好的泛化效果，我们需要关注以下几个超参数的选取问题。首先选取这个随机森林中树的棵数，不同的棵数对最终结果的影响是不同的。另外，由于随机森林中引入了随机属性选择，也就是说，对于基决策树的每个节点，先从该节点的属性

集合中随机选取 K 个属性，因此这个 K 也是一个待确定的参数。对于基决策树而言，每个基决策树的最大深度也是需要考虑的。

3. 神经网络模型

超参数优化之所以最近几年才逐渐引起人们的关注，最主要的原因是深度神经网络的崛起，而深度神经网络需要调节的超参数很多。神经网络是深度神经网络的基础，比如卷积神经网络(CNN)，它将传统的神经网络全连接方式变成部分连接，还加上了一些权值共享策略，但是卷积神经网络的学习方式依旧是反向传播训练算法。再比如深度信念网络(DBN)以及深度自编码器(DAE)，它们并没有改变传统的神经网络的全连接方式，而是将反向传播训练算法改成对比散度算法再加上总体的微调。可以说，超参数优化这个研究方向的出现很大程度上是因为深度神经网络的崛起。因此在这里我们需要介绍一下神经网络。

1）神经网络介绍

如图 7－5[5] 所示是一个简单的神经网络模型，输入特征值为 $X=[x_1, x_2, \cdots, x_n]$，输出为 $f(X)$。可以认为，神经网络模型是一个复杂的函数。隐含层 a_k 的输出为 $a_k = f(\sum_{i=1}^{n} w_i x_i + b)$，其中，$f(\cdot)$是激活函数。激活函数有 3 种：Sigmoid 函数，tanh 函数以及 ReLU 函数[2]。整个神经网络的训练过程，就是不断地更新权重 w_i 和偏置 b，具体来说，将该网络定义一个关于训练样本的标签和神经网络输出之间的损失函数。损失函数一般有两种，一种是均方误差，即

$$C(w, b)=\frac{1}{2m}\sum_{i=1}^{m} \| y_i - f(x_i) \|^2 \quad (7-3)$$

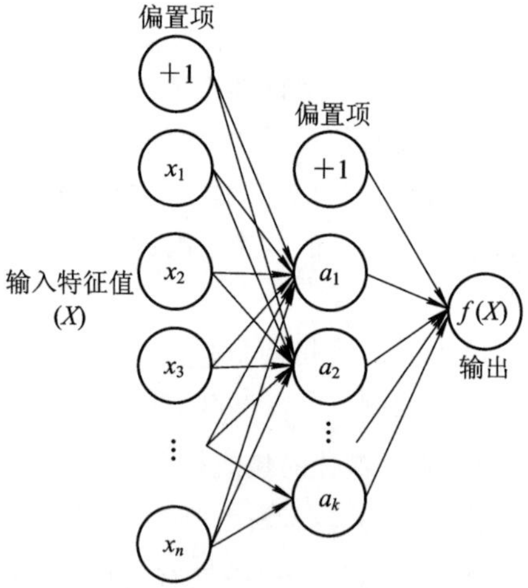

图 7－5　神经网络模型

另一种是交叉熵，即

$$C(w, b)=-\frac{1}{m}\sum_{i=1}^{m}[y_i \ln f(x_i) + (1-y_i)\ln(1-f(x_i))] \quad (7-4)$$

式中，w、b 分别表示神经网络中权重的集合以及偏置的集合；m 是输入样本的个数；y_i 表示第 i 个样本的标签；$f(x_i)$表示神经网络关于第 i 个训练样本的输出。神经网络学习最基本的想法是通过优化算法不断迭代更新 w、b 来最小化 $C(w, b)$，这里应用的优化算法一般是随机梯度下降(SGD)法。

由于神经网络模型容易过拟合，因此进行神经网络训练时需使用很多技巧。比如在损失函数中添加正则化项。除了添加正则化项，在训练过程中还可以使用提前终止策略，即

拿出一小部分训练数据，将其当作验证集，在每一轮迭代的过程中，如果发现模型在验证集上的正确率不再提升了，则算法可以提前终止训练。此外，还有丢弃策略(一种神经网络中的正则化技术，用于减少过拟合风险)也可以用来防止过拟合。丢弃策略就是随机地将隐含层的一些神经元的输出置0。

2) 神经网络的超参数

神经网络的超参数特别多。用神经网络(模型)进行一项任务时，首先需要确定需要多少个隐含层以及每个隐(含)层中神经元的个数。这是神经网络设计中最难以解决的问题，完全没有理论指导。可以大致知道，训练数据越复杂、越多，可能需要的隐含层个数就越多。但是到底需要多少个隐含层以及每个隐含层中神经元的个数是多少还是不好确定。其次，优化式(7-3)或式(7-4)，是选择常用的随机梯度下降法还是其他优化算法；还有对于前面提到的隐含层神经元的激活类型，我们在面对具体实际问题时，应该选择哪一种。在神经网络的学习中，学习率也是一个比较重要的超参数，它是固定的常数还是自适应变化的，另外它的初始值也是需要在训练之前确定好的。最后，正则化系数对神经网络模型的最终泛化性能的影响也是特别重要的。

7.1.2 常用的优化算法

在数学领域，优化是一个古老且非常实用的研究课题。许多现实生活中的任务均可归结为优化问题，例如路径规划问题[7,8]、设施选址问题[9,10]、工业调度问题[11,12]以及经济学中的投资问题[13]等。人工智能是近几年最流行的一个概念，人工智能的背后其实是各式各样的机器学习算法。很多机器学习算法的学习过程都可以被看作优化问题，比如7.1.1节中提到的神经网络和支持向量机的学习过程。优化问题一般可以分为两种：无约束优化问题和约束优化问题。无约束优化方法有最速下降法、牛顿法、共轭梯度法等；约束优化方法有蒙特卡罗法、随机方向搜索法、复合型法等。一般而言，可以通过一定的转换将约束优化问题变成无约束优化问题。

优化问题针对不同的情形，有不同的求解策略。求解无约束优化问题时，如果目标函数可求导，则直接对其求导，并使其为0(当然对于计算机而言，一般通过迭代求解)。对于含等式约束的优化问题，如果目标函数可求导，则先通过拉格朗日乘数法将含等式约束的优化问题转换为无约束优化问题，再利用无约束优化的相关算法来解决问题。对于含不等式约束的优化问题，如果目标函数可求导，则主要通过KKT(Karush-Kuhn-Tucker)条件将其转换成无约束优化问题。以上问题的目标函数都是可以求导的，而在现实生活中，很多问题建模成优化问题后，目标函数没有解析形式，即目标函数无法求导，在这种情况下，我们唯一能做的就是给定一个固定的决策变量，然后输出一个固定的值。进化算法是解决这类问题的比较优秀的全局优化算法。进化算法大部分基于种群式的搜索，比如遗传算法(GA)[14]、模拟退火(SA)算法[15]、粒子群优化(PSO)算法[16]、差分进化(DE)算法[17]、量子遗传算法(QGA)[18]等，也有基于单个体变异的进化算法，比如单个体量子遗传算法。我们创新性地提出了基于单个体量子遗传算法的超参数优化算法(见 7.1.3 节)，并且将其与随机搜索算法进行比较(见 7.1.4 节)，实验结果表明，超参数优化算法比随机搜索算法表现得更稳定。下面详细介绍常用的几类优化算法。

1. 目标函数可求导的优化算法

1) 梯度下降法

梯度下降法是一种非常传统的优化算法，其简单且常用。梯度下降法选择的搜索方向是当前点的负梯度方向。当目标函数不是凸函数时，不能保证梯度下降法的解是全局最优的；但在凸优化的情况下，该算法得出的解一定是全局最优的。梯度下降法的更新迭代式为

$$x^{k+1} = x^k + \lambda(-\nabla f(x^k)) \tag{7-5}$$

式中：$-\nabla f(x^k)$表示当前位置 x^k 的负梯度方向；λ 表示步长，类似于神经网络中的学习率。梯度下降法的迭代搜索示意图如图 7-6 所示。

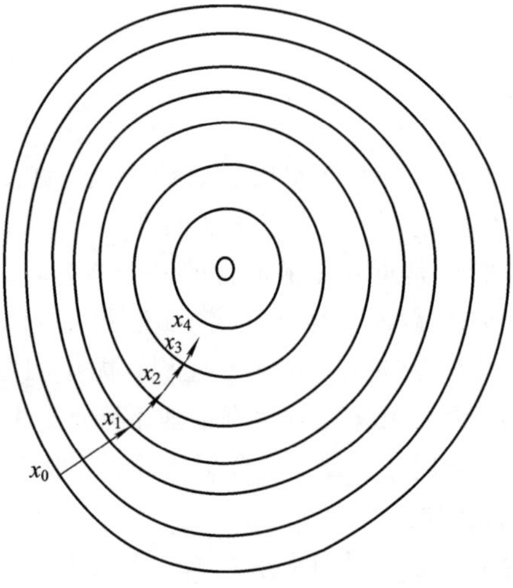

图 7-6　梯度下降法的迭代示意图

在机器学习领域中，为了平衡机器学习算法的训练速度和求解精度，又衍生了梯度下降法的两种变体——批量梯度下降法和随机梯度下降法。批量梯度下降法与随机梯度下降法是两个极端，前者是一次性地导入所有的样本后求总的损失函数，而后者是一次导入一个样本后就求解损失函数。因此，两种变体的优缺点也是对应的：前者求出的解全局性更强一些，但是效率低；后者容易陷入局部最优，但适合大规模训练样本。在现在的神经网络训练中，我们往往结合批量梯度下降法和随机梯度下降法的优势，一次随机导入小批量样本，这样既保证了问题求解的效率，也保证了问题求解的质量。另外，对最速下降法感兴趣

的读者可以参阅文献[19]。

2）牛顿法

牛顿法的基本思想是：在当前点 x_k 的附近对 $f(x)$进行二阶泰勒展开，进而基于当前点找到下一个点。具体表述式如下：

$$f(x)=f(x^k)+\nabla f(x^k)(x-x^k)+\frac{1}{2}(x-x^k)^2\nabla^2 f(x^k)(x-x^k) \qquad (7-6)$$

其中，$\nabla f(\cdot)$表示当前点的梯度向量，$\nabla^2 f(\cdot)$表示当前点的海森矩阵。我们对 $f(x)$求导，令全导数等于 0，得到

$$\nabla f(x^k)+\nabla^2 f(x^k)(x-x^k)=0 \qquad (7-7)$$

然后通过式(7-7)构造出牛顿法的更新迭代公式：

$$x^{k+1}=x^k-\nabla^2 f(x^k)^{-1}\cdot\nabla f(x^k) \qquad (7-8)$$

当目标函数是二次函数时，由于二次泰勒展开式就是一个二次多项式，因此这时的海森矩阵是一个常数矩阵。这时，从任一点出发，只需要一步迭代就能达到 $f(x)$的极小值点。这个性质称为牛顿法的二次收敛性。

但是牛顿法也有显而易见的缺点，它需要计算海森矩阵的逆，这里的计算是比较复杂的。牛顿法也有变体，比如在式(7-8)中引入步长因子，这种变体被称为“阻尼牛顿法”。对牛顿法感兴趣的读者可以参阅文献[19]。

3）拟牛顿法

牛顿法虽然收敛速度快，但是计算过程烦琐，而且有时海森矩阵并不能保持正定，这时牛顿法就失去作用了。为了克服牛顿法中计算复杂度大以及海森矩阵非正定的问题，学者们又提出了“拟牛顿法”，这个优化算法的基本思想是：寻找一个正定对称矩阵来近似代替海森矩阵，正定对称矩阵只需要满足拟牛顿条件即可。

拟牛顿法的不同之处在于构造正定矩阵的方法不同，比较著名的有 DFP 算法以及 BFGS 算法。对拟牛顿法感兴趣的读者可以参阅文献[19]。

4）共轭梯度法

想要弄清楚共轭梯度法的思想，首先需了解共轭的概念。设 $\boldsymbol{A}$ 为 $n\times n$ 对称正定矩阵，$\boldsymbol{X}$、$\boldsymbol{Y}$ 为 n 维向量，如果

$$\boldsymbol{X}^{\mathrm{T}}\boldsymbol{A}\boldsymbol{Y}=0 \qquad (7-9)$$

成立，那么 $\boldsymbol{X}$ 与 $\boldsymbol{Y}$ 关于 $\boldsymbol{A}$ 是共轭的。共轭梯度法的基本思想是：在每个搜索方向加入负梯度方向的成分，并且保证每个搜索方向关于矩阵 $\boldsymbol{A}$ 是共轭的。对共轭梯度法感兴趣的读者可以参阅文献[19]。

上述优化算法的区别在于选取的搜索方向的不同。这种传统的迭代搜索优化算法的步骤见算法 7.1。

算法 7.1　传统的迭代搜索优化算法

步骤 1：选定初始点，设定误差精度 ε，令 $k=0$。

步骤 2：确定搜索方法 d^k。

步骤 3：判断是否满足终止条件。若满足，则停止迭代，$x^*=x^k$；否则选择合适的步长 $x^{k+1}=x^k+\lambda d^k$。

步骤 4：令 $k=k+1$，转步骤 2 继续迭代。

2. 进化算法

上述介绍的优化算法通常只能应用于需要优化的目标函数的解析形式可知的情况。但在现实生活中，很多问题建模成优化问题之后，对于需要优化的目标函数，根本无法写出它的具体解析式。我们只知道给定一个输入，目标函数就会产生一个输出，目标函数的其他信息都是未知的，在学术上将这类问题称为黑盒函数优化问题。

进化算法是一类解决黑盒函数优化问题的比较优秀的全局优化算法，它以达尔文的进化论思想为基础，其计算迭代过程会模拟生物的进化机制。进化计算的核心思想类似于物种繁衍，是一种从简单到复杂、从低级到高级的进化过程，也是一种自然、并发、鲁棒的优化过程，进化过程中用到的一些操作算子就是模拟了自然界的"优胜劣汰""遗传变异""自然选择"等特点，从而得到最终的优化结果[20]。

20 世纪 50 年代末，进化计算才开始被学者研究，当时的研究人员最初的想法是开发出一套算法来解决实际工程领域的优化问题，通过计算机来模拟生物的进化演化过程。进化算法中的各种交叉、变异、复制、选择等操作算子就是对自然界的演化过程的一种模拟。到了 20 世纪 90 年代初，进化算法这个概念才被提出。如今，各类进化算法被广泛应用于各类复杂真实系统中的优化问题，很多进化算法被开发成特定的软件包，供商业和学术研究使用。

下面介绍几种常见的进化算法。

1) 遗传算法

遗传算法的实现过程就像自然界的生物进化一样，首先要实现对问题的编码，建立从基因型到表现型的映射关系；对问题进行编码以后，需要随机初始化一个种群，种群中的个体就是编码后的染色体；接下来，对这些染色体进行适当的解码，并用适应度函数去评价这些染色体；然后，通过某个标准选择一些优秀个体(适者生存)，并对这些优秀个体进行复制、交叉、变异等一系列操作，从而产生子代。遗传算法在每一次迭代中都进行着同样的操作，虽然它不能保证一定能获得问题的最优解，但是不会让我们费力去找最优解，我们只需要在每代中选择一些优秀的个体，并对这些优秀个体进行复制、交叉、变异等操作，便可得到优秀个体的子代。这类似遗传学，我们尽量让优秀的基因延续下去。对遗传算法有兴趣的读者，可以参阅文献[14]和[21]。

2）粒子群优化算法

粒子群优化算法是模拟鸟群捕食行为的一类进化算法。假设某个区域内有鸟群(代表问题的一个解)需要觅食的对象(通常是优化问题中的最优解)，鸟群的任务就是寻找这个对象。整个鸟群在觅食的过程中，通过相互传递位置信息，让其他鸟儿也知道自己的位置。通过这样的合作，每个鸟儿能知道自己找到的是不是最优解。最终所有的鸟儿都能聚集在食物的周围，即找到了最优解。粒子群优化算法最大的优点就是操作简单，不需要进行编码、解码操作，而且没有太多的参数需要调节。在一些应用中，粒子群优化算法取得了非常不错的效果，有兴趣的读者可以参阅文献[16]和[22]。

3）模拟退火算法

模拟退火算法的思想最早由 N. Metropolis 等人于 1953 年提出，该算法模拟的是物理中固体退火降温的过程。模拟退火算法本质上是基于蒙特卡罗方法迭代求解的一种随机搜索优化算法。模拟退火算法的基本步骤是：在每个当前温度下，在解空间内随机搜索，遇到较优的解就接受，遇到较差的解就以一定的概率接受，最终随着温度的降低，解会逐渐稳定下来。对模拟退火算法感兴趣的读者，可以参阅文献[15]和[23]。

3. 量子遗传算法

7.1.3 节将介绍我们提出的基于单个体量子遗传算法的超参数优化算法，这里先对量子遗传算法作详细介绍。

1）量子计算的背景介绍

早在 20 世纪 80 年代初期，量子计算机的概念就被学者提出，至于系统性的描述是在 20 世纪 80 年代末期。人们热衷于研究量子计算机的原因在于，在一些特定的问题上，量子计算机比经典的冯·诺依曼机更有效率。当时世界上并没有量子计算机的物理实体，所有的一切都是实验模拟的结果。

2007 年，加拿大的一家公司对外宣布他们成功研发出了 16 位量子比特计算机，但其仅仅被用来解决一些最优化问题。2009 年世界上首台可编程的通用量子计算机正式在美国诞生。2013 年，中国科学技术大学潘建伟院士及其团队首次成功实现了用量子计算机求解线性方程组的实验。2016 年，中国“墨子号”量子通信卫星成功发射。关于进化计算和量子计算结合的研究开始于 20 世纪 90 年代，学术界共有两个研究方向，一个是专注于使用自动编程技术来生成新的量子算法，另一个是在经典的计算机中研究量子启发的进化算法。量子遗传算法属于后者。

2）量子计算的相关概念

在介绍量子遗传算法之前，我们首先需要了解量子计算的相关概念。在量子计算机中，存储信息的最小单元是量子位(qubit)。在经典的计算机中，存储信息的最小单元是位(bit)，也就是说，要么是0，要么是1。但是在量子计算机中，一个量子位有可能是0，有可能是1，也有可能是0与1的叠加。一个量子位可以表示成

$$|\varphi\rangle = \alpha|0\rangle + \beta|1\rangle \tag{7-10}$$

式中，α、β分别代表对应相位的概率幅，其关系式为

$$|\alpha|^2 + |\beta|^2 = 1 \tag{7-11}$$

在量子遗传算法中，量子位是可以通过量子门改变的，即α、β的值会通过量子门改变。量子门是一个2×2阶可逆矩阵$\boldsymbol{U}$，满足$\boldsymbol{UU}^+=\boldsymbol{U}^+\boldsymbol{U}$，其中$\boldsymbol{U}^+$是$\boldsymbol{U}$的共轭矩阵。量子门一般通过如下矩阵变换更新量子位。设新的量子位为$\begin{vmatrix}\alpha'\\\beta'\end{vmatrix}$，则

$$\begin{bmatrix}\alpha'\\\beta'\end{bmatrix} = \boldsymbol{U}\begin{bmatrix}\alpha\\\beta\end{bmatrix} \tag{7-12}$$

在量子力学中，量子门一般有非门、旋转门、Hadamard门等。每种量子门作用在量子位上，对量子位都起到不同的作用。比如旋转门相当于将量子位围绕原点旋转一定的角度。

上面重点介绍了单个量子位，如果一个系统是由n个量子位表示的，那么这个系统可以同时表示2^n个状态。由此，我们引出了量子染色体的概念。一个量子染色体是由一串量子位组成的，表示如下：

$$\left[\begin{array}{c:c:c:c}\alpha^1 & \alpha^2 & \cdots & \alpha^n\\\beta^1 & \beta^2 & \cdots & \beta^n\end{array}\right] \tag{7-13}$$

其中，$|\alpha^i|^2+|\beta^i|^2=1$，$i=1, 2, \cdots, n$。

例如，若一个量子染色体具有3个量子位，某个时刻的状态为

$$\left[\begin{array}{c:c:c}\frac{1}{\sqrt{2}} & \frac{1}{\sqrt{2}} & \frac{1}{2}\\ \frac{1}{\sqrt{2}} & -\frac{1}{\sqrt{2}} & \frac{\sqrt{3}}{2}\end{array}\right] \tag{7-14}$$

则由式(7-14)可以推出这个系统目前可以表示的状态，具体为

$$\begin{aligned}&\frac{1}{4}|000\rangle + \frac{\sqrt{3}}{4}|001\rangle - \frac{1}{4}|010\rangle - \frac{\sqrt{3}}{4}|011\rangle + \frac{1}{4}|100\rangle\\&+\frac{\sqrt{3}}{4}|101\rangle - \frac{1}{4}|110\rangle - \frac{\sqrt{3}}{4}|111\rangle\end{aligned} \tag{7-15}$$

式(7-15)表示这个量子染色体在这个时刻可以表示为000、001、010、011、100、101、110、111这8个状态。一旦我们观察这个量子染色体，这个量子染色体可能坍塌为上述8个状态中的任何一个状态。每个状态出现的概率分别为1/16，3/16，1/16，3/16，3/16，1/16，3/16，1/16，3/16。

3）量子遗传算法

有了以上的基本概念，我们可以给出量子遗传算法的基本框架了。

首先给出量子遗传算法的基本步骤(见算法 7.2)，然后详细介绍重点步骤。

算法 7.2　量子遗传算法

步骤 1：设置 $t=0$，种群大小为 n。初始化量子染色体种群 $Q(t)$，$Q(t)$里有 n 个量子染色体。

步骤 2：对 $Q(t)$中的每个量子染色体进行观察操作，使得其坍塌为一个具体的状态，从而形成二进制串种群 $P(t)$。

步骤 3：评价 $P(t)$的每个个体。

步骤 4：将种群 $P(t)$中最好的个体存入集合 B 中。

当未到达终止条件时

{

　步骤 5：$t=t+1$。

　步骤 6：对 $Q(t-1)$中的每个量子染色体进行观察操作，使得其坍塌为一个具体的状态，从而形成二进制串种群 $P(t)$。

　步骤 7：评价 $P(t)$的每个个体。

　步骤 8：使用量子旋转门更新 $Q(t)$。

　步骤 9：将种群 $P(t)$中最好的个体存入集合 B 中。

}

步骤 10：输出 B 中最好的个体。

步骤 1 中初始化量子染色体种群 $Q(t)$是指将 $Q(t)$中的每个量子染色体初始化为

$$\left[\begin{array}{c:c:c:c} \frac{1}{\sqrt{2}} & \frac{1}{\sqrt{2}} & \cdots & \frac{1}{\sqrt{2}} \\ \frac{1}{\sqrt{2}} & \frac{1}{\sqrt{2}} & \cdots & \frac{1}{\sqrt{2}} \end{array}\right] \tag{7-16}$$

步骤 2 中的观察操作具体为：对 $Q(t)$中的每个量子染色体中的每一位，在[0，1]之间产生一个随机数 randnum，若 randnum$>\alpha^2$，则该位置 1，否则置 0。例如，某个量子染色体为 $\left[\begin{array}{c:c:c} \frac{1}{\sqrt{2}} & \frac{1}{\sqrt{2}} & \frac{1}{\sqrt{2}} \\ \frac{1}{\sqrt{2}} & \frac{1}{\sqrt{2}} & \frac{1}{\sqrt{2}} \end{array}\right]$，针对该染色体的每一位产生的随机数为 0.6，0.3，0.7，那么观察该量子染色体后，得到的二进制串为[1，0，1]，对每个量子染色体进行观察操作，最后形成二进

制种群 $P(t)$。

步骤 3 中，对 $P(t)$ 中的每个二进制串进行相应的解码，实现基因型到表现型的映射。然后将解码后的值代入评价函数，得到每个染色体的适应度值。

步骤 4 是将步骤 3 中适应度值最好的个体放入某个固定集合中。

步骤 8 中利用量子旋转门更新 $Q(t)$ 中每个量子染色体的每个量子位。量子旋转门一般表示如下：

$$\boldsymbol{U}(\theta)=\begin{bmatrix}\cos\theta, & -\sin\theta \\ \sin\theta, & \cos\theta\end{bmatrix} \tag{7-17}$$

式中，θ 表示旋转的角度，在实际问题中需要人为设置。

以上介绍了量子遗传算法，它本质上还是一个基于概率的随机搜索算法，关于量子遗传算法的相关介绍，读者可以参阅文献[18]、[24]、[25]、[26]。

7.1.3 基于单个体量子遗传算法的超参数优化算法

我们在 7.1.1 节和 7.1.2 节分别介绍了常用的机器学习模型以及常用的优化算法，下面介绍超参数优化。

超参数优化的本质就是为机器学习模型找到一组比较好的参数，使得模型的泛化能力最强。这里的寻找，并不是随机搜索或是网格搜索，而是将问题建模成一个优化问题，然后用优化的方法来解决这个问题。在本小节中，我们首先介绍超参数优化的基本概念，然后介绍基于单个体量子遗传算法的超参数优化算法。

1. 超参数优化的基本概念

对于一个典型的学习算法 A 而言，它的最终目标是产生一个函数 f，这个函数 f 的泛化性能要尽可能的好。通常函数 f 是通过迭代优化机器学习算法的模型参数实现的。例如在前面提到的神经网络中，它的模型参数就是神经元之间的连接权重以及偏置。然而对于学习算法本身而言，它有自己的参数，比如上述神经网络模型中的学习率和隐含层神经元的个数。我们称这类参数为超参数[27, 28]。

在机器学习的学术领域及工程领域，超参数优化是一个很棘手的问题，也是科研人员与工程人员必须先面对的一个问题。设某个机器学习算法需要优化的超参数组成的向量为 $\boldsymbol{\lambda}$，由超参数 $\boldsymbol{\lambda}$ 配置的机器学习算法为 A_λ，令 θ 表示机器学习算法的模型参数，x_{train} 表示训练集，x_{test} 表示测试集，则测试集上泛化误差表示为 $\mathrm{Err}(x_{\text{test}}, A_\lambda(x_{\text{train}}, \theta))$，它表示的含义是：给定由超参数向量配置的学习算法 A_λ，在经过训练集训练后，在测试集得到的泛化误差。因此，超参数优化问题可以建模成如下的优化问题：

$$\lambda^* = \arg\min_{\lambda\in\Lambda} \mathrm{Err}(x_{\text{test}}, A_\lambda(x_{\text{train}}, \theta)) \tag{7-18}$$

式中，Λ 是超参数选择空间。我们需要做的就是在超参数空间中选择一组好的超参数使得测试集上的泛化误差达到最小。但是，超参数选择空间一般是很大甚至是无穷大的，并且我们通常对超参数选择空间并不是很了解。因此，用优化算法来解决这个问题是一种比较有效的思路。图 7－7 形象地描述了整个建模过程。

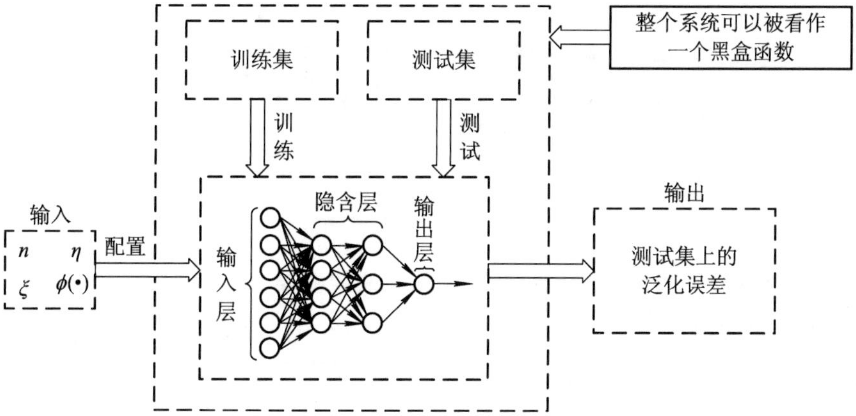

图 7－7　超参数优化建模过程示意图

前面提到，对于调参问题，人们在早期一般是基于人工经验手动调参的。后来，最先使用的自动化调参手段是网格搜索策略。但是不管是人工调参还是网格搜索，在深度学习的背景下，都是很不现实的。举个例子，假设一个学习模型有 K 个超参数需要调节，其中第 j 个($j=1, 2, \cdots, K$)超参数有 L_j 个选择，那么由网格搜索可知，所产生的候选解有 $n=\prod_{j=1}^{K} L_j$ 个。可想而知，随着超参数个数的增加，候选解的个数呈指数级增长[7]。而一个候选解对学习模型的训练集进行训练和测试集进行验证，时间效率过于低下。

2012 年，Bergstra 等人在文献[27]中提出了一种随机搜索的策略，此策略在实际应用中比网格搜索更有效率，因为函数 $f(\lambda)=\mathrm{Err}(x_{\text{test}}, A_\lambda(x_{\text{train}}, \theta))$ 是低维有效性函数。低维有效性指一个多维函数可以近似被一个较低维的函数逼近。

如图 7－8 所示，一个二维的低维有效性函数 $f(x, y)=g(x)+h(y)\approx g(x)$，其中上面部分是 $g(x)$，左侧部分是 $h(y)$。假设我们要求这个二维函数的最大值，对于网格搜索，9 个候选解只有 3 个点映射到 $g(x)$ 上面；对于随机搜索，9 个候选解却有 9 个点映射到 $g(x)$ 上面。从图中也可以看出，随机搜索能够搜索到最优解的概率要比网格搜索大得多。并且在文献[27]中，作者也用实验证明了随机搜索的搜索效率比网格搜索的高。

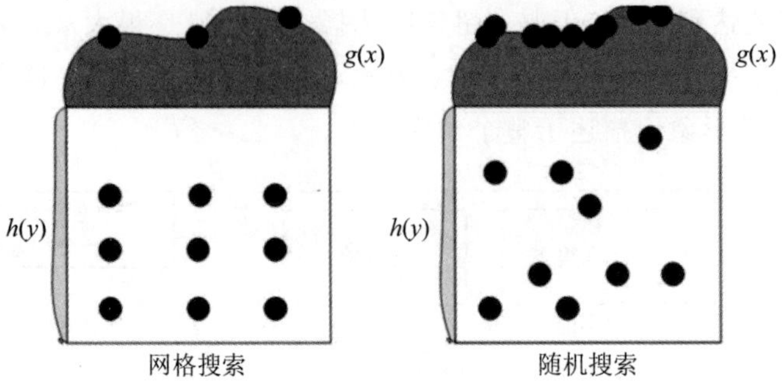

图 7-8 低维有效性函数

2. 基于单个体量子遗传算法的超参数优化算法的框架

基于单个体量子遗传算法的超参数优化(QEAS)算法一般框架见算法 7.3[29]。

算法 7.3 QEAS 算法

输入：训练集 x_{train}，测试集 x_{test}，种群大小设置为 1，机器学习模型 A 以及其需要优化的超参数选择区间，终止条件。

步骤 1：初始化量子染色体种群 $Q(t)$，令 $t=0$，设置集合 $B=\varnothing$。量子染色体的总长度由需要优化的超参数的选择区间来确定。

步骤 2：对 $Q(t)$ 中的每个量子染色体进行观察操作，使其坍塌为一个具体的状态，从而形成二进制串种群 $P(t)$。

步骤 3：评价 $P(t)$ 的每个个体。对于 $P(t)$ 中的每个二进制串，对其解码，获得一组特定的超参数。用该组超参数去配置机器学习算法 A，然后在训练集上训练、在测试集上测试，从而得到一个泛化误差，该泛化误差就是该个体的适应度值。

步骤 4：将种群中最好的个体存入 B 中。

若未达到终止条件，则执行

{

步骤 5：$t=t+1$，重复步骤 2。

步骤 6：重复步骤 3。

步骤 7：使用量子旋转门更新 $Q(t)$。

步骤 8：重复步骤 4。

}

输出：B 中最好的个体。

7.1.4 实验结果及分析

为了验证基于单个体量子遗传算法的超参数优化算法的有效性，我们设计了以下的实验流程。

1. 关于对比算法

这里的对比算法是随机搜索算法。前面已经分析过网格搜索算法，其实质就是带步长的穷举，这种搜索效率低下，随着需要调节的超参数的增加，网格搜索算法所产生的候选解的个数呈指数级增长。我们也从算法 7.3 得知，评价一次个体就会训练一次模型，而模型的训练是非常耗时的，因此将网格搜索算法作为对比算法没有意义。我们之所以不用其他的进化算法，是因为其他的进化算法都是基于种群的搜索，这种种群式的随机搜索在每一次搜索的过程中都要评价每个个体，而评价个体是非常耗时的。对于其他的进化算法如遗传算法或粒子群优化算法，如果把种群个数设置为 1，这些算法就失去了作用。但是量子遗传算法不一样，候选解个体之间是相互独立的，每个个体是通过旋转门来更新的。2006 年，K. H. Han 在文献[30]中就证明了单个体量子遗传算法的有效性。

2. 实验设置

实验中我们选取的机器学习模型是一个 3 层的神经网络模型，需要优化的超参数有以下 9 个：

① 隐含层神经元的个数；

② 神经元的激活函数类型；

③ 正则化系数；

④ 初始学习率值；

⑤ 学习率的更新方式；

⑥ 批次的大小；

⑦ 学习率衰减指数；

⑧ 动量系数；

⑨ 是否使用 Nesterov 动量。

要想知道更多关于以上超参数的细节，读者可以参看网站 scikit-learn. org 以及文献[6]。表 7-2 记录了以上超参数的更详细的属性信息。

表 7-2 神经网络需要优化的超参数的详细信息

超参数	属性	选择区间
隐含层神经元的个数	离散	25～675 之间的整数
神经元的激活函数类型	离散	tanh，sigmoid，ReLU
正则化系数	连续	[0，1]

续表

超参数	属性	选择区间
初始学习率值	连续	[0.0001, 1]
学习率的更新方式	离散	常量模式，自适应模式，递减模式
批次的大小	离散	100 或者 200
学习率衰减指数	连续	[0.5, 1]
动量系数	连续	[0, 0.1]
是否使用 Nesterov 动量	离散	使用/不使用

整个神经网络的训练算法是基于批量随机梯度下降的反向传播算法。训练的迭代次数设置为 10。算法的迭代次数，在随机搜索算法和基于单个体量子遗传算法的超参数优化算法中均设置为 50。本实验是在主频 3.2 GHz 的 Intel Core(TM) i5 - 6500、内存 8 GB 的 CPU 和 Linux 16.04 python 2.7x 的软件环境下完成的。实验数据集为 MNIST，为手写数字数据集，训练集有 60 000 张图片，测试集有 10 000 张图片。

3. 实验结果

在实验中，我们独立运行了基于单个体量子遗传算法的超参数优化算法 6 次，发现最终得到的结果始终保持在 97.28%～97.48%之间。图 7 - 9 是迭代收敛曲线图。

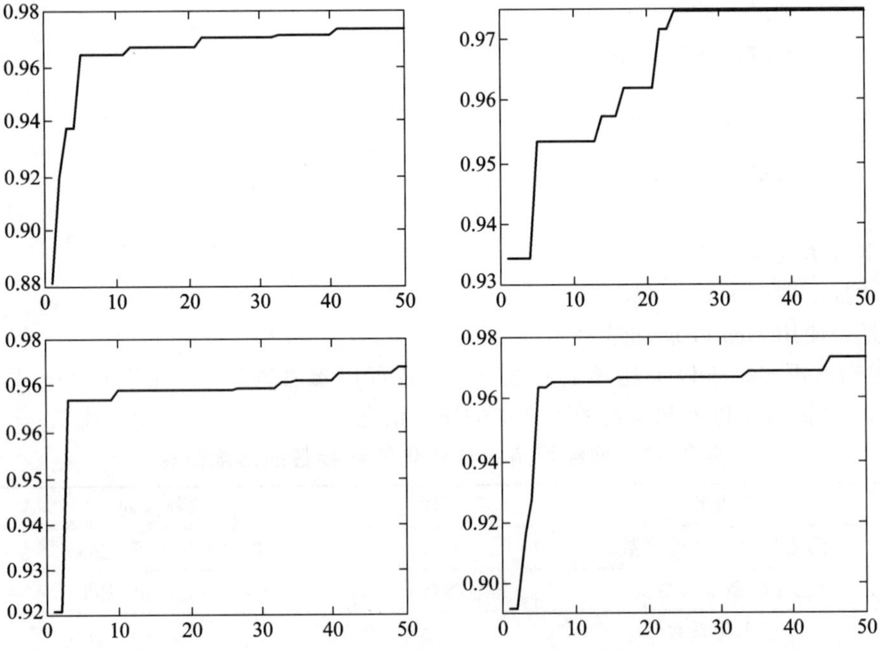

图 7 - 9　QEAS 算法迭代收敛曲线(横坐标表示迭代次数，纵坐标表示泛化性能)

图 7－10 是 QEAS 算法与随机搜索算法的结果对比图。我们运行这两种算法各 6 次，因为随机搜索每次的选择都是独立同分布的，所以运行 6 次随机搜索算法相当于随机选择 300 次候选解。从图 7－9 以及图 7－10 可以看出，QEAS 算法的实验效果更加稳定。随机搜索算法的效果只有在第 1、5、6 次实验(换句话说，在 3 个地方，波浪线的峰值超过水平线)超过了 QEAS 算法。图 7－11 揭示了两种算法运行 6 次的最好结果的对比情况，进一步说明了 QEAS 算法的稳定性和有效性。表 7－3 对比了两种算法的时间效率，因为 QEAS 算法迭代了 50 次，随机搜索算法也随机抽样了 50 次，所以 QEAS 算法的时间效率和随机搜索算法的差不多，有效地克服了基于种群的进化算法的效率低下问题。

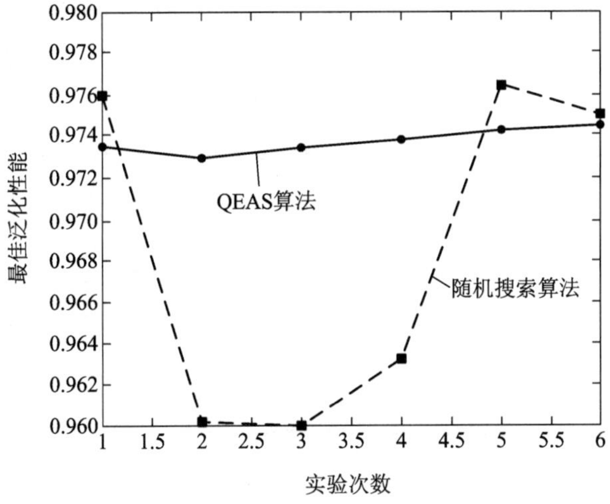

图 7－10　QEAS 算法与随机搜索算法运行 6 次的结果对比图

表 7－3　QEAS 算法与随机搜索算法的时间效率比较

实验次数	QEAS 算法所用时间/s	随机搜索算法所用时间/s	实验次数	QEAS 算法所用时间/s	随机搜索算法所用时间/s
1	16 544	14 369	4	17 632	12 396
2	17 356	17 269	5	16 432	16 974
3	14 563	17 896	6	14 123	18 796

图 7－11 中：上边顶部的加粗近似直线是 QEAS 算法的结果，因为稳定，所以结果相差不大；波浪线表示 6 次独立运行随机搜索算法的结果，相当于 300 次独立随机搜索；纵坐标展示每个候选解的泛化能力，其中泛化性能的表示范围为 0.9728～0.9745。

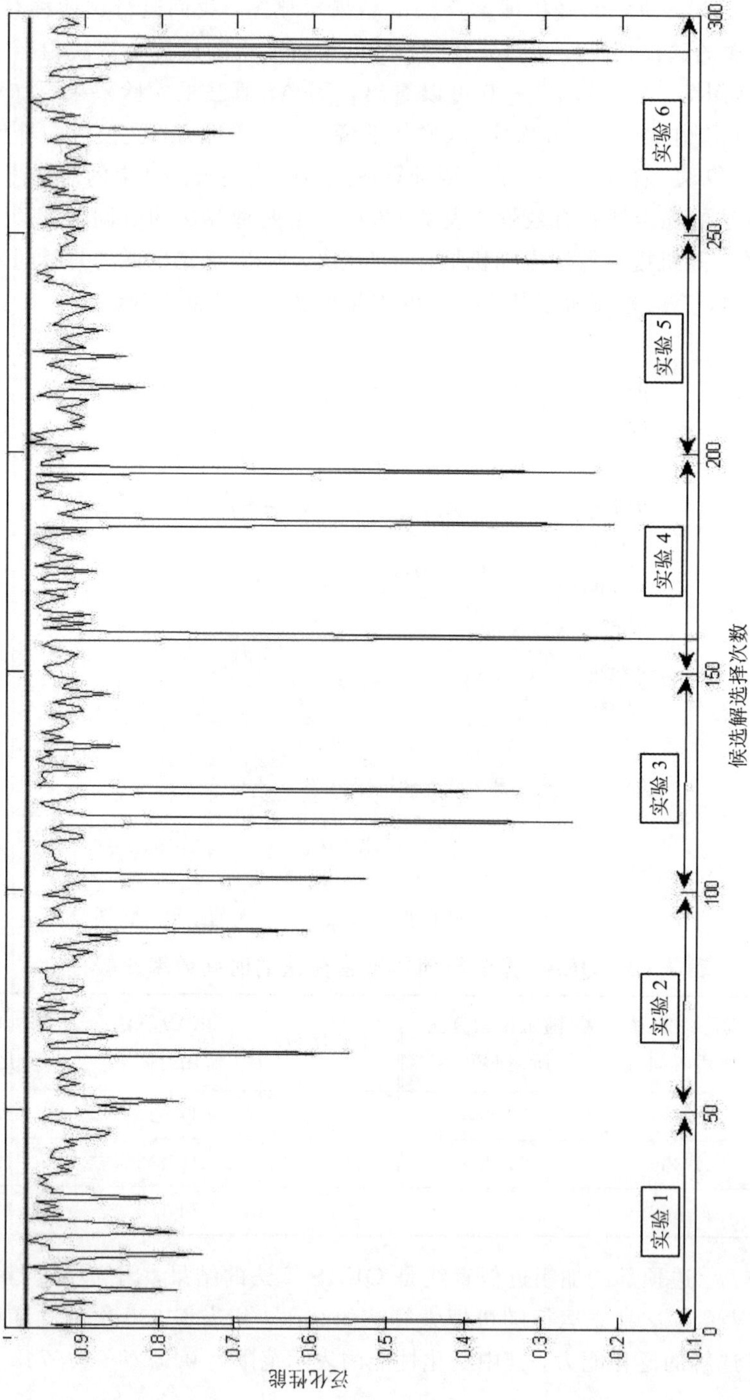

图7-11 QEAS 算法与随机搜索算法运行 6 次的最好结果的对比图

7.2 基于量子多目标优化的稀疏受限玻尔兹曼机学习

7.2.1 引言

神经科学的研究成果[31-33]解释了哺乳动物的大脑中信息处理的基本原理，这为设计深层结构[34, 35]以进行信息表示带来了新视角。深度神经网络(DNN)的出现使得人类可以从原始数据中学习多层抽象数据特征，并且随着数据量和计算机计算能力的提高，深度神经网络在图像识别、文本处理工作以及许多其他应用中有着优良的表现[36-38]。深度置信网络(DBN)是一种经典的可快速学习的深度神经网络。当前以受限玻尔兹曼机(RBM，详见7.2.2节)为基本模型的DBN是深度学习的主要框架之一。RBM提取到的特征表示为分布式、非稀疏的，因此如果只是单纯利用RBM提取特征会产生特征冗余，从而出现过拟合的现象。许多学者在RBM的训练过程中会增加一些限制条件或者规则项，从而将先验知识加入模型训练过程中，以获得优良的特征，如稀疏、低秩、平滑等。比如，一些模型通过增加规则项限制隐单元的稀疏性获得了更好的图像分类准确率[39-44]。但是在传统的稀疏RBM中，必须选择权重参数的值以控制两个目标函数在训练中所占的比重。稀疏惩罚项在模型训练中所占的权重系数不同，则训练得到的结果也不同。权重系数的值只能通过重复的实验去调整，这非常低效，而且往往还不能得到最优值，因为权重系数的值的搜索空间是非常大的且存在很多局部最优值。针对权重参数敏感问题，本节将多目标优化方法引入稀疏RBM的训练中，通过建立多目标优化模型解决权重参数选择问题，实现模型对稀疏特征的学习。

7.2.2 相关理论背景

1. 受限玻尔兹曼机(RBM)模型简介

1986年，Hinton和Sejnowski提出了玻尔兹曼机(Boltzmann Machine，BM)模型[45]。BM可以学习训练数据中的复杂函数，但是其训练时间过长。同年，Smolensky提出了受限玻尔兹曼机(RBM)模型[46]。RBM可以看成一个基于能量的生成模型，也可视作一个无向图模型。传统的RBM模型(也可称作特征提取器)如图7-12所示，其包括可见层v和隐(含)层h。可见层用于输入训练数据；隐层用于学习输入数据的特征。可见层和隐层之间的连接为权重矩阵$\boldsymbol{W}$，同一层之间无连接；a、b分别为可见单元、隐单元的偏置；n_h、n_v分别是隐单元、可见单元的个数。

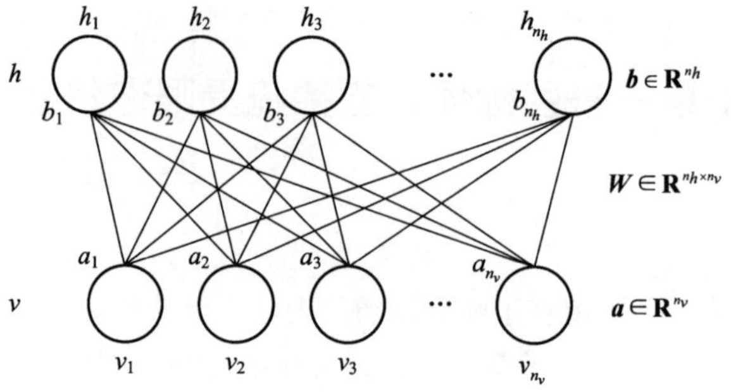

图 7-12　RBM 模型图

RBM 作为一个能量模型，它具有的能量为

$$E(v, h) = -\sum_{i=1}^{n_v} a_i v_i - \sum_{j=1}^{n_h} b_j h_j - \sum_{i=1}^{n_v} \sum_{j=1}^{n_h} v_i w_{ij} h_j \tag{7-19}$$

当给定参数时，隐单元和可见单元(v, h)的联合概率分布函数表示为

$$p(v, h) = \frac{1}{Z} \exp(-E(v, h)) \tag{7-20}$$

式中，Z 称为归一化因子或者配分函数，其表达式为

$$Z = \sum_v \sum_h \exp(-E(v, h)) \tag{7-21}$$

由于 RBM 模型的结构，给定可见单元，隐单元的激活状态之间具有条件独立的特性，因此，第 j 个隐单元被激活的概率为

$$p(h_j = 1 \mid v) = \sigma\left(\sum_i w_{ij} v_i + b_j\right) \tag{7-22}$$

同样的，当给定隐单元时，可见单元之间也是独立的，因此，第 i 个可见单元被激活的概率为

$$p(v_i = 1 \mid h) = \sigma\left(\sum_j w_{ij} h_j + a_i\right) \tag{7-23}$$

式(7-22)和式(7-23)中，σ 为 sigmoid 激活函数，其函数图像如图 7-13 所示。

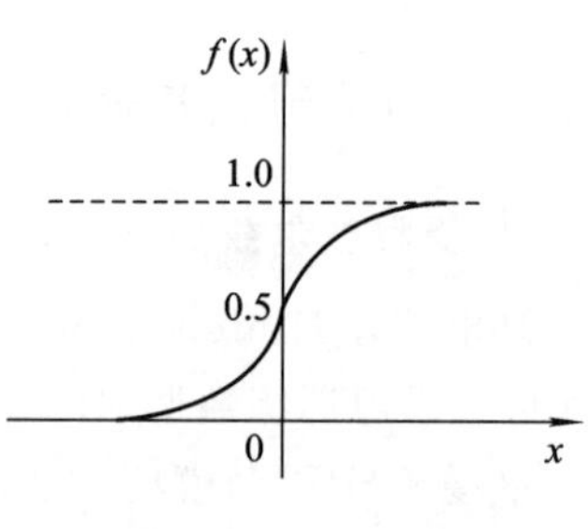

图 7-13　sigmoid 函数图像

训练 RBM 的任务就是通过学习直到参数 $\theta = \{w, a, b\}$ 的值可被用作拟合输入的训练数据。通过最大化似然函数可以得到 RBM 参数值。假设给定的输入数据有 T 个样本，RBM 在样本上的对数似然函数为

$$L(\theta) = \sum_{t=1}^{T} \log P_\theta(v^{(t)} \mid \theta) \tag{7-24}$$

采用梯度上升算法，通过最大化对数似然函数得到参数值的关键是计算梯度，也就是计算各个参数的偏导数。化简式(7-24)，有

$$
\begin{aligned}
L(\theta) &= \sum_{t=1}^{T} \log P_{\theta}(v^{(t)} \mid \theta) \\
&= \sum_{t=1}^{T} \log \frac{\sum_{h} \exp(-E(v^{(t)}, h \mid \theta))}{\sum_{v} \sum_{h} \exp(-E(v, h \mid \theta))} \\
&= \sum_{t=1}^{T} \left(\log \sum_{h} \exp(-E(v^{(t)}, h \mid \theta)) - \log \sum_{v} \sum_{h} \exp(-E(v, h \mid \theta)) \right)
\end{aligned}
\tag{7-25}
$$

对参数 θ 求偏导：

$$
\begin{aligned}
\frac{\partial L}{\partial \theta} &= \sum_{t=1}^{T} \frac{\partial}{\partial \theta} \left(\log \sum_{h} \exp(-E(v^{(t)}, h \mid \theta)) - \log \sum_{v} \sum_{h} \exp(-E(v, h \mid \theta)) \right) \\
&= \sum_{t=1}^{T} \left[\sum_{h} \frac{\exp(-E(v^{(t)}, h \mid \theta))}{\sum_{h} \exp(-E(v^{(t)}, h \mid \theta))} \times \frac{\partial(-E(v^{(t)}, h \mid \theta))}{\partial \theta} \right. \\
&\quad \left. - \sum_{v} \sum_{h} \frac{\exp(-E(v, h \mid \theta))}{\sum_{v} \sum_{h} \exp(-E(v, h \mid \theta))} \times \frac{\partial(-E(v, h \mid \theta))}{\partial \theta} \right] \\
&= \sum_{t=1}^{T} \left(\left\langle \frac{\partial(-E(v^{(t)}, h \mid \theta))}{\partial \theta} \right\rangle_{p(h \mid v^{(t)}, \theta)} - \left\langle \frac{\partial(-E(v, h \mid \theta))}{\partial \theta} \right\rangle_{p(h \mid v, \theta)} \right)
\end{aligned}
\tag{7-26}
$$

假设这时训练样本的数量为 1，$p(h \mid v^{(t)}, \theta)$代表数据(data)，$p(v, h \mid \theta)$代表模型(model)，$p(h \mid v^{(t)}, \theta)$表示给定可见单元后隐单元的概率分布，这一项计算比较容易；$p(v, h \mid \theta)$表示隐单元和可见单元的联合概率分布，不能直接计算得到，只能通过吉布斯采样获取。对各个参数求偏导：

$$
\begin{aligned}
\frac{\partial L}{\partial w_{ij}} &= \langle v_i h_j \rangle_{\text{data}} - \langle v_i h_j \rangle_{\text{model}} \\
\frac{\partial L}{\partial a_i} &= \langle v_i \rangle_{\text{data}} - \langle v_i \rangle_{\text{model}} \\
\frac{\partial L}{\partial b_j} &= \langle h_j \rangle_{\text{data}} - \langle h_j \rangle_{\text{model}}
\end{aligned}
\tag{7-27}
$$

2. RBM 训练算法简介

吉布斯(Gibbs)采样[47]是一种采样方法，其理论基础为马尔可夫链和蒙特卡罗理论。由于 RBM 具有对称及条件独立的结构特性，通过 k 步吉布斯采样便可得到服从 RBM 定义的分布，但是，k 要足够大才能得到 RBM 所定义的分布，采样过程如图 7-14 所示。对于较复杂的高维数据，其训练效率就会较低。2002 年，Hinton 提出 CD(Contrastive

Divergence，对比散度)算法[48]，这是一种可用于RBM进行快速学习的算法。在CD算法中，仅需一步吉布斯采样便可以得到一个足够近似的重构数据的分布。

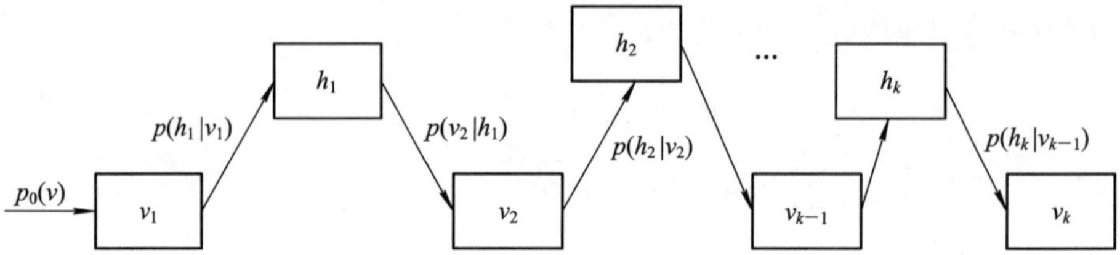

图7-14　吉布斯采样过程

采用CD算法训练RBM的步骤如下：

(1) 初始化RBM的结构参数和最大训练周期，可见层的状态 v_1 为输入的训练样本。

(2) 根据式(7-22)计算隐层中的隐单元被激活的概率，并对隐层的状态 h_1 进行二值化处理。

(3) 根据步骤(2)中计算的隐层的状态和式(7-23)得到重构的可见层 v_2。

(4) 根据步骤(3)得到的重构可见层和式(7-22)计算得到重构的隐层 h_2。

(5) 根据更新规则

$$\begin{cases} w = w + \varepsilon(v_1 h_1 - v_2 h_2) \\ a = a + \varepsilon(v_1 - v_2) \\ b = b + \varepsilon(h_1 - h_2) \end{cases} \tag{7-28}$$

更新RBM的结构参数，其中 ε 为学习率。

(6) 重复步骤(2)～步骤(5)，直到收敛。

3. (常见的)稀疏受限玻尔兹曼机训练算法

因为RBM学习到的特征可能会有冗余，所以在训练中会对RBM增加一些限制，比如，一些RBM的变形算法[39-44]是通过限制隐单元的稀疏性来获得更高级的抽象特征的。人类的感知系统为稀疏反应受限玻尔兹曼机(SRBM)训练算法的优良特性提供了理论依据，大部分的SRBM都是通过增加稀疏惩罚项来控制隐单元的稀疏性的，并获得了良好的表现，区别在于稀疏惩罚项不同。作为正则项概念，稀疏惩罚项可为一范数[42]或误差平方项[39]，还可为一范数和二范数的熵[41]。所以SRBM的训练算法都是相同的框架。这里以Ji提出的稀疏RBM的训练算法为例，对SRBM的学习算法作简要介绍。Ji基于率失真理论(Rate Distortion Theory)提出了SR-RBM(Sparse Response Restricted Boltzmann Machine，稀疏反应受限玻尔兹曼机)训练算法。在SR-RBM模型中，KL散度(Kullback-Leibler Divergence)作为训练误差函数(KL散度也称为相对熵)，通过一范数来获得隐单元的稀疏表示，从而学习得到高级的抽象特征。

在 SR-RBM 中，训练误差函数为

$$\min_{w,\,a,\,b} \mathrm{KL}(P^0 \parallel P_\theta^\infty) + \lambda \sum_{l=1}^{T} \parallel p(h^{(l)} \parallel v^{(l)}) \parallel_1 \tag{7-29}$$

式中，P^0 为数据的初始分布，P_θ^∞ 为数据的平衡分布，$\mathrm{KL}(P^0 \parallel P_\theta^\infty)$作为 RBM 训练的误差函数，并且通过增加隐单元被激活概率的一范数以获得小码率。对于与 KL 散度近似的梯度值，使用一次吉布斯采样可以得到，故利用 CD 算法更新 SR-RBM 参数。一范数的梯度可以直接计算得到，所以利用梯度下降法更新 SR-RBM 参数。一范数对 RBM 参数求导：

$$\begin{aligned} -\frac{\partial}{\partial w_{ij}} \sum_{l=1}^{T} \parallel p(h^{(l)} \parallel v^{(l)}) \parallel_1 &= -\sum_{l=1}^{T} \frac{\partial}{\partial w_{ij}} \sigma\Big(\sum_i w_{ij} v_i^{(l)} + b_j\Big) \\ &= -\sum_{l=1}^{T} p_j^{(l)}(1 - p_j^{(l)}) v_i^{(l)} \end{aligned} \tag{7-30}$$

$$\begin{aligned} -\frac{\partial}{\partial b_j} \sum_{l=1}^{T} \parallel p(h^{(l)} \parallel v^{(l)}) \parallel_1 &= -\sum_{l=1}^{T} \frac{\partial}{\partial b_j} \sigma\Big(\sum_i w_{ij} v_i^{(l)} + b_j\Big) \\ &= -\sum_{l=1}^{T} p_j^{(l)}(1 - p_j^{(l)}) \end{aligned} \tag{7-31}$$

因为隐单元被激活的程度由其偏置直接控制，所以利用梯度下降法计算一范数的梯度以更新参数时，只有隐单元的偏置会被更新。

SR-RBM 的训练算法步骤如下：

(1) 初始化 SR-RBM 的结构参数和最大训练周期，可见层的状态 v_1 为输入的训练样本。

(2) 利用 CD 算法更新参数，具体更新规则如下：

$$w_{ij} := w_{ij} + \varepsilon(\langle v_i h_j \rangle_{P^0} - \langle v_i h_j \rangle_{P_\theta^1})$$

$$a_i := a_i + \varepsilon(\langle v_i \rangle_{P^0} - \langle v_i \rangle_{P_\theta^1})$$

$$b_j := b_j + \varepsilon(\langle h_j \rangle_{P^0} - \langle h_j \rangle_{P_\theta^1})$$

其中，ε 代表学习率，$\langle \cdot \rangle_{P_\theta^1}$ 代表从原始输入数据重构的数据期望，利用一次吉布斯采样得到。

(3) 利用梯度下降法，根据式(7-30)和式(7-31)更新 SR-RBM 模型中的参数。

(4) 重复步骤(2)和步骤(3)，直到收敛。

相比于传统的 RBM 训练算法，SR-RBM 训练算法可以学习到更抽象的特征并提高分类的准确性，但必须提前选择权重参数的值以决定规则项在 RBM 训练中所占的比重。权重参数的选择依赖人为的经验，只能通过重复性实验进行调整，这非常低效，而且往往还不能得到最优值。因为权重系数的值的搜索空间非常大而且存在很多局部最优值。为避免参数的选择问题，可以建立多目标优化模型[49]。尤其在近些年，多目标优化算法的研究取得了重大进展，许多问题都可以转化为多目标优化问题[50, 51-56]。

4. 深度信念网络模型简介

多个 RBM 可组成深度信念网络(DBN)模型。3 个 RBM 组成的 DBN 模型如图 7－15 所示。输入层又称为可见层，用于输入训练样本，输出层和输入层之间称作隐层。

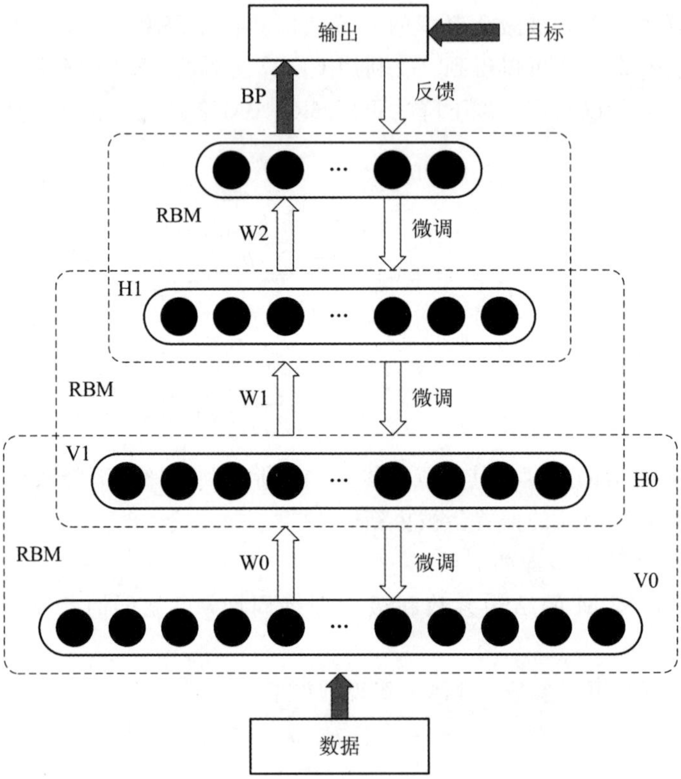

图 7－15　DBN 模型

通常来讲，DBN 的训练过程分为无监督训练和调优两个阶段。在无监督训练阶段，利用逐层训练法，即先由下至上单独无监督训练第一个 RBM，再将第一个 RBM 的隐层作为第二个 RBM 的可见层，然后单独训练第二个 RBM，利用同样的方法直到训练完所有的 RBM。在训练 RBM 的过程中，采用 CD 算法可获得 RBM 结构参数的值。

DBN 最顶两层是一个无向图的生成模型 RBM，剩下的底层是一个有向图的生成模型。在顶层 RBM 训练中，利用训练样本的分类标签训练分类器可得到分类器的参数值。将通过 RBM 训练得到的参数值当作网络的初始值，利用反向传播(back-propagation，BP)算法[57]对整个 DBN 的结构进行调优。将 RBM 训练得到的参数作为 DBN 的初始值而不是随机初始化网络的初始值，就可以避免参数陷入局部最优的问题。

5. 多目标优化问题简介

具有 q 个目标函数的多目标优化问题表示为

$$\begin{aligned}&\min \boldsymbol{F}(x)=(f_1(x),\ f_2(x),\ \cdots,\ f_q(x))^{\mathrm{T}}\\&\text{s. t. } x\in\Omega\end{aligned}\tag{7-32}$$

其中，Ω 代表决策空间的可行域，$\boldsymbol{F}$: $\Omega\to\mathbf{R}^q$ 表示包含 q 个实数的目标函数，$\mathbf{R}^q$ 代表目标空间，$\{\boldsymbol{F}(x)|x\in\Omega\}$是可行解集。通常，多个目标函数之间是互相冲突的。因为一个解可能对一个目标函数来讲是一个最优值，但是对多目标问题中的其他函数来讲不是最优值，所以在可行空间中不存在一个点可以同时最小化所有目标函数的情况。因此，必须在目标函数之间寻找平衡。目标函数之间最佳的平衡定义为最优帕累托(Pareto Optimality)[58]。在多目标优化问题中，需要寻找一个折中的集合，此集合称为 Pareto 最优解集。

在最小化问题中，目标空间中的两个解 x_a，$x_b\in\mathbf{R}^q$，如果

$$\begin{aligned}&f_k(x_a)\leqslant f_k(x_b),\ \forall k\in\{1,\ 2,\ \cdots,\ q\}\\&f_k(x_a)<f_k(x_b),\ \exists k\in\{1,\ 2,\ \cdots,\ q\}\end{aligned}\tag{7-33}$$

成立，那么 x_a 支配 x_b 可以表示为 $x_a>x_b$。

如图 7-16 所示，x_a 被 x_b、x_c 支配，x_b、x_c 是非支配解。如果式(7-32)的一个解 $x^*\in\Omega$ 没有其他点$x\in\Omega$ 可以支配它，那么 x^* 就是帕累托最优解。$\boldsymbol{F}(x^*)$称为帕累托最优向量。所有帕累托最优点叫作帕累托解集(Pareto Set，PS，用 P^* 表示)，即

$$P^*=\{x^*\in\Omega\mid\neg\ \exists x\in\Omega,\ x>x^*\}\tag{7-34}$$

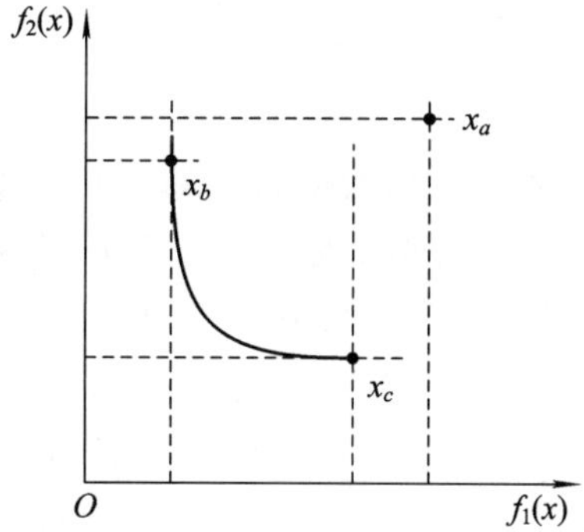

图 7-16　支配解样例图

所有帕累托最优向量称为帕累托前端(Pareto Front，PF)，如图 7-17 所示，表达式为

$$\begin{aligned}\mathrm{PF}^*=&\{\boldsymbol{F}(x^*)\\&=(f_1(x^*),\ f_2(x^*),\ \cdots,\ f_q(x^*))^{\mathrm{T}}\mid x^*\in P^*\}\end{aligned}\tag{7-35}$$

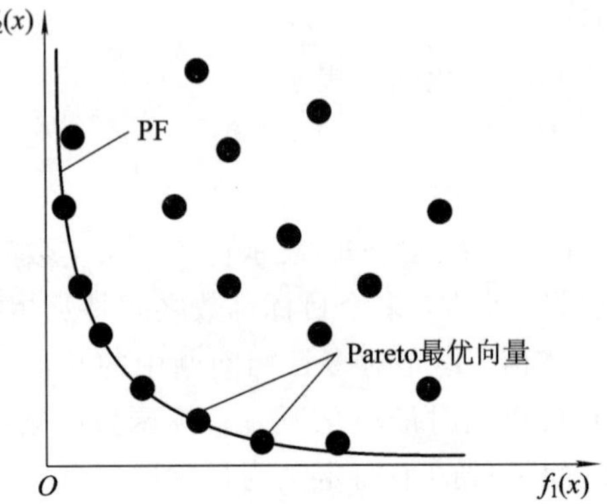

图 7-17　Pareto 前端图

7.2.3　基于量子多目标优化的稀疏受限玻尔兹曼机学习算法

在 SRBM 训练中，最小化误差函数的目的是尽可能拟合给定的训练数据，也就是从输入数据中尽可能地学习到更多的信息；最小化稀疏惩罚因子或者正则项的目的是获得数据的稀疏表示，这势必会导致信息的丢失。那么误差函数和稀疏惩罚项就是互相冲突的目标函数。针对多个互相冲突的目标函数或者有约束的问题，可以通过建立多目标优化模型来解决[59-61]。为了解决在 SR-RBM 中需要预设权重参数，并且不能收敛到最优值的问题，本节提出基于量子多目标优化的 SRBM 学习算法，也称为基于多目标优化的 SRBM 学习算法，根据误差函数和稀疏惩罚项两个互相冲突的目标函数建立多目标优化模型，从而进行稀疏特征的学习。因为 RBM 是一个概率模型，并且可以看作一个马尔可夫随机场，利用 KL 散度作为失真函数以衡量输入数据和重构数据的平衡分布之间的误差。KL 散度用来衡量两个概率分布的接近程度。Hinton 指出最小化对数似然函数和最小化 KL 散度是等同的[48]。KL 散度为多目标优化模型中的第一个目标函数。第二个目标函数为隐单元的一范数，其代表稀疏性表示。其实，理想的稀疏性表示是零范数，但是求解零范数是 NP 难问题[62]。虽然进化算法可以找到 NP 难问题的一个近似解，但是其求解出最优值的时间是相当长的。另一方面，因为在 sigmoid 激活函数中隐单元的值是非零的，所以隐单元的零范数为常量。众所周知，一范数可以生成稀疏的系数[63, 64]且对不相关的特征具有鲁棒性。因此，在本节的算法中隐单元被激活的概率的一范数为稀疏惩罚项，以控制学习特征的稀疏性，这也是第二个目标函数。

在解决多目标优化问题中，使用多目标进化算法[65, 66]是目前普遍的选择。MOEA/D[58]是基于数学规划的一种有效的多目标进化算法(MOEA)。在求解多目标优化问题时，MOEA/D 算法收敛速度较快、分布性好。2015 年，Gong 等人提出了一种自适应的基于分解的多目标优化算法[49, 58](Self-Adaptive Multi-Objectives Evolutionary Algorithm based on Decomposition，SA-MOEA/D)，但是其需要较长的时间才能收敛到最优值。本节在 SA-MOEA/D 中引入了量子机制，既能加快算法的收敛速度，提高算法的探测能力，又能有效避免多目标优化中陷入局部最优的现象。量子系统是一个遵循状态的叠加原则[67]的复杂非线性系统。本节提出的 SRBM 中，多目标优化算法采用自适应的基于分解的量子多目标优化算法(Self-Adaptive Quantum Multi-Objectives Evolutionary Algorithm based on Decomposition，SA-QMOEA/D)。

1. 基于多目标优化的 SRBM 学习算法介绍

本节提出的基于多目标优化的 SRBM 学习算法(下文简称本节算法)流程图如图 7-18 所示。

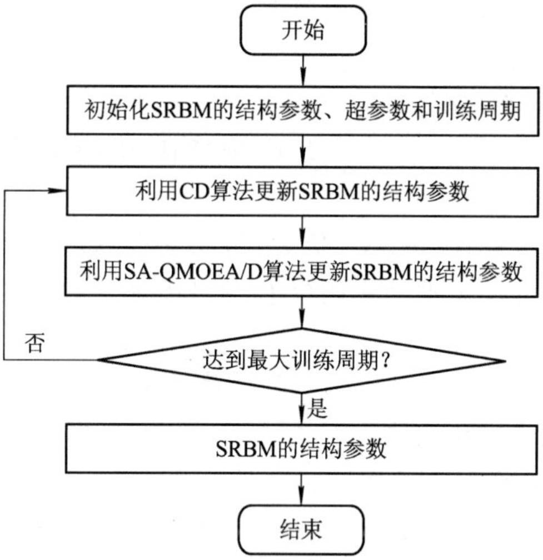

图 7-18　基于多目标优化的 SRBM 学习算法流程图

基于多目标优化的 SRBM 学习算法步骤如下：

(1) 初始化 SRBM 的结构参数、超参数和训练周期。

(2) 利用 CD 算法更新 SRBM 的结构参数，具体更新规则如下：

$$w_{ij} := w_{ij} + \varepsilon(\langle v_i h_j \rangle_{P^0} - \langle v_i h_j \rangle_{P_\theta^1})$$

$$a_i := a_i + \varepsilon(\langle v_i \rangle_{P^0} - \langle v_i \rangle_{P_\theta^1})$$

$$b_j := b_j + \varepsilon(\langle h_j \rangle_{P^0} - \langle h_j \rangle_{P_\theta^1})$$

其中，ε 代表学习率，$\langle \cdot \rangle_{P_\theta^1}$ 代表从原始输入数据重构的数据期望，它是利用一次吉布斯采样得到的。

(3) 利用 SA-QMOEA/D 算法更新 SRBM 的结构参数。

(4) 重复步骤(2)和步骤(3)，直到收敛。

2. SA-QMOEA/D 算法

多目标优化算法采用自适应的基于分解的量子多目标优化算法 SA-QMOEA/D[68]，其目标函数为

$$\min F(b) = \left(\mathrm{KL}(P^0 \parallel P_\theta^\infty),\ \sum_{l=1}^{S} \parallel p(h^{(l)} \parallel v^{(l)}) \parallel_1\right) \tag{7-36}$$

式中，S 表示训练样本个数。

在基于多目标优化的稀疏受限玻尔兹曼机训练过程中，为了减少训练时间，只优化隐单元的偏置 b，因为隐单元的偏置直接控制特征表示的稀疏性[39]。并且为了增加运算效率，本节只是随机挑选一部分参数进行优化而不是整个训练样本集。

SA-QMOEA/D 算法中分解方法选用切比雪夫分解[58]方法，根据权重将问题分解为 N 个子问题。

分解过程中需要保存的信息如下：

- N 个点的种群，x^1，x^2，…，$x^N \in \Omega$，x^i 为当前子问题的最优解，θ^1，…，$\theta^N \in \Omega_Q$，θ^i 为组成种群的量子染色体。
- FV^1，…，FV^N，其中 $\mathrm{FV}^i = F(x^i)$，$i=1$，2，…，N。
- $z=(z_1, z_2, \cdots, z_m)$，$z_i$ 是目标函数 f_i 的最优解。

输入：

- 多目标问题。
- 进化终止条件，最大进化代数 G。
- 分解的子问题的个数 N。
- N 个权重向量 $\boldsymbol{\lambda}^1$，$\boldsymbol{\lambda}^2$，…，$\boldsymbol{\lambda}^N$。

输出：非支配解集 EP，最终从 EP 中随机选择一个解作为最后的结果，以更新隐单元的偏置。

SA-QMOEA/D 算法流程图如图 7-19 所示。

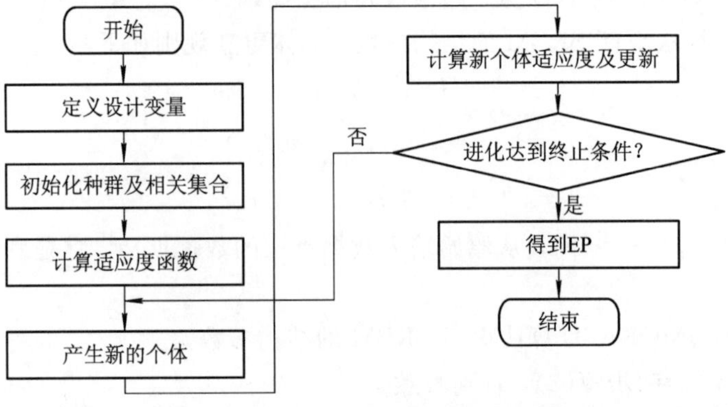

图 7-19　SA-QMOEA/D 算法流程图

SA-QMOEA/D 算法步骤如下：

(1) 初始化。

① 权重向量 $\boldsymbol{\lambda}^1$，$\boldsymbol{\lambda}^2$，…，$\boldsymbol{\lambda}^N$ 初始化。

② 初始化邻域 B：计算任意两个权重之间的欧氏距离，选择距每个权重向量最近的 T 个权重向量 $\boldsymbol{B}(i)=\{\boldsymbol{\lambda}^{i_1}, \boldsymbol{\lambda}^{i_2}, \cdots, \boldsymbol{\lambda}^{i_T}\}$，其中 $\boldsymbol{\lambda}^{i_1}$，$\boldsymbol{\lambda}^{i_2}$，…，$\boldsymbol{\lambda}^{i_T}$ 是距 $\boldsymbol{\lambda}^i$ 最近的 T 个向量，$i=1, 2, \cdots, N$。

③ 初始化种群：从 Ω_Q 随机采样生成量子染色体 θ^1，θ^2，…，θ^N，对量子染色体进行空间变换，观测得到 x^1，x^2，…，$x^N \in \Omega$，令 $\mathrm{FV}^i=F(x^i)$，$i=1, 2, \cdots, N$。

④ 初始化参考点，根据最小化适应度值得到 $z=(z_1, z_2, \cdots, z_m)$。

(2) 循环直到达到进化终止条件。

(3) 对于种群中第 i 个体($i<N$，N 为种群规模)，执行以下操作：

① 从 $\boldsymbol{B}(i)$中挑选出互不相同的 3 个元素，然后选中对应的量子染色体，对其进行量子交叉及选择操作，观测得到新的解 y'。

② 对 y'进行量子与非门变异操作，得到新的量子染色体；对新的量子染色体进行空间映射，观测得到新的解 y。

③ 如果 y 的值超出 Ω 的边界，则将 y 的值重新设定为 Ω 内的随机数。

④ 如果 $z_j>f_j(y)$，则更新 $z_j=f_j(y)$，$j=1, 2, \cdots, m$。

⑤ 对每一个邻域下标 j，如果 $g^{te}(y|\lambda^j, z) \leqslant g^{te}(x^j|\lambda^j, z)$，则令 $x^j=y$，$\mathrm{FV}^j=F(y)$。

⑥ 如果 EP 中存在被 $F(y)$支配的解，则移除被支配的解，将 $F(y)$加入 EP。

(4) 如果进化达到终止条件，则停止进化，输出 EP，否则继续执行步骤(3)。

接下来简单介绍多目标优化过程中所用到的量子操作。量子系统中，一对状态概率幅组成一个量子比特：

$$|\varphi\rangle = \alpha|0\rangle + \beta|1\rangle \tag{7-37}$$

其中，α 和 β 分别表示量子位处于 0 或者 1 的状态时的概率幅，且满足：

$$|\alpha|^2 + |\beta|^2 = 1 \tag{7-38}$$

其中，$|\alpha|^2$ 和 $|\beta|^2$ 分别表示量子坍塌到 0 或者 1 的状态时的概率。量子比特也可以表示为

$$q = \begin{pmatrix} \cos\theta \\ \sin\theta \end{pmatrix}, \ \theta = 2\pi * \mathrm{rand}(0, 1) \tag{7-39}$$

SA-QMOEA/D 算法采用了实数编码以减少占用的存储空间[69]，编码表示为

$$q_i^t = \begin{bmatrix} \cos\theta_1^t & \cos\theta_2^t & \cdots & \cos\theta_n^t \\ \sin\theta_1^t & \sin\theta_2^t & \cdots & \sin\theta_n^t \end{bmatrix} \tag{7-40}$$

其中：n 代表决策变量的维度；$i=1, 2, \cdots, N$ 代表种群的规模；t 代表进化的代数，$t=0$ 时代表初始化量子染色体。

需要将量子空间映射到优化问题空间。假设多决策空间 Ω 中个体的取值范围为$[a, b]$，通过下式进行映射：

$$x_{i,j}=\frac{(b-a)*q_{i,j}+(a+b)}{2}=\frac{\begin{pmatrix}(b-a)\cos\theta_{i,j}+(b+a)\\(b-a)\sin\theta_{i,j}+(b+a)\end{pmatrix}}{2} \tag{7-41}$$

其中，$i=1, 2, \cdots, N$ 代表种群的规模，$j=1, 2, \cdots, m$，代表目标函数解的个数。

采用量子与非门对染色体进行变异操作，并对量子染色体进行观测，更新多目标优化的解集。量子与非门的表示为

$$\begin{bmatrix}0 & 1\\1 & 0\end{bmatrix}\begin{bmatrix}\cos\theta_{i,j}\\\sin\theta_{i,j}\end{bmatrix}=\begin{bmatrix}\cos(\pi/2-\theta_{i,j})\\\sin(\pi/2-\theta_{i,j})\end{bmatrix} \tag{7-42}$$

在差分进化算法(adaptive Differential Evolution for multiobjective problems, DE)[70]中提到了几种变异策略，这里选择 DE/rand/1 策略式：

$$\theta_{i,j}^{k+1}=\theta_{s1,j}^{k}+F\times(\theta_{s2,j}^{k}-\theta_{s3,j}^{k}) \tag{7-43}$$

其中，F 为收缩因子，取值区间为$[0, 1]$，k 为迭代次数。

量子交叉操作为

$$\varphi_{i,j}^{k+1}=\begin{cases}\theta_{i,j}^{k+1}, & \text{rand}(0, 1)<\text{CR}\\\varphi_{i,j}^{k}\end{cases} \tag{7-44}$$

其中，CR(Crossover Rate)为交叉概率，CR 取值区间为[0, 1]。

在本节的算法 SA-QMOEA/D 中，CR 和 F 都是自适应调整的。

交叉操作就是随机从第 i 个个体邻域中挑选 3 个不同的染色体 s_1、s_2、s_3，将一个染色体作为基向量，其他两个染色体作为差分向量，生成新的染色体，然后根据式(7-44)决定是否选择新的染色体。

量子染色体包含两个状态的概率幅，需要对其进行观测，操作如下：

$$x_{i,j}=\begin{cases}\alpha_{i,j}, & \alpha^2<\text{rand}(0, 1)\\\beta_{i,j}, & \text{其他}\end{cases} \tag{7-45}$$

7.2.4 基于量子多目标优化的稀疏深度信念网络

类似于 DBN 的结构，本节将多个基于量子多目标优化的 SRBM 进行堆叠，用于构建基于量子多目标优化的 SDBN(下文将其简称为本节方法)，并将其应用于图像分类问题中。训练算法还是采用逐层训练法，其主要分为以下两步。

第一步：无监督训练每一个 SRBM，在保留特征信息的基础上将特征向量映射到不同的特征空间。当底层的 SRBM 训练完成后，固定其参数，将其隐单元的状态作为接下来 SRBM 的输入，重复以上训练步骤，直到完成所有 SRBM 的训练。在 SRBM 的训练过程

中，利用基于量子多目标优化的 SRBM 训练算法训练 SRBM。

第二步：当 SRBM 训练完成后，将 SRBM 训练得到的结构参数值作为网络的初始值。将整个 SDBN 中的最后一层作为 BP 层，将 SRBM 输出当作 BP 层的输入特征向量，有监督地训练 softmax 分类器。具体是利用 BP 算法对 SDBN 整个网络结构和 softmax 分类器的参数进行微调，避免了神经网络因为随机初始化权值而容易陷入局部最优的缺点。

7.2.5 实验结果及分析

为了验证本节方法的性能，这里选择传统 RBM 和目前性能最好的稀疏 RBM (SR-RBM)[42]两个算法来进行对比实验。SR-RBM 基于率失真理论，以初始数据分布和重构数据分布的 KL 散度和一范数作为训练函数，一范数作为稀疏惩罚因子控制隐单元的稀疏性。编程软件为 Matlab R2011a，实验在 Inter(R) Core(TM) i5-CPU、2GB RAM 的硬件环境和 Windows 7 操作系统下进行。

1. 实验数据集

实验数据集选用 MNIST[71]和 CIFAR-10[72]数据集。MNIST 数据集[71]是由谷歌实验室的一位教授和纽约大学柯朗研究所的杨立昆教授建立的一个手写数字数据库，由尺寸为 28×28 的灰度图像构成，包括数字 0～9 共 10 类图像；CIFAR-10[72]数据集由尺寸为 32×32 的彩色图像构成，包括动物和车辆等 10 类图像。MNIST 数据集和 CIFAR-10 数据集的样例如图 7-20 所示。本仿真所用的训练集只选取了两个数据集中的一部分训练样本，每次训练的样本个数分别为 100、500、1000 和 5000，用来研究本节提出的 SRBM 对样本数量的敏感性。从两个数据集的测试样本中选取训练样本个数的 20%作为仿真所用的测试集。

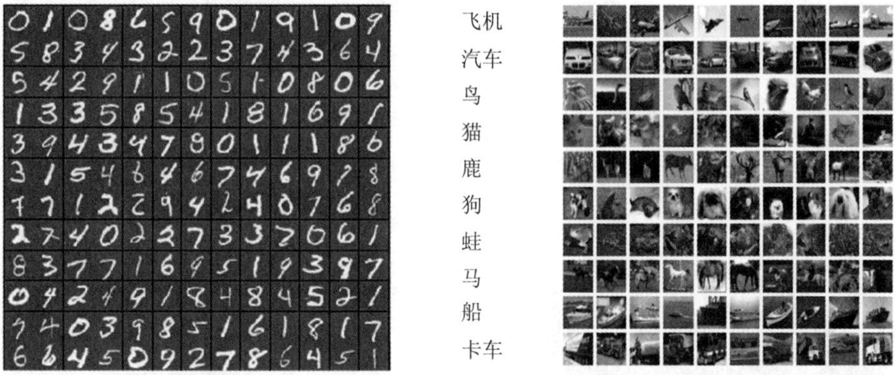

(a) MNIST数据集　　(b) CIFAR-10数据集

图 7-20　数据集的样例

2. 参数的设置

本次实验的 SDBN 中有一个 SRBM，分类器选择 softmax。为了验证模型从原始数据集中学习特征的能力，对所有的图像没有进行任何预处理操作。在量子多目标优化算法中，种群数量为 100，邻域数量设为 20，迭代次数为 100。SRBM 中可见单元个数为输入训练样本的大小，如 MNIST 数据集中可见单元个数为 784，隐单元个数为 196，训练迭代次数为 100。对于对比算法 SR-RBM，选取权重参数为 0.02、0.04、0.06，在这三种不同的情况下对其进行训练。

3. 实验结果与分析

表 7-4 给出了不同模型在不同训练样本数量下的 MNIST 数据集中图像识别的误差率，其中SR-RBM 模型选取了 3 种不同权重参数(括号内的数字代表权重参数的值)。图 7-21 展示了训练样本数量为 5000 时，训练完成后不同模型的隐单元被激活的概率(图中横轴代表隐单元个数，纵轴代表隐单元被激活的概率)。因为 SR-RBM 模型在权重参数为 0.04 时表现最佳，所以图 7-21 中只展示了性能相对较好时的结果。图 7-22 展示了在 5000 个 MNIST 训练样本中不同模型所学习到的特征的可视化图像。图 7-23 展示了训练样本分别为 500 和 5000 时，不同隐单元个数下图像识别的误差率，我们可以据此探索隐单元个数对识别率的影响。

表 7-4　MNIST 数据集中图像识别的误差率

模　型	不同训练样本数量下的误差率/%			
	100	500	1000	5000
RBM	29.54	16.78	12.36	11.01
SR-RBM(0.02)	28.08	15.67	12.23	8.11
SR-RBM(0.04)	27.35	14.32	11.21	7.48
SR-RBM(0.06)	28.11	15.23	12.11	8.01
本节方法	**20.11**	**13.96**	**10.11**	**6.35**

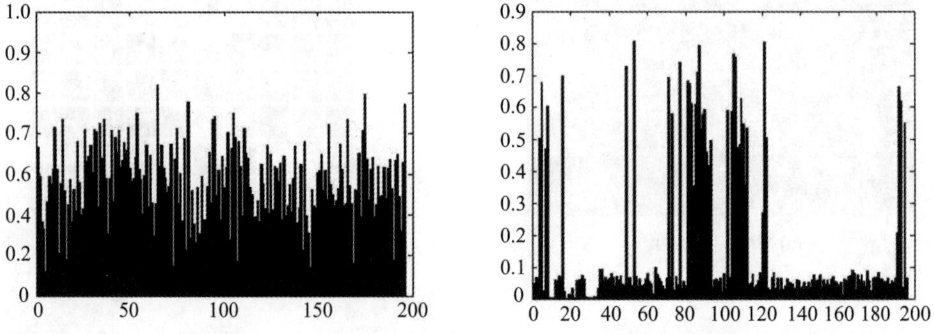

(a) RBM　　(b) SR-RBM (λ=0.04)

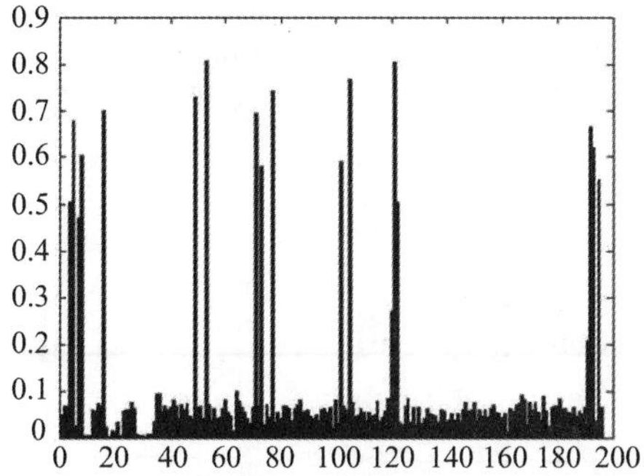

(c) 本节方法

图 7－21　训练后隐单元被激活的概率

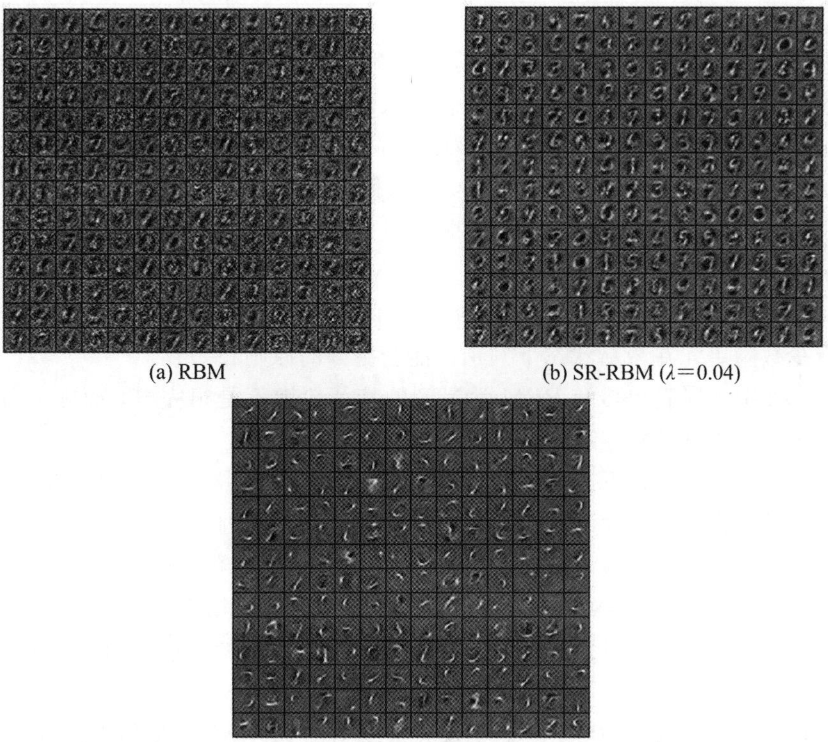

(a) RBM　　(b) SR-RBM ($\lambda=0.04$)

(c) 本节方法

图 7－22　不同模型所学习到的特征

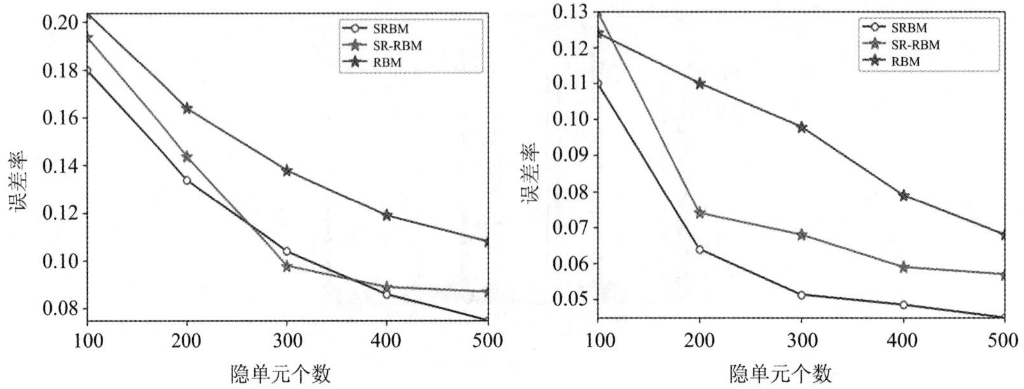

(a) $N=500$ 时的误差率　　(b) $N=5000$ 时的误差率

图 7-23　误差率对比(MNIST 训练样本)

从表 7-4 中可以看出，不管是传统的 RBM、基于率失真理论的 SR-RBM，还是本节方法，都是随着训练样本数据量的增多，识别的准确率也随之增长。对于深度学习模型来讲，学习的最终目的是通过模型的参数值来拟合输入的训练数据。当输入的训练样本个数较少时，学习到的参数并不能拟合训练数据，因此在测试中图像识别的准确率较低。表 7-4 中所有的方法都在训练样本个数最多为 5000 时取得了最好的识别准确率。相对于其他的模型，本节方法在不同训练样本下均取得了相对较好的结果，并且取得了最低误差率，从而证明了本节方法的有效性。

从图 7-21 中可以看出，本节方法中被激活的隐单元(激活概率超过 0.5)的个数最少。这也与只有少数隐单元在激活状态下判别性能会更好的原则相一致。

从图 7-22 中可以看出传统 RBM 学习到的特征轮廓不是很完整，而本节方法学习到的特征更加抽象，说明本节方法具有学习抽象特征的能力。

从图7-23 中可以明显看出，所有的模型在隐单元个数增加的情况下误差率在降低，本节方法取得了更低的误差率。但并不是隐单元个数一直增加，误差率就会一直降低，因为在深度学习中，模型结构过于复杂就会产生过拟合现象，从而增加误差率。对于 SR-RBM，不同的权重参数会对结果产生不同影响，在实际应用中，需要对参数进行重复的实验和调整。而本节方法利用多目标优化方法既避免了权重参数选择问题，又获得了更好的判别性能。

为了验证本节方法的有效性，我们不仅在灰度图像 MNIST 数据集中进行了对比实验，也在三通道彩色图像 CIFAR-10 数据集中进行了对比实验。表 7-5 给出了不同模型在不同训练样本数量情况下的 CIFAR-10 数据集中图像识别的误差率，其中 SR-RBM 模型选取了 3 种不同权重参数(括号内的数字代表权重参数的值)。

表 7－5　CIFAR-10 数据集中图像识别的误差率

模　　型	不同训练样本时的误差率/%			
	100	500	1000	5000
RBM	87.34	86.71	82.36	61.01
SR-RBM(0.02)	86.12	85.56	81.36	54.13
SR-RBM(0.04)	84.32	84.12	80.12	53.36
SR-RBM(0.06)	85.15	85.10	82.51	53.82
本节方法	**75.11**	**71.06**	**70.21**	**51.10**

图 7－24 展示了训练样本数量为 5000 时，训练完成后不同模型的隐单元被激活的概率（图中横轴代表隐单元个数，纵轴代表隐单元被激活的概率）。因为 SR-RBM 模型在权重参数为 0.04 时表现最佳，所以图 7－24 中只展示了权重参数为 0.04 时的性能测试结果。

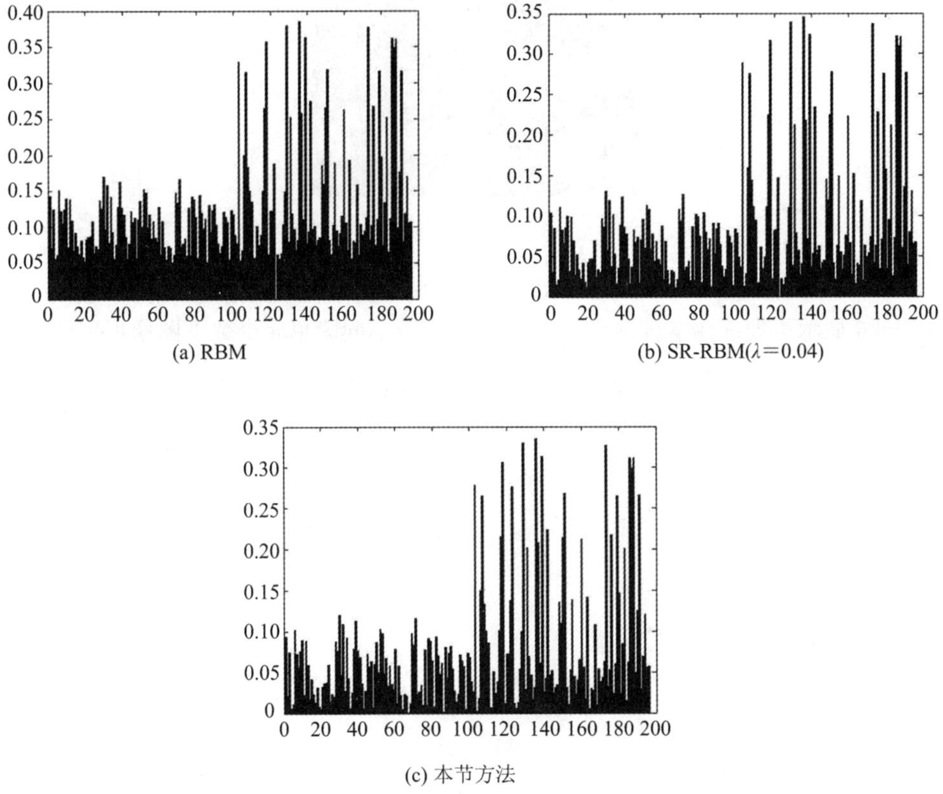

(a) RBM

(b) SR-RBM(λ=0.04)

(c) 本节方法

图 7－24　训练后隐单元被激活的概率

图 7－25 展示了在 5000 个 CIFAR-10 训练样本中不同模型学习到的特征的可视化图像。

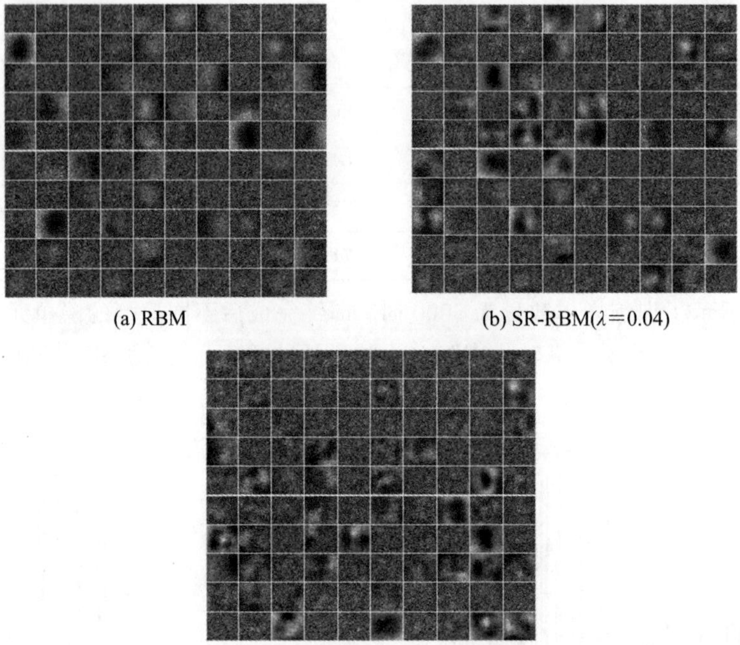

(a) RBM　　(b) SR-RBM(λ=0.04)

(c) 本节方法

图 7－25　不同模型学习到的特征的可视化图像

图 7－26 展示了训练样本分别为 500 和 5000 时，不同隐单元个数下图像识别的误差率。

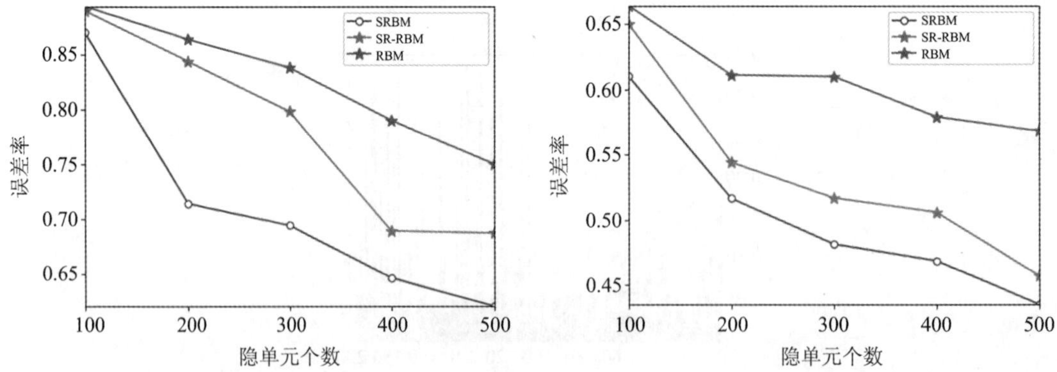

(a) N=500时的误差率　　(b) N=500时的误差率

图 7－26　误差率对比(使用 CIFAR-10 训练样本)

从表 7-5 中可以看出，当输入的训练样本个数较少时，图像识别的准确率就比较低，相对于其他的模型，本节方法取得了最低误差率，从而证明本节方法可用于彩色图像分类问题。因为图像是彩色的，相比于学习灰度图像有一定难度，所以误差率相对于灰度图像较高。从图 7-24 中可以看出，本节方法中只有少数隐单元处于激活状态，且从图 7-25 可以看出，本节方法学习到的特征更加抽象，说明本节方法具有学习抽象特征的能力并且判别性能更好。从图 7-26 中可以看出，本节方法相对于其他两个模型取得了更低的误差率。

从实验结果可以看出，无论是在 MNIST 数据集中还是在 CIFAR-10 彩色图像数据集中，相对于现如今所有的深度学习模型，本节方法并没有取得最高的准确率。主要原因是没有训练所有的训练样本，且没有对实验图像进行任何预处理操作，也没有采用深度的网络结构。本节的 SDBN 只由一个 SRBM 组成，也就是只有一个隐层的网络结构。所以，本节方法在图像识别的准确率方面还有很大的改进空间。但是在同等的数据集、参数等条件下，本节方法相对于传统的 RBM 和 SR-RBM 可以获得更低的误差率，并且，本节方法可以对源数据进行特征的抽象表示也得到了验证。

本节方法可以学习稀疏特征，且不用选择权重参数。但是相对于 SR-RBM 或者其他稀疏 RBM，本节方法的时间复杂度有点高。即使在多目标优化步骤中不对所有参数进行更新，训练仍需较长时间。在本节提出的 SRBM 中，利用 CD 算法更新参数的时间复杂度与其他 RBM 是一致的，为 $O(E\times N_D\times d\times n_h)$，其中 E 为 SRBM 的训练迭代次数，N_D 为训练集的大小，d 为训练样本的维度，n_h 为隐单元个数。但在 SRBM 的多目标优化算法中，时间复杂度为 $O(S\times n_h\times N\times G)$，其中 S 代表多目标优化中选取的数据集的大小，N 代表种群的数量，G 代表进化的代数。从中可以看出多目标优化过程是耗时的，但是在 SR-RBM 中最优权重参数值的寻找同样是耗时的，并且是不确定的，本节方法避免了寻找权重参数的问题。

7.3 基于量子蚁群优化算法的复杂网络社区结构检测

7.3.1 引言

近年来，复杂网络社区结构[73, 74]作为复杂网络的一个关键结构特征，备受学术界和各个领域的关注。对社区结构的分析能够有效地探索各个社区之间的相互关系，进而理解、分析和预测复杂网络的行为特性。随着互联网时代的快速发展，Web 2.0、社会网络、生物网络、邮件系统、电力网系统等每日以惊人的速度产生数据，因此怎样快速有效地对大规模数据进行网络社区检测是目前亟须解决的关键问题。

复杂网络社区检测问题可以被看作一个 NP 难问题。模块度 Q[75-77]是衡量一个网络结构划分的测量指标，其物理意义是计算一个给定网络社区中边的连接数量和相同大小的随机图中期望边的数量间的差值。测量的模块度 Q 值越大，则网络划分结果越好。模块度优化算法主要用于无向图和无权重网络中。迄今为止，众多学者提出了许多经典的模块度优化的复杂网络社区检测方法。其中，单目标的社区检测方法有遗传算法(GA-Net)[78, 79]、密母算法(Memetic-Net)[78]、谱方法[79, 80]、模拟退火算法[81, 82]、极值最优化[75, 83]、层次策略方法[84]、贪婪算法[85]、群体智能算法[86, 87]等。上述算法已成功应用于中小规模网络的社区结构检测中。

不同于上述中小规模网络社区检测算法，基于量子计算机制和传统智能优化算法的混合算法是目前优化领域解决大规模问题的重要研究方向之一。本节针对较大规模的复杂网络提出了一种量子蚁群优化算法。该算法有效地将蚁群优化算法与量子计算结合起来。蚁群优化算法[88, 89]在解决小规模离散 NP 难问题上取得了一些成功，但在迭代过程中存在空间寻优性能偏弱的问题。相比之下，量子计算的优势在于高效和具有全局搜索的能力，量子计算成为了解决当前物理系统计算能力瓶颈问题的有效策略之一。量子蚁群优化算法也是第一次应用于复杂的网络集群。首先，相比于非量子算法，量子旋转门作为一个变化算子，通过角度旋转来更新信息素，促使个体找到更好的解决方案。与此同时，量子概率振幅的不确定性输出可避免解落入局部最优值。量子并行优化有助于快速地找到最优解。更重要的是，量子蚁群优化是一种离散算法，适合于社区检测这个离散问题。本节将基于量子蚁群优化算法对人工合成数据和真实网络数据进行测试[90]。

7.3.2 基于量子蚁群优化算法的社区结构检测算法

1. 复杂网络社区结构检测定义

从微观角度来看，一个复杂网络[91, 92]可以用无权重的图表示，即 $G=(V, E)$，其中 $V=(v_1, v_2, \cdots, v_n)$表示节点(顶点)集合，$E=(e_1, e_2, \cdots, e_m)$表示连接 V 中两元素的边(链接)集合。网络 G 的邻接矩阵可以定义为 $\mathbf{A}=(A_{ij})_{n\times n}$，表示节点 i 和 j 之间的连接。通常，如果节点 i 和 j 之间有连接，则 A_{ij} 值为 1，否则为 0。节点 i 的度可以表示为 $k_i=\sum_j A_{ij}$。如果子图 $S\subset G$ 而且节点 $i\in s$，则节点 i 的度可以分解为

$$k_i(S)=k_i^{\text{in}}(S)+k_i^{\text{out}}(S) \tag{7-46}$$

其中，$k_i^{\text{in}}(S)=\sum_{j\in S}A_{ij}$ 表示节点 i 和属于子图 S 的节点之间有连接的边数，$k_i^{\text{out}}(S)=\sum_{j\notin S}A_{ij}$ 表示节点 i 和不属于子图 S 的节点之间有连接的边数。在强社区定义中，子图 S 满足：

$$k_i^{\text{in}}(S)>k_i^{\text{out}}(S),\ \forall i\in S \tag{7-47}$$

在弱社区定义下，子图 S 的内部节点度总和大于外部节点度总和，即

$$\sum_{i \in S} k_i^{\text{in}}(S) > \sum_{i \in S} k_i^{\text{out}}(S) \tag{7-48}$$

2. 蚁群优化算法

蚁群优化(Ant Colony Optimization，ACO)算法[93，94]是智能优化算法中的一个典型代表，简称蚁群算法，是意大利学者 Dorigo 等人在模拟蚂蚁觅食行为的基础上提出的。蚁群通过合作的方式进行觅食，蚂蚁会在路上分泌化学信息素，与此同时，其他的蚂蚁也会沿着有最强烈的信息素踪迹的路线行走。信息素浓度越高，蚂蚁走该条路的概率就越大。最终，蚂蚁在群体的觅食过程中能够在食物来源和它们的巢穴之间选择最短路径。该启发式算法具有鲁棒性强且易与其他算法结合的优势，可解决离散优化问题，比如旅行商问题[95]、调度问题[96，97]、二次分配问题[98-100]、车辆路径问题[101]等。另外，蚁群算法还应用于复杂的网络社区(结构)检测问题中[102，103]，不过仅适用于小规模的网络划分问题。针对大规模的网络数据，本节提出将蚁群算法与量子更新策略相结合的算法，用于快速有效地发现网络社区结构。

ACO[103，104]是人工蚂蚁经过多次迭代优化找到优化解的一种仿生优化算法，根据启发式信息和信息素的引导，蚂蚁 k 从节点 i 移动到可行邻居节点 j，用以下规则产生解 s：

$$s = \begin{cases} \arg\{\max\limits_{j \in N_i^k}[(\tau_{ij})^\alpha \cdot (\eta_{ij})^\beta]\}, & q \leqslant q_0 \\ S, & \text{其他} \end{cases} \tag{7-49}$$

其中，τ_{ij} 和 η_{ij} 分别指节点 i 和节点 j 之间的信息素和启发式信息；α、β 是用来控制 τ_{ij} 和 η_{ij} 比率的参数；q 是[0，1]之间均匀分布的随机数；q_0 是预设参数，$q_0 \in [0, 1]$；S 是概率分布的一个选择变量。当 $q > q_0$ 时，人工蚂蚁能够根据转移概率 p_{ij} 选择下一个节点。

$$p_{ij} = \frac{(\tau_{ij})^\alpha \cdot (\eta_{ij})^\beta}{\sum\limits_{j \in N_i^k} (\tau_{ij})^\alpha \cdot (\eta_{ij})^\beta} \tag{7-50}$$

其中，信息素强度 τ_{ij} 更新公式如下：

$$\tau'_{ij} = (1-\rho) \cdot \tau_{ij} + \sum_{k=1}^{K} \Delta\tau_{ij}^k \tag{7-51}$$

$$\Delta\tau_{ij}^k = \begin{cases} Q/L_k, & \text{第 } k \text{ 只蚂蚁经过边}(i, j) \\ 0, & \text{其他} \end{cases} \tag{7-52}$$

其中，$\Delta\tau_{ij}^k$ 表示第 k 只蚂蚁在本次循环中留在边(i, j)上的信息量；ρ 表示信息素蒸发系数，属于(0，1)之间的常数；Q 是一个预先指定的常数；K 表示蚂蚁个数；L_k 表示第 k 只蚂蚁在本次循环中走的所有路径的长度。M. Dorigo 给出了三种模型：蚁周系统(Ant-cycle system)[105]、蚁量系统(Ant-quantity system)[106]、蚁密系统(Ant-density system)[107]，它们的 $\Delta\tau_{ij}^k$ 分别见式(7-52)～式(7-54)。

$$\Delta\tau_{ij}^{k}=\begin{cases}Q/d_{ij}, & \text{第 } k \text{ 只蚂蚁经过边}(i, j)\\ 0, & \text{其他}\end{cases} \tag{7-53}$$

$$\Delta\tau_{ij}^{k}=\begin{cases}Q, & \text{第 } k \text{ 只蚂蚁经过边}(i, j)\\ 0, & \text{其他}\end{cases} \tag{7-54}$$

蚁量系统和蚁密系统均只考虑搜索过程中的局部信息，而蚁周系统会更多地考虑整体信息。经典 ACO 算法的框架如算法 7.4 所示。

算法 7.4 ACO 算法

输入：数据集 A、蚂蚁个数 m、种群个数 pop、最大迭代次数 maxgen。

步骤 1：初始化蚁群的位置和信息素矩阵，设 $t=0$。

当 $t<$maxgen 时，

步骤 2：由式(7-50)计算出概率，根据概率移动到邻居节点。

步骤 3：根据式(7-51)和式(7-52)更新信息素矩阵。

$t\leftarrow t+1$

输出：最好的路径结果 C。

---

3. 基于蚁群的量子比特与量子旋转门

在量子计算中[108]，最小信息单元为量子位。相比于经典单元比特，量子比特有两个可能的状态 $|0\rangle$ 和 $|1\rangle$，其量子比特可以进行状态叠加，即叠加态(Superposition)。量子位的状态可以表示为

$$|\varphi\rangle=\alpha|0\rangle+\beta|1\rangle \tag{7-55}$$

α^2 和 β^2 表示对应状态的概率幅，满足条件 $|\alpha|^2+|\beta|^2=1$，量子态可以定义为 $[\alpha, \beta]^{\mathrm{T}}$。在测量过程中不能得到精确结果，会以概率 α^2 得到状态 $|0\rangle$，以概率 β^2 得到状态 $|1\rangle$。另外，在量子蚁群算法中[109]，信息素可以用量子位(也称为量子比特)来表示：

$$\tau_j=\left[\begin{array}{c:c:c:c}\alpha_1 & \alpha_2 & \cdots & \alpha_m\\ \beta_1 & \beta_2 & \cdots & \beta_m\end{array}\right] \tag{7-56}$$

随着蚂蚁的移动，信息素会进行更新。在 QACO(量子蚁群优化)算法中[110]，可以用量子旋转门 $\boldsymbol{U}$ 对信息素强度进行更新，这是量子进化算法(QEA)[111] 中的一个变量算符。QEA 中一个常用的旋转门可以用式(7-57)表示，信息素更新用式(7-58)表示。

$$\boldsymbol{U}(\Delta\theta_i)=\begin{bmatrix}\cos(\Delta\theta_i) & -\sin(\Delta\theta_i)\\ \sin(\Delta\theta_i) & \cos(\Delta\theta_i)\end{bmatrix} \tag{7-57}$$

$$\begin{bmatrix}\alpha'\\ \beta'\end{bmatrix}=\boldsymbol{U}\begin{bmatrix}\alpha\\ \beta\end{bmatrix} \tag{7-58}$$

式(7－57)中，$\Delta\theta_i$ 是旋转角度，$i=1, 2, \cdots, m$。根据定义，量子旋转门坐标如图7－27所示。

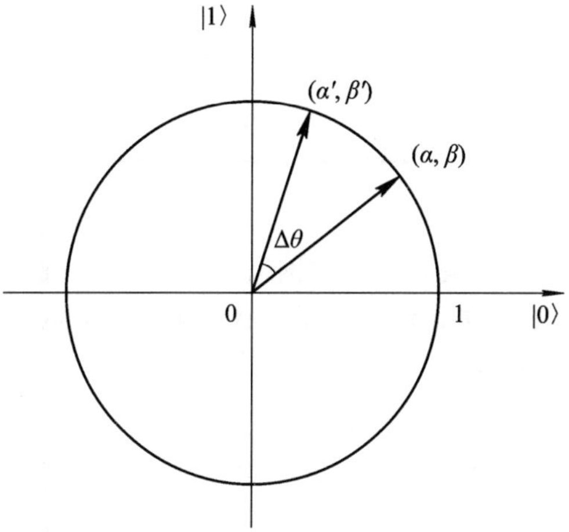

图7－27　量子旋转门坐标

4. QACO-Net 算法描述

蚁群优化(ACO)算法[112, 113]适用于小规模数据集的网络结构发现。针对较大规模的网络数据集，提出了基于量子更新策略的蚁群算法——QACO-Net算法，这种算法能够有效地找到网络社区结构。

在QACO-Net算法中，一定数量的蚂蚁随机地分布在复杂网络节点上，蚂蚁根据启发式信息和信息素的强度从一个节点移动到另一个节点。最初种群是根据启发式信息设定的。经过一段时间后，蚂蚁会在一些固定的节点上移动，也就是所谓的“小团体”。然后，我们会根据最大化的模块性和社区划分来将小团体合并到社区中，这样社区数目就可以自动确定下来。与此同时，为了增强算法的全局搜索能力，量子旋转机制可以改变信息素的强度。此外，量子变异操作可以增加解的多样性。通过计算解的适应度，可以找到全局解。当找到最好解或者满足最大迭代次数时，这个过程就会终止。因此，QACO-Net算法的整体框架概括为算法7.5。

算法7.5　QACO-Net算法

输入：邻接矩阵 $\boldsymbol{A}$，蚂蚁个数 m，种群大小pop，最大迭代次数maxgen。

步骤1：初始化所有蚂蚁的位置、量子信息素矩阵 $\boldsymbol{\tau}$ 及启发式信息，设 $\boldsymbol{\tau}=0$。

步骤2：当 $t<$maxgen时，通过式(7－60)和式(7－63)计算量子比特信息素和启发式信

息，并指导蚂蚁移动(生成解)。

步骤 3：若满足算法终止准则，则结束，否则继续下一步。

步骤 4：分别根据式(7-62)和式(7-64)，采用量子旋转机制和量子变异 X 门多元素变异策略更新信息素强度。

步骤 5：利用式(7-67)计算解的适应度值，并令 $t \leftarrow t+1$。

步骤 6：返回步骤 2。

输出：蚂蚁对应的最好解。

---

1) 初始化

一般来说，假设有 m 只蚂蚁随机分布在网络节点上，蚂蚁根据信息素强度 τ 和启发式信息 η 进行移动。开始时，τ 的初始值为常量，这意味着蚂蚁的移动仅仅依靠结构的相似性，这里的 m 也就是量子位的个数。

$$\tau_j = \begin{bmatrix} \tau_{1\alpha} & \tau_{2\alpha} & \cdots & \tau_{m\alpha} \\ \tau_{1\beta} & \tau_{2\beta} & \cdots & \tau_{m\beta} \end{bmatrix} = \begin{bmatrix} \frac{1}{\sqrt{2}} & \frac{1}{\sqrt{2}} & \cdots & \frac{1}{\sqrt{2}} \\ \frac{1}{\sqrt{2}} & \frac{1}{\sqrt{2}} & \cdots & \frac{1}{\sqrt{2}} \end{bmatrix} \tag{7-59}$$

此时，节点 i 和 j 之间的启发式信息计算如下：

$$\eta(i,\ j) = \frac{1}{1+e^{-\boldsymbol{C}(i,\ j)}} \tag{7-60}$$

其中，$\boldsymbol{C}(i,\ j)$是皮尔逊相关矩阵，定义为

$$\boldsymbol{C}(i,\ j) = \frac{\sum\limits_{V_k \in V}(A_{ik}-\mu_i)(A_{jk}-\mu_j)}{n\sigma_i\sigma_j} \tag{7-61}$$

其中，n 是节点个数；A_{ik} 表示邻接矩阵 $\boldsymbol{A}$ 中第 i 行第 k 个元素；μ_i 表示节点 i 对应的平均值，$\mu_i = \frac{\sum\limits_k A_{ik}}{n}$；$\sigma_i$ 是节点 i 对应的标准差，$\sigma_i = \sqrt{\sum\limits_k (A_{ik}-\mu_i)}$。

2) 构造编码解码方式

在 QACO-Net 算法中，元素采用轨迹的邻接表示。编码序列是根据蚂蚁运动产生的，种群元素可以定义为 $\boldsymbol{x}_u = [x_{u1},\ x_{u2},\ \cdots,\ x_{uj},\ \cdots,\ x_{un}]$，其中，$x_{uj}$ 指的是在 1 到 n 范围内的等位基因值，n 是节点的数目。在解码过程中，$x_{ui} = x_{uj}$ 表示节点 i 和 j 属于同一社区。解码过程是将等位基因值相同的节点设置为同一类。图 7-28 展示了该算法的编码解码过程。

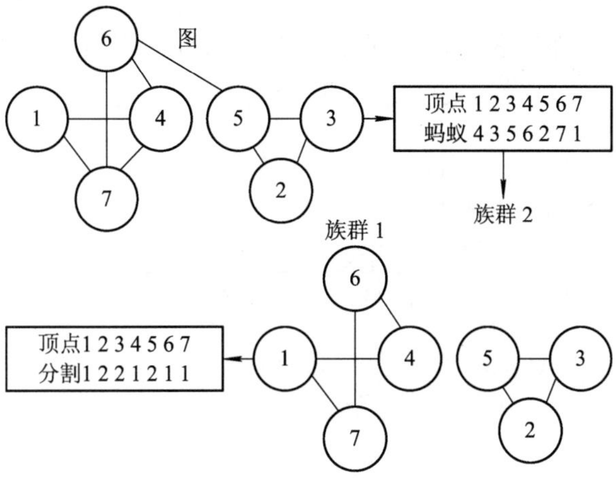

图 7-28　编码解码过程说明

3）生成解

对于非线性社区检测问题[114]，产生的解可以作为网络的一种划分。网络的每条边(i, j)存在着信息素踪迹τ_{ij}和启发式信息η_{ij}，其中

$$\tau_{ij} = \begin{cases} 1, & \tau_{j\beta} > \tau_{j\alpha} \\ 0, & \text{其他} \end{cases} \tag{7-62}$$

其中，解的构造主要依赖于概率信息p_{ij}，即

$$p_{ij} = \begin{cases} \dfrac{(\eta_{ij})^{\beta}}{\sum\limits_{j \in N_i^k} (\eta_{ij})^{\beta}}, & p > p_e, \tau_{j\beta} > \tau_{j\alpha} \\ 0, & \text{其他} \end{cases} \tag{7-63}$$

其中，N_i^k是节点i的邻居节点集合，k表示其中的一只蚂蚁；β表示启发式信息的相对重要性。相比于概率参数p_e，p是一个随机数。在概率信息p_{ij}的指导下蚂蚁会移动到相同社区划分的节点上，经过最大迭代次数后，含有n个元素的解便生成了。

4）利用量子旋转门$\boldsymbol{U}$更新信息素

在一个量子位中，$[\tau_{j\alpha}, \tau_{j\beta}]^{\mathrm{T}}$表示以概率$\tau_{j\alpha}^2$和$\tau_{j\beta}^2$的所有可能状态进行的线性叠加。其中概率满足标准条件$\tau_{j\alpha}^2 + \tau_{j\beta}^2 = 1$。在量子位中，信息素的范围将被限制为0或1。同时，量子态的不确定性有助于避免产生局部最优解。信息素的强度用量子旋转门来更新，并通过观测得到新的信息素强度：

$$\begin{bmatrix} \tau_{j\alpha}' \\ \tau_{j\beta}' \end{bmatrix} = \begin{bmatrix} \cos(\Delta\theta_i) & -\sin(\Delta\theta_i) \\ \sin(\Delta\theta_i) & \cos(\Delta\theta_i) \end{bmatrix} \begin{bmatrix} \tau_{j\alpha} \\ \tau_{j\beta} \end{bmatrix} \tag{7-64}$$

其中，$\Delta\theta_i (i=1, 2, \cdots, m)$表示每个量子位的量子旋转角度，是一个根据迭代次数进行调整的自适应参数。在初始阶段，$\Delta\theta_i$ 值比较大，可以进行全局最优空间搜索；在后期阶段，$\Delta\theta_i$ 值较小，可以进行局部搜索。$\Delta\theta_i$ 有助于提升收敛速度，其计算式如下：

$$\Delta\theta_i = 0.1\pi - \frac{0.1\pi - 0.05\pi}{\text{maxgen}} \times t \tag{7-65}$$

这里 $\Delta\theta_i$ 的取值范围为[0.05π，0.1π]，maxgen 表示总的迭代次数，t 是当前的迭代次数。

5）基于量子非门 $\boldsymbol{X}$ 的多个元素变异

为了增强解的多样性，本节基于量子非门 $\boldsymbol{X}$ 进行解中多个元素的变异操作。根据向量中的元素是 0 还是 1 来选择蚂蚁。当向量中的元素等于 1 时，根据量子位上的概率幅决定是否用量子非门 $\boldsymbol{X}$ 进行变异。$\boldsymbol{X}=\begin{bmatrix}0 & 1\\1 & 0\end{bmatrix}$，其功能为

$$\boldsymbol{X}\begin{bmatrix}\alpha\\\beta\end{bmatrix}=\begin{bmatrix}\beta\\\alpha\end{bmatrix} \tag{7-66}$$

6）新的适应度函数

目前针对网络划分提出了许多评价指标，其中被广泛使用的有两种：归一化互信息(NMI)和模块度(Q)。归一化互信息[115]用于与网络真实划分进行比较；模块度[116]是一种度量社区和一个没有社区结构期望的空模型之间差异的方法。归一化互信息和模块度测量结果越高，说明社区划分越好。

然而，对于一个真实划分的网络，例如空手道俱乐部网络(Karate Club Network)是经过观察获取的社会关系网络，在观察过程中有人为参与，并且有 2 类和 4 类两种划分。在该网络上测试算法时，计算的 NMI 值将会有两种结果，另外随着时间的推移，社区划分有可能会发生变化，而且在一些网络中只有部分节点有真实划分，因而不能仅仅依靠 NMI 指标进行评估。此外，模块度还存在分辨率限制问题。在本节中，我们同时用模块度(Q)和归一化互信息(NMI)两个评价指标构建适应度函数，该适应度函数具有普适性，可以定义为

$$f = \omega \times Q + (1-\omega) \times \text{NMI} \tag{7-67}$$

其中，ω 是常数。当网络无真实划分时，$\omega=1$；其余情况下，ω 值经过实验获取。

7.3.3 实验结果及分析

为了证实 QACO-Net 算法的有效性，本节测试了一些拓展 GN 基准网络和真实网络。与此同时，通过比较 QACO-Net、IACO-Net[117] 和 MODPSO[118] 算法的实验结果来体现量子特性。此外，通过比较 QDM-PSO[119] 和 QGA-Net[76] 算法来展示 ACO 算法在社区检测中的优势。QACO-Net 是在 Matlab R2015b 上实现的，所有实验均在配置为 i3 3.2 GHz 处理器、4 GB 内存的台式 PC 上完成。实验参数设置见表 7－6。

表 7-6　QACO-Net 算法参数设置

变量	含义	设置	变量	含义	设置
maxgen	最大迭代次数	100	μ	混合参数	[0，0.5]
r	蒸发系数	0.6	$Q_{\max}$	最大模块度	—
$\Delta\theta_i$	量子旋转角度	[0.05π，0.1π]	Q_{avg}	平均模块度	—
pop	种群大小	100	Q_{std}	模块度标准差	—
p_e	概率参数	0.15	$I_{\max}$	最大 NMI	—
a	评价指标的权重	0.5	I_{avg}	平均 NMI	—
b	启发式信息的权重	2	I_{std}	NMI 标准差	—

1. 拓展 GN 基准网络实验仿真对比结果

我们对拓展 GN 基准网络[120]进行测试，以证明 QACO-Net 算法的有效性。实验测试在混合参数 μ 为 0 到 0.5 范围内的 11 组基准网络上进行。

图 7-29 显示了所有对比算法经过 30 次独立运行之后的平均 NMI 值。当 $\mu \leqslant 0.4$ 时，QDM-PSO 和 QACO-Net 算法可以找到这些网络的真实划分，即 NMI=1。这说明量子混合算法能够提高拓展 GN 基准网络社区划分的精确性。当 $\mu \leqslant 0.25$ 时，除了 QGA-Net 和 MODPSO 算法，其他的对比算法都可以找出网络的真实社区结构。当 $\mu > 0.45$ 时，所有的对比算法都不能找到真实划分，不过，QACO-Net 算法的划分结果更接近于真实划分，这表明 QACO-Net 算法在拓展 GN 基准网络测试中具有明显的优势。

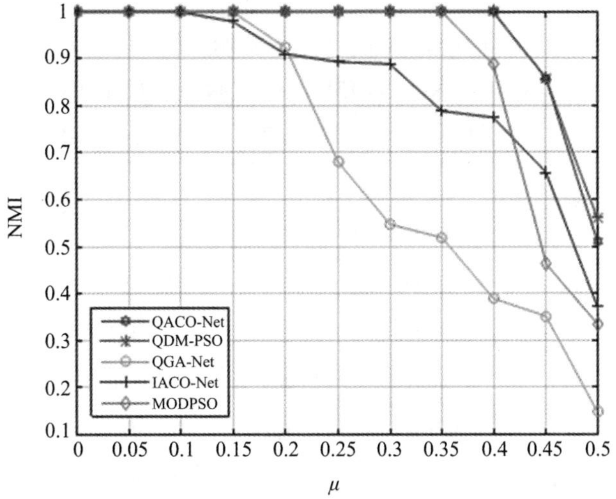

图 7-29　所有对比算法在拓展 GN 基准网络上对应的 NMI 值

图 7-30 显示了另一个评价指标，即模块度 Q 盒图(Q 随混合参数的变化图)。该盒图展示了 30 次独立运行对应的 Q 分布情况。由图可知，QACO-Net 算法对应的 Q 统计的变化比较小，说明 QACO-Net 算法具有很好的稳定性。此外，表 7-7 展示了所有对比算法在拓展 GN 基准网络上测量的模块度最大值、平均值、标准差。当混合参数 μ 较小时，QDM-PSO 和QGA-Net 相比于其他算法能够找到更好的划分结果，而随着混合参数 μ 的增大，QACO-Net 算法的表现效果很好。同时，IACO-Net 在大多数情况下工作情况比较好。表 7-7 表明 ACO 算法相对于 GA 算法更适合于社区检测问题。并且，随着量子计算的加入，社区划分得更加精确。此外，模块度的标准差值表明 QACO-Net 算法在拓展 GN 基准网络上具有很强的鲁棒性。

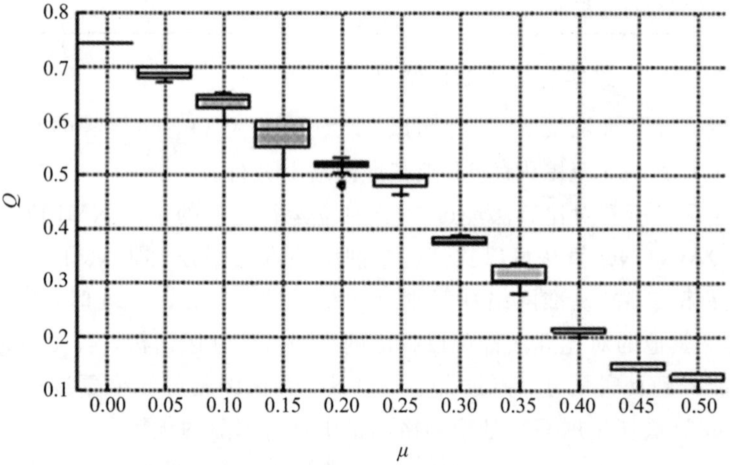

图 7-30　QACO-Net 算法在拓展 GN 基准网络上对应的 Q 盒图

表 7-7　QACO-Net、QDM-PSO、QGA-Net、IACO-Net 和 MODPSO 算法对应拓展 GN 基准网络的 Q 值

μ	变量	不同算法对应的 Q 值				
		QACO-Net	QDM-PSO	QGA-Net	IACO-Net	MODPSO
0	Q_{max}	**0.7451**	**0.7451**	**0.7451**	**0.7451**	**0.7451**
	Q_{avg}	**0.7451**	**0.7451**	**0.7451**	0.7389	0.7117
	Q_{std}	**0.0000**	**0.0000**	**0.0000**	0.0151	0.0102
0.05	Q_{max}	**0.7012**	**0.7012**	**0.7012**	**0.7012**	**0.7012**
	Q_{avg}	0.6808	0.6879	**0.6919**	0.6331	0.6533
	Q_{std}	**0.0106**	0.0541	0.0225	0.0914	0.0115

续表

μ	变量	不同算法对应的 Q 值				
		QACO-Net	QDM-PSO	QGA-Net	IACO-Net	MODPSO
0.10	Q_{max}	0.6531	**0.6533**	**0.6533**	**0.6533**	0.6274
	Q_{avg}	**0.6345**	0.6303	0.6167	0.5860	0.5966
	Q_{std}	0.0275	0.0089	0.0468	0.0348	**0.0012**
0.15	Q_{max}	**0.5996**	**0.5996**	0.5703	0.5646	0.5836
	Q_{avg}	**0.5730**	0.5668	0.5060	0.4966	0.5508
	Q_{std}	0.0298	**0.0075**	0.0664	0.0418	0.0213
0.20	Q_{max}	0.5260	0.5308	0.5046	**0.5356**	0.5000
	Q_{avg}	0.5182	**0.5236**	0.4270	0.5008	0.4582
	Q_{std}	0.0111	0.0242	0.0664	0.0480	**0.0109**
0.25	Q_{max}	**0.5002**	0.5000	0.3469	0.5000	0.4502
	Q_{avg}	**0.4885**	0.4707	0.2995	0.3880	0.4206
	Q_{std}	**0.0129**	0.1200	0.0526	0.0795	0.0157
0.30	Q_{max}	0.3885	**0.4252**	0.2579	0.3731	0.4023
	Q_{avg}	0.3781	**0.4199**	0.3464	0.2169	0.3965
	Q_{std}	**0.0067**	0.1224	0.0234	0.0168	0.0162
0.35	Q_{max}	0.3357	0.3369	0.2331	0.3140	**0.3496**
	Q_{avg}	0.3123	0.3148	0.1919	0.2466	0.3068
	Q_{std}	0.0182	0.0892	0.0251	0.0421	**0.0147**
0.40	Q_{max}	**0.2174**	0.2167	0.1771	0.2110	0.2005
	Q_{avg}	**0.2137**	0.2062	0.1500	0.2026	0.1904
	Q_{std}	**0.0054**	0.1002	0.0216	0.0465	0.0156
0.45	Q_{max}	0.1545	0.1467	0.1472	0.1602	**0.1720**
	Q_{avg}	0.1491	0.1227	0.1296	**0.1526**	0.1507
	Q_{std}	0.0064	0.0412	**0.0059**	0.0254	0.0186
0.50	Q_{max}	0.1316	0.1266	0.1278	**0.1498**	0.1472
	Q_{avg}	0.1267	0.0948	0.1170	**0.1451**	0.1426
	Q_{std}	0.0061	0.0234	**0.0059**	0.0190	0.0135

2. 真实网络实验仿真对比结果

下面阐述 QACO-Net、QDM-PSO、QGA-Net、IACO-Net 和 MODPSO 对比算法在真实网络上的测试情况。选取的真实网络有 Zachary 空手道俱乐部网络(Karate)、宽吻海豚网络(Dolphins)、美国大学足球网络(Football)、圣菲研究所网络(SFI)、C. Elegans 的线虫新陈代谢网络(Elegans)、美国政治书籍网络(Plbooks)、亚马逊网络(Amazon)、美国电网(Power)、PGP giantcomp 网络(PGP)、Internet 网络、电子邮件通信网络(Enron-email)。表 7-8 给出了这些真实网络的基本信息。

表 7-8　真实网络的基本信息

网络	节点数	边数	实时集群数
Karate	34	78	2
Dolphins	62	160	2
Football	115	613	12
Plbooks	105	441	3
SFI	118	200	—
Elegans	453	2025	—
Email	1133	5451	—
Amazon	2879	3886	—
Power	4941	6594	—
PGP	10 680	24 316	—
Internet	22 963	48 436	—
Enron-email	36 692	183 831	—

Zachary 空手道俱乐部网络(Zachary's Karate Club network)[83]是 Zachary 在 20 世纪 70 年代通过对美国大学 Karate 俱乐部的 34 个成员进行观测而构建出的一个社会关系网络，每个节点表示一个俱乐部成员。由于指导员与管理者之间发生分歧，俱乐部被划分为两个规模相当的类，分别由指导员和管理者掌控。

图 7-31(a)显示了 QACO-Net 算法检测的网络真实划分结果，图 7-31(b)显示了模块度最高(Q=0.4198)时的划分结果，两个社区分为 4 个更小的社区。表 7-9 说明 QACO-Net 算法和 QDM-PSO 算法的检测结果好于其他对比算法。观察表 7-10 的 NMI 结果可知，QACO-Net 算法每次都能检测出 Karate 数据集的真实划分。图 7-32 是 Karate 网络所有对比算法的 Q 盒图。从图 7-32 可以看出，在 QACO-Net、QGA-Net 和 IACO-Net 三个单目标算法中，QACO-Net 算法的 Q 盒图优于其他两个，表明单目标算法中 QACO-Net 算法

的鲁棒性最好。另外，相比于多目标算法 QDM-PSO 和 MODPSO，QACO-Net 算法的精度较高。

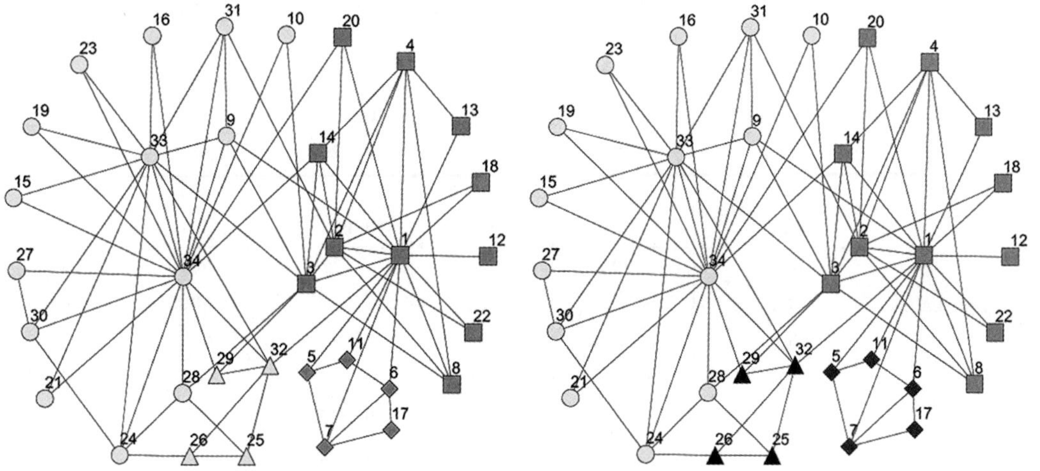

(a) 网络真实划分　　　　(b) 最大Q值对应的网络划分

图 7-31　QACO-Net 算法产生的 Karate 网络社区划分结果

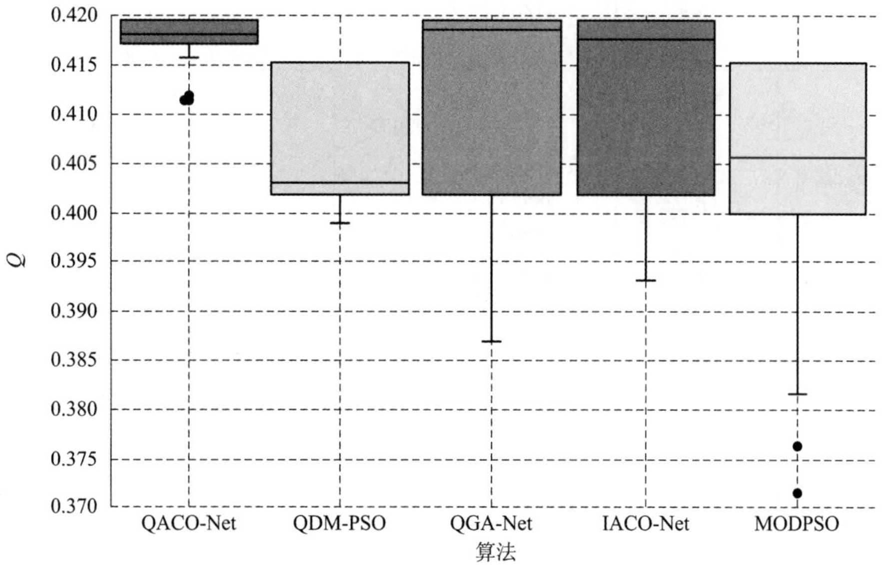

图 7-32　所有算法在 Karate 网络上的 Q 盒图

表 7-9　QACO-Net、QDM-PSO、QGA-Net、IACO-Net 和 MODPSO 算法对应真实网络的 Q 值

网络	变量	不同算法对应的 Q 值				
		QACO-Net	QDM-PSO	QGA-Net	IACO-Net	MODPSO
Karate	Q_{max}	**0.4198**	0.4188	**0.4198**	**0.4198**	**0.4198**
	Q_{avg}	0.4177	0.4069	0.4116	0.4105	**0.4179**
	Q_{std}	**0.0027**	0.0065	0.0118	0.0154	0.0121
Dolphins	Q_{max}	0.5237	0.5258	**0.5265**	**0.5265**	0.5263
	Q_{avg}	0.5110	**0.5160**	0.5028	0.5051	0.5149
	Q_{std}	0.0083	**0.0057**	0.0242	0.0311	0.0145
Football	Q_{max}	0.5960	0.6044	0.5534	**0.6045**	0.6033
	Q_{avg}	0.5459	0.5952	0.5275	**0.6003**	0.5948
	Q_{std}	**0.0036**	0.0050	0.0459	0.0055	0.0130
Plbooks	Q_{max}	0.5234	0.5248	0.5271	0.5265	**0.5413**
	Q_{avg}	0.5119	0.5171	**0.5253**	0.5182	0.5243
	Q_{std}	0.0080	0.0045	**0.0020**	0.0053	0.0096
SFI	Q_{max}	**0.7506**	0.7400	0.7465	0.7440	0.7395
	Q_{avg}	**0.7364**	0.7178	**0.7364**	0.7146	0.7268
	Q_{std}	**0.0066**	0.0118	0.0091	0.0346	**0.0153**
Elegans	Q_{max}	0.3446	**0.3770**	0.3459	0.3536	0.3773
	Q_{avg}	0.3140	0.2935	0.3105	**0.3491**	0.2970
	Q_{std}	0.0098	0.0499	0.0165	**0.0067**	0.0285
Email	Q_{max}	**0.3957**	0.3469	0.3397	0.3933	0.3473
	Q_{avg}	0.3358	0.3037	0.3008	**0.3423**	0.3029
	Q_{std}	**0.0172**	0.0561	0.0201	0.0177	0.0297
Amazon	Q_{max}	**0.6897**	0.5549	0.6895	0.6731	0.1430
	Q_{avg}	**0.6758**	0.5314	0.6675	0.6596	0.1310
	Q_{std}	**0.0077**	0.0143	0.0120	0.0141	0.0401
Power	Q_{max}	0.7288	**0.8145**	0.6942	0.7435	0.8072
	Q_{avg}	0.7058	**0.7963**	0.6759	0.6966	0.7315
	Q_{std}	**0.0114**	0.0132	0.0258	0.0338	0.0362
PGP	Q_{max}	**0.8095**	0.8077	0.7913	—	0.2433
	Q_{avg}	0.7952	**0.7957**	0.7801	—	0.1173
	Q_{std}	**0.0046**	0.0135	0.0119	—	0.0281
Enron-email	Q_{max}	**0.8095**	0.8077	0.7913	—	0.2433
	Q_{avg}	**0.0077**	0.0063	0.0185	—	—
	Q_{std}	**0.0016**	0.0076	0.0366	—	—

表 7-10 QACO-Net、QDM-PSO、QGA-Net、IACO-Net 和 MODPSO 算法对应真实网络的 NMI 值

网络	变量	不同算法对应的 NMI 值				
		QACO-Net	QDM-PSO	QGA-Net	IACO-Net	MODPSO
Karate	NMI_{max}	**1**	**1**	0.6995	0.6879	**1**
	NMI_{avg}	**1**	0.9837	0.6694	0.6419	0.9945
	NMI_{std}	**0.0000**	0.0498	0.0372	0.0966	0.0541
Dolphins	NMI_{max}	**1**	**1**	0.6436	0.5998	**1**
	NMI_{avg}	0.9028	**0.9553**	0.5836	0.5587	0.9152
	NMI_{std}	0.0148	0.0937	0.0450	0.0505	**0.0127**
Football	NMI_{max}	**0.9114**	0.8929	0.8437	0.8994	0.8616
	NMI_{avg}	**0.8756**	0.8638	0.7936	0.8716	0.8566
	NMI_{std}	0.0103	0.0212	0.0345	0.0243	**0.0065**
Plbooks	NMI_{max}	**0.6512**	0.6053	0.6026	0.5811	**0.8347**
	NMI_{avg}	**0.5916**	0.5871	0.5590	0.5284	0.5839
	NMI_{std}	**0.0089**	0.0095	0.0189	0.0273	0.0538

宽吻海豚(Bottlenose Dolphins)网络[121, 122]是 Lusseau 通过观察生活在新西兰的 62 只海豚 7 年间的频繁联系而构建的无向网络，如果两只海豚之间有频繁互动，则网络对应节点有连接。该网络共有 159 条边。图 7-33(a)显示了 QACO-Net 算法检测 Dolphins 网络的真实划分结果(Q=0.5237)，图 7-33(b)为模块度最大时的 Dolphins 网络划分结果(Q=0.5265)。表 7-9 表明 QGA-Net 和 IACO-Net 算法能够找到模块度 Q 最高时的社区划分。此外，QDM-PSO、QACO-Net 和 QGA-Net 算法的 Q 标准差结果好，意味着量子机制具有强鲁棒性。表 7-10 展示了 QACO-Net、QDM-PSO 和 MODPSO 算法能够发现 Dolphins 网络的真实划分，解释了群智能算法对 Dolphins 网络的有效性。

美国大学足球(American College Football)网络[123, 124]是 M. Girvan 和 M. E. J. Newman 根据美国大学足球队在 2000 年赛季组织的比赛安排构建的网络。该网络包含 115 个节点和 613 个边，节点表示足球队，边表示在常规赛中对应的两个球队之间有比赛。每支队伍进行 4 个小组比赛和 7 个内部比赛，因此每支队伍趋向于和同一小组成员进行比赛。该网络找不到真实划分，图 7-34(a)是拥有最大 NMI 的 Football 网络划分(NMI=0.9114)，图 7-34(b)是最大 Q 值对应的网络划分(Q=0.596)。表 7-10 表明 QACO-Net 算法相比于其他对比算法更接近真实划分。

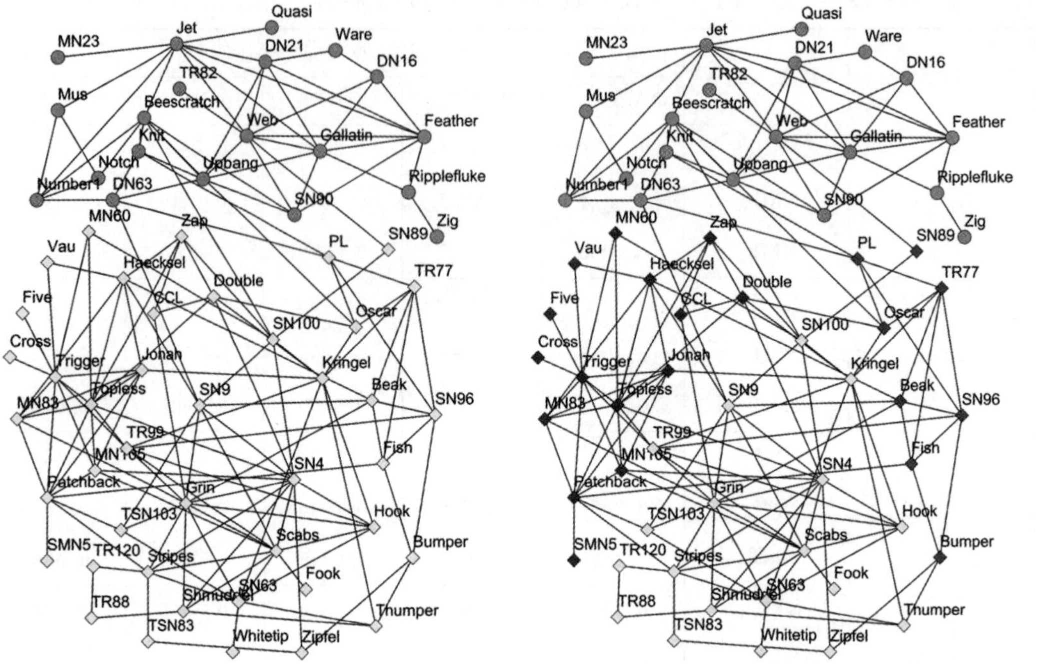

(a) 网络真实划分　　　　(b) 最大Q值对应的网络划分

图 7-33　QACO-Net 算法产生的 Dolphins 网络社区划分结果

圣菲研究所(The Santa Fe Institute, SFI)网络[118, 123]是新墨西哥州的圣菲跨学科研究中心的科学家构建的协作网络。该网络包含 118 个节点，意味着 118 个科学家之间存在相互协作。SFI 协作网络是一个树状结构的网络，图 7-35 是 SFI 协作网络的两种划分形式，其中图 7-35(a)是 QACO-Net 算法测得的最高模块度 Q 的社区划分结果，图 7-35(b)展示了 GN 算法获得的 SFI 协作网络的社区划分结果。表 7-9 说明 QACO-Net 算法针对该网络具有很强的稳定性和很高的精确性。

美国政治书籍(Books about US Politics)网络[125]是 Valdis Krebs 根据 2004 年美国选举时 Amazon. com[126]网站上的售书情况构建的，节点表示关于美国政治的书，边表示两本书频繁地被同一消费者购买，意味着消费者购买一本书的同时也购买了其他书。该网络来源于 Krebs 的网站，网络结构十分复杂。

C. Elegans 的线虫新陈代谢网络[83]表示一个生物网络，其中包含 453 个节点和 2025 条边。

亚马逊(Amazon)网络[123]是一个合作网络，节点表示产品，边通常表示合作产品。该网络包含 2879 个节点和 3886 条边。

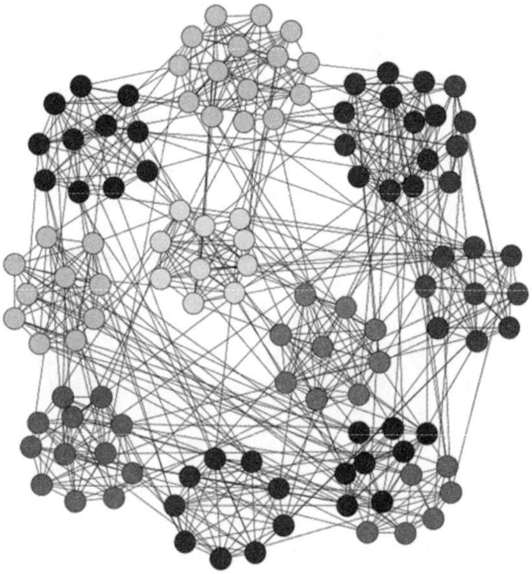

(a) 最大NMI对应的网络划分

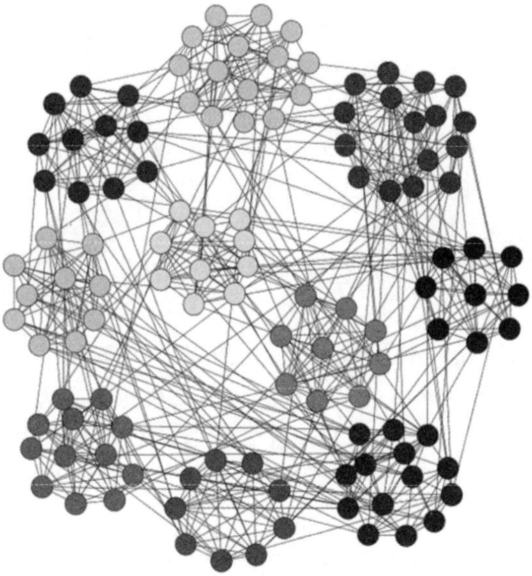

(b) 最大Q值对应的网络划分

图 7-34　QACO-Net 算法产生的 Football 网络社区划分结果

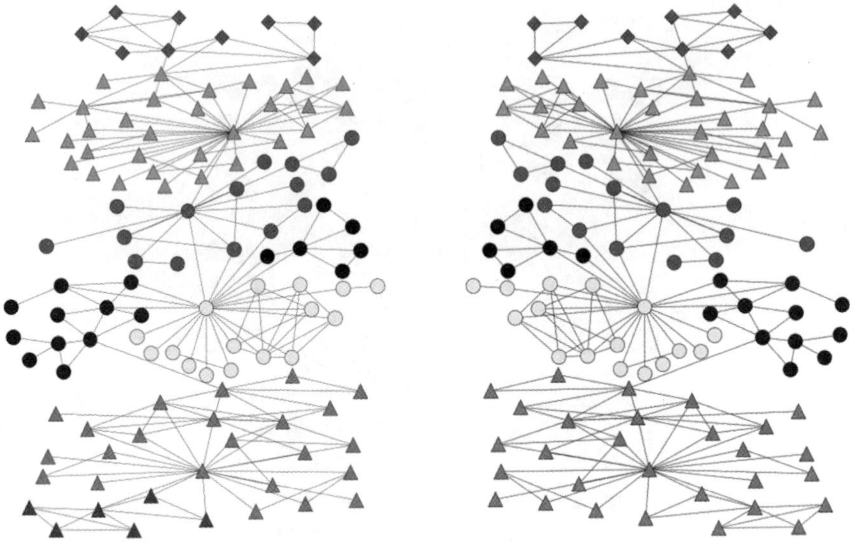

(a) QACO-Net算法下最大Q值对应的网络划分　　(b) GN算法对应的网络划分

图 7－35　SFI 网络的两种社区划分结果

美国电网(The US Power Grid Network)[83]数据集指的是美国西部各州的高压电网络。网络中的节点表示变压器、变电站、发电机，边表示高压输电线路。该网络最初由 Watts 和 Strogatz 在 1988 年提出。

PGP giantcomp 网络[127]是由 Alexandre Arenas 教授和他的合作者构建的，其中包括代谢网络数据和 Jazz 音乐家的合作模式网络数据。对于用户的巨大组成部分的边，用 PGP 算法来保障信息的安全交换。

抓拍结构的 Internet 网络[118]一般包含丰富的内部结构，用户可以在不同的类型中选择不同的结构。

电子邮件通信网络(Enron-email Communication Network)[128]包含一个数据集内的所有电子邮件中的大约 50 万封。网络的节点代表电子邮件地址，边表示在 i 和 j 之间至少有一个电子邮件发送。值得注意的是，非 Enron 邮件地址对该网络中的电子邮件地址不作处理，这里仅观察与电子邮件地址相关的通信。这个电子邮件数据是由威廉科恩在 CMU 出版的，并由联邦能源管理委员会发布到网络上。

从表 7－9 可以看出，MODPSO 算法适用于 Plbooks 网络[129]，而 QGA-Net 算法在该网络上的稳定性更好。表 7－10 说明 QACO-Net 算法对 Plbooks 网络社区的划分更接近真实划分[130]。对于 Elegans 网络，IACO-Net 算法划分精度高，而且，QACO-Net 算法在 Email、Amazon、PGP 和 Enron-email 网络[119]中相比于其他算法，网络划分的模块度 Q 值高。因此，QACO-Net 算法在大规模网络社区划分上效果更好。此外，美国电网[75]网络结构复杂，QDM-PSO 算法对该网络有效，这一点说明量子机制的平行性和多目标优化的实用性优于 Power 网络。

最重要的是，SFI、Email、Amazon、PGP 和 Enron-email 网络使用 QACO-Net 算法的效果明显优于其他对比算法。同时，QDM-PSO 算法也具有竞争力，它在 Dolphins 和 Power 网络划分的模块度 Q 值较高。QGA-Net 算法在 Plbooks 网络上具有优势，IACO-Net 算法在 Football 和 Elegans 网络上可以很好地工作。此外，MODPSO 算法对 Karate 俱乐部网络有效果。图 7－36 展示了 30 次独立实验下 QACO-Net 算法针对所有真实网络社区划分所得模块度 Q 的分布情况，图 7－29 和图 7－30 显示了所有对比算法的 NMI 和 Q 的标准差，进而证明了 QACO-Net 算法有很强的鲁棒性。总而言之，QACO-Net 算法相比于其他对比算法，在真实网络划分中具有高精度和强鲁棒性。特别地，相比于 QDM-PSO 算法，QACO-Net 算法需要考虑更多的网络邻居信息，因此需要花费更多的时间找到最优解。正是这个原因，QACO-Net 算法的精度要略高一些。

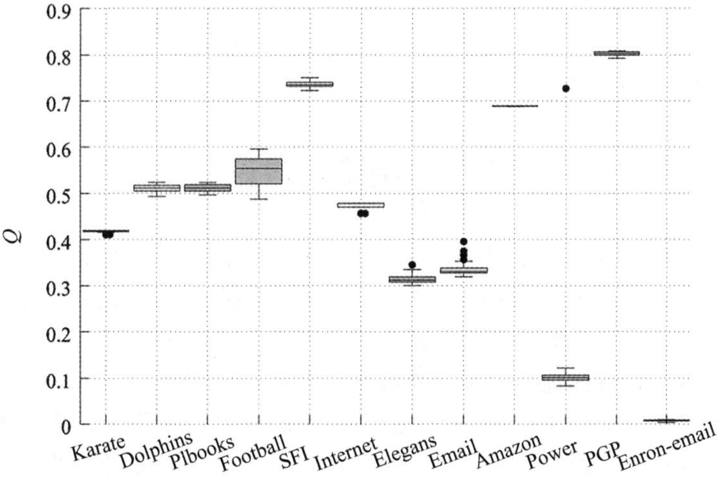

图 7－36　QACO-Net 算法测量真实网络对应真实网络的 Q 盒图

3. 收敛速度分析

图 7－37 展示了 QACO-Net、QGA-Net、IACO-Net、QDM-PSO 和 MODPSO 算法在 Karate 网络上的收敛情况，所有的比较算法均在 50 代以内收敛到对应的最好值。QACO-Net、QDM-PSO 和 QGA-Net 算法在含有量子机制的网络中收敛速度更快，与此同时，相比于 QGA-Net 算法，QACO-Net 算法的收敛速度更快。此外，QDM-PSO 和 MODPSO 算法在前期收敛速度很快，说明 PSO 算法相比于 ACO 算法更容易收敛到局部最优。因此，QACO-Net 算法收敛性好，这就意味着我们的算法更适用于复杂网络的社区结构检测中。

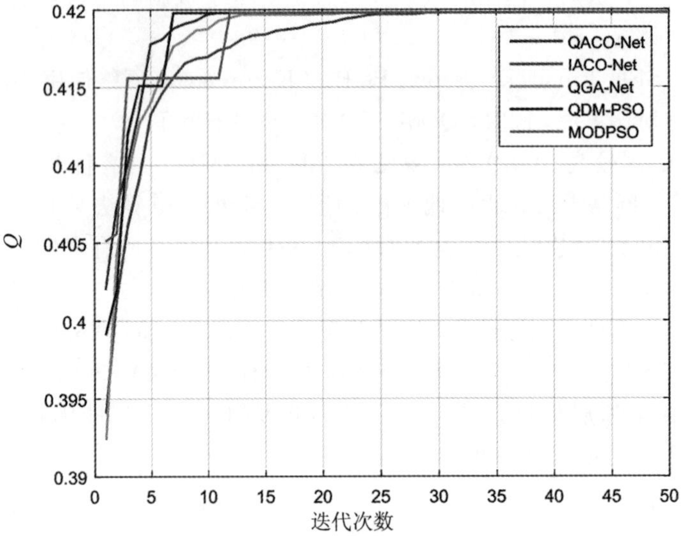

图 7-37　对比算法在 Karate 网络上的收敛情况

7.4　结论与讨论

本章将量子计算与机器学习相结合，提出了基于单个体量子遗传算法的超参数优化算法。该算法摒弃了传统的进化算法的基于种群搜索的特点。实验结果表明，单个体量子遗传算法是非常有效的，并且相对于随机搜索方法，单个体量子遗传算法是非常稳定的。本章也提出了基于量子多目标优化的稀疏受限玻尔兹曼机学习算法，利用多目标优化算法可以有效地学习到稀疏特征，这有助于提高分类的准确性并且避免了参数选择问题。在多目标优化算法中引入量子机制，减少了陷入局部最优并且加速了收敛过程。但是，在深度学习模型学习过程中存在着大量的浮点计算及矩阵运算，所以基于多目标优化的稀疏深度信念网络的时间复杂度比较高。最后给出了一个由实际应用问题抽象出的理论模型——复杂网络社区结构检测，并将量子智能优化用于复杂网络社区检测，通过一系列实验结果说明本章算法相比于其他对比算法性能更加优越。

本章参考文献

[1]　周志华．机器学习[M]．北京：清华大学出版社，2016.

[2]　李航．统计学习方法[M]．北京：清华大学出版社，2012.

[3]　PLATT，JOHN C. Fast training of support vector machines using sequential minimal optimization

[C]. MIT Press，1999:185－208.
[4] SCHOLKOPF，BERNHARD，SMOLA，et al. Learning with kernels：support vector machines，regularization，optimization，and beyond[J]. Publications of the American Statistical Association，2002，98(462)：489－489.
[5] MICHAEL A N. Neural networks and deep learning[M/OL]. [s. n.]：Determination Press，2015.
[6] LECUN Y. Efficient backprop[J]. Neural Networks Tricks of the Trade，2012，1524(1)：9－50.
[7] XING H. A nondominated sorting genetic algorithm for bi-objective network coding based multicast routing problems[M]. Elsevier Science Inc. ，2013.
[8] OLODUOWO A，BABALOLA A，DANIEL A. Solving network routing problem using artificial intelligent techniques[J]. British Journal for the History of Science，2016.
[9] KÜÇÜKDENIZ T. Integrated use of fuzzy c-means and convex pro-gramming for capacitated multi-facility location problem[J]. Expert Systems with Applications，2012，39(4)：4306－4314.
[10] XU Y. Local search algorithm for universal facility location problem with linear penalties[J]. Journal of Global Optimization，2017，67(1/2)：1－12.
[11] LIU B X. Task scheduling and virtual machine allocation strategy based on thermodynamics evolutionary algorithm in cloud computing environment[J]. Science Technology & Engineering，2013.
[12] CHEUNG M，MESTRE J，SHMOYS D B，et al. A primal-dual approximation algorithm for min-sum single-machine scheduling problems[J]. Discrete Math. 31(2):825-838，2017.
[13] MICHALSKI G. Inventory management optimization as part of operational risk management[J]. Economic Computation & Economic Cybernetics Studies & Research，2010，4(4)：213－222.
[14] GOLDBERG D E. Genetic algorithms in search，optimization and machine learning[M]. New Jersey：Addison-Wesley Professional，1989.
[15] JAVAD M O M，KARIMI B. A simulated annealing algorithm for solving multi-depot location routing problem with backhaul[J]. International Journal of Industrial & Systems Engineering，2017，25(4)：460－477.
[16] HOU Z H. A Modified Particle Swarm Optimization Algorithm[J]. Computer & Modernization，2010，26(2):151－155.
[17] QIN A K，HUANG V L，SUGANTHAN P N. Differential evolution algorithm with strategy adaptation for global numerical optimization[J]. IEEE Transactions on Evolutionary Computation，2009，13(2):398－417.
[18] HAN K H. Quantum-inspired evolutionary algorithm for a class of combinatorial optimization[J]. IEEE Transactions on Evolutionary Computation，2002，6(6)：580－593.
[19] 陈宝林. 最优化理论与算法[M]. 北京：清华大学出版社，2005.
[20] 吴波. 混合密母算法及其在变化检测中的应用[D]. 西安：西安电子科技大学，2012.
[21] DEB K，PRATAP A，AGARWAL S，et al. A fast and elitist multiobjective genetic algorithm NSGA-Ⅱ[J]. IEEE Transactions on Evolutionary Computation，2002，6(2):182－197.

[22] TRELEA I C. The particle swarm optimization algorithm convergence analysis and parameter selection[J]. Information Processing Letters, 2016, 85(6):317 - 325.

[23] SELIM S Z, ALSULTAN K. A simulated annealing algorithm for the clustering problem[J]. Pattern Recognition, 1991, 24(10):1003 - 1008.

[24] CRUZ A V A D, VELLASCO M M B R, PACHECO M A C. Quantum-inspired evolutionary algorithm for numerical optimization[C]. Evolutionary Computation, 2006. CEC 2006. IEEE Congress on. IEEE, 2006:2630 - 2637.

[25] 焦李成，李阳阳，刘芳. 量子计算、优化与学习[M]. 北京：科学出版社，2017.

[26] LI Y, ZHANG Y, ZHAO R, et al. The immune quantum-inspired evolutionary algorithm[C]. IEEE International Conference on Systems, Man and Cybernetics. IEEE Xplore, 2004, 4:3301 - 3305.

[27] BERGSTRA J, BENGIO Y. Random search for hyper-parameter optimization[J]. Journal of Machine Learning Research, 2012, 13(1): 281 - 305.

[28] SNOEK J, LAROCHELLE H, ADAMS R P. Practical Bayesian optimization of machine learning algorithms[C]. International Conference on Neural Information Processing Systems. Curran Associates Inc, 2012:2951 - 2959.

[29] 陆高. 基于智能计算的超参数优化及其应用研究[D]. 西安：西安电子科技大学，2018.

[30] HAN K H, KIM J H. On the analysis of the quantum-inspired evolutionary algorithm with a single individual[J]. Evolutionary Computation, 2006. CEC 2006. IEEE Congress on 2006:2622 - 2629.

[31] FELLEMAN D J, ESSEN D C V. Distributed hierarchical processing in the primate cerebral cortex [J]. Cerebral Cortex, 1991, 1(1):1 - 47.

[32] TAI S L, MUMFORD D. Hierarchical Bayesian inference in the visual cortex[J]. Journal of the Optical Society of America A Optics Image Science & Vision, 2003, 20(7):1434 - 48.

[33] MORRIS G, NEVET A, BERGMAN H. Anatomical funneling, sparse connectivity and redundancy reduction in the neural networks of the basal ganglia[J]. Journal of Physiology-Paris, 2003, 97(4/5/6):581 - 589.

[34] KRUGER N, JANSSEN P, KALKAN S, et al. Deep hierarchies in the primate visual cortex: What can we learn for computer vision? [J]. IEEE Transactions on Pattern Analysis & Machine Intelligence, 2013, 35(8):1847 - 1871.

[35] AREL I, ROSE D C, KARNOWSKI T P. Deep machine learning: A new frontier in artificial intelligence research [Research Frontier][J]. Computational Intelligence Magazine IEEE, 2010, 5 (4):13 - 18.

[36] HOU W, GAO X, TAO D, et al. Blind image quality assessment via deep learning[J]. IEEE Transactions on Neural Networks & Learning Systems, 2015, 26(6):1275 - 1286.

[37] SILVER D, HUANG A, MADDISON C J, et al. Mastering the game of Go with deep neural networks and tree search[J]. Nature, 2016, 529(7587):484 - 489.

[38] XU Y, DU J, DAI L R, et al. A regression approach to speech enhancement based on deep neural networks[J]. IEEE/ACM Transactions on Audio Speech & Language Processing, 2015, 23(1):7 -

19.

[39] LEE H, EKANADHAM C, NG A Y. Sparse deep belief net model for visual area V2[C]. International Conference on Neural Information Processing Systems. Curran Associates Inc., 2007: 873-880.

[40] HINTON G E. A practical guide to training restricted boltzmann Machines[J]. Momentum, 2012, 9(1):599-619.

[41] LUO H, SHEN R, NIU C, et al. Sparse group restricted Boltzmann machines[C]. Proc. of the 25th AAAI Conference on Artificial Intelligence, 2011:429-434.

[42] JI N N, ZHANG J S, ZHANG C X. A sparse-response deep belief network based on rate distortion theory [J]. Pattern Recognition, 2014, 47(1): 3179-3191.

[43] JI N N, ZHANG J S, ZHANG C X, et al. Enhancing performance of restricted Boltzmann machines via log-sum regularization[J]. Knowledge-Based Systems, 2014, 63: 82-96.

[44] CHAI R M, CAO Z J. Face recognition algorithm based on improved sparse deep belief networks [J]. Application Research of Computers, 2015, 32(7):2179-2183.

[45] HINTON G E, SEJNOWSKI T J. Learning and relearning in Boltzmann machines[J]. Parallel distributed processing: explorations in the microstructure of cognition, 1986, 1:45-76.

[46] SMOLENSKY P. Information processing in dynamical systems: foundations of harmony theory[C]. MIT Press, 1986:194-281.

[47] LIU J S. Monte Carlo strategies in scientific computing[M]. 北京：世界图书出版公司，2010.

[48] HINTON G E. Training products of experts by minimizing contrastive divergence[J]. Neural Computation, 2002, 14(8), 1771-1800.

[49] GONG M, LIU J, LI H, et al. A multiobjective sparse feature learning model for deep neural networks[J]. IEEE Transactions on Neural Networks & Learning Systems, 2015, 26(12):3263-3277.

[50] LI L, YAO X, STOLKIN R, et al. An evolutionary multiobjective approach to sparse reconstruction [J]. IEEE Transactions on Evolutionary Computation, 2014, 18(6):827-845.

[51] CHEN W, SITARAMAN S K. Response surface and multiobjective optimization methodology for the design of compliant interconnects[J]. IEEE Transactions on Components Packaging & Manufacturing Technology, 2014, 4(11):1769-1777.

[52] GARCIA-PIQUER A, FORNELLS A, BACARDIT J, et al. Large-scale experimental evaluation of cluster representations for multiobjective evolutionary clustering[J]. IEEE Transactions on Evolutionary Computation, 2014, 18(1):36-53.

[53] SVENSON J, SANTNER T. Multiobjective optimization of expensive-to-evaluate deterministic computer simulator models[M]. Amsterdam: Elsevier Science Publishers B. V., 2016.

[54] ASRARI A, LOTFIFARD S, PAYAM M S. Pareto dominance-based multiobjective optimization method for distribution network reconfiguration[J]. IEEE Transactions on Smart Grid, 2016, 7(3): 1401-1410.

[55] CSIRMAZ L. Using multiobjective optimization to map the entropy region[J]. Computational Optimization and Applications, 2016, 63:45 - 67.

[56] BRANKE J, GRECO S, SOWISKI R, et al. Interactive evolutionary multiobjective optimization driven by robust ordinal regression[J]. Bulletin of the Polish Academy of Sciences Technical Sciences, 2016, 58(3):347 - 358.

[57] RUMELHART D E, HINTON G E, WILLIAMS R J. Learning representations by back-propagating errors[J]. Nature, 1986, 323(6088):533 - 536.

[58] ZHANG Q, LI H. MOEA/D: A multiobjective evolutionary algorithm based on decomposition[J]. IEEE Transactions on Evolutionary Computation, 2008, 11(6):712 - 731.

[59] COELLO C A C. Treating constraints as objectives for single-objective evolutionary optimization[J]. Engineering Optimization, 2000, 32(3):275 - 308.

[60] CAI Z, WANG Y. A multiobjective optimization-based evolutionary algorithm for constrained optimization[J]. IEEE Transactions on Evolutionary Computation, 2006, 10(6):658 - 675.

[61] WANG Y, CAI Z. Combining multiobjective optimization with differential evolution to solve constrained optimization problems[J]. IEEE Transactions on Evolutionary Computation, 2012, 16(1):117 - 134.

[62] DAVIS G. Adaptive nonlinear approximations[D]. NewYork: New York University, 1994.

[63] NG A Y. Feature selection, L1 vs. L2 regularization, and rotational invariance[C]. ACM, 2004: 78.

[64] LEE H, BATTLE A, RAINA R, et al. Efficient sparse coding algorithms[C]. International Conference on Neural Information Processing Systems. MIT Press, 2006:801 - 808.

[65] DEB K, PRATAP A, AGARWAL S, et al. A fast and elitist multiobjective genetic algorithm: NSGA-Ⅱ[J]. IEEE Transactions on Evolutionary Computation, 2002, 6(2):182 - 197.

[66] LI H, ZHANG Q. Multiobjective optimization problems with complicated Pareto sets, MOEA/D and NSGA-Ⅱ[J]. IEEE Transactions on Evolutionary Computation, 2009, 13(2):284 - 302.

[67] LI Y, JIAO L, SHANG R, et al. Dynamic-context cooperative quantum-behaved particle swarm optimization based on multilevel thresholding applied to medical image segmentation[J]. Information Sciences, 2015, 294:408 - 422.

[68] 白小玉. 并行稀疏深度信念网络及应用的研究[D]. 西安：西安电子科技大学，2018.

[69] MNIH V. CUDAMat: a CUDA-based matrix class for Python[D]. Toronto: Department of Computer Science University of Toronto Tech. rep. utml Tr, 2009.

[70] VENSKE S M S, GONÇALVES R A, DELGADO M R. ADEMO/D: Adaptive differential evolution for multiobjective problems[C]. Brazilian Symposium on Neural Networks. IEEE, 2012: 226 - 231.

[71] LECUN Y, CORTES C. The MNIST database of handwritten digits[DS]. http: //yann. lecun. com/ exdb/mnist, 2010.

[72] KRIZHEVSKY A. Learning multiple layers of features from tiny images[J]. Handbook of Systemic

Autoimmune Diseases, 2009.
[73] LYZINSKI V, TANG M, ATHREYA A, et al. Community detection and classification in hierarchical Stochastic blockmodels[J]. IEEE Transactions on Network Science&Engineering, 2017, 4(1):13 - 26.
[74] ZHANG L, PAN H, SU Y, et al. A mixed representation-based multiobjective evolutionary algorithm for overlapping community detection. [J]. IEEE Transactions on Cybernetics, 2017, 47(9): 2703 - 2716.
[75] CHEN G, WANG Y. Community detection in complex networks using extremal optimization modularity density[J]. Journal of Huazhong University of Science&Technology, 2011, 39(4):82 - 85.
[76] PIZZUTI C. GA-Net: A genetic algorithm for community detection in social networks. [C]. PPSN. 2008:1081 - 1090.
[77] ZHAO Y, CHEN F, KANG B, et al. Optimum design of dry-type air-core reactor based on the additional constraints balance and hybrid genetic algorithm[J]. International Journal of Applied Electromagnetics & Mechanics, 2010, 33(China):279 - 284.
[78] MU C H, XIE J, LIU Y, et al. Memetic algorithm with simulated annealing strategy and tightness greedy optimization for community detection in networks[J]. Applied Soft Computing, 2015, 34(C): 485 - 501.
[79] FILIPPONE M, CAMASTRA F, MASULLI F, et a1. A survey of kernel and spectral methods for clustering[J]. Pattern Recognition, 2008, 41(1):176 - 190.
[80] MIRKIN B, NASCIMENTOC S. Additive spectral method for fuzzy cluster analysis of similarity data including community structure and affinity matrices[J]. Information Sciences, 2012, 183(1): 16 - 34.
[81] KIRKPATRICK S, GELATT C D, VECCHI A M P. Optimization by simulated annealing[J]. Science, 1983, 220(4598):671.
[82] HAMAD I A, RIKVOLD P A, POROSEVA S V. Floridian high-voltage power-grid network partitioning and cluster optimization using simulated annealing[J]. Physics Procedia, 2011, 15(4): 2 - 6.
[83] DUCH J, ARENAS A. Community detection in complex networks using extremal optimization. [J]. Physical Review E, 2005, 72(2):027104.
[84] YANG B, DI J, LIU J, et al. Hierarchical community detection with applications to real-world network analysis[J]. Data&Knowledge Engineering, 2013, 83(90):20 - 38.
[85] CAI Q, GONG M, MA L, et al. Greedy discrete particle swarm optimization for large-scale social network clustering[J]. Information Sciences, 2015, 316:503 - 516.
[86] ROSSET V, PAULO M A, CESPEDES J G, et al. Enhancing the reliability on data delivery and energy efficiency by combining swarm intelligence and community detection in large-scale WSNs[J]. Expert Systems with Applications, 2017, 78:89 - 102.
[87] KENNEDY J. Swarm intelligence[M]. Boston: Springer, 2006.

[88] HE D X, LIU J, LIU D Y, et al. Ant colony optimization for community detection in large-scale complex networks[J]. IEEE, 2011, 2:1151 - 1155.
[89] CHEN W N, ZHANG J. An ant colony optimization approach to a grid workflow scheduling problem with various QoS requirements[J]. IEEE Transactions on Systems Man&Cybernetics Part C, 2008, 39(1):29 - 43.
[90] 李玲玲. 量子进化优化与深度复神经网络学习算法及其应用[D]. 西安：西安电子科技大学，2017.
[91] BOYD M D, ELLISON N B. Social network sites: Definition, history, and scholarship[J]. Journal of Computer-Mediated Communication, 2007, 13:210 - 230.
[92] FORTUNATO S. Community detection in graphs[J]. Physics Reports, 2009, 486(3):75 - 174.
[93] DORIGO M, GAMBARDELLA L M, MIDDENDORF M, et al. Guest editorial: Special section on ant colony optimization[J]. IEEE Transactions on Evolutionary Computation, 2002, 6(4):317 - 319.
[94] LIN Y, HU X M, ZHANG J. An ant-colony-system-based activity scheduling method for the lifetime maximization of heterogeneous wireless sensor networks[C]. Genetic and Evolutionary Computation Conference, GECCO 2010, Proceedings, Portland, Oregon, USA, July, 2010:23 - 30.
[95] BAI J, YANG G K, CHEN Y W, et al. A model induced max-min ant colony optimization for asymmetric traveling salesman problem[J]. Applied Soft Computing, 2013, 13(3):1365 - 1375.
[96] XING L N, CHEN Y W, WANG P, et al. A knowledge-based ant colony optimization for flexible job shop scheduling problems[J]. Applied Soft Computing, 2010, 10(3):888 - 896
[97] CHEN W N, ZHANG J. Ant colony optimization for software project scheduling and staffing with an event-based scheduler[J]. IEEE Transactions on Software Engineering, 2012, 39(1):1 - 17.
[98] DEMIREL N C, TOKSAN M D. Optimization of the quadratic assignment problem using an ant colony algorithm[J]. Applied Mathematics&Computation, 2006, 183(1):427 - 435.
[99] ARNAOUT J P. Ant colony optimization algorithm for the Euclidean location-allocation problem with unknown number of facilities[J]. Journal of Intelligent Manufacturing, 2013, 24(1):45 - 54.
[100] WANG W, JIANG Y. Community-aware task allocation for social networked multiagent systems [J]. IEEE Transactions on Cybernetics, 2014, 44(9):1529 - 1543.
[101] YU B, YANG Z Z. An ant colony optimization model: The period vehicle routing problem with time windows[J]. Transportation Research Part E Logistics&Transportation Review, 2011, 47(2):166 - 181.
[102] YANG J, XU M, ZHAO W, et al. A multipath routing protocol based on clustering and ant colony optimization for wireless sensor networks[J]. Sensors, 2010, 10(5):4521 - 4540.
[103] KE L, ZHANG Q, BATTITI R. MOEA/D-ACO: A multiobjective evolutionary algorithm using decomposition and ant colony[J]. IEEE Transactions on Cybernetics, 2013, 43(6):1845 - 1859.
[104] HU X M, ZHANG J, CHUNG S H, et al. An intelligent testing system embedded with an ant-colony-optimization-based test composition method [J]. IEEE Transactions on Systems Man&Cybernetics Part C Applications&Reviews, 2009, 39(6):659 - 669.
[105] DING J L, CHEN Z Q, YUAN Z Z. Dynamic optimization routing method based on ant adaptive

algorithm[J]. Control&Decision, 2003, 18(6):751 - 732.
[106] KAN J M, ZHANG Y. Application of an improved ant colony optimization on generalized traveling salesman problem[J]. Energy Procedia, 2012, 17(2):319 - 325.
[107] GALEN C, GEIB J C. Density-dependent effects of ants on selection for bumble bee pollination in polemonium viscosum[J]. Ecology, 2007, 88(5):1202 - 1209.
[108] HAN K H, KIM J H. Quantum-inspired evolutionary algorithm for a class of combinatorial optimization[J]. IEEE Transactions on Evolutionary Computation, 2002, 6(6):580 - 593.
[109] GHOSH B, CHAKRAVARTY D, AKRAM M W. Optimization of digital circuits using quantum ant colony algorithm[J]. FASEB Journal, 2014, 21(1):17 - 21.
[110] LI P, SONG K, YANG E. Quantum ant colony optimization with application[C]. International Conference on Natural Computation, 2010:2989 - 2993.
[111] DUAN H, XU C, RING Z. A hybrid artificial bee colony optimization and quantum evolutionary algorithm for continuous optimization problems[J]. International Journal of Neural Systems, 2010, 20(1):39 - 50.
[112] SHEN M, CHEN W N, ZHANG J, et al. Optimal selection of parameters for nonuniform embedding of chaotic time series using ant colony optimization[J]. IEEE Transactions on Cybernetics, 2013, 43(2):790 - 802.
[113] ZHAN Z H, ZHANG J, LI Y, et al. An efficient ant colony system based on receding horizon control for the aircraft arrival sequencing and scheduling problem[J]. IEEE Transactions on Intelligent Transportation Systems, 2010, 11(2):399 - 412.
[114] WANG H, YAO X. Objective reduction based on nonlinear correlation information entropy[J]. Soft Computing, 2015, 20(6):1 - 15.
[115] STEINHAEUSER K, CHAWLA N V. Identifying and evaluating community structure in complex networks[J]. Pattern Recognition Letters, 2010, 31(5):413 - 421.
[116] NEWMAN M E. Modularity and community structure in networks[J]. Proceedings of the National Academy of Sciences, 2006, 103(23):8577 - 8582.
[117] MU C, ZHANG J, JIAO L. An intelligent ant colony optimization for community detection in complex networks[C]. Evolutionary Computation, 2014:700 - 706.
[118] GONG M, CAI Q, CHEN X, et al. Complex network clustering by multiobjective discrete particle swarm optimization based on decomposition[J]. IEEE Transactions on Evolutionary Computation, 2014, 18(1):82 - 97.
[119] LI L, JIAO L, ZHAO J, et al. Quantum-behaved discrete multi-objective particle swarm optimization for complex network clustering[J]. Pattern Recognition, 2017, 63:1 - 14.
[120] LANCICHINETTI A, FORTUNATO S, RADICCHI F. Benchmark graphs for testing community detection algorithms[J]. Physical Review E, 2008, 78(4):046110.
[121] LUSSEAU D, SCHNEIDER K, BOISSEAU O J, et al. The bottlenose dolphin community of doubtful sound features a large proportion of long-lasting associations[J]. Behavioral Ecology and

Sociobiology, 2003, 54(4):396-405.

[122] STANTON M A, MANN J. Early social networks predict survival in wild bottlenose dolphins[J]. Plos One, 2012, 7(7):165-173.

[123] GIRVAN M, NEWMAN M E. Community structure in social and biological networks[J]. Proceedings of the National Academy of Sciences of the United States of America, 2002, 99(12):7821.

[124] HAVENS T C, BEZDEK J C, LECKIE C, et al. A soft modularity function for detecting fuzzy communities in social networks[J]. IEEE Transactions on Fuzzy Systems, 2013, 21(21):1170-1175.

[125] ANA L, JAIN A K. Robust data clustering[C]. IEEE Computer Society Conference on Computer Vision and Pattern Recognition, 2003, 2: 128-133.

[126] KREBS V. A network of books about recent US politics sold by the online bookseller Amazon. com [J]. [s. n.], 2008.

[127] AUER B F, BISSELING R H. Graph coarsening and clustering on the GPU. [J]. Graph Partitioning and Graph Clustering, 2012, 588:223-240.

[128] HARDIN J, SARKIS G, URC P C. Network analysis with the Enron-email corpus[J]. Journal of Statistics Education, 2015, 23(2):2.

[129] SU J, HAVENS T C. Quadratic program-based modularity maximization for fuzzy community detection in social networks[J]. IEEE Transactions on Fuzzy Systems, 2015, 23(5):1356-1371.

[130] MA L, GONG M, LIU J, et al. Multi-level learning based memetic algorithm for community detection[J]. Applied Soft Computing, 2014, 19(2):121-133.

第8章 基于量子智能优化的应用

8.1 基于文化进化机制和多观测策略的多目标量子粒子群调度优化

8.1.1 引言

经济调度(Economic Dispatch，ED)问题可理解为通过对电力系统进行操作从而使得总的燃料耗费最小化。从数学角度来看，ED问题也可以表示成一个具有一些等式和不等式约束的单目标非线性问题。近些年来，空气污染越来越受到人们的关注，有害气体的排放也成为人们在设计电力系统时需要考虑的重要因素之一。而发电机在发电过程中总是伴随着很多有害气体的排放，所以ED问题就转化成为环境/经济调度(Environmental/Economic Dispatch，EED)问题[1]。EED问题涉及优化燃料耗费和减少有害气体排放两个目标，可以被看作一个具有约束的两目标优化问题。

学者们目前已经提出多种算法来解决EED问题。这些算法主要可以分为两类。在第一类算法中，通过不同的策略将EED问题转化为一个单目标优化问题。在文献[2]中，算法将有害气体排放作为一个约束条件，从而将EED问题转化为一个单目标优化问题。该算法优势在于不需要考虑燃料耗费和有害气体排放之间的平衡，但算法在一次独立运行后只能获得一个单一的解。在文献[3]中，∈-约束策略被用来解决多目标问题。在∈-约束策略中，优先级最高的目标函数被看作优化目标，其他的目标函数被看作具有不同容许度的约束。在文献[4]中提出了一种基于∈-约束策略的算法来解决EED问题，该算法最大的劣势是比较耗时并且算法并不能很好地找到理想Pareto前沿面上的解。在文献[5－7]中，算法对多个目标进行线性组合，从而将EED问题转换为单目标优化问题。通过采用不同的目标函数权值，可以得到一组Pareto最优集。所以在上述算法中，为了得到Pareto最优集，算法需要多次独立运行。第二类解决EED问题的算法是将EED问题看作一个多目标优化问题，也就是说算法同时优化了EED中的两个目标。在文献[8]中采用了一种模糊满意度最大化决策方法来解决 EED 问题。文献[9]中提出了一种多目标随机搜索策略来解决 EED 问题，该策略的缺点在于它非常容易陷入局部最优。进化算法(Evolutionary Algorithm，EA)自提出以来，由于其具有较好的鲁棒性和并行性，被广泛地应用于解决各种优化问题[10-13]中。近年来，已经有很多进化算法被成功地应用于 EED 问题中，比如 NPGA[14]、SPEA[15]、NSGA[16]、DE[17-19]、EDA[20]等算法。

QPSO 自提出以来，由于其具有参数少、易实现的特点而被广泛地应用于很多优化问题中。QPSO 在多目标领域的应用(如 Multiobjective Quantum-behaved Particle Swarm Optimization，MOQPSO，多目标量子粒子群优化)也受到学者们越来越多的关注。在设计 MOQPSO 算法时，如何选择粒子的个体最优位置和全局最优位置，以及如何保持种群多样性成为算法设计的难点。在本节中，我们利用 Cultural MOQPSO 算法的基本框架并结合实际应用背景，提出了一种改进的算法，记作 CMOQPSO 算法(基于文化进化机制和多观测策略的多目标量子粒子群算法)[21]，来解决 EED 问题。

CMOQPSO 中所做的改进如下：

(1) 在 CMOQPSO 中采用了信念空间来记录从种群中提取的知识。但与 Cultural MOQPSO 不同的是，CMOQPSO 中知识的构建方式发生了变化。

(2) 采用一种新的多次观测策略。在 CMOQPSO 中，对算法每次迭代中的粒子都进行了多次观测。如果测试问题具有 M 个目标，那么每个粒子在一次迭代中被重复观测 $M+1$ 次。其中，第一次观测针对第一个优化目标，第二次观测针对第二个优化目标，依此类推。最后一次观测则会考虑所有的优化目标。

(3) 不同的个体和全局最优获取方式。因为采用了多次观测策略，所以在 CMOQPSO 中，每个粒子在一次迭代中需要 $M+1$ 个个体最优位置和 $M+1$ 个全局最优位置来指导其进化。

8.1.2 EED 问题模型

EED 问题可以被数学化为一个具有两个相互冲突的目标函数的约束优化问题。其中，两个目标函数分别为总燃料耗费函数和有害气体排放量函数。

1. 目标函数

1) *总燃料耗费函数*

EED 问题中的总燃料耗费可以通过一个二次方程计算得到，如式(8-1)所示。其中，P_i和 $F(P_i)$分别为第 i 个发电机组的发电量和燃料耗费量；N_g 为电力系统中发电机组的数目，则

$$\min\sum_{i=1}^{N_g}F(P_i)=\sum_{i=1}^{N_g}(a_i+b_iP_i+c_iP_i^2) \tag{8-1}$$

如果将现实生活中发电机组实际运行中的情况考虑进来，那么对于总燃料耗费函数，

可以通过增加一个正弦函数进行改进，如式(8－2)所示[22]。其中，a_i、b_i、c_i、d_i和e_i为第i个发电机组的燃料耗费参数。$P_i^{\min}$为第i个发电机组的最低发电量，则

$$\min\sum_{i=1}^{N_g}F(P_i)=\sum_{i=1}^{N_g}(a_i+b_iP_i+c_iP_i^2+\left|e_i\sin(d_i(P_i^{\min}-P_i))\right|) \tag{8-2}$$

2）总的有害气体排放量函数

总的有害气体排放量可以通过式(8－3)计算得到[23]。其中α_i、β_i、γ_i、ε_i和λ_i为第i个发电机组的气体排放参数，则

$$\min\sum_{i=1}^{N_g}F(P_i)=\sum_{i=1}^{N_g}(\alpha_i+\beta_iP_i+\gamma_iP_i^2+\varepsilon_i e^{\lambda_iP_i}) \tag{8-3}$$

2. 约束函数

1）输出约束

每个发电机组的输出电量应该在一定的范围之内。也就是说，每个发电机组都必须满足式(8－4)中的不等式约束。其中$P_i^{\min}$和$P_i^{\max}$分别是第i个发电机组输出的边界值：

$$P_i^{\min}\leqslant P_i\leqslant P_i^{\max} \tag{8-4}$$

2）系统电能平衡约束

系统电能平衡约束的数学形式如式(8－5)所示，其中P_{D}为总需求，P_{Loss}为系统总的传输损耗，则

$$\sum_{i=1}^{N_g}P_i=P_{\mathrm{D}}+P_{\mathrm{Loss}} \tag{8-5}$$

P_{Loss}可以通过式(8－6)计算得到[24]。其中，$B_{i,j}$、B_{0i}和B_{00}为损耗参数，则

$$P_{\mathrm{Loss}}=\sum_{i=1}^{N_g}\sum_{j=1}^{N_g}P_iB_{i,j}P_j+\sum_{i=1}^{N_g}B_{0i}P_i+B_{00} \tag{8-6}$$

3. EED 数学模型

根据上面的描述，EED 问题可以被数学化为一个同时具有等式和不等式约束的两目标优化问题。其数学形式如式(8－7)所示（N_g为发电机组的数目）：

$$\begin{gathered}F=\left[\min\sum_{i=1}^{N_g}F(P_i),\ \min\sum_{i=1}^{N_g}E(P_i)\right]\\ \text{s.t.}\ \ P_i^{\min}\leqslant P_i,\ i=1,2,\cdots,N_g\\ \sum_{i=1}^{N_g}P_i=P_{\mathrm{D}}+P_{\mathrm{Loss}}\end{gathered} \tag{8-7}$$

8.1.3　基于文化进化机制和多观测策略的多目标量子粒子群算法框架及实现

本节所提出的 CMOQPSO 算法与 Cultural MOQPSO 框架基本相同。CMOQPSO 由种

群空间和信念空间两部分组成。其中信念空间包括形势知识、空间知识和历史知识。图 8－1 给出了 CMOQPSO 的基本框架，其中 M 为目标函数的个数。在 CMOQPSO 中，每个粒子在单次迭代中都会被观测 $M+1$ 次。粒子新的位置通过从这观测得到的 $M+1$ 个个体中选择得到。从图 8－1 中可以看出，粒子的观测过程是由信念空间中的知识来指导的。更详细来说，每个粒子一次迭代中的 $M+1$ 次观测所需的个体和全局最优位置是根据信念空间中的知识来获取的。除此之外，算法通过一种基于历史知识的自适应变异算子来保持种群的多样性。

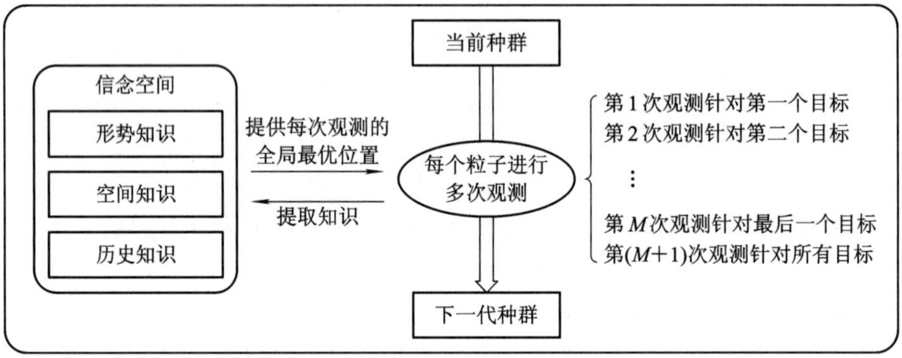

图 8－1　CMOQPSO 算法框架

图 8－2 为 CMOQPSO 的算法流程图。其中 N 为种群大小，D 和 M 分别为决策空间的维数和目标空间的维数。

1. 构建种群空间和信念空间

(1) 粒子种群(POP)：粒子种群在决策空间范围内通过均匀分布随机产生 N 个 D 维个体获得。

(2) 外部种群(REP)：外部种群初始化为 POP 中的非支配集。

(3) 信念空间：在 CMOQPSO 中，信念空间由形势知识、空间知识和历史知识构成。

形势知识结构如图 8－3(a)所示。形势知识包含 M 个部分。第 i 个部分 $\text{PART}_i=\{\text{best}_{i;\,1},\ \text{best}_{i;\,2},\ \cdots,\ \text{best}_{i;\,s}\}$。其中，$\text{best}_{i;\,j}$ $(j=1,\ 2,\ \cdots,\ s)$是当前粒子在搜索历史中针对第 i 个目标的第 j 个最优解。形势知识将会被用来产生对每个粒子进行前 M 次观测所需的个体最优位置。

空间知识通过将算法在当前目标空间中所获得的最优区域划分为多个子单元而获得。CMOQPSO 算法中空间知识的构建过程与 Cultural MOQPSO 中地域知识的构建过程相同，详见(4)个体最优位置和全局最优位置小节。空间知识用来产生每个粒子在第 $M+1$ 次观测时需要的全局最优位置。

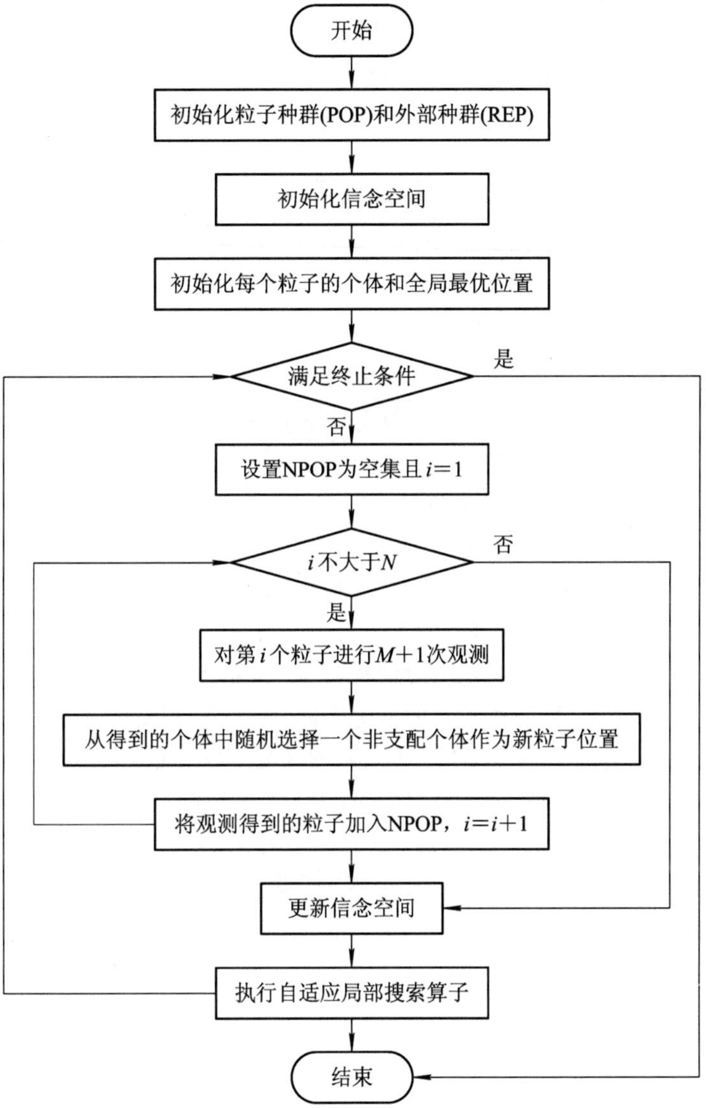

图 8-2　CMOQPSO 算法流程图

历史知识的结构如图 8-3(b)所示，其中，H_i(i=1，2，…，M)为针对第 i 个目标函数，算法当前获得的最优解固定不变所需要的代数。也就是说，如果对于第 i 个目标函数，算法搜索到的最优解已经 n 次迭代都没有发生变化，那么 $H_i=n$。在本章中，历史知识中的每一个元素都初始化为 0，NPOP 表示新的粒子种群。历史知识将会被用来指导算法中自

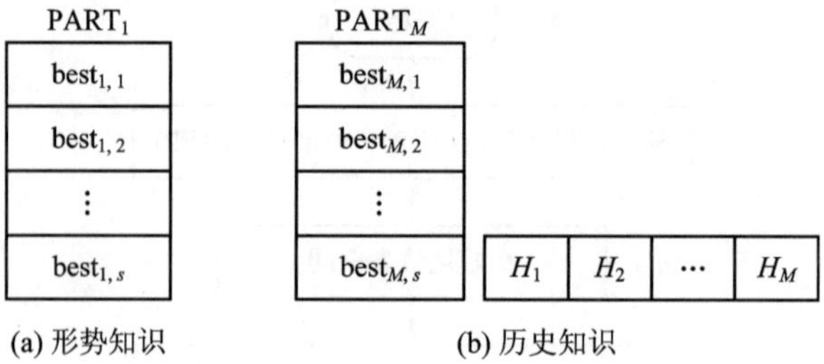

图 8-3　CMOQPSO 中的形势知识和历史知识

适应变异算子的实现。

(4) 个体最优位置和全局最优位置：设定 pbest_i^k 和 gbest_i^k 分别为粒子 x_i 第 k 次观测时所需的个体最优位置和全局最优位置。如式(8-8)所示，粒子 x_i 的 $M+1$ 次观测中所需的个体最优位置都初始化为当前的粒子位置 x_i：

$$\text{pbest}_i^k = x_i,\ k = 1,\ 2,\ \cdots,\ M+1 \tag{8-8}$$

粒子前 M 次观测所需的全局最优位置与第 $M+1$ 次观测时的全局最优位置的初始化方式是不同的。根据式(8-9)，对于第 $k(1\leqslant k\leqslant M)$ 次观测，整个种群中所有粒子的全局最优位置都设置为相同的值。其中，$\text{best}_{k,1}$ 为情境知识(包括形势知识和历史知识)中的元素，表示对于第 k 个目标函数，种群搜索到的最优个体。所以，可以用 gbest^k 来表示整个种群在第 $k(1\leqslant k\leqslant M)$ 次观测时所需的全局最优位置。对于粒子 x_i，第 $M+1$ 次观测的全局最优位置可以从 REP 中随机选择得到。所以，对于第 $M+1$ 次观测，种群中不同的粒子可能有不同的全局最优位置：

$$\text{gbest}_i^k = \text{best}_k,\quad i = 1,\ 2,\ \cdots,\ N \tag{8-9}$$

2. 更新种群空间和信念空间

1) 粒子种群 POP

为了便于描述，以粒子 x_i 为例，说明 CMOQPSO 中粒子的更新过程。如图 8-4 所示，对 x_i 根据式(8-10)进行 $M+1$ 次观测，其中 β 为学习因子，β 取值通常设置为随着算法运行而递减[25]。μ 和 φ 为区间[0, 1]内均匀分布的随机数。在对 x_i 进行多次观测之后，会得到包含 $M+1$ 个观测个体的种群 $\text{SPOP}_i=\{x_i^k \mid k=1,\ 2,\ \cdots,\ M+1\}$。粒子 x_i 的下一个位置通过从 SPOP_i 中随机选择一个非支配解获得。

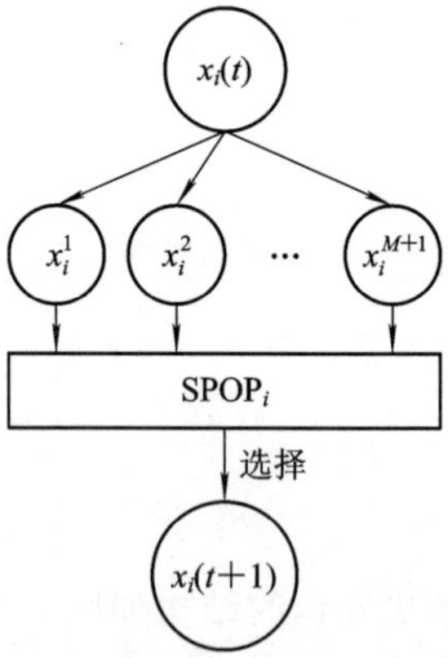

图 8-4　粒子 x_i 的更新过程

$$x_{i,j}(t+1) = \text{attractor}_{i,j} \pm (\beta \cdot |\text{mbest}_{i,j}(t) - x_{i,j}(t)|) \cdot \ln\left(\frac{1}{\mu}\right)$$

$$\text{attractor}_{i,j}(t) = \varphi \cdot \text{pbest}_{i,j}(t) + (1-\varphi) \cdot \text{gbest}_{i,j}(t)$$

$$\text{mbest}(t) = \frac{1}{N}\sum_{i=1}^{N} \text{pbest}_i(t) \tag{8-10}$$

2）外部种群 REP

REP 由算法当前搜索得到的非支配解构成。如图 8-2 所示，NPOP 中包含了种群中所有粒子多次观测之后获得的个体。REP 更新为当前 REP 和 NPOP 中的非支配解集。如果 REP 的大小超出了设定的阈值，则可以通过拥挤度排序[26]来削减 REP 中的个体。

3）信念空间

根据上一小节中的描述，形势知识可以划分为 M 个部分。在对第 i 个部分 $\text{PART}_i = \{\text{best}_{i;1}, \text{best}_{i;2}, \cdots, \text{best}_{i;s}\}$ 进行更新之前，首先根据式(8-11)对其进行变异操作[27]。其中，$\text{best}_{i;j}$ 为种群搜索过程中对于第 i 个目标函数的第 j 个最优个体（参见图 8-3(a)）。$\text{best}_{i;j}(k)$ 为 $\text{best}_{i;j}$ 的第 k 维元素。$F_{i;j}$ 为 $\text{best}_{i;j}$ 对应的适应度值。$F_{i;j}(k)$ 为 $F_{i;j}$ 中的第 k 维元素。因为将问题设定为最小化优化问题，所以 $\text{Min}F_i$ 为 PART_i 中的最优适应度值。$R(0, 1)$ 为[0, 1]区间内均匀分布的随机数。

$P^{\max}(k)$ 和 $P^{\min}(k)$ 分别为决策空间在第 k 维上的边界值。ζ 为自适应分布的参数，其设置见文献[27]。在变异完成之后，从当前种群 POP、变异之后的个体和原来的 PART_i 中选择对于第 i 个目标函数最优的 s 个个体作为新的 PART_i。其中 s 为设定的 PART_i 的大小：

$$\text{best}_{i;j}(k) = \text{best}_{i;j}(k) + \zeta \cdot (F_{i;j}(k)/\text{Min}F_i(k)) \cdot R(0,1) \cdot (P^{\max}(k) - P^{\min}(k)) \tag{8-11}$$

空间知识的更新主要依赖于外部种群 REP。当 REP 发生变化时，目标空间中的最优区域也会相应地发生变化。对于空间知识，也会通过对新的最优区域进行划分来进行更新操作。

由图 8-4 可以看出，SPOP_i 可以通过对粒子 x_i 的多次观测获得。对种群中的所有粒子进行多次观测之后获得的个体可以组成一个新的种群 NPOP。如果对于第 k 个目标函数，NPOP 中的最优个体适应度优于 gbest^k，那么历史知识中 $H_k = 0$。否则，$H_k = H_k + 1$。

4）个体最优位置和全局最优位置

对于粒子 x_i，$\{\text{pbest}_i^k | k = 1, 2, \cdots, M\}$ 与 pbest_i^{M+1} 的更新方式是不同的。假如 sp_j 是 SPOP_i 中对于第 k 个目标函数适应度值最好的个体。如果对于第 k 个目标函数，sp_j 适应度值优于 pbest_i^k，那么 $\text{pbest}_i^k = sp_j$。否则，pbest_i^k 保持不变。对于 pbest_i^{M+1}，如果 SPOP_i 中存在一个非支配解，其可以支配 pbest_i^{M+1}，则用该非支配解来替换 pbest_i^{M+1}。否则 pbest_i^{M+1} 保持不变。

与个体最优位置相似，粒子 $\{\text{gbest}_i^k | k = 1, 2, \cdots, M\}$ 与 gbest_i^{M+1} 的更新方式也是不同

的。$\{gbest_i^k | k=1, 2, \cdots, M\}$的更新方式根据式(8-9)实现。而 $gbest_i^{M+1}$ 则通过文献[26]中的策略来更新。在该策略中，算法根据轮盘赌选择方法和空间知识从 REP 中选择个体来作为新的 $gbest_i^{M+1}$。

3. 自适应变异算子

为了提高算法跳出局部最优的能力，本部分提出了一种新的自适应变异算子，用其来更新粒子的全局最优位置。自适应变异算子由信念空间中的历史知识控制。对于第 k 个目标函数，$gbest_i^k$ 为种群中所有粒子的全局最优位置，$\{pbest_i^k | i=1, 2, \cdots, N\}$为种群中 N 个个体的个体最优位置。首先可以根据$\{pbest_i^k | i=1, 2, \cdots, N\}$确定决策空间中的一个局部区域。该局部区域的边界值可以根据式(8-12)来获得。其中，L 和 U 分别为局部区域的上、下边界值：

$$L = 0.5 \cdot \min\{pbest_i^k \mid i=1, 2, \cdots, N\} + 0.5 \cdot gbest^k \tag{8-12}$$

$$U = 0.5 \cdot \max\{pbest_i^k \mid i=1, 2, \cdots, N\} + 0.5 \cdot gbest^k$$

在获得局部区域之后，将局部区域的每一维均匀划分为 d 份，并且在每一份的范围内获得一个均匀分布的随机数。所以，局部区域的每一维都对应 d 个随机数。d 的取值由历史知识根据式(8-13)获得。自适应变异算子的具体操作流程详见算法 8.1。

算法 8.1 自适应变异算子

步骤 1：设置 $k=1$；

步骤 2：While $k \leqslant M$, Do；

步骤 3：确定局部区域的上、下边界值(也就是 L 和 U)；

步骤 4：设置 $j=1$；

步骤 5：While $j \leqslant D$, Do；

(1) 随机选择一维 x；

(2) 将 $[L(x); U(x)]$ 平均划分为 d 份，即$\{[L(x_1); U(x_1)]; [L(x_2); U(x_2)]; \cdots; [L(x_d); U(x_d)]\}$；

(3) 对于每一份，在其范围内获得一个均匀分布的随机数，然后用该随机数替换 $gbest^k(x)$ 得到一个新的个体。所以，可以获得 d 个新个体；

(4) 选择 d 个个体中针对第 k 个目标函数的最优个体作为 $gbest^k$；

(5) $j=j+1$；

End While

步骤 6：$k=k+1$。

End While

$$d = \begin{cases} 5, & H_k \leqslant 10 \\ 10, & H_k > 10 \end{cases}, \quad k = 1, 2, \cdots, M \tag{8-13}$$

8.1.4 基于CMOQPSO的环境/经济调度优化

上述CMOQPSO算法并不能直接应用于解决EED问题。因为EED问题是一个带有约束的多目标优化问题，CMOQPSO算法只有与约束处理算子结合才可以对EED问题进行优化。

1. 约束处理算子

约束处理算子用来修复位于可行域之外的个体，并使其向着可行域移动。在本节中，我们分析了两种具有不同约束情况的EED问题。第一种情况是不考虑系统传输损耗的EED问题，第二种情况是考虑传输损耗的EED问题。本章所采用的约束处理算法主要基于Dif设计，而Dif代表了个体不可行的程度[28]。Dif可以通过式(8-14)获得。其中，x_i是需要修复的个体，P_D和P_{Loss}分别为系统需求和传输损耗，D为决策空间的维数。$P^{\max}(k)$和$P^{\min}(k)$分别为决策空间第k维的上、下边界值。约束处理算子的具体操作流程见算法8.2。

$$\text{Dif} = \begin{cases} P_D - \text{sum}(x_i) & \text{情况 1} \\ P_D + P_{\text{Loss}} - \text{sum}(x_i) & \text{情况 2} \end{cases} \tag{8-14}$$

算法8.2 约束处理算子

步骤1：在[1；D]中随机选择一个整数k；

步骤2：While x_i不可行，Do；

步骤3：根据式(4-14)计算Dif值；

步骤4：$x_i(k)=x_i(k)+\text{Dif}$；

步骤5：$x_i(k)=\min[x_i(k), P^{\max}(k)]$ 并且 $x_i(k) = \max[x_i(k), P^{\min}(k)]$；

步骤6：$k=\text{mod}(k; D) + 1$；

步骤7：End While

---

2. CMOQPSO优化EED问题算法流程

图8-5为CMOQPSO在优化EED时的算法流程图。可以看出，图8-5和图8-2的主要差别在于图8-5中具有约束处理算子。在处理EED问题时，算法在种群初始化和更新时都需要采用约束处理算子对位于可行域之外的个体进行修复。

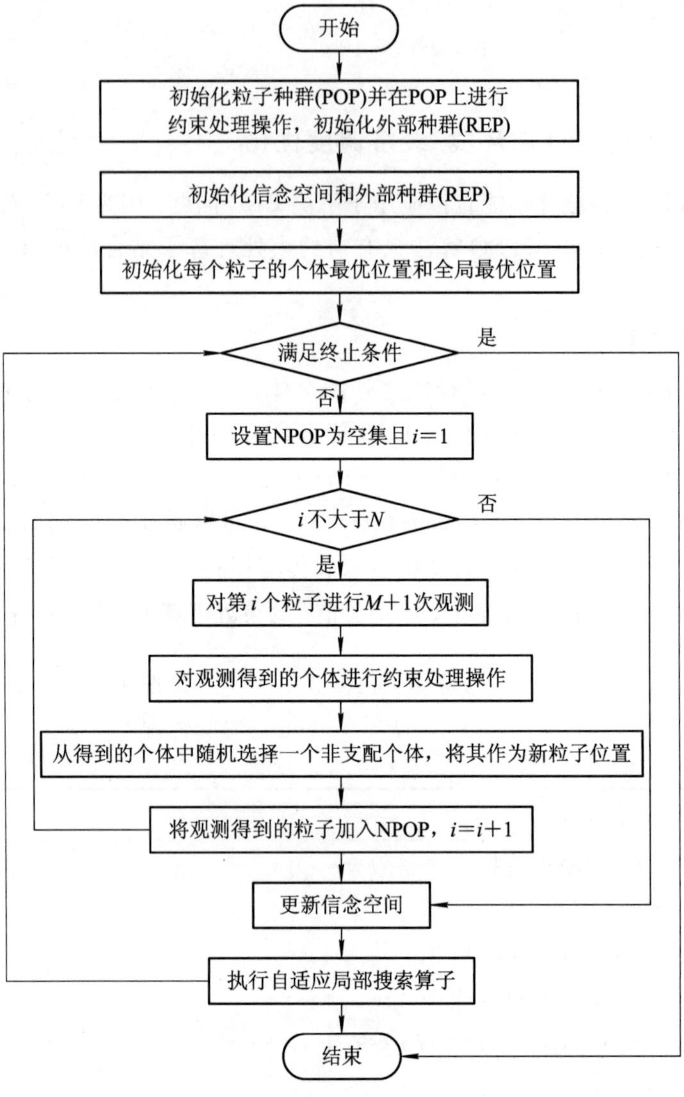

图 8-5　CMOQPSO 优化 EED 问题的算法流程

8.1.5　实验结果及分析

为了测试 CMOQPSO 算法在优化 EED 问题时的性能，我们选择了两种 EED 系统。这两种 EED 系统分别具有 6 个和 40 个发电机组。在本节中，我们将 CMOQPSO 算法分别与 8 种算法进行比较。这 8 种算法包括 MOQPSO[29]、MOPSO[30]、MAθ-PSO[31]、MO-DE/PSO[28]、SMODE[32]、BSA-NDA[33]、SPEA[15] 和 NSGA-Ⅱ[34]。在所有算法中，种群大小

$N=50$，外部种群大小 $N_{REP}=100$。表 8-1 给出了算法的具体参数设置。为了公平地将 CMOQPSO 与其他算法进行比较，CMOQPSO 中的参数 β 与 MOQPSO 中的 β 设置相同。算法 CMOQPSO 里将空间知识划分为子单元的个数（设置与 MOPSO 相同）。在 CMOQPSO 中，参数 s 用来控制情境知识的规模，对参数 s 的分析见本节的第 2 小节(算法在 6 发电机组 EED 系统上的性能评估)。所有算法的统计结果都通过 30 次独立运行获得。其中，subcells 表示子细胞个数，N_{REP}表示外部种群大小，c1 表示个体学习因子，c2 表示群体学习因子。

表 8-1　算法中的参数设置

算法	N	N_{REP}	其他参数	参考文献
CMOQPSO	50	100	β：1.2～0.5，s=10，30subcells	
MOQPSO	50	100	β:1.2～0.5,k=4	[29]
MOPSO	50	100	w=0.4，30 subcells	[30]
MAθ-PSO	50	100	c1，max=c2，max=2；c1，min=c2，min=0，radius=0.02	[31]
MO-DE/PSO	50	100	c1f=c2f=2.5；c1i=c2i=0.5	[28]
SMODE	50	100	F=0.5；CR=0.1	[32]
BSA-NDA	50	100	混合率=1	[33]
SPEA	50	100	交叉概率=0.9，变异概率=0.2	[15]
NSGA-Ⅱ	50	100	交叉概率=0.9，变异概率=0.2	[34]

1. 量化评价指标

1）分布指标(SP)

SP[35]用来评价算法所获得的非支配解的分布情况。SP 可以通过式(8-15)计算获得。其中，n 和 M 分别是非支配解和目标函数的个数。$f_i(k)$为 x_i适应度值的第 k 维元素。如果 SP=0，就意味着非支配解集中的个体是均匀分布的。

$$\mathrm{SP}=\sqrt{\frac{1}{n-1}\sum_{i=1}^{n}(\bar{d}-d_i)^2}$$

$$d_i=\min_{1\leqslant j\leqslant n}\left(\sum_{k=1}^{M}\left|f_i(k)-f_j(k)\right|\right) \tag{8-15}$$

2）二元质量指标(I_C)

根据式(8-16)，$I_C(A, B)$用来比较两个非支配解集的优劣。

$$I_C(A,B)=\frac{b\in B;\ \exists a\in A:a\succeq b}{|B|} \tag{8-16}$$

2. 算法在6发电机组的EED系统上的性能评估

在本节中，IEEE6发电机组的EED系统被用来对算法性能进行评估。在该系统中，$P_D=2.834$。表8-2给出了计算燃料耗费和有害气体排放量时所需的参数[28]。用来计算系统传输损耗的参数(B、B_0和B_{00})可以从式(8-17)获得。为了获得公平的比较结果，每个算法的最大函数评价次数设置为30 000。

$$B=\begin{pmatrix} 0.1382 & -0.0299 & 0.0044 & -0.0022 & -0.0010 & -0.0008 \\ -0.0299 & 0.0487 & -0.0025 & 0.0004 & 0.0016 & 0.0041 \\ 0.0044 & -0.0025 & 0.0182 & -0.0070 & -0.0066 & -0.0066 \\ -0.0022 & 0.0004 & -0.0070 & 0.0137 & 0.0050 & 0.0033 \\ -0.0010 & 0.0016 & -0.0066 & 0.0050 & 0.0109 & 0.0005 \\ -0.0008 & 0.0041 & -0.0066 & 0.0033 & 0.0005 & 0.0244 \end{pmatrix}$$

$$B_0=(-0.0107 \quad 0.0060 \quad -0.0017 \quad 0.0009 \quad 0.0002 \quad 0.0030)$$

$$B_{00}=9.8573\mathrm{e}-04 \tag{8-17}$$

表8-2 燃料耗费和有害气体排放参数

发电机组	燃料耗费参数			有害气体排放参数						
	a	b	c	α	β	γ	ε	λ	$P^{\min}$	$P^{\max}$
P1	10	200	100	4.091	−5.554	6.490	2e−04	2.857	0.05	0.5
P2	10	150	120	2.543	−6.047	5.638	5e−04	3.333	0.05	0.6
P3	20	180	40	4.258	−5.094	4.586	1e−06	8.000	0.05	1.0
P4	10	100	60	5.326	−3.550	3.380	2e−03	2.000	0.05	1.2
P5	20	180	40	4.258	−5.094	4.586	1e−06	8.000	0.05	1.0
P6	10	150	100	6.131	−5.555	5.151	1e−05	6.667	0.05	0.6

对于上述EED系统，我们考虑两种不同的情况：

情况1：对于电力平衡约束，不考虑系统的传输损耗。

情况2：对于电力平衡约束，考虑系统的传输损耗。

1）*算法参数s分析*

在CMOQPSO中，s控制形势知识的大小。为了研究s对于算法性能的影响，我们以情况1为例进行测试。根据前面的描述，在对形势知识进行更新时，首先会对其中的元素进行变异。如果s取值过大，那么算法会耗费大量时间来构建新的个体，这样可能会造成算法性能的降低。如果s取值过小，那么算法在陷入局部最优时，可能没有足够的能力跳出。图8-6(a)和图8-6(b)给出了s变化时算法获得的燃料耗费和有害气体排放的情况。可以看出在$s=6$时，算法在两个优化函数上都获得了较好的表现。所以在本节中，参数s设定为6。

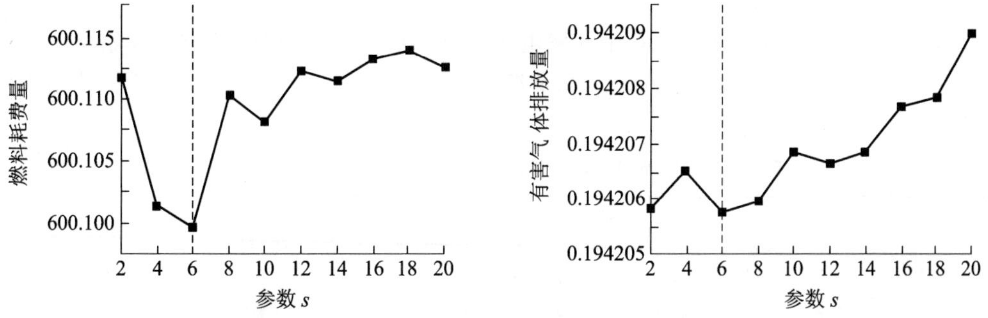

(a) 燃料耗费　　(b) 有害气体排放

图 8-6　参数 s 变化时的燃料耗费量和有害气体排放量

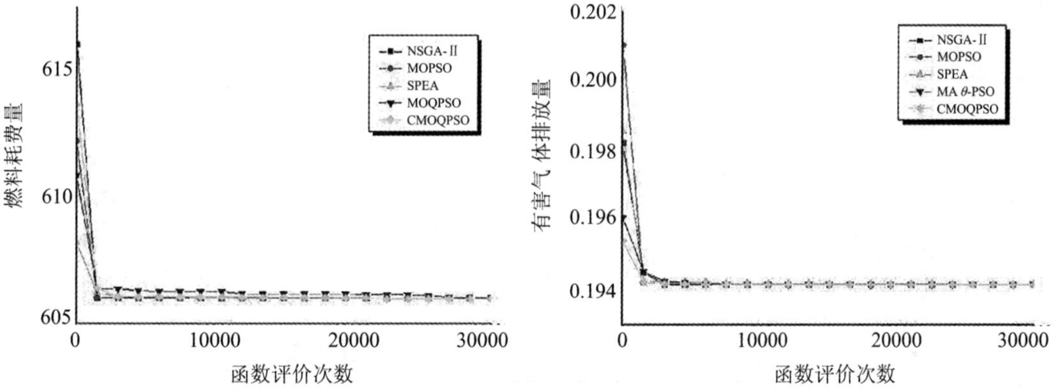

(a) 情况 1

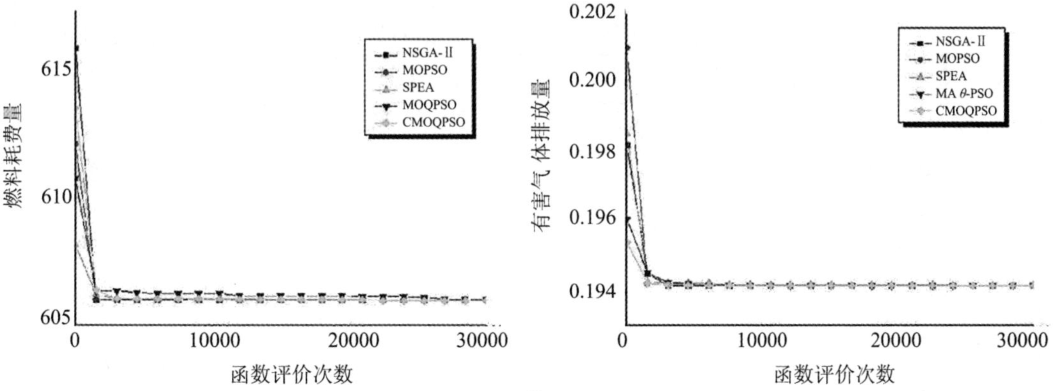

(b) 情况 2

图 8-7　算法针对情况 1 和情况 2 的收敛情况

2）算法对比结果及其分析

表 8－5 给出了 CMOQPSO 对于 6 发电机组 EED 系统所获得的最佳分配结果。表 8－6 和表 8－7 分别给出了算法对于情况 1 和情况 2 的统计结果。所有算法获得的统计结果包括最优结果、平均结果和标准差。

表 8－5　CMOQPSO 对 6 发电机组 EED 系统的最佳分配结果

发电机组	情况 1		情况 2	
	燃料耗费调度最佳结果	有害气体排放调度最佳结果	燃料费调度最佳结果	有害气体排放调度最佳结果
P1	0.1102	0.4061	0.1196	0.4109
P2	0.2990	0.4590	0.2874	0.4637
P3	0.5267	0.5381	0.5830	0.5443
P4	1.0152	0.3830	0.9903	0.3903
P5	0.5237	0.5377	0.5266	0.5445
P6	0.3592	0.5101	0.3526	0.5157
燃料耗费量/J	600.089 730	638.289 451	605.977 326	646.237 913
有害气体排放量/(g/h)	0.194 178	0.194 203	0.220 580	0.194 178

表 8－6　所有算法针对情况 1 的统计结果

算　法	燃料耗费量			有害气体排放量		
	最优结果	平均结果	标准差	最优结果	平均结果	标准差
CMOQPSO	600.0897	600.0958	3.94e−03	0.194203	0.194203	1.37e−06
MOQPSO	600.1171	600.1464	1.80e−02	0.194250	1.194338	5.09e−05
MOPSO	600.1119	600.1160	5.95e−03	0.194203	0.194217	1.12e−05
MAθ-PSO	600.1047	600.1146	2.69e−03	0.194203	0.194237	2.01e−05
MO-DE/PSO	600.1238	600.2018	9.60e−02	0.194205	0.194220	1.32e−05
SMODE	600.1235	600.1712	3.58e−02	0.194273	0.194722	2.49e−04
BSA-NDA	600.3846	601.1612	6.18e−01	0.194252	0.194697	3.20e−04
SPEA	600.1116	600.1147	1.30e−03	0.194203	0.194203	3.98e−06
NSGA-Ⅱ	600.0996	600.1140	3.64e−03	0.194203	0.194203	3.38e−06

表 8-7　所有算法针对情况 2 的统计结果

算　法	燃料耗费量			有害气体排放量		
	最优结果	平均结果	标准差	最优结果	平均结果	标准差
CMOQPSO	605.9773	605.9848	6.30e−03	0.194178	0.194179	8.33e−08
MOQPSO	606.0070	606.0476	2.41e−02	0.194223	0.194230	6.98e−05
MOPSO	605.9986	606.0031	5.35e−03	0.194179	0.194188	9.43e−06
MAθ-PSO	605.9983	606.1599	3.42e−02	0.194179	0.194179	4.68e−08
MO-DE/PSO	606.0129	606.1049	7.96e−02	0.194181	0.194194	1.26e−05
SMODE	606.0091	606.0641	3.35e−02	0.194221	0.194622	2.18e−04
BSA-NDA	606.3409	607.1607	6.48e−01	0.194285	0.194743	4.78e−04
SPEA	606.0041	606.0166	5.66e−03	0.194179	0.194179	5.67e−08
NSGA-Ⅱ	605.9808	605.9940	8.20e−03	0.194179	0.194181	1.59e−06

从表 8-6 和表 8-7 中可以看出，对于燃料耗费和有害气体排放两个待优化目标，CMOQPSO 得到的分配结果要优于其他的算法。另外，对于情况 1 和情况 2，CMOQPSO 都获得了最佳的平均分配结果。这从某种程度上验证了 CMOQPSO 算法在解决 EED 问题时的有效性。具体来讲，算法中采用的多次观测策略使得 CMOQPSO 具有更强的全局搜索能力。自适应变异算子使算法更容易跳出局部最优。在情况 1 和情况 2 中，使用 CMOQPSO 所获得的标准差小于使用大部分对比算法所获得的标准差，这就说明了 CMOQPSO 要更稳定一些。

表 8-8 中给出了算法在 30 次独立运行后获得的平均 SP 值。图 8-8 和图 8-9 分别给出了算法针对情况 1 和情况 2 所获得的 Pareto 前沿面。从表格 8-8 可以看出，对于情况 1，CMOQPSO 获得的 SP 值优于除了 MOQPSO 以外的所有算法。也就是说，对于情况 1，与除了 MOQPSO 之外的其他所有对比算法相比，CMOQPSO 获得的 Pareto 最优解分布更加均匀。对于情况 2，CMOQPSO 获得了最优 SP 值。换句话说，对于情况 2，CMOQPSO 获得了分布最均匀的 Pareto 最优解集。

表 8-8 算法对 6 发电机组 EED 系统的 SP 指标比较

算 法	平均 SP	
	情况 1	情况 2
CMOQPSO	0.0164	0.0117
MOQPSO	0.1805	0.0818
MOPSO	0.0108	0.0162
MAθ-PSO	0.0236	0.0179
MO-DE/PSO	0.0253	0.0722
SMODE	0.0556	0.1703
BSA-NDA	0.2749	0.4858
SPEA	0.0252	0.0134
NSGA-Ⅱ	0.0298	0.0221

表 8-9 将 CMOQPSO 与其他算法的 I_C 指标进行了比较。从表 8-9 中的数据可以看出，对于情况 1 和情况 2，CMOQPSO 表现都要优于其他的对比算法。

表 8-9 算法对 6 发电机组 EED 系统的 I_C 指标比较

算法 B	情况 1 A:CMOQPSO		情况 2 A:CMOQPSO	
	$I_C(A;\ B)$	$I_C(B;\ A)$	$I_C(A;\ B)$	$I_C(B;\ A)$
MOQPSO	0.31	0.12	0.28	0.09
MOPSO	0.21	0.10	0.23	0.14
MAθ-PSO	0.15	0.17	0.25	0.11
MO-DE/PSO	0.27	0.13	0.48	0.02
SMODE	0.27	0.09	0.29	0.06
BSA-NDA	0.39	0.02	0.42	0.02
SPEA	0.22	0.12	0.16	0.13
NSGA-Ⅱ	0.52	0.05	0.63	0.05

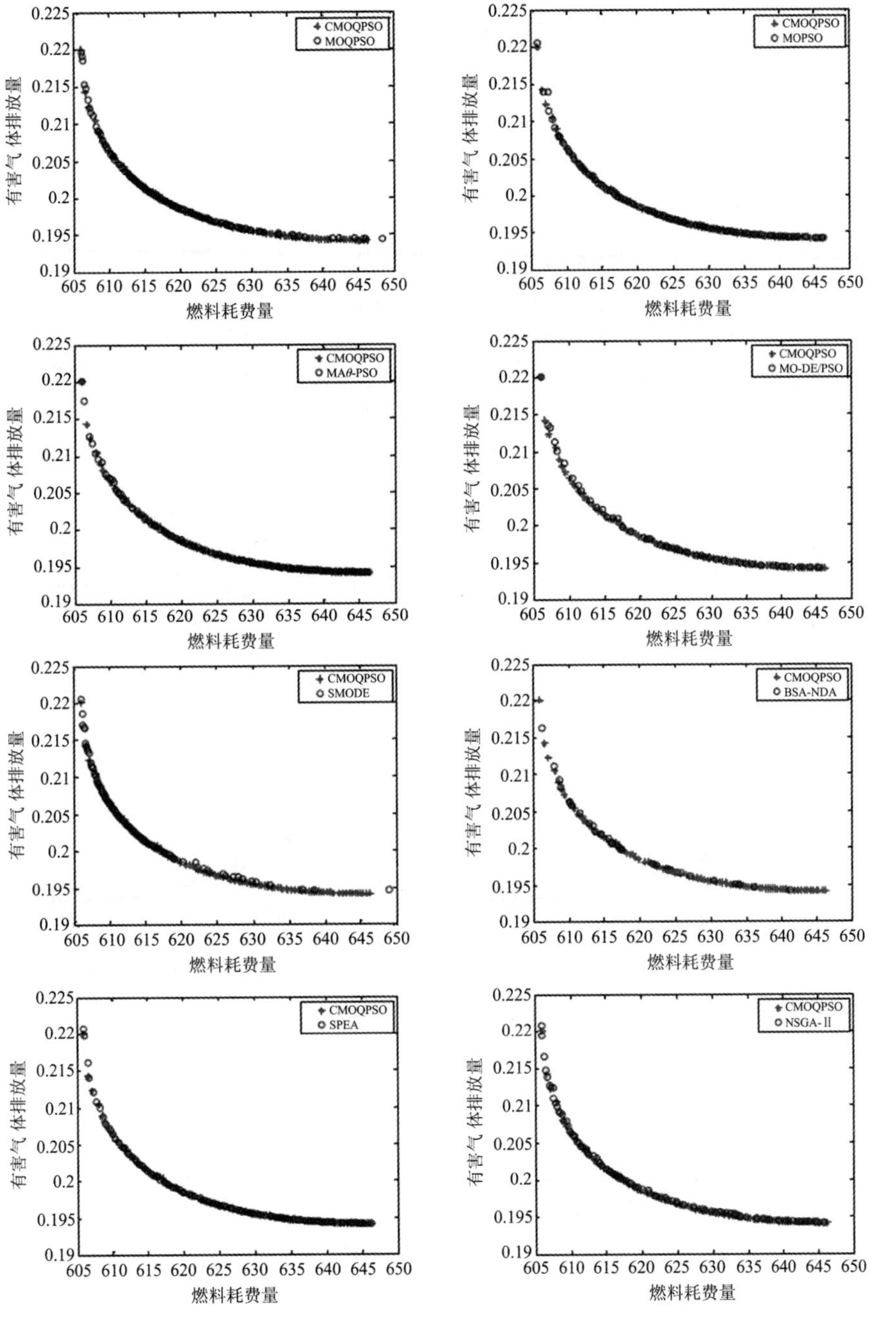

图 8-8　算法针对情况 1 的 Pareto 前沿面

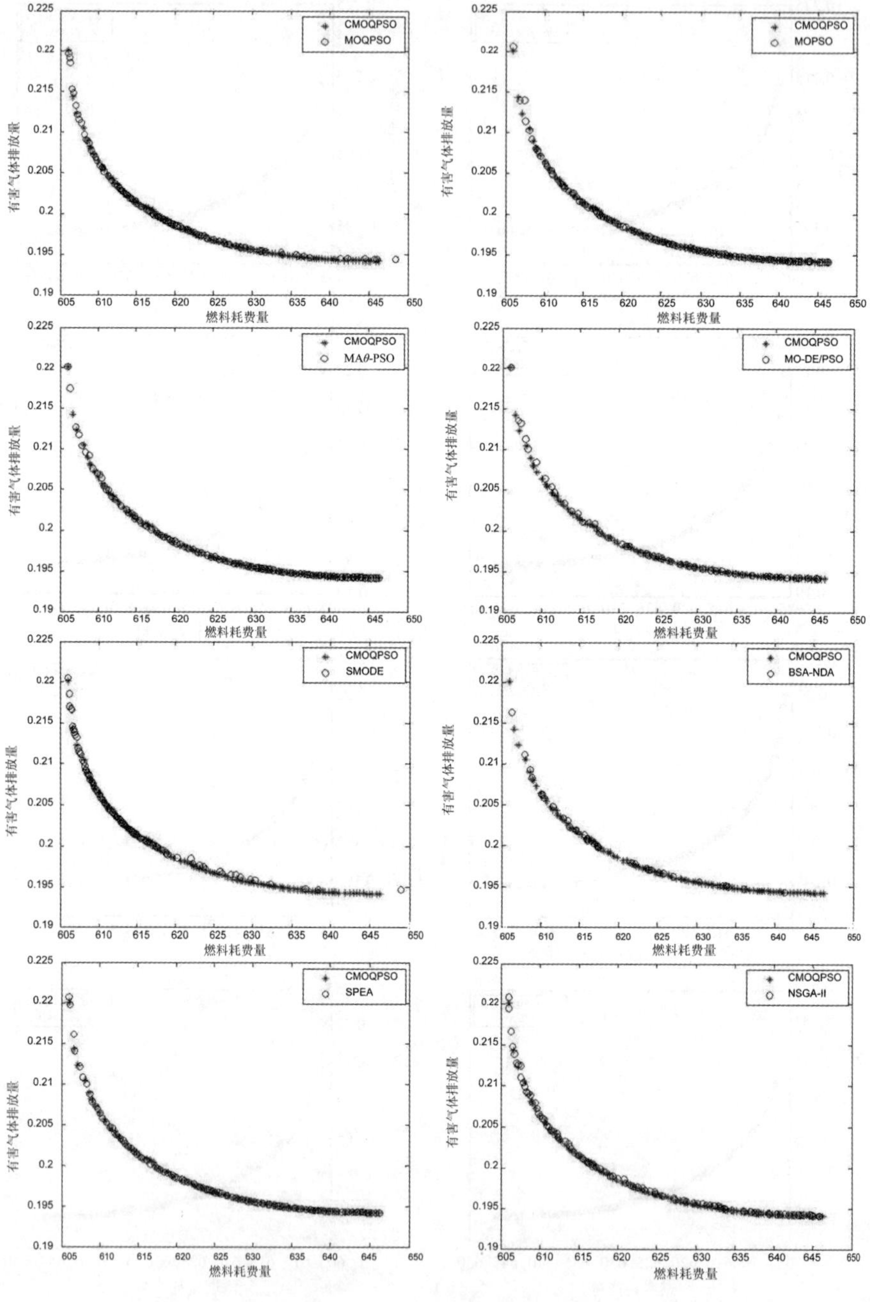

图 8-9　算法针对情况 2 的 Pareto 前沿面

为了比较算法的计算效率和收敛速度，图 8－7(a)和图 8－7(b)分别给出了算法在情况 1 和情况 2 的收敛情况。为了避免图片内容太过复杂，我们在图片中选择收敛最快的前 5 种算法进行显示。对于情况 1，针对燃料耗费函数，收敛最快的前 5 种算法分别为 MOPSO、MAθ-PSO、SPEA、NSGA-Ⅱ和 CMOQPSO。针对有害气体排放函数，收敛最快的前 5 种算法分别为 MOPSO、MODE/PSO、SPEA、NSGA-Ⅱ和 CMOQPSO。对于情况 2，针对燃料耗费函数，收敛最快的前 5 种算法分别为 NSGA-Ⅱ、MOPSO、SPEA、MOQPSO 和 CMOQPSO。针对有害气体排放函数，收敛最快的前 5 种算法分别为 NSGA-Ⅱ、MOPSO、SPEA、MAθ-PSO 和 CMOQPSO。从图 8－7(a)和图 8－7(b)中可以看出，对于情况 1 和情况 2，所有算法具有非常相近的收敛速度，并且所有算法在 10 000 次函数评价之前都已经收敛。

总结来说，根据表 8－6 和表 8－7 中的统计数据，CMOQPSO 具有最佳的平均分配结果。根据图 8－7(a)和图 8－7(b)，CMOQPSO 的收敛速度与其他对比算法不相上下。这说明，CMOQPSO 在不降低算法运行速度的情况下，有效提高了算法的性能。

3. 算法在 40 发电机组的 EED 系统上的性能评估

本节采用了具有 40 发电机组的 EED 系统对算法进行测试。在此，不考虑系统的传输损耗。所有算法的函数最大评价次数设置为 50 000，并且根据 30 次独立运行获得统计结果。系统的燃料耗费和有害气体排放参数可以分别从文献[36]和文献[31]中得到。系统总需求 $P_D = 10500$。

表 8－10 给出了 CMOQPSO 获得的最佳分配结果。表 8－11 为所有算法对于 40 发电机组 EED 系统获得的统计结果。从表 8－11 中可以看出，对于燃料耗费函数，CMOQPSO 获得的最优结果要差于算法 SMODE。然而，从平均结果的角度看，CMOQPSO 在所有算法中表现最优。对于有害气体排放函数，CMOQPSO 获得的最优解比算法 MAθ-PSO 要稍差一些。但是，CMOQPSO 获得了最佳的平均分配结果。从表 8－11 可以看出，CMOQPSO 所获得的标准差是最好的，也就是说，CMOQPSO 与其他算法相比更稳定。

表 8－10　CMOQPSO 对 40 发电机组 EED 系统的最佳分配结果

燃料耗费调度最佳结果				有害气体排放调度最佳结果			
P1	110.81807	P21	523.3834	P1	114	P21	439.2392
P2	110.8833	P22	523.3563	P2	114	P22	439.9311
P3	97.4262	P23	523.2405	P3	120	P23	439.7645
P4	179.7351	P24	523.2291	P4	169.3432	P24	439.6137
P5	87.8221	P25	523.2408	P5	97	P25	440.1445
P6	140	P26	523.3673	P6	124.2831	P26	439.7974

续表

燃料耗费调度最佳结果				有害气体排放调度最佳结果			
P7	259.7139	P27	10	P7	299.8898	P27	29.0320
P8	284.7269	P28	10	P8	298.0002	P28	28.9942
P9	284.6685	P29	10	P9	297.2787	P29	29.0036
P10	103.0302	P30	87.7669	P10	130	P30	96.9911
P11	94	P31	190	P11	298.3530	P31	172.2618
P12	94	P32	189.9615	P12	298.2319	P32	172.2989
P13	394.3993	P33	189.9743	P13	433.5377	P33	172.3391
P14	394.3993	P34	164.8643	P14	421.7557	P34	200
P15	394.1226	P35	194.3732	P15	422.9475	P35	200
P16	394.2335	P36	200	P16	422.7335	P36	200
P17	489.2794	P37	109.9812	P17	439.4730	P37	100.8536
P18	489.1483	P38	109.9156	P18	439.2154	P38	100.9161
P19	511.2712	P39	109.8678	P19	439.4642	P39	100.8023
P20	511.2389	P40	511.2555	P20	439.2905	P40	439.2197
燃料耗费量/J			121 428.1853			129 994.0844	
有害气体排放量/(g/h)			359 876.1255			176 683.7367	

表 8-11 所有算法对 40 发电机组 EED 系统的统计结果

算 法	燃料耗费量			有害气体排放量		
	最佳结果	平均结果	标准差	最佳结果	平均结果	标准差
CMOQPSO	121 428.1853	121 487.1949	2.79e+01	176 683.7367	176 690.4569	1.27e+01
MOQPSO	121 989.7294	122 155.6417	1.29e+02	228 104.5694	240 536.2612	7.36e+03
MOPSO	122 490.6091	124 020.4240	8.45e+02	177 586.1960	186 708.1733	4.3e+03
MAθ-PSO	121 443.6804	121 546.8803	8.05e+01	176 682.2634	176 733.4731	2.70e+02
MO-DE/PSO	124 976.1084	125 848.8533	8.00e+02	187 367.8618	197 624.1309	8.70e+03
SMODE	121 103.5240	121 493.8008	2.55e+02	176 699.0174	192 379.2038	1.84e+03
BSA-NDA	126 609.7414	127 376.3203	5.13e+02	203 644.8492	205 858.3131	1.64e+03
SPEA	121 634.2033	121 741.8602	5.38e+01	180910.3312	183 552.0079	1.18e+03
NSGA-Ⅱ	123 574.1345	125 146.1794	1.15e+03	176 687.8707	177 853.6674	4.83e+03

图 8-10 给出了所有算法对于 40 发电机组 EED 系统获得的 Pareto 前沿面，表 8-12 为算法的平均 SP 值。根据表 8-12，算法获得了第二优的结果。也就是说，除了算法

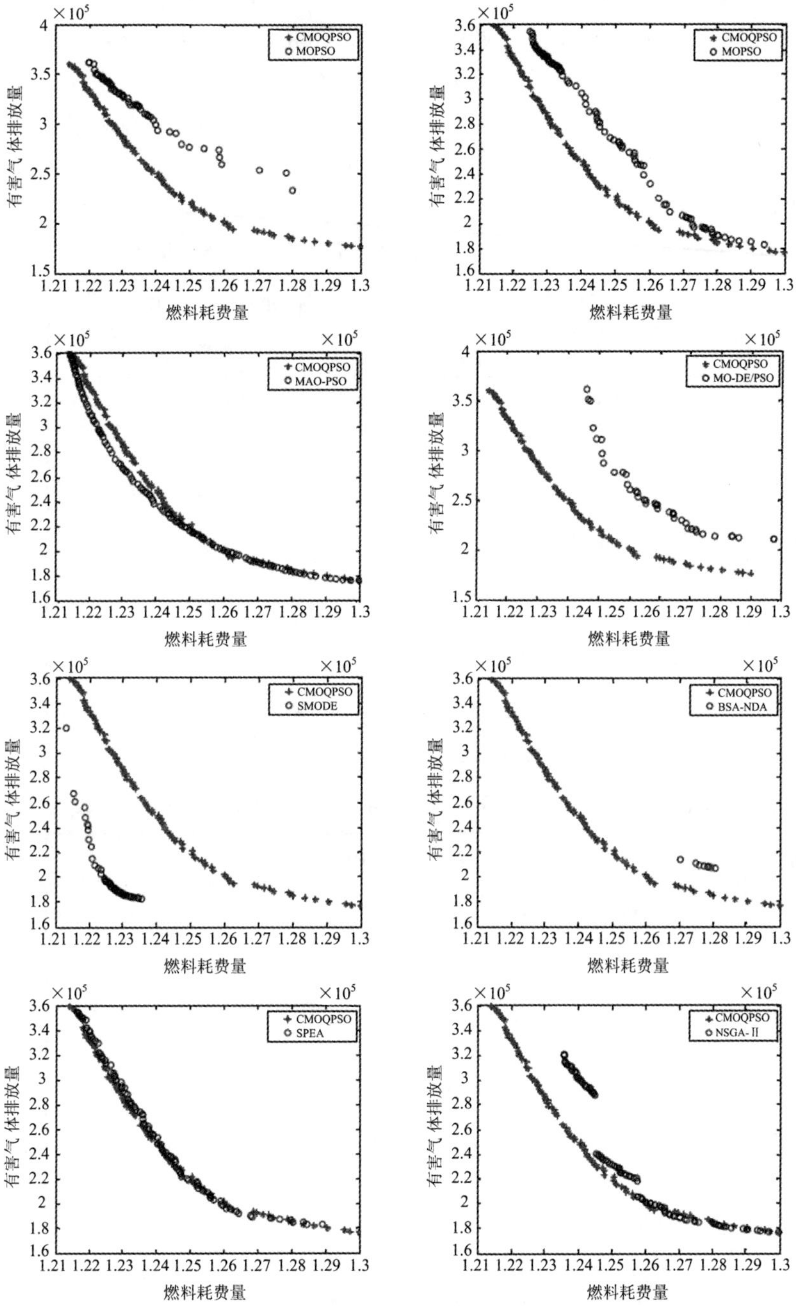

图 8-10　算法对 40 发电机组 EED 系统获得的 Pareto 前沿面

MAθ-PSO，与其他对比算法相比，CMOQPSO 获得的 Pareto 最优解集分布要更加均匀，这一点也可以在图 8－10 中得到验证。表 8－13 为 CMOQPSO(用 A 表示)与其他算法(用 B 表示)对于指标 I_C 两两比较的结果。可以看出，CMOQPSO 获得的非支配解集明显要优于算法 MOQPSO、MOPSO、MO-DE/PSO 和 BSA-NDA 获得的非支配解集。从一个比较宽松的角度来讲，CMOQPSO 表现也要优于 SPEA 和 NSGA-Ⅱ。然而，CMOQPSO 的表现要差于算法 MAθ-PSO 和 SMODE 的。

表 8－12　算法对 40 发电机组 EED 系统的 SP 指标比较

算法	平均 SP(1e+ 07)
CMOQPSO	0.047
MOQPSO	0.69
MOPSO	0.2
MAθ-PSO	0.038
MO-DE/PSO	0.82
SMODE	0.10
BSA-NDA	0.31
SPEA	0.067
NSGA-Ⅱ	0.14

表 8－13　算法对 40 发电机组 EED 系统的 I_C 指标比较

A:CMOQPSO		
B	$I_C(A,B)$	$I_C(B,A)$
MOQPSO	1	0
MOPSO	1	0
MAθ-PSO	0.067	0.88
MO-DE/PSO	1	0
SMODE	0.01	0.89
BSA-NDA	1	0
SPEA	0.67	0.21
NSGA-Ⅱ	0.68	0.13

图 8－11 为算法针对 40 发电机组 EED 系统的收敛情况，图中只给出了收敛速度为前 5 的算法。可以看出，对于燃料耗费函数，收敛速度最快的前 5 种算法分别为 SMODE、MAθ-PSO、SPEA、MOQPSO 和 CMOQPSO。对于有害气体排放函数，收敛速度最快的前 5 种算法分别为 MAθ-PSO、NSGA-Ⅱ、SPEA、MOPSO 和 CMOQPSO。对于燃料耗费函数和有害气体排放函数，CMOQPSO 都没有获得最快的收敛速度。这可能是由于 CMOQPSO 中采用的多次观测策略和自适应变异算子在提高算法搜索能力的同时也相应地降低了算法的收敛速度。

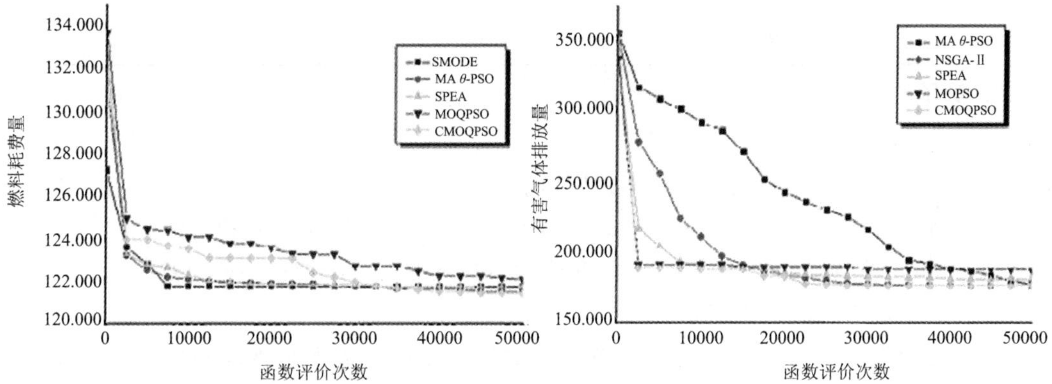

图 8－11　算法对 40 发电机组 EED 系统的收敛情况

8.2　基于量子多目标进化聚类算法的图像分割

8.2.1　量子多目标进化聚类算法

1. 算法流程

量子多目标进化聚类算法(Quantum-behaved Multiobjective Evolutionary Clustering，QMEC)的步骤如下：

算法 8.3　QMEC 算法

步骤 1：输入待分割图像，提取图像的纹理特征；

步骤 2：对待分割图像进行中值滤波简化处理，并用分水岭算法对图像过分割，得到不同的图像块；

步骤 3：产生聚类数据，将图像块中所有的像素特征的均值作为该不规则块的特征，获得代表初始聚类数据的每一块的特征向量；

步骤 4：随机产生初始量子种群 $Q(t)$，完成初始化；
步骤 5：将量子个体 $Q(t)$观测成为二进制个体 $P(t)$；
步骤 6：计算个体适应度值；
步骤 7：非支配排序选择；
步骤 8：用量子旋转门方法进化种群 $Q(t)$；
步骤 9：判断是否满足停止条件，如果满足，则执行步骤 10，否则，执行步骤 5；
步骤 10：分配类别标号；
步骤 11：产生最优个体；
步骤 12：输出分割图像。

2. 算子的设计

1）提取图像的特征

首先，利用小波分解方法获取小波特征向量。

小波分解方法通过对图像进行窗口大小为 16×16 的三层小波变换，得到由子带系数构成的 10 维小波特征向量。然后，利用灰度共生矩阵方法提取纹理特征向量。

灰度共生矩阵方法的步骤如下：

先将待处理图像量化为 16 个灰度级，然后依次令两个像素点连线并使其与横轴的方向夹角分别为 0°、45°、90°和 135°，分别计算 4 个方向上的灰度共生矩阵，再分别选取该 4 个矩阵上的 3 个统计量(对比度、同质性和角二阶)，获得像素的 12 维纹理特征向量。

最后，用小波特征向量和纹理特征向量表示待分割图像的每一个像素点。

每个像素点用 22 维特征向量表示，其中小波特征向量 10 维，纹理特征向量 12 维。

2）中值滤波简化图像

在步骤 2 中，图像简化的目的是去掉小的噪声干扰以及对感知来说不重要的细节，这样可以对图像起到平滑作用。这里选取形态学中最常用的工具之一——形态重建滤波器。与经典的图像简化工具，如低通或中通滤波器相比，形态重建滤波器的优势在于其能够简化图像而不造成图像模糊或改变图像轮廓。

3）分水岭实现图像过分割

在步骤 2 中，实现图像过分割又分为如下几个详细步骤：

(1) 计算形态梯度图像。形态梯度图像反映了图像中灰度的变化情况，在灰度值变化较大的边缘具有较大的梯度值，而在灰度值均匀的区域内部具有较小的梯度值。一幅图像 f 的形态梯度图像定义为膨胀变换减去腐蚀变换：

$$\mathrm{grad}(f) = (f \oplus b) - (f \Theta b) \tag{8-18}$$

其中，$\oplus$表示膨胀运算，Θ 表示腐蚀运算，b 为结构元素。结构元素不能取太大，否则会将灰度变化剧烈的小区域滤掉。

(2) 计算浮点活动图像。所谓“浮点”是指图像的数据类型是浮点型，即浮点活动图像，在图像边缘具有较高的亮度值，因此，浮点活动图像本身就比较粗糙地反映了图像的边缘。浮点活动图像定义为

$$\mathrm{fimg}(f) = \mathrm{grad}(f) * \mathrm{grad}(f)/255.0 \tag{8-19}$$

(3) 将浮点活动图像输入分水岭算法产生过分割结果。

4) 初始种群的生成

设置种群规模 N、最大迭代次数 $G_{\max}$，当前迭代次数 $t=0$，随机产生初始量子个体种群 $Q(t)=\begin{vmatrix} \alpha_1 & \alpha_2 & \cdots & \alpha_m \\ \beta_1 & \beta_2 & \cdots & \beta_m \end{vmatrix}$，$Q(t)$中的 α_i^t，$\beta_i^t(i=1, 2, \cdots, m)$都以等概率 $1/\sqrt{2}$ 进行初始化，α_i 为此量子位为 0 的概率，β_i 为量子位为 1 的概率，且满足 $|\alpha_i|^2+|\beta_i|^2=1$。

5) 观测算子

在步骤 5 中，通过观察 $Q(t)$的状态，产生一组普通解 $P(t)$，其中在第 t 代中 $P(t)=\{x_1^t, x_2^t, \cdots, x_n^t\}$，每个 $x_j^t(j=1, 2, \cdots, n)$是长度为 m 的二进制串$(b_1, b_2, \cdots, b_m)$，m 为聚类数据点个数，它是由量子比特幅度 $|\alpha_i^t|^2$ 或 $|\beta_i^t|^2(i=1, 2, \cdots, m)$得到的。具体过程为，先在 0 到 1 间产生一个随机数，然后判断随机数与量子种群中个体的幅度值 $|\alpha_i^t|^2$ 的大小，如果随机数大于个体的幅度值，则对于二进制种群对应的位置上的值取 1，否则取 0。以上为一次观测过程，重复此过程，直至观测完量子种群的每个个体的每一位，得到观测后的二进制种群 $P(t)$。

6) 计算个体适应度值

在步骤 6 中，计算每个观测后的二进制种群 $P(t)$中的各个体的适应度，本算法使用的目标函数有紧凑性和连通性两个测度，聚类紧凑性公式定义为

$$\mathrm{Dev}(x) = \sum_{x_k \in x} \sum_{i \in x_k} \delta(i, \mu_k) \tag{8-20}$$

其中，$\mathrm{Dev}(x)$为待聚类数据集的类内距离和；x 为待聚类数据集；x_k 为第 k 类待聚类数据集；i 为一个类别中的一个数据点；$\delta(i, \mu_k)$为欧式距离函数；μ_k 为第 k 类待聚类数据集的聚类中心。

聚类连通性公式为

$$\mathrm{Conn}(x) = \sum_{i=1}^{m} \left(\sum_{j=1}^{L} x_{i,j} \right) \tag{8-21}$$

其中，$\mathrm{Conn}(x)$为类间距离和；x 为待聚类数据集；m 为待聚类数据点的个数；i 为一个数据点；L 是最近邻的个数，取 5～15 间的整数；j 为近邻点；$x_{i,j}$为第 i 个数据点与其第 j 个最近邻的关系值，若第 i 个数据点和第 j 个数据点属于同一类，则 $x_{i,j}$取 0，否则取 $1/j$。

7) 非支配排序选择

首先，将当前种群和其前一代的种群组成临时种群。

然后，用非支配排序方法对临时种群中的个体进行排序操作，以获得个体的支配面值和拥挤距离值。

非支配排序方法的具体步骤是：先计算临时种群中的个体的支配关系，找出其中的非支配个体，令这些非支配个体的支配面值为1，并保留1为当前支配面值；再从临时种群中删除已找到的非支配个体，获得剩余临时种群，然后计算剩余临时种群中的个体的支配关系，找出非支配个体，令这些非支配个体的支配面值为当前支配面值加1，并使当前支配面值加1；接下来重复前一步，直到计算出所有个体的支配面值；最后用拥挤距离公式计算每个支配面上的个体的拥挤距离。

拥挤距离公式为

$$I(d,\ D)=\sum_{i=1}^{n}\frac{I_i(d,\ D)}{f_i^{\max}-f_i^{\min}} \tag{8-22}$$

其中，$I(d,\ D)$为个体d在当前种群D上的拥挤距离；n为目标函数的个数；i为目标函数的标号；$I_i(d,\ D)$为个体d在当前种群D中与第i个目标函数的距离，当个体d为第i个目标函数上的最大值或者最小值时，$I_i(d,\ D)$取无穷大，否则，取比个体d大的个体的函数值与比个体d小的个体的函数值之差中最小的；$f_i^{\max}$为当前种群中第i个目标的最大值，$f_i^{\min}$为当前种群中第i个目标的最小值。

最后，从已获得支配面值和拥挤距离值的临时种群中，依次取出支配面值小并且拥挤距离值大的个体，组成更新后的当前种群，并从更新后的当前种群中选择支配面值为1的个体形成非支配解集。

8）*种群进化：用量子旋转门方法实现种群进化*

用量子旋转门方法实现种群进化的具体步骤是：

首先，针对更新后的当前种群的每一个基本量子位，查找其量子旋转门变异角θ，见表8-14，获得旋转的角度$\Delta\theta_i$，$\Delta\theta_i=s(\alpha_i\beta_i)\times\theta$。

表8-14　量子旋转门变异角θ查询表

x_i	best_i	$f(x)>f(\text{best})$	θ	$s(\alpha_i\beta_i)$			
				$\alpha_i\beta_i>0$	$\alpha_i\beta_i<0$	$\alpha_i=0$	$\beta_i=0$
0	⊗	T	0.01π	−1	+1	±1	0
1	⊗	T	0.01π	+1	−1	0	±1
⊗	0	F	0.01π	−1	+1	±1	0
⊗	1	F	0.01π	+1	+1	0	±1

其中，x_i 为个体 x 的第 i 位；$best_i$ 为指导的非支配个体的第 i 位，是随机从非支配解集 $A(t)$ 中选择的；$f(x)$ 为 x 的目标函数值；$f(\text{best})$ 为非支配个体的目标函数值；$f(x)>f(\text{best})$ 表示个体 x 支配个体 best；θ 为旋转角度，可以控制收敛速度；为保证算法收敛，通过比较 x_i 和 $best_i$，可以得到旋转方向 $s(\alpha_i\beta_i)$；$|\alpha_i|^2$ 为个体量子位为 0 的概率；$|\beta_i|^2$ 为个体量子位为 1 的概率；满足 $|\alpha_i|^2+|\beta_i|^2=1$；⊗表示无论个体当前位为 0 或者 1，均不影响下一步的判断；T 表示个体 x 支配个体 best；F 表示个体 best 支配个体 x。

然后，根据得到的旋转角度 $\Delta\theta_i$，计算出新的量子位 x_{i_new}：

$$x_{i\_\text{new}} = x_i \times U(\Delta\theta_i) \tag{8-23}$$

最后，x_{i_new} 为进化后的量子位；x_i 为更新前的当前种群的一个基本量子位；$\boldsymbol{U}(\Delta\theta_i)$ 为量子门变换矩阵，$\boldsymbol{U}(\Delta\theta_i)=\begin{bmatrix}\cos(\Delta\theta_i) & -\sin(\Delta\theta_i)\\ \sin(\Delta\theta_i) & \cos(\Delta\theta_i)\end{bmatrix}$；$\Delta\theta_i$ 为旋转角度。

9) 分配类别标号

对获得的所有非支配解解码获得类别数及类别标号，解码的具体步骤是：

首先，从非支配解集中，依次找出每一个非支配解对应的二进制个体中为 1 的位的个数，此个数就是类别数，1 所在位置对应的数据点就是聚类中心；

然后，计算聚类数据中每一个数据点到各个聚类中心的欧式距离，其中最短欧式距离所在的聚类中心号就是该数据点的类别标号。

10) 产生最优个体

本节采用的是一种启发式选择解的策略。具体步骤为：先选择使用者设定的类别数的非支配解作为候选解；然后分别将每个候选解在两个目标函数上的适应度相加求和，选择求和值最小的个体作为最优个体；最后将最优个体所对应的类别标号作为像素的灰度值，得到图像分割结果。

8.2.2 实验结果及分析

为了验证算法性能，本节在 6 幅纹理图像、1 幅合成 SAR 图像和 2 幅真实的遥感图像上进行了测试，并针对每一个测试问题分别进行了 30 次独立实验。本节使用真实类别标签的纹理图像分割正确率(下文简称正确率)和调整兰德系数(Adjusted Rand Index，ARI)两个指标衡量聚类效果，两个指标均属于[0，1]，并且指标越大表示聚类效果越好。对于没有真实类别标签的真实遥感图像，用 I 指标[37](图像聚类优化指数，Cluster goodness Index)衡量，对比算法为基于进化的多目标聚类算法(MOCK)[38]、遗传聚类算法 (GAC)[39]、K 均值算法(KM)[40]和本节算法(QMEC)。将 4 个聚类算法用于图像分割，本节采用了相同的预处理方法。对于两个多目标聚类算法，即本节算法(QMEC)和基于进化的多目标聚类算法(MOCK)，均采用一个启发式的选择策略，即从 Pareto 解中选择一个最优解。

本节算法参数设置如下，QMEC 参数为：最大迭代次数 100，种群规模 50，观测次数 1，最大聚类数目$\sqrt{m}$，m 是数据点数目，最小聚类数目 2；MOCK 参数为：最大迭代次数 100，外部种群规模 50，内部种群规模 50，交叉概率 0.7，变异概率 $1/m$；GAC 参数为：最大迭代次数 100，种群规模 50，交叉概率 0.7，变异概率 0.1；KM 参数为：最大迭代次数 500，停止阈值10^{-10}。

1. 人工纹理图像分割的仿真结果

在本节中，我们将该算法应用于 6 幅人工纹理图像，并进行了测试，这些图像均取自 Brodatz 纹理图像库(大小为 256 dpi×256 dpi 的灰度图)。图像 1、图像 2、图像 3 为三类的纹理图，分别如图 8-12(a)、图 8-13(a)、图 8-14(a)所示，图 8-12(b)、图 8-13(b)、图 8-14(b)为对应的理想分割图；图像 4、图像 5、图像 6 为四类的纹理图，分别如图 8-15(a)、8-16(a)、8-17(a)所示，图 8-15(b)、图 8-16(b)、图 8-17(b)为对应的理想分割图。量子多目标进化聚类算法(QMEC)、基于进化的多目标聚类算法(MOCK)[38]和 K 均值算法[40](KM)这 3 种聚类算法针对 6 幅纹理图像的分割结果如图8-12～图 8-17 所示(独立 30 次中最优的结果)。分割结果的两个定量评价指标的平均结果如表 8-15 所示。

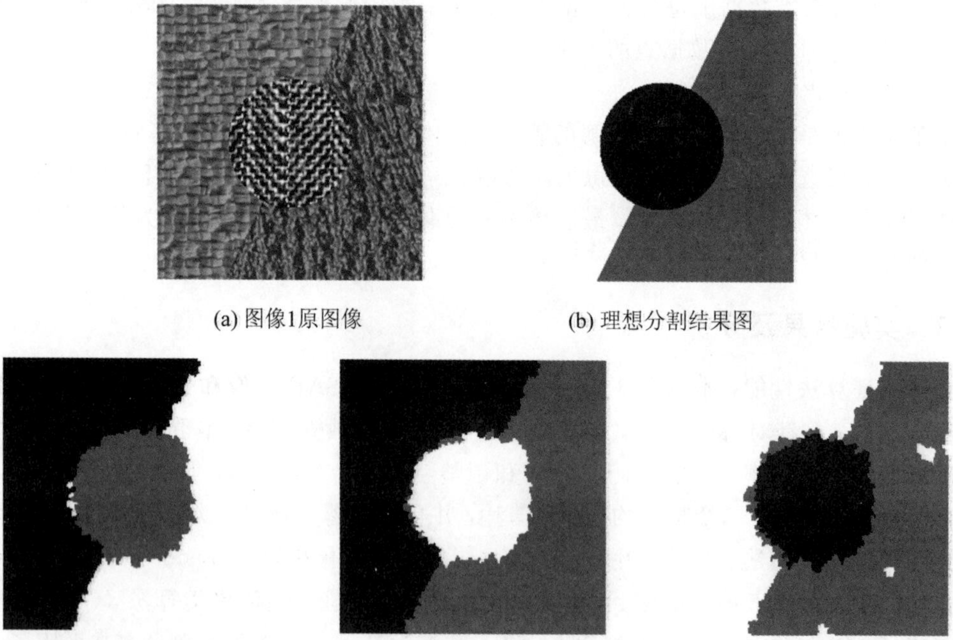

(a) 图像1原图像　(b) 理想分割结果图

(c) 本节算法(QMEC)　(d) MOCK算法　(e) KM算法

图 8-12　图像 1 实验结果

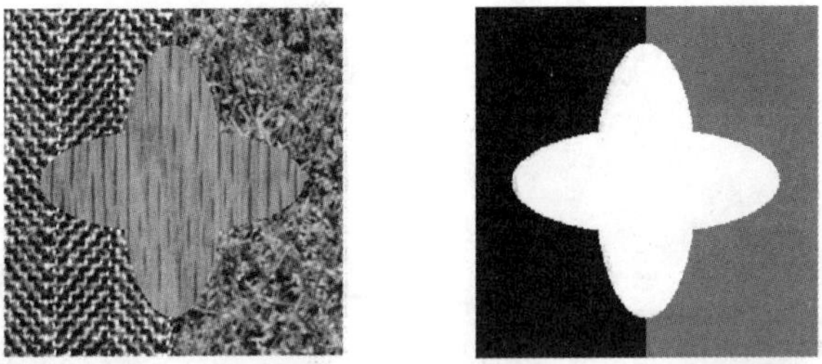

(a) 图像2原图像　　(b) 理想分割结果图

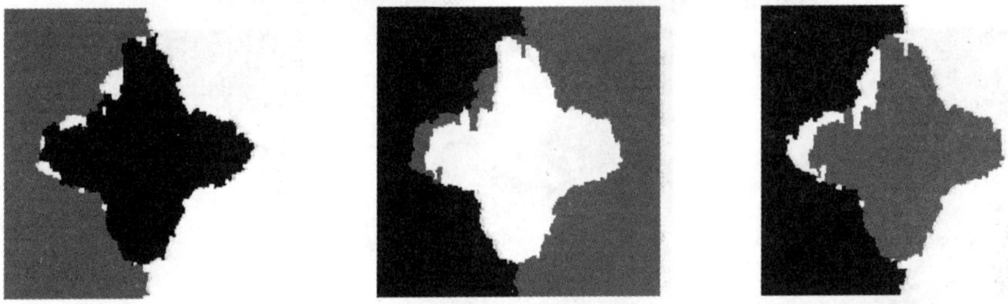

(c) 本节算法(QMEC)　　(d) MOCK算法　　(e) KM算法

图 8-13　图像 2 实验结果

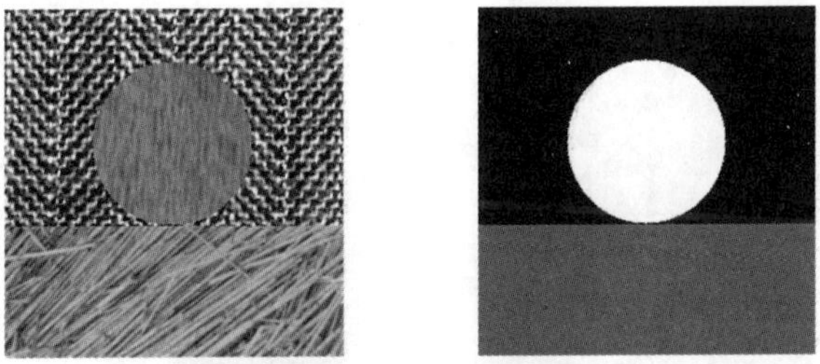

(a) 图像3原图像　　(b) 理想分割结果图

(c) 本节算法(QMEC)　　(d) MOCK算法　　(e) KM算法

图 8-14　图像 3 实验结果

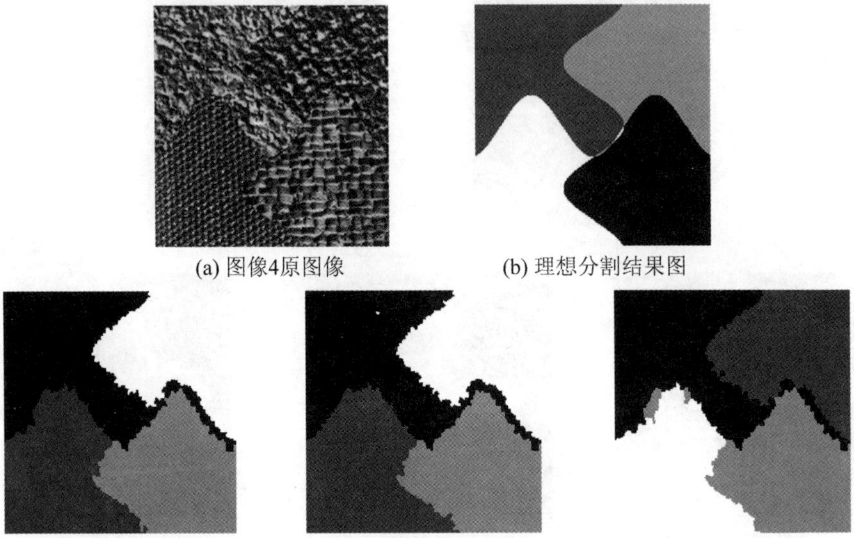

(a) 图像4原图像　(b) 理想分割结果图

(c) 本节算法(QMEC)　(d) MOCK算法　(e) KM算法

图 8－15　图像 4 实验结果

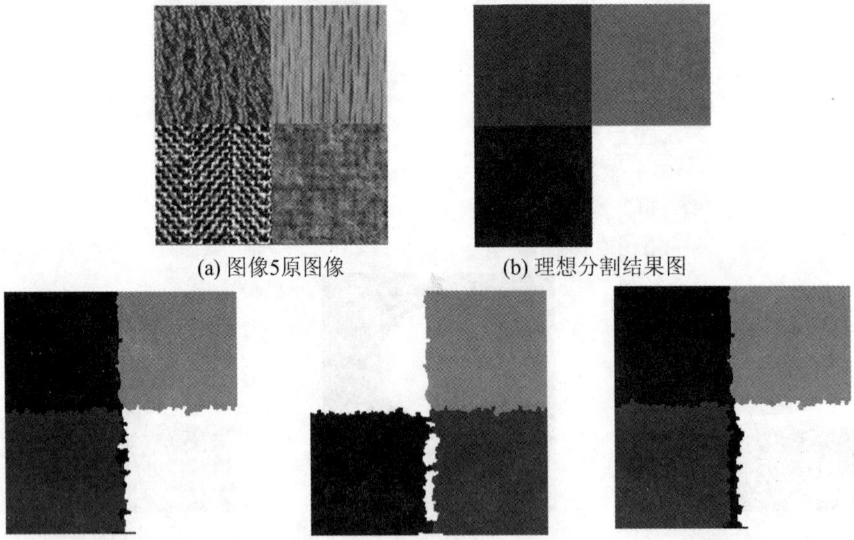

(a) 图像5原图像　(b) 理想分割结果图

(c) 本节算法(QMEC)　(d) MOCK算法　(e) KM算法

图 8－16　图像 5 实验结果

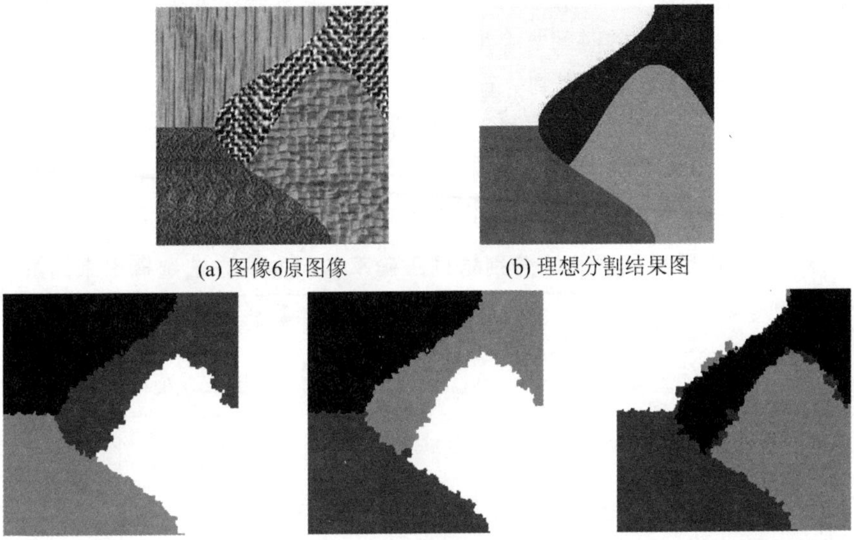

(a) 图像6原图像　(b) 理想分割结果图

(c) 本节算法(QMEC)　(d) MOCK算法　(e) KM算法

图 8-17　图像 6 实验结果

表 8-15　3 种算法对 6 幅人工纹理图像的分割结果对比

图像	正　确　率			ARI		
	QMEC	MOCK	KM	QMEC	MOCK	KM
图像 1	**0.9638**	0.9212	0.9592	**0.8931**	0.8273	0.8757
图像 2	**0.9436**	0.8285	0.7645	**0.8425**	0.6757	0.6521
图像 3	**0.9364**	0.8736	0.6763	**0.8415**	0.7703	0.5398
图像 4	**0.9560**	0.9313	0.7522	**0.8844**	0.8446	0.6815
图像 5	**0.9660**	0.9251	0.7785	**0.9099**	0.8929	0.7062
图像 6	**0.9666**	0.9313	0.7190	0.9148	0.8164	0.6645

通过上面的实验，可以看出 QMEC 算法在人工纹理图像分割的测试中，在区域一致性和边缘保持性上，比其他两种算法得到的结果要好，并且在正确率和 ARI 方面也有了提高，这要归功于 QMEC 算法优越的搜索能力，可以更好地搜索到聚类中心。可以看出，

MOCK 算法的正确率和视觉效果也优于用于单目标聚类的 KM 算法，这表现出多目标聚类算法用于图像分割的优势。本节采用的分水岭算法实现了分块处理，减少了计算量，避免了聚类算法直接对像素操作的时间复杂度高的缺点。另外，纹理特征提取获得了有效的聚类数据，使得聚类效果在整体上得到了提高。

为了验证本节所采用的启发式策略的有效性，对于有真实类别标签的纹理图像，这里对比了每次依据最大正确率从 Pareto 解中选择出来的解和依据启发式方法选择出来的解。表 8-16 为独立运行 30 次获得的平均统计结果。

表 8-16　两个多目标聚类算法分别依据正确率和启发式方法选择出来的解的对比

图像	正 确 率			
	QMEC 最大正确率	启发式方法	MOCK 最大正确率	启发式方法
图像 1	0.9653	0.9638	0.9660	0.9212
图像 2	0.9468	0.9436	0.9316	0.8285
图像 3	0.9515	0.9364	0.9626	0.8736
图像 4	0.9566	0.9560	0.9466	0.9313
图像 5	0.9696	0.9660	0.9608	0.9251
图像 6	0.9693	0.9666	0.9671	0.9313

从上表的对比中可以发现，对于本节算法 QMEC，依据启发式方法选择出来的解和每次依据最大正确率从 Pareto 前沿中选择出来的解的正确率相差很小，这说明本节所采用的通过启发式方法选择解的策略是有效的。但同时也可以看到，多目标聚类算法(MOCK)用启发式方法选择出来的解的效果并不理想，即没有很好地将具有最大正确率的解选出来作为最优解。通过分析可以得出结论：MOCK 的解的整体性能影响了选择阶段的结果，即 MOCK 最终获得的 Pareto 解中存在很好的解，但这些解并不多，这也从另一个方面说明了本节算法 QMEC 具有更强的寻优能力，能够获得更多的好解。

2. 遥感图像分割的仿真结果

为了进一步验证本节提出的算法的分割结果，这里对 3 幅遥感图像进行分割，结果分别如图 8-18 和图 8-19 所示。

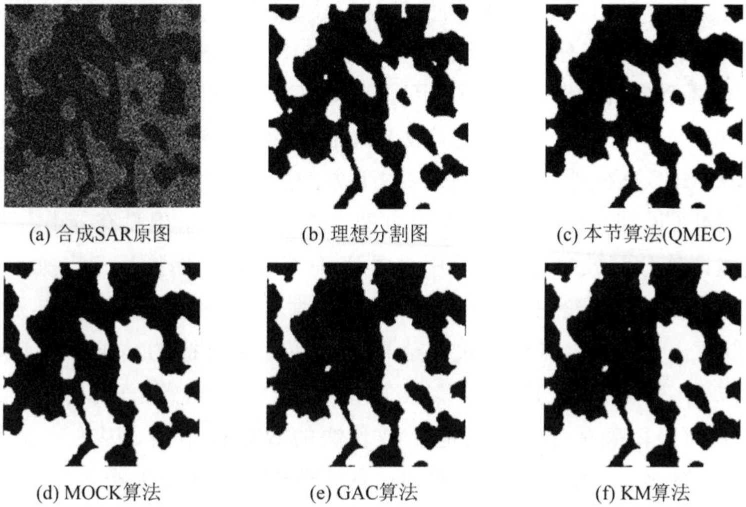

图 8-18　合成 SAR 图像实验结果图

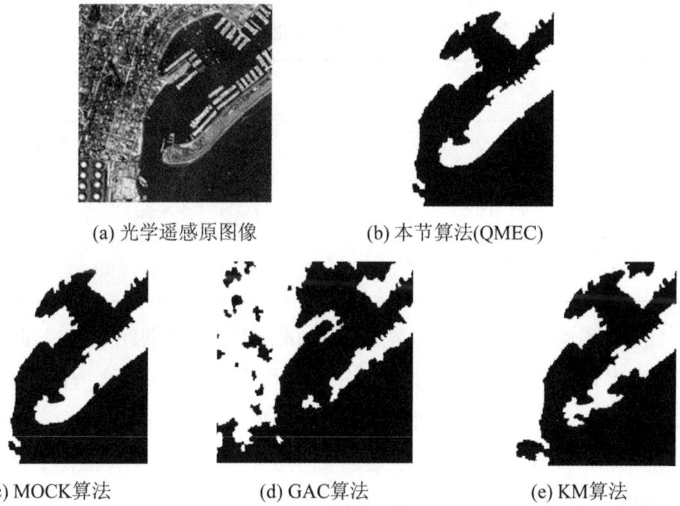

图 8-19　光学遥感图像实验结果图

首先对一幅合成的三视 SAR(合成孔径雷达)图像进行测试。这幅 SAR 图像是基于雷达图像成像机理产生的[37, 41]。这幅 SAR 图像来自一个两类的基波场的真实图像，如图 8-18(b)所示，可以用于计算聚类正确率，对应的三视噪声图像如图 8-18(a)所示，是对斑点噪声 3 个独立方向的平均。图 8-18 (b)为本算法的分割结果图，图 8-18(c)为现有的 MOCK 技术的分割结果图，图 8-18(d)为现有的遗传算法聚类技术(GAC)的分割结果图，图 8-18(e)为现有技术中的 K 均值方法的分割结果图。

在视觉上，遗传算法(GAC)和K均值算法(KM)分别将图8-18(a)中间部分的一个大区域和两个大区域错误地划分了，如图8-18(e)和图8-18(f)所示。如图8-18(c)和图8-18(d)所示，两个多目标聚类算法QMEC和MOCK在整体上的分割效果优于两个单目标聚类算法GAC和KM，所以多目标聚类算法比单目标聚类算法更具鲁棒性。当对比两个多目标聚类算法时，QMEC准确地分割出了图像右下方的黑色小区域，但却没有正确地获得左上方的白色小块。MOCK却正好相反，把左上方的小块分出来了，但没有分出右下方的小块。

为了定量地评估分割效果，本节采用聚类正确率和有效性指标 I[41] 来衡量，这两个指标均是越大越好。表8-17给出了4种算法在此合成SAR图像上的聚类正确率和有效性指标 I 的值。可以看出，两个多目标方法的结果优于两个单目标的结果。QMEC的聚类正确率分别比其他3个算法MOCK、GAC和KM高出了1.44%、1.83%和1.71%，表明QMEC获得了相对最精确的结果。其他3种算法的效果也不错，因为这是一幅两类的图像，相对来说分割比较简单。另外可以看出，有效性指标 I 随着聚类正确率的升高而升高，在求解指标 I 时我们不需要事先对真实划分有任何先验知识，因此后面我们使用有效性指标 I 来度量没有真实类标的遥感图像的分割效果。

表8-17　4种算法对合成SAR图像的分割正确率和 I 指标对比

评价指标	算　法			
	QMEC	MOCK	GAC	KM
聚类正确率/%	95.10	93.66	93.27	93.39
I/e^{-10}	3.9638	3.8805	3.7398	3.7580

图8-19为仿真实验中使用的光学遥感测试图像和分割结果图，此光学遥感图像数据来自圣地亚哥地区牛尾洲的港口图的一部分，有两种类标，一种为陆地，另一种为港口，图像大小为256 dpi×256 dpi。其中，图8-19(a)为原始测试遥感图像，图8-19(b)为本节算法的分割结果图，图8-19(c)为现有技术中的MOCK的分割结果图，图8-19(d)为现有技术中的遗传算法聚类技术(GAC)的分割结果图，图8-19(e)为现有技术中的K均值方法的分割结果图。

由图8-19(b)、图8-19(c)、图8-19(d)、图8-19(e)的仿真结果可以看出，多目标聚类方法的分割结果(图8-19(b)和图8-19(c))优于单目标聚类方法的分割结果(图8-19(d)和图8-19(e))，其中图8-19(b)中水域从图像中清晰地分割出来，边缘完整准确，区域一致性好，8-19(c)把中间部分的一块陆地错误地划分成了水域，图8-19(d)把左边的一些陆地错误地划分成了水域，同时对中间偏右的陆地区域有严重的错分。图8-19(e)相比图8-19(d)效果要好一些，但也把右上方、左下方、中间部分的陆地错误地划分成了水域。表 8-18 中的 I 指标表明了同样的结果。

表 8-18 四种算法对两幅真实遥感图像的 I 指标的对比

图像	算法			
	QMEC	MOCK	GAC	KM
图 8-19	4.4899	4.3866	2.1065	3.9750
图 8-20	5.0386	4.5855	1.8412	2.5655

图 8-20 为仿真实验中的真实 SAR 图像及其分割结果图。此仿真 SAR 数据是一幅具有 1 M(100 万像素)分辨率的 Ku 波段的图像的一部分，位于美国新墨西哥州阿尔布开克附近的格兰德。这幅图像有 3 种地物类别，即河流、植被和农作物，图像大小为 256 dpi× 256 dpi。其中图8-20(a)为原始测试 SAR 图像，图 8-20 (b)为本节算法的分割结果图，图8-20(c)为现有技术中的多目标聚类算法(MOCK)的分割结果图，图 8-20 (d)为遗传算法聚类技术(GAC)的分割结果图，图 8-20(e)为 K 均值方法(KM)的分割结果图。

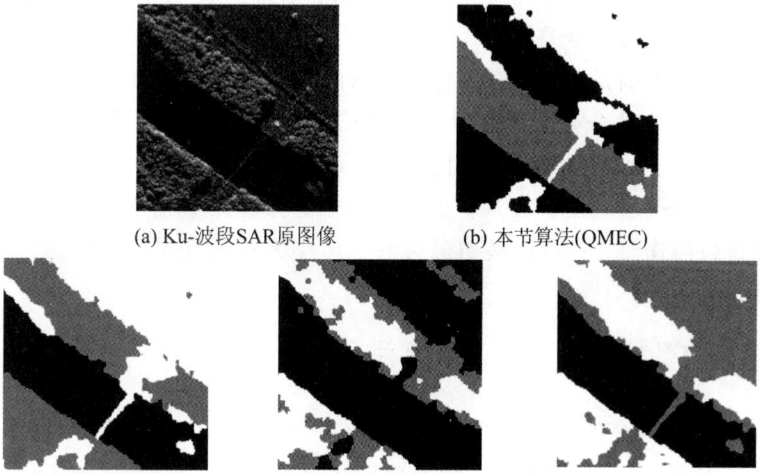

(a) Ku-波段SAR原图像　(b) 本节算法(QMEC)

(c) MOCK算法　(d) GAC算法　(e) KM算法

图 8-20 Ku-波段 SAR 图像实验结果

从图 8-20 (a)可以看出，植被和农作物混合在一起很难分割开来。GAC 结果如图 8-20(d)所示，它对水域和植被的边缘定位不准确，同时还将水域附近的植被错误地划分成了农作物，并且没有找到水上的桥梁同时把右上方的大片农作物错误地划分成了水域。K 均值方法的结果如图 8-20(e)所示，比 GAC 的结果有了很大的改进，只是对水域边缘定位不准确，并且左下方的植被出现杂点。如图 8-20(c)所示是 MOCK 的分割结果，在水域的一致性上有所提高，同时农作物的分割结果也有很大的改进，然而一些小的植被区域没有被检测出来。本节算法获得了最好的分割结果，如图 8-20(b)所示，水域的堤岸分得更清楚，比图 8-20(c)产生了更多的均匀植被区域，同时本算法相比于其他 3 个方法，对 3 类地物的分割结果更接近真实分布。表 8-18 给出了 4 个算法在此图像上的 I 指标，可以看出 QMEC 获得了最大的 I 值，与图 8-20 分割结果的视觉效果一致。

8.3 基于多背景变量协同量子粒子群的医学图像分割

8.3.1 背景变量概述

在孙俊等人提出的协同量子粒子群(优化)算法(CQPSO)[42]和其他的改进协同量子粒子群算法(CQPSO)中，都提到了一个变量：背景变量。这是在协作过程中为了公平地评价一个粒子的每一维分量的好坏而设置的一个变量。在 CQPSO 中，将每一代的全局最优值作为背景变量；在已有的改进协同量子粒子群算法(ICQPSO)中，将多次测量得到的多个个体中最优的个体作为背景变量。

背景变量的选取原则是，选择对进化有贡献的个体作为背景变量，然后用需要评价的分量替换背景变量相应的分量，再通过适应度函数来评价被替换分量的背景变量是否变好，这样就可以确定这一维分量是否更接近全局最优，从而来决定这一维分量是否保留。

所以背景变量必须实时更新为最优的个体，才能保证收敛速度，而在多次观测得到的多个个体之间进行协作时，一直以最初挑选的个体作为背景变量，这样就容易导致多次协作以后最优分量的流失。

8.3.2 多背景变量协同量子粒子群算法

1. 算法介绍

本节提出了多背景变量协同量子粒子群算法(Context Cooperative Quantum-behaved Particle Swarm optimization，CCQPSO)，为了公平地评价同一个粒子的不同分量的好坏，在评价同一个粒子的分量时，固定当前的最优值为背景变量。当一个粒子评价完成后，将新生成的个体作为评价下一个粒子分量的背景变量，算法流程如图 8-21 所示，仍以观测 5 次得到的 5 个粒子为例介绍。假设本次迭代测量得到 5 个个体 $X_{l1}(x_{11}, x_{12}, \cdots, x_{1D})$、$X_{l2}(x_{21}, x_{22}, \cdots, x_{2D})$、$X_{l3}(x_{31}, x_{32}, \cdots, x_{3D})$、$X_{l4}(x_{41}, x_{42}, \cdots, x_{4D})$、$X_{l5}(x_{51}, x_{52}, \cdots, x_{5D})$，5 个个体中根据适应度值知道 $X_{l1}(x_{11}, x_{12}, \cdots, x_{1D})$为最优个体，首先选取 $X_{l1}(x_{11}, x_{12}, \cdots, x_{1D})$为背景变量，然后来评价 $X_{l2}(x_{21}, x_{22}, \cdots, x_{2D})$中的分量，即与 $X_{l2}(x_{21}, x_{22},$

…，x_{2D})协作，假设协作完成后得到 $X_{l2}(x_{21}, x_{22}, \cdots, x_{2D})$，若其中的有些分量是更接近全局最优的，那么此时生成一个新的个体 XL，XL 是通过将背景个体中的某些劣势分量替换成$X_{l2}(x_{21}, x_{22}, \cdots, x_{2D})$个体中更有优势的分量得到的。那么此时将 XL 设为背景变量再与 $X_{l3}(x_{31}, x_{32}, \cdots, x_{3D})$协作，后面的个体依照此方法进行协作。

```
过程：

初始化种群：Xi
Pbest=Xi
Gbest=best Pbest
if t<Gmax
    for each particle
        XL=X1
        根据 QPSO 更新公式产生 5 个粒子
        令 Xi=XL
        Xc=XL
        for each particle Xk
            f=f(Xc)
            for each dimension j
                if f(Xc(j,Xkj))<f
                    Xij= Xkj
                end if
                Xc=XL
            end
            Xc=Xi
            XL=Xi
        end
        if f(Xi)<f(pbesti)
            pbesti=Xi
        end if
        if f(pbesti)<f(gbest)
            gbest=pbesti
        end if
    end
```

图 8-21　CCQPSO 算法代码

2. 实验条件及结果分析

为了测试本节提出的多背景变量协同量子粒子群算法(CCQPSO)，首先进行了函数测试，测试的函数为基准函数，这里列举了多背景协同量子粒子群算法(Context Cooperative Quantum-behaved Particle Swarm Optimization，CCQPSO)与带权值的量子粒子群算法(Quantum-behaved Particle Swarm Optimization algorithm with Weighted mean best position，WQPSO)[43]、孙俊等人提出的协同量子粒子群算法(Cooperative Quantum-behaved Particle Swarm Optimization，CQPSO)[42]以及改进的协同量子粒子群算法(Improved Cooperative Quantum-behaved Particle Swarm Optimization，ICQPSO)[44]的比较。

从表 8-19、表 8-20 中可以看出，上面四种算法在基准函数上都取得了最优值，而且方差也很小，说明稳定性很好，大部分函数都能取得理论最小值，从图 8-22 中可以看出，CCQPSO 算法收敛速度明显加快，算法性能得以提高。其中，M 指目标个数，D 表示问题维度，G_{max}表示最大迭代次数。

表 8-19　WQPSO 和 CCQPSO 测试基准函数结果比较

函数	M	D	G_{max}	WQPSO		CCQPSO	
				最小均值	方差	最小均值	方差
f1	20	20	1500	2.4267e−38	5.8824e−38	4.946880e−317	0.0000e+00
		30	2000	6.9402e−32	1.2879e−31	0.0000e+00	0.0000e+00
		100	3000	4.2014e−11	4.0006e−11	2.4209e−218	0.0000e+00
f2	20	20	1500	4.4948e+01	5.8837e+01	3.7499e+01	4.8401e+01
		30	2000	7.6625e+01	1.0193e+02	5.5191e+01	6.4979e+01
		100	3000	2.4832e+02	1.9868e+02	8.4586e+01	4.2951e+01
f3	20	20	1500	1.2945e+01	4.0725e+00	0.0000e+00	0.0000e+00
		30	2000	2.4259e+01	7.9174e+00	5.9698e−02	2.3869e−01
		100	3000	2.1121e+02	3.5535e+01	9.1352e+00	7.0400e+00
f4	20	20	1500	2.4863e−02	2.3981e−02	4.2273e−02	4.3296e−02
		30	2000	9.0994e−03	1.2641e−02	6.1817e−02	6.9100e−02
		100	3000	4.4359e−03	9.0706e−03	4.4409e−18	2.1977e−17
f5	20	20	1500	2.4224e−50	1.5425e−49	0.0000e+00	0.0000e+00
		30	2000	1.5686e−40	5.9721e−40	0.0000e+00	0.0000e+00
		100	3000	7.7518e−11	7.8925e−11	5.3694e−285	0.0000e+00

表 8-20 CCQPSO 和 ICQPSO 测试基准函数结果比较

函数	M	D	G_{max}	CCQPSO		ICQPSO	
				最小均值	方差	最小均值	方差
f1	20	20	1500	0.0000e+00	0.0000e+00	**0.0000e+00**	**0.0000e+00**
		30	2000	4.4466e−323	0.0000e+00	**0.0000e+00**	**0.0000e+00**
		100	3000	3.6129e−98	2.5448e−97	**0.0000e+00**	**0.0000e+00**
f2	20	20	1500	2.9140e+01	5.6023e+01	**1.8557e+00**	**2.5443e+00**
		30	2000	2.9660e+01	4.6534e+01	**1.1051e+00**	**1.1660e+00**
		100	3000	1.4697e+02	9.3562e+01	**2.0581e+01**	**1.4751e+01**
f3	20	20	1500	1.2198e+01	6.4537e+00	**5.9698e+00**	**3.9798e+00**
		30	2000	1.8049e+01	6.3279e+00	**1.1343e+01**	**3.8918e+00**
		100	3000	1.1293e+02	1.7379e+01	**4.7161e+01**	**6.5471e+00**
f4	20	20	1500	1.9176e−02	1.6191e−02	**1.3727e−02**	**2.0671e−02**
		30	2000	1.0279e−02	1.5108e−02	**0.0000e+00**	**0.0000e+00**
		100	3000	2.6110e−03	5.1311e−03	**0.0000e+00**	**0.0000e+00**
f5	20	20	1500	0.0000e+00	0.0000e+00	**0.0000e+00**	**0.0000e+00**
		30	2000	0.0000e+00	0.0000e+00	**0.0000e+00**	**0.0000e+00**
		100	3000	3.7938e−104	1.4349e−103	**0.0000e+00**	**0.0000e+00**

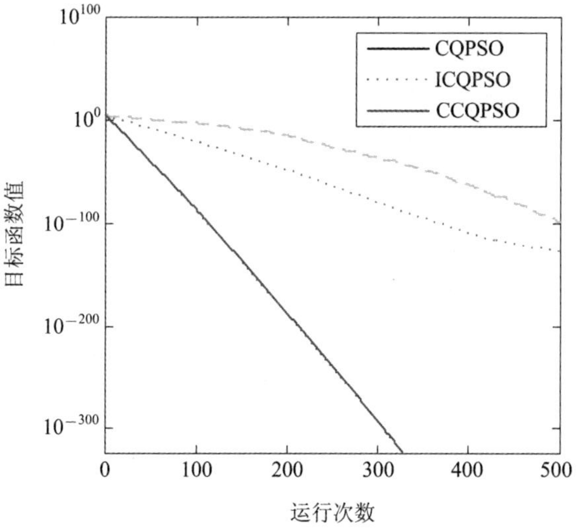

图 8-22 三种算法优化基准函数(Sphere 函数)的收敛速度比较

8.3.3 改进的多背景变量协同量子粒子群算法的图像分割

为使图像分割取得更好的结果，将上节提出的多背景变量协同量子粒子群算法(CCQPSO)与OTSU(大津算法，对图像进行二值化的高效算法)结合，提出改进的CCQPSO算法进行医学图像分割。

1. 实验条件

图像分割是指将图像中具有特殊意义或者读者特别感兴趣的不同区域分开来，这些区域是不交叉的，每一个区域都有共同的特性并同其他区域有很明显的区别。本节图像分割的目的是根据图像的灰度特征，将医学图像分割为三类，使得器官边缘更容易识别。

为了测试改进的CCQPSO算法的图像分割性能，用CQPSO算法和ICQPSO算法作对比，分别对四幅胃部CT图进行了分割(用到的胃部CT图像来自北京肿瘤医院医学影像科)，图像大小为512 dpi×512 dpi，实验中，分割类别数为三类，种群数目为20，松弛因子在进化中从1.0到0.5线性递减。在改进的CCQPSO算法中，多次测量的次数设为5，迭代次数为100，独立运行次数为10。

实验所用微机的CPU为Intel Core2 Duo 2.33 GHz，内存为2 GB，编程平台为Matlab R2009a。

2. 实验结果及分析

从表8-21、表8-22和表8-23可以看出，改进的CCQPSO算法的图像分割方法对于胃部CT图像的分割结果、类间方差都取得了更大的结果，根据大津算法法则评价准则，类间方差越大，分割结果愈好，说明改进的CCQPSO算法的图像分割方法对于胃部CT图像的分割结果有所提高，图8-23～图8-28是胃部图像200.1、200.2、201.10、201.86、200.14、201.29所示的分割结果，结果显示改进的CCQPSO算法的图像分割方法在分割精度上有一定提高，但是在视觉上改进不大，分割方法有待改进，可以尝试利用聚类分割方法。

表8-21 三种算法对胃部CT图200.1和200.2的分割结果数据

算法	200.1			200.2		
	阈值	类间方差	方差	阈值	类间方差	方差
CQPSO	39 193	5236.6340	4.0600e+01	59 165	5204.1790	5.7500e+01
ICQPSO	43 171	5251.2720	1.1972e+02	72 208	5224.1460	4.8833e+01
改进的CCQPSO	62 176	5315.6780	0.0000e+00	62 176	5275.4370	9.5900e−13

表 8-22　三种算法对胃部 CT 图 200.1 和 200.2 的分割结果数据

算法	200.1			200.2		
	阈值	类间方差	方差	阈值	类间方差	方差
CQPSO	44 138	3956.0970	2.5400e+01	45 119	4740.0140	2.4300e+01
ICQPSO	73 209	3963.1870	2.8674e+01	67 159	4730.3980	1.3452e+01
改进的 CCQPSO	56 146	3990.3230	4.7900e−13	55 139	4765.4210	9.5900e−13

表 8-23　三种算法对胃部 CT 图 200.14 和 201.29 的分割结果数据

算法	200.14			200.29		
	阈值	类间方差	方差	阈值	类间方差	方差
CQPSO	58 176	4.5421e+03	6.7260e+01	68 201	3.9453e+03	6.2061e+01
ICQPSO	73 154	4.5453e+03	4.4676e+01	83 212	3.9497e+03	1.9377e+01
改进的 CCQPSO	62 172	4.5999e+03	9.5869e−13	67 182	3.9835e+03	9.5869e−13

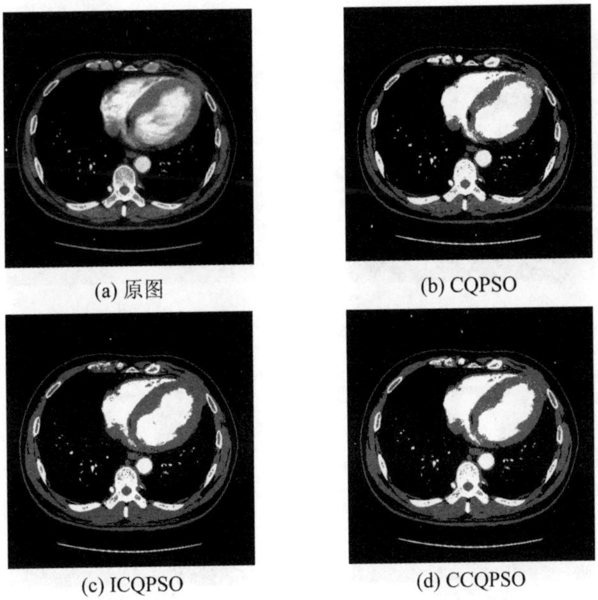

(a) 原图　(b) CQPSO　(c) ICQPSO　(d) CCQPSO

图 8-23　胃部 CT 图 200.1 分割结果图

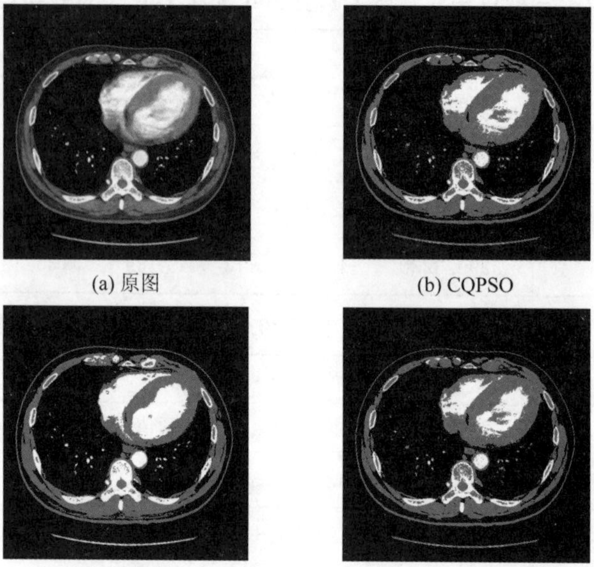

(a) 原图 (b) CQPSO

(c) ICQPSO (d) CCQPSO

图 8-24　胃部 CT 图 200.2 分割结果图

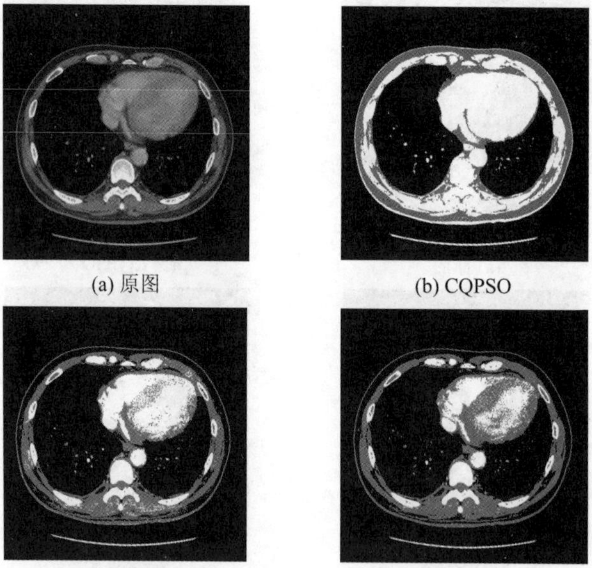

(a) 原图 (b) CQPSO

(c) ICQPSO (d) CCQPSO

图 8-25　胃部 CT 图 201.10 分割结果图

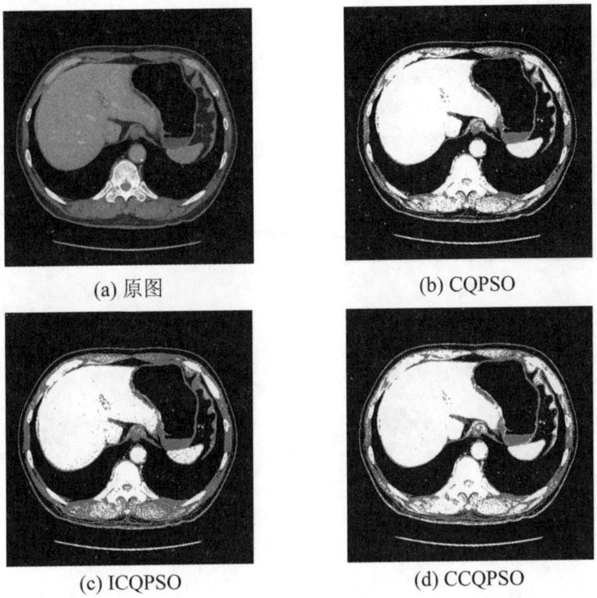

图 8-26 胃部 CT 图 201.86 分割结果图

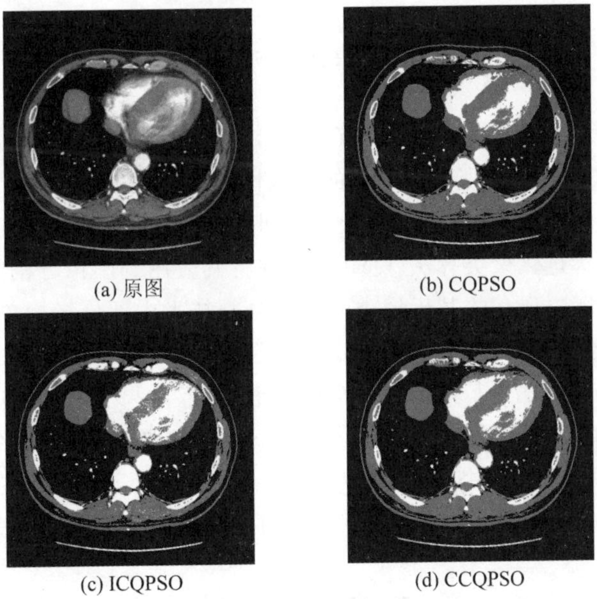

图 8-27 胃部 CT 图 200.14 分割结果图

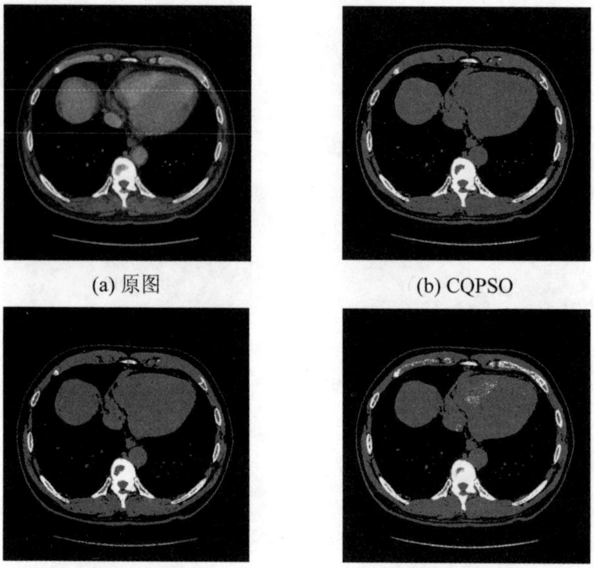
(a) 原图　(b) CQPSO　(c) ICQPSO　(d) CCQPSO

图 8-28　胃部 CT 图 201.29 分割结果图

8.4　结论与讨论

本章着重讨论量子智能优化的应用，首先提出了一种 CMOQPSO 算法来解决 EED 问题，比较结果验证了 CMOQPSO 中所采用策略的有效性。然而，实验结果显示，CMOQPSO 中采用的策略在提高算法搜索能力的同时，在决策空间维数增加的时候也相应地减慢了收敛速度；接着提出了量子多目标进化聚类算法(QMEC)，并将其应用到图像分割问题中，实验结果表明，QMEC 算法可以解决现有的基于聚类的图像分割技术中评价指标单一、计算复杂度高、细节保持性能不好等缺点，提高了图像分割的精度；最后使用了改进的 CCQPSO 算法、CQPSO 算法、ICQPSO 算法进行图像分割实验对比，实验结果表明：改进的 CCQPSO 算法参数少、易实现，对于胃部 CT 图像的分割结果、类间方差都取得了更好的结果。目前量子计算处于飞速发展的阶段，但其硬件实现的诸多瓶颈问题，使得量子计算的应用受到很大的限制。量子粒子群算法解决了传统量子进化易受到编码进制限制的问题，大大增强了应用的范围。

本章参考文献

[1]　TALAG J H, EI-HAWARY F, EI-HAWARY M E. A summary of environmental/economic dispatch

algorithms[J]. IEEE Transactions on Power Systems, 1994, 9(3): 1508-1509.

[2] BRODESKY S F, HAHN R W. Assessing the influence of power pools on emission constrained economic dispatch[J]. IEEE Transactions on Power Systems, 1986, PER-6(1): 57-62.

[3] YOKOYAMA R, BAE S H, MORITA T, et al. Multiobjective generation dispatch based on probability security criteria[J]. IEEE Transactions on Power Systems, 1988, 3(1): 317-324.

[4] VAHIDINASAB V, JADID S. Joint economic and emission dispatch in energy markets: A multi-objective mathematical programming approach[J]. Energy, 2010, 35(3): 1497-1504.

[5] DHILLON J S, PARTI S C, KOTHARI D P. Stochastic economic emission load dispatch[J]. Electric Power Systems Research, 1993, 26(3): 186-197.

[6] CHANG C S, WONG K P, FAN B. Security-constrained multiobjective generation dispatch using bicriterion global optimisation[J]. IEEE Proceedings-Generation, Transmission and Distribution, 1995, 142(4): 406-414.

[7] XU J X, CHANG C S, WANG X W. Constrained multiobjective global optimisation of longitudinal interconnected power system by genetic algorithm[J]. IEEE Proceedings-Generation, Transmission and Distribution, 1996, 143(5): 435-446.

[8] HUANG C M, YANG H T, HUANG C L. Bi-objective power dispatch using fuzzy satisfaction-maximizing decision approach[J]. IEEE Transactions on Power Systems, 1997, 12(4): 1715-1721.

[9] DAS D B, PATVARDHAN C. New multi-objective stochastic search technique for economic load dispatch[J]. IEEE Proceedings-Generation, Transmission and Distribution, 1998, 145(6): 747-752.

[10] JIAO L C, LIU J, ZHONG W C. An organizational coevolutionary algorithm for classification[J]. IEEE Transactions on Evolutionary Computation, 2006, 10(1): 67-80.

[11] JIAO L C, LI Y Y, GONG M G, et al. Quantum-inspired immune clonal algorithm for global optimization[J]. IEEE Transactions on Systems, Man, and Cybernetics, Part B: Cybernetics, 2008, 38(5): 1234-1253.

[12] SHANG R H, JIAO L C, LIU F, et al. A novel immune clonal algorithm for mo problems[J]. IEEE Transactions on Evolutionary Computation, 2012, 16(1): 35-50.

[13] LUO J J, JIAO L C, LOZANO J. A sparse spectral clustering framework via multi-objective evolutionary algorithm[J]. IEEE Transactions on Evolutionary Computation, 2015.

[14] ABIDO M. A niched Pareto genetic algorithm for multiobjective environmental/economic dis-patch [J]. International Journal of Electrical Power & Energy Systems, 2003, 25(2): 97-105.

[15] ABIDO M A. Multiobjective evolutionary algorithms for electric power dispatch problem[J]. IEEE Transactions on Evolutionary Computation, 2006, 10(3): 315-329.

[16] ABIDO M A. A novel multiobjective evolutionary algorithm for environmental/economic power dispatch[J]. Electric Power Systems Research, 2003, 65(1): 71-91.

[17] PANDIT M, SRIVASTAVA L, SHARMA M. Environmental economic dispatch in multi-area power system employing improved differential evolution with fuzzy selection[J]. Applied Soft Computing, 2015, 28: 498-510.

[18] ZHANG H F, YUE D, XIE X P, et al. Multi-elite guide hybrid differential evolution with simulated annealing technique for dynamic economic emission dispatch[J]. Applied Soft Computing, 2015, 34: 312 - 323.

[19] BASU M. Economic environmental dispatch using multi-objective differential evolution[J]. Ap-plied Soft Computing, 2011, 11(2): 2845 - 2853.

[20] LI Y Y, HE H Y, WANG Y, et al. An improved multiobjective estimation of distribution algorithm for environmental economic dispatch of hydrothermal power systems[J]. Applied Soft Computing, 2015, 28: 559 - 568.

[21] 刘天宇. 基于协作学习和文化进化机制的量子粒子群算法及应用研究[D]. 西安：西安电子科技大学，2017.

[22] NIKNAM T, DOAGOU-MOJARRAD H, NAYERIPOUR M. A new fuzzy adaptive particle swarm optimization for non-smooth economic dispatch[J]. Energy, 2010, 35(4): 1764 - 1778.

[23] ABIDO M A. Environmental/economic power dispatch using multiobjective evolutionary algo-rithms [J]. IEEE Transactions on Power Systems, 2003, 18(4): 1529 - 1537.

[24] SAADAT H. Power System Analysis[M]. [S. l.]. The McGraw-Hill Companies, 1999.

[25] SUN J, FANG W, WU X J, et al. Quantum-behaved particle swarm optimization: Analysis of individual particle behavior and parameter selection[J]. Evolutionary Computation, 2012, 20(3): 349 - 393.

[26] DEB K, PRATAP A, AGARWAL S, et al. A fast and elitist multiobjective genetic algorithm: NSGA-Ⅱ[J]. IEEE Transactions on Evolutionary Computation, 2002, 6(2): 182 - 197.

[27] GONCALVES R, ALMEIDA C, GOLDBARG M, et al. Improved cultural immune systems to solve the economic load dispatch problems[C]. IEEE Congress on Evolutionary Computation (CEC), 2013: 621 - 628.

[28] GONG D W, ZHANG Y, QI C L. Environmental/economic power dispatch using a hybrid multi-objective optimization algorithm[J]. International Journal of Electrical Power and Energy Systems, 2010, 32(6): 607 - 614.

[29] ALBAITY H, MESHOUL S, KABAN A. On extending quantum behaved particle swarm opti-mization to multiobjective context[C]. IEEE Congress on Evolutionary Computation (CEC). 2012: 1 - 8.

[30] ABIDO M A. Multiobjective particle swarm optimization for environmental/economic dispatch problem[J]. Electric Power Systems Research, 2009, 79(7): 1105 - 1113.

[31] NIKNAM T, DOAGOU-MOJARRAD H. Multiobjective economic/emission dispatch by multi-objective-particle swarm optimisation[J]. IET Generation, Transmission and Distribution, 2012, 6(5): 363 - 377.

[32] QU B Y, LIANG J J, ZHU Y S, et al. Economic emission dispatch problems with stochastic wind power using summation based multi-objective evolutionary algorithm[J]. Information Sciences, 2016, 351(C): 48 - 66.

[33] MODIRI-DELSHAD M, A. R N. Multi-objective backtracking search algorithm for economic emission dispatch problem[J]. Applied Soft Computing, 2016, 40: 479 - 494.
[34] KING R T F A, RUGHOOPUTH H C S, DEB K. Evolutionary multi-objective environmental/economic dispatch: Stochastic versus deterministic approaches[C]. Evolutionary Multi-Criterion Optimization, Third International Conference, EMO 2005, Guanajuato, Mexico, March 9 - 11, 2005, Proceedings. DBLP, 2005.
[35] SCHOTT J R. Fault tolerant design using single and multicriteria genetic algorithm optimization[J]. Cellular Immunology, 1995, 37(1): 1 - 13.
[36] SINHA N, CHAKRABARTI R, CHATTOPADHYAY P K. Evolutionary programming techniques for economic load dispatch[J]. IEEE Transactions on Evolutionary Computation, 2003, 7(1): 83 - 94.
[37] BANDYOPADHYAY S, MAULIK U, MUKHOPADHYAY A. Multiobjective Genetic Clustering for Pixel Classification in Remote Sensing Imagery[J]. IEEE Transactions on Geoscience & Remote Sensing, 2007, 45(5): 1506 - 1511.
[38] HANDL J, KNOWLES J. An evolutionary approach to multi-objective clustering[J]. IEEE Transactions on Evolutionary Computation, 2007, 11(1): 56 - 76.
[39] MAULIK U, BANDYOPADHYAY S. Genetic algorithm-based clustering technique[J]. Pattern Recognition, 2000, 33(9): 1455 - 1465.
[40] HARTIGAN J A, WONG M A. A k-means clustering algorithm[J]. Applied Statistics, 1979, 28: 100 - 108.
[41] CARINCOTTE C, DERRODE S, BOURENNANE S. Unsupervised change detection on SAR images using fuzzy hidden Markov chains[J]. IEEE Transactions on Geoscience & Remote Sensing, 2006, 44(2): 432 - 441.
[42] GAO H, XU W, SUN J, et al. Multilevel Thresholding for Image Segmentation Through an Improved Quantum-Behaved Particle Swarm Algorithm[J]. IEEE Transactions on Instrumentation & Measurement, 2010, 59(4): 934 - 946.
[43] XI M, SUN J, XU W. An improved quantum-behaved particle swarm optimization algorithm with weighted mean best position[J]. Applied Mathematics & Computation, 2008, 205(2): 751 - 759.
[44] XI M L, SUN J,XU W B. An improved quantum-behaved particle swarm optimization algorithm with weighted mean best position[J]. Applied Mathematics and Computation, 2008, 205(5): 51 - 759.